微结构力学

高世桥　金　磊　牛少华　刘海鹏　著

国防工业出版社
·北京·

内 容 简 介

本书在工程背景概述的基础上，概述了张量分析的基础内容和与其相关的内容，为进一步的力学理论奠定数学基础。本书分别从变形、应变和应变梯度，应力、偶应力和高阶应力，近代连续介质力学的基本方程，近代介质材料的本构关系，近代连续介质力学的广义变分原理等几方面介绍了近代连续介质力学的基本理论和分析方法。在此基础上，通过对微结构振动的理论和微结构系统尺度效应的介绍，给出了工程中微结构动力特性的分析方法。最后，本书以微机械谐振式陀螺和微振动俘能器为例，介绍了典型微结构系统的动力学分析思路和过程。

本书可作为大专院校力学、机械、机电等专业的本科生、研究生、教师及科研人员的参考用书。

图书在版编目(CIP)数据

微结构力学/高世桥等著. —北京:国防工业出版社，2019.4

ISBN 978-7-118-11829-2

Ⅰ.①微… Ⅱ.①高… Ⅲ.①结构力学 Ⅳ.①O342

中国版本图书馆 CIP 数据核字(2019)第 056819 号

※

国防工業出版社出版发行

(北京市海淀区紫竹院南路 23 号 邮政编码 100048)

国防工业出版社印刷厂印刷

新华书店经售

*

开本 787×1092 1/16 **印张** 12¾ **字数** 318 千字

2019 年 4 月第 1 版第 1 次印刷 **印数** 1—2000 册 **定价** 49.00 元

国防书店：(010)88540777 发行邮购：(010)88540776

发行传真：(010)88540755 发行业务：(010)88540717

作 者 简 介

高世桥，男，教授，博士生导师，国务院政府特殊津贴获得者，德国洪堡基金会研究会员，德国鲁尔大学客座教授。主要从事固体力学、冲击动力学、非线性结构力学、机电系统控制、微机电技术、动力学与控制等方面的教学及研究工作。承担过多项国家重点项目，包括863、973、国际合作、自然科学基金等，获多项科技奖励，发表论文100余篇，出版专著5部。

金磊，女，硕士，副研究员，现任教于北京理工大学机电学院。主要从事机电与控制技术、微机电技术、微能源技术等领域的研究。参与了多项国家预研、基金、国际合作等方面的科研项目。发表学术论文30余篇，参与撰写专著3部。

牛少华，男，博士，讲师，现任教于北京理工大学机电学院。主要从事冲击动力学、机电与控制技术等领域的研究。参与多项国家预研、基金、国际合作等方面的科研项目。发表学术论文30余篇，参与撰写出版专著3部。

刘海鹏，男，博士，副教授，现任教于北京理工大学机电学院。主要从事冲击动力学、机电与控制技术、微机电技术、微能源技术等领域的研究。参与多项国家预研、基金、国际合作等方面的科研项目。发表学术论文40余篇，出版专著4部。

前 言

随着微机电技术和纳机电技术的发展,微结构系统的应用越来越普遍。含有微结构的产品也越来越丰富,如微传感器、微陀螺、微俘能器、微齿轮、微马达、微型泵等。许多实验表明,当结构尺寸达到微米量级时,材料的力学特性呈现出强烈的微尺度效应。所谓微尺度效应是指,当结构尺寸达到微米量级时,用经典连续介质力学的方法进行分析时,会出现很大的偏差。尺度越小,这种偏差越大。究其原因,是因为在微米结构中,材料颗粒的尺寸已显得很突出。颗粒自身不能再按经典连续介质力学的观点视为只有平动自由度的质点。因此,需引入新的分析理论和方法。

为了适应这类问题的分析与研究,人们在经典连续介质力学理论的基础上提出了近代连续介质力学的理论。近代连续介质力学的理论涵盖类型较多,包括非局部理论、微极理论、偶应力理论和应变梯度理论等。非局部理论考虑连续介质的非局部效应,认为物体总是由具有某种特征长度的子物体(原子、分子、颗粒等)组成的,外载荷也具有特征长度或特征时间,非局部弹性理论认为,在弹性体内,某一点的应力不仅与该点的应变有关,还与该弹性体体内所有点的应变都有关,随着与该点距离的逐渐增大,越远距离点的应变对该点的应力所产生的作用就会越小。微极理论认为,每个弹性体的物质点除了具有三个经典的平动自由度外,还具有三个独立的转动自由度。偶应力理论一方面对微极理论的转动自由度进行了约束,另一方面强调了物质转动梯度的影响。应变梯度理论拓展了微极理论和偶应力理论对位移二阶梯度的限制,不仅考虑了位移梯度中的反对称项的梯度的作用,而且计入了应变梯度的影响,并且视位移梯度为独立于位移平动自由度的附加自由度。

作者多年来一直从事微机电系统的研究,包括微机械陀螺、微加速度传感器、微惯性测量系统、微振动俘能器等,也一直从事介质冲击侵彻动力学的研究,如混凝土侵彻、冲击波在复杂结构中的传递、结构高速动态力学响应等,积累了一定的结构力学、连续介质力学、微机电系统技术的经验和认识,特别是机械和电子交叉学科的认识,掌握了一些前沿的动态。但因该领域的应用范围很广,发展速度也很快,很难对各方面的进展都有所了解。因此,书中存在不足之处在所难免,敬请读者不吝赐教和批评指正。

参与本书撰写工作的除作者外,张希洋博士、徐萧博士、高春晖博士、付贺博士、吴庆贺博士和李泽章博士等也参与了相关资料的整理,在此一并表示感谢。本书的撰写参考了大量的文献,除书中所列的以外,还包括所引图书中的大量文献,在此对上述文献的作者表示衷心的感谢!

作者

2018 年 9 月

目　录

第1章 概　　述

1.1　微结构技术的发展

微结构是采用微机械加工技术加工的尺度在亚微米至亚毫米量级的功能结构。微结构技术是伴随微加工技术的日趋成熟而发展的,也是伴随着微机电系统技术的不断完善而进步的。由于微结构的尺度很小,单独的微结构系统是无法工作的。因此,微结构系统常与微电子系统相结合,形成微机电系统(Micro-Electro-Mechanical System,MEMS)。

微机电系统一词来源于美国。1987 年在美国举行的 IEEE Micro-robot sand Tele-operators 研讨会的主题报告标题为"Small machines,Large opportunities",其中首次提出了微机电系统一词。1989 年美国国家自然科学基金会(National Science Foundation,NSF)主办的微机械加工技术讨论会形成了总结报告,其名称是"应用于机械电子系统的微电子技术(Microelectron Technology Applied to Electrical Mechanical System)"。报告的名称基本再现了 MEMS 的表述。在本次会议中,微机械加工技术(Micromaching Technology)被 NSF 和美国国防部高级研究计划局(Defence Advanced Research Projects Agency,DARPA)确定为美国急需发展的新技术。这不仅标志着微机电系统研究的开始,也标志着 MEMS 概念的强化。

随着微机械加工技术范围的不断扩充,其水平也不断提高。早期的微机械加工技术主要作为力敏传感器的关键技术。随着技术水平的提高,应用的范围也不断扩展,并且迅速导致了微执行器的诞生。现如今,微机械加工手段早已普及世界各地,我国就建有数十个 MEMS 加工生产线。MEMS 的工艺水平也在不断提高,为进一步的微结构、微机械、微机电系统的设计、制作和研发提供了有利的基础条件。MEMS 技术的发展,不仅使人类认识和改造世界的能力得到了重大突破,也给国民经济和国防建设带来了深远的影响。该技术的出现和发展也为新技术领域的开拓奠定了基础。

虽然 MEMS 一般都指特征尺寸在亚微米至亚毫米范围的一种功能装置,但是目前世界范围内关于 MEMS 的定义还没有统一。美国、日本、欧洲由于各自发展 MEMS 的途径和技术条件不一样,所以各自的定义也不尽相同。美国一般称其为微机电系统,日本一般称其为微机械,欧洲则称其为微系统。

美国北卡罗莱纳州微电子中心(Microelectronics Center of North Carolina,MCNC)对微机电系统的定义是:微机电系统是采用与集成电路兼容工艺制造的,尺寸在微米到毫米之间的,由电子和机械元件组成的,将计算、传感与执行融合为一体的集成化微器件或微系统。

日本微机械中心的定义是:微机械是由只有几个毫米大小的功能元件组成的能够执行复杂、细微的任务的系统。

欧洲 NEXUS(The Network of Excellence in Multifunctional Microsystem)的定义是:微系统是由多个微元件组成的完整系统。它能提供一种或多种特定功能,包括微电子功能。

那么该如何定义 MEMS 呢? 我们认为,定义 MEMS 应从尺寸和功能两个方面出发,而不应限定于任何制作工艺或材料,因为 MEMS 的工艺技术是不断发展和完善的,制作 MEMS 的材料也是多样的。

因此我们认为,MEMS 的定义和内涵是:采用微机械和微电子加工方法,把微电路和微机械(结构)按功能要求有机集成在芯片上,关键尺寸通常在亚微米至亚毫米范围内,集微机械(结构)、信号采集处理和控制、接口、通信、电源等于一体的可批量制作的自动化和智能化的微系统。它的基本特征是微型化、多样性和机电一体化。

随着社会的进步和人们需求的日益增长,尤其是战争的需求,许多方面都期待着 MEMS 的发展与进步。这就迫使人们不断用新的观点、新的手段、新的技术来发展这一领域。MEMS 由于尺度小、集成度高、功能灵活且强大,使人类的操作、加工能力延伸到微米级空间,也使其成为 21 世纪最富有挑战性的科学技术领域之一。这种技术跨越将深刻影响国防科学技术和国民经济的发展,它将使未来战争改变面貌。同时作为新兴的高技术产业,MEMS 已经成为各国政府竞相争夺的技术制高点。

多年来,人们一直致力于使产品变得更小巧、更灵活、更智能,努力实现"机电一体化"。MEMS 恰恰满足了这种需求,有望实现人类梦寐以求的智能化夙愿。从系统组成来看,MEMS 与传统的机电系统一样,都由信息感知、信息处理和控制、执行等几大组成部分。MEMS 也像普通的机电系统一样,可以感受运动、力、光、声、热、磁等自然界信号,并将这些信号转换成电子系统可以识别的电信号,经过信号处理后(包括模拟/数字信号间的变换)再通过执行器对外部世界发生作用。但是,MEMS 绝不是传统机电系统在尺寸上的简单缩小,它在设计思想、力学环境,运动原理、材料特性、加工方法、测量手段和控制形式等各方面,相对于传统机电系统,都有质的变化。

我们平常使用的机电系统产品,一般需要人直接参与操作,而 MEMS 能在人或人手指达不到的地方工作。人往往不能直接操纵它,只能通过其中的微电子系统使其工作。因此,MEMS 与传统机电系统的控制方法和工作方式是完全不同的。传统机电系统对外界环境的变化不敏感,而 MEMS 就不同了,它对外界环境的变化(如温度、湿度、灰尘等)都十分敏感,一粒大小为 10μm 的灰尘就可以使微齿轮卡死。这是在传统机电系统中无法想象的。另外,传统机电系统直接与外部环境建立联系,而 MEMS 由于本身很小,一般需要通过光、电、磁、声等形式与外界进行通信。

MEMS 体积小、重量轻、功耗低、设计思想独特、加工方法特殊,因此,它具有许多不同于传统机电系统的特殊特性,如微型化特性、尺度效应特性、可集成化特性、可批量加工特性、多学科交叉特性等。

1. 微型化特性

MEMS 对外界空间的要求极小,很节省空间,从而使整体系统结构都可实现小型化或微型化,整体系统也会十分紧凑。图 1.1.1 是一只虱子与六个 MEMS 技术制成的齿轮,图 1.1.2 是微型仿昆虫飞行器,图 1.1.3 是微型摄像机,图 1.1.4 是微型直升机,图 1.1.5 是微型机器人,图 1.1.6 是微型飞行器。从这些系统所参照的对象可以看出,MEMS 器件和整体尺寸该有多么微小。

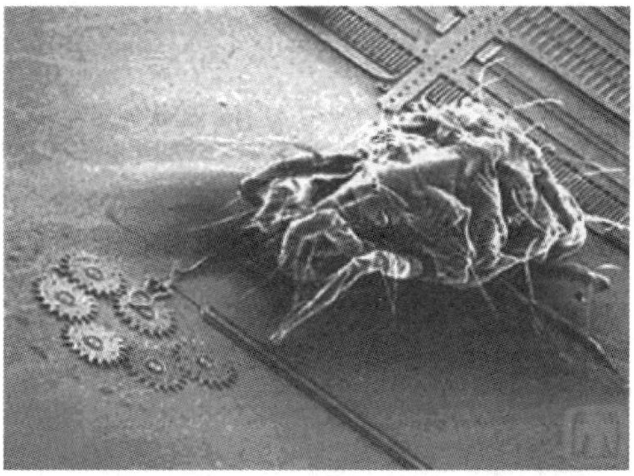

图 1.1.1　MEMS 技术制成的齿轮

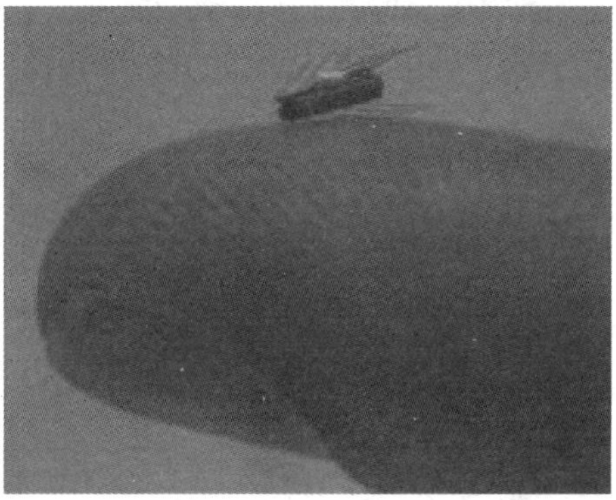

图 1.1.2　微型仿昆虫飞行器

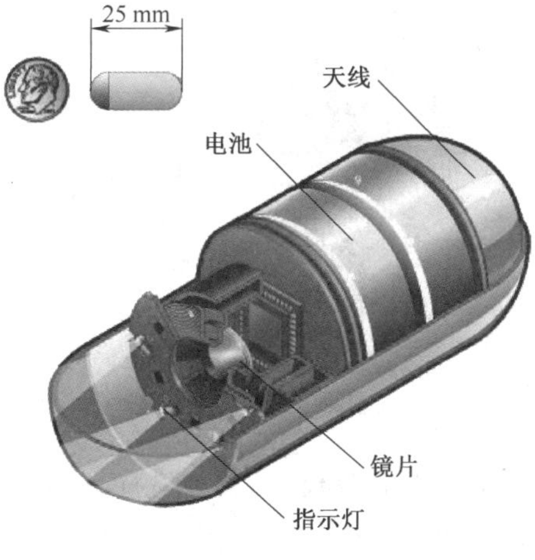

图 1.1.3　微型摄像机

由于 MEMS 尺度很小,它的固有频率就很高。由于 MEMS 的质量很小,其惯性就很小,其抗冲击的能力就很强,如同一个蚂蚁或一个小昆虫,从高空掉下来不会摔死一样。

2. 尺度效应特性

虽然一般的 MEMS 器件还没有小到物理学中的微观分子尺度,但却临近了物理学中的微观范畴。正是因为临近分子尺度而又不属于分子尺度,其力学特性才表现出许多特有的性能。在这个尺度下,虽然宏观领域的一些物理理论仍然可以使用,但微尺度下材料

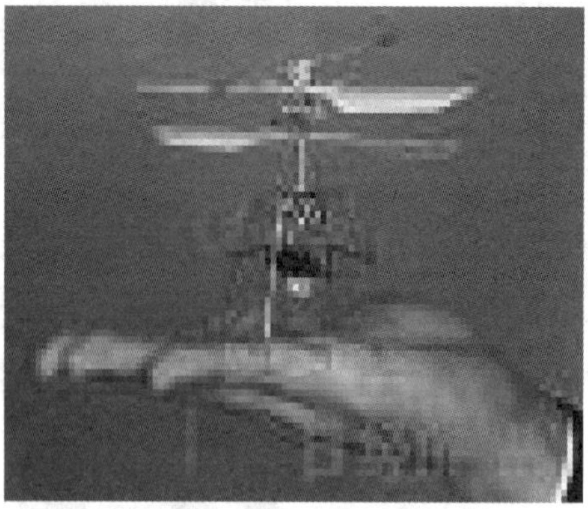

图 1.1.4　微型直升机

图 1.1.5　微型机器人

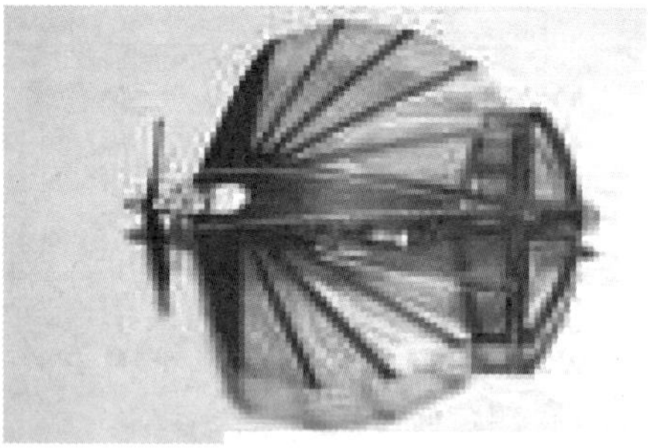

图 1.1.6　微型飞行器

的许多特殊性质必须予以考虑，如固体材料的颗粒效应、气体分子的稀薄效应、液体材料的边界滑移效应等。由于宏观机电系统的某些物理规律在 MEMS 中可能不再适用，因此需开展 MEMS 特殊规律的研究，如微动力学、微流体力学、微热力学、微摩擦学、微光学和微结构学等方面的研究。其中涉及许多微结构力学的内容。

尺度效应是 MEMS 中许多物理现象不同于宏观现象的一个非常重要的原因。随着尺寸的减小，表面积（L^2）与体积（L^3）之比相对增大，表面效应十分明显，这将导致 MEMS 的受力环境与传统机电系统的完全不同，以潜水艇为例，当把潜水艇缩小到针头大小时，螺旋桨即使转动也很难使潜水艇前进，这主要是由于尺度变化，使得潜水艇受到水的黏性阻力变得相当突出，二者的驱动原理已经完全不同。

3. 可批量加工特性

MEMS 的加工采用的是微电子集成电路的加工生产工艺。用硅微加工技术在一块硅片上可同时制造出成百上千个微型机电装置或完整的 MEMS。不仅如此,在许多加工过程中,器件加工、结构成型、布线及封装都是一步到位的,无需再进行装配和组合,其自动化程度极高,批产量很大,生产成本很低。

4. 可集成化特性

MEMS 可以把不同功能、不同敏感方向或致动方向的多个传感器或执行器集成于一体,或形成微传感器阵列和微执行器阵列,甚至把多种功能的器件集成在一起,形成复杂的 MEMS。由于 MEMS 技术采用模块化设计,因此设备运营商在增加系统容量时只需要直接增加器件/系统数量,而不需要预先计算所需要的器件/系统数,这对于运营商是非常方便的。

5. 多技术融合特性

MEMS 中的“机械”不限于狭义的机械力学中的机械,它代表一切具有能量转化、传输等功能的效应,包括力、热、声、光、磁,乃至化学、生物等。采用广泛的物理、化学和生物原理进行产品设计,通过光电、光导、压阻、压电、霍尔效应等对信号进行处理变换和控制,集中了很多当今科技发展的最新成果。MEMS 本身就是科技创新的产物,其概念、机理、设计、加工等方面都不同于传统的大系统。设计方面,宏观世界的结构知识与法则,有些对 MEMS 不再适用;材料方面,除微电子工业常用的硅材料外,微传感器和微执行器还可以利用其他材料,如陶瓷和聚合物材料等。

6. 多学科交叉特性

MEMS 的设计、加工制造涉及微电子学、微机械学、微动力学、微流体学、微热力学、微摩擦学、微光学、材料学、物理学、化学及生物学等多种学科,还涉及元器件,系统的设计、制造、测试、控制与集成,材料,系统能源以及与外界的联结等多方面,并集中了当今科学技术发展的许多尖端成果。

随着 MEMS 技术的进一步发展,以及其应用终端“轻、薄、短、小”的特点,目前对小体积高性能的 MEMS 产品需求增势迅猛,这些产品已经在工业过程控制、计算机、机器人、环境保护与检测、医学健康和交通运输等领域,尤其是在军事领域得到广泛应用。目前空间技术、信息技术、生物医药技术及其他新技术中也大量出现了 MEMS 产品的身影。

MEMS 技术被誉为 21 世纪富有革命性的高新技术,它的诞生和发展是“需求牵引”和“技术推动”的综合结果。

Feynman 教授在 1959 年和 1983 年分别阐述了 MEMS 的无穷小概念及广泛的空间,科学地预见了 MEMS 的发展。他指出仅用简单的复制工艺将 24 卷大英百科全书缩小 250000 倍,占用的宽度只有 1/16 英寸,其平面面积相当于大头针帽。如果采用点和线之类的密码表示信息,并利用内部材料,则占用的空间只有一粒尘埃大小,其特征尺寸仅为 1 英寸的一两个百分点。

MEMS 可应用于很多领域,进而形成了多种产品。如各种各样的微型传感器(如加速度计(图 1.1.7)、陀螺仪(图 1.1.8~图 1.1.10)、磁场计、压力传感器、流量传感器、微麦克风等),各种各样的微执行器和控制器(如微泵、微阀、微喷嘴、微毛细管电泳仪、微光开关、RF-MEMS 器件、微光谱仪、DNA 芯片等)。

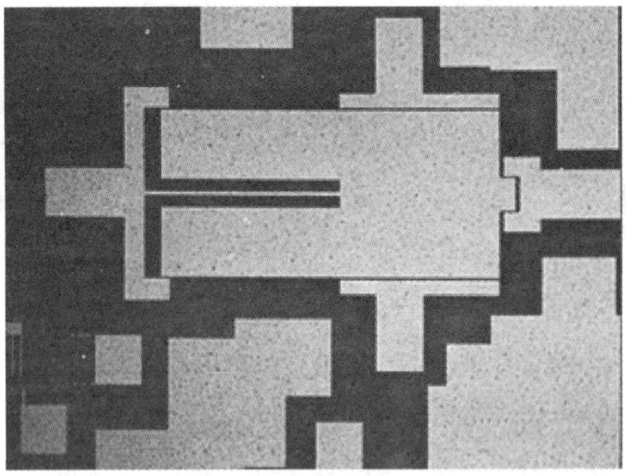

图 1.1.7　电容式微加速度计

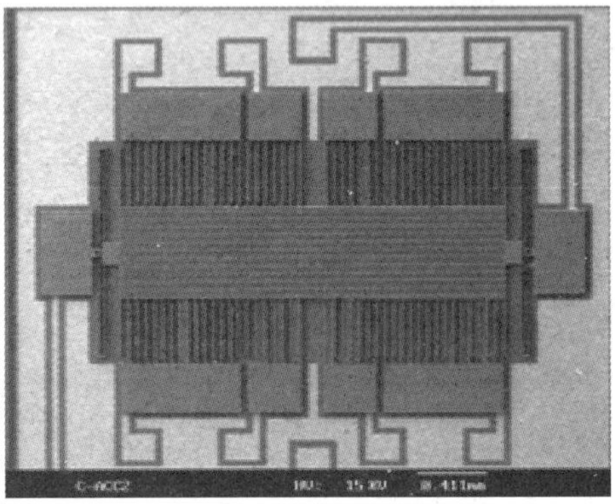

图 1.1.8　微陀螺仪样机

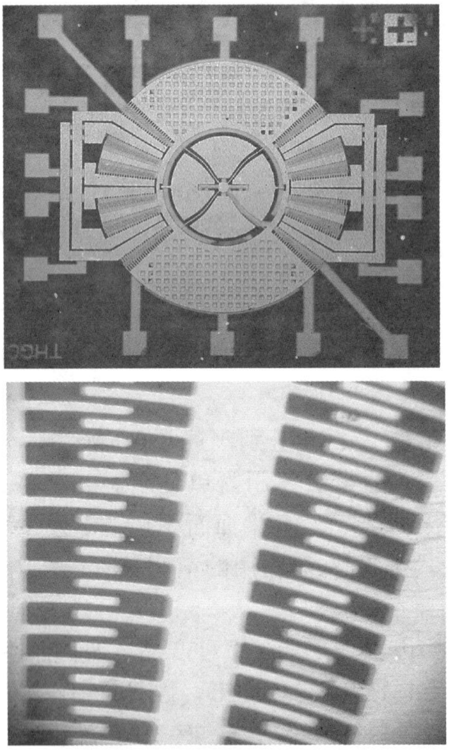

图 1.1.9　振动环式微陀螺仪

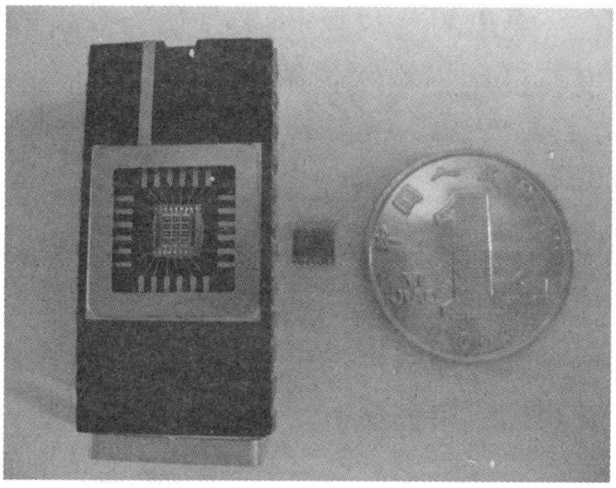

(a)

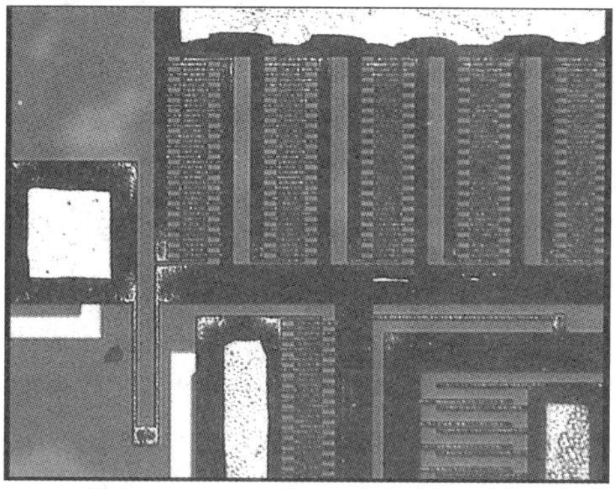

(b)

图 1.1.10　梳齿式微陀螺仪

(a)微陀螺仪与一角硬币的尺寸对比;(b)微陀螺仪的驱动检测部分。

1.2　近代连续介质力学的发展

经典连续介质力学是一个比较完善的体系。无论是固体、流体、还是气体,也无论是静力学问题还是动力学问题,都可以借助于经典连续介质力学的理论和方法来进行分析。然而,经典连续介质力学也有它的局限性。对于大多数宏观尺度的问题,经典连续介质力学都能给出比较准确的分析结果。但对于微尺度的问题,经典连续介质力学就无法给出准确的分析。其问题主要源于经典连续介质力学的基本假设。为了克服经典连续介质力学理论的缺陷,人们发展了近代连续介质力学的理论。近代连续介质力学理论是现代连续统物理学的一个新分支。它是对经典连续介质力学的改进和扩展。早在 1887 年,W·佛克脱(Voigt)就提出关于物体的一部分对其邻近部分的作用可能引起体力偶和面力偶的猜想。法国科学家科瑟拉兄弟于 1909 年成功地实现了佛克脱的猜想,提出有向物质点连续介质理论,这一理论有时也称为科瑟拉连续介质理论。这种连续介质理论通过研究和应用,逐渐发展成为广义连续介质力学。这一名词源于国际理论和应用力学协会(IUTAM)。为纪念科瑟拉兄弟创建有向物质点连续介质理论和另一位法国科学家 E. –J. Carten(1922 年)提出空间挠率概念,1967 年在德国举行了“广义连续介质力学”讨论会。随后,广义连续介质力学也在不断发展,相继出现了极性连续介质力学、非局部连续介质力学和非局部极性连续介质力学等。

经典连续介质力学有三个突出的基本假定:一是认为介质具有连续性,不仅包括位移连续,也包括变形(位移梯度)连续,把物体看作是具有三个自由度的物质点的集合,物质及其特性都连续可分至无穷小;二是认为介质具有局部性,不仅物质尺度可以无限缩小,其各物理量也可以通过极限求得,全部守恒定律对物体的任一微小部分都适用;三是认为介质物质点之间具有独立性,其某一物质点与周围物质点仅存在连续性的关联,各物理量仅依赖于某一物质点,而不同时依赖于周围其他质点,物体任意点的状态只受该点无穷小的邻域的影响。第一个假定略去了物质点的极性性质。在这个假定下建立起来的连续介质理论称为非极性连续介质理论。第二个假定排除了载荷对物体运动和状态变化的长程效应。第三个假定则忽略了物质点之间的交互作用。在这两个假定下建立起来的连续介质理论称为局部连续介质理论。这样的假定掩盖了力矩的作用,同时也回避了转动的作用,特别是掩盖了引起变形的力矩(应力矩)的作用和单位尺度上转角(转动梯度)的作用。因此,可以说,经典连续介质力学是非极性的局部的连续介质力学理论。

保留经典连续介质理论的第二个和第三个假定,并把第一个假定中的物质点看作是可以进行微运动的微小物体。如果只允许这种微小物体做刚性运动,则这种连续介质理论发展成为微极连续介质力学,它的研究对象主要是微极弹性固体和微极流体;如果还允许这种微小物体变形,则这种连续介质理论发展成为微态连续介质力学,它的研究对象主要是微态弹性固体和微态流体。由于所采用的模型的变化,经典连续介质理论中的各个环节也都要进行相应的修改。例如,在经典连续介质理论中的应变只需刻画点与邻点间距离的变化,而在极性连续介质理论中还需刻画点与邻点间微运动的差别;柯西应力原理需要扩充,应力张量不再是对称的;质点除具有质量外,还具有自旋惯性等。

摒弃第二个和第三个假定,引入材料的微细观结构引起的非局部效应,则发展为非局部连续介质理论。它考虑连续介质的非局部效应,认为物体总是由具有某种特征长度(尺寸或距离)的子物体(原子、分子、颗粒等)组成的,外载荷也具有特征长度或特征时间(如外载荷具有光滑分布的区域尺寸、波长、频率等)。非局部连续介质理论不是微观理论,用的仍然是唯象的方法,但考虑了由微观性质引起的效应。由于其仍然采用唯象的方法,不同于微观原子、分子理论,从基本方程形式和分析思维模式上仍类似于经典理论的方法。因此,它在经典连续介质力学理论和微观原子、分子理论间搭起了“桥梁”,从而有可能针对新的力学问题,解决经典理论无法解决的一大类力学问题。

极性连续介质力学和非局部连续介质力学相结合,形成非局部极性连续介质力学理论。它的研究对象主要是非局部微极固体和非局部微极流体。

无论是微极理论,还是微态理论,或是非局部理论,都是经典连续介质力学理论的推广。人们统称其为广义连续介质力学理论或近代连续介质力学理论。自20世纪60年代以来,许多学者从不同角度提出了各种不同的非经典连续介质力学理论,其中发展相对较完整的是偶应力理论、应变梯度理论和非局部理论,并进一步形成了偶应力弹性理论、微结构弹性理论、非对称弹性理论、多极连续介质力学、偶应力流体力学等。从物质点转动的角度看,偶应力理论考虑了物质点的转动(或旋转),但考虑得不彻底,它只考虑了物质点随物质的转动,极性连续介质力学理论彻底考虑了物质点的转动,并把转动看作是独立的因素。从位移二阶梯度的角度看,偶应力理论考虑了位移二阶梯度,但也考虑得不彻底,它只考虑了位移梯度反对称部分的二阶梯度,应变梯度理论则彻底考虑了位移的二阶梯度。非局部理论不单针对微结构系统。这些理论都属于广义连续介质力学的范畴。随着广义连续介质力学的发展,已逐步形成了广义连续统场论。

为了进一步看出广义连续介质力学理论与经典连续介质力学理论的区别,下面分别列出了微极弹性固体、微极流体、非局部弹性固体、非局部流体等理论对应的本构方程,并与经典理论进行了对比。可以看出,广义连续介质力学理论是经典连续介质力学理论的推广。

1.2.1 微极弹性固体

微极弹性固体与一般弹性固体的主要区别在于对物质点的认识上。一般弹性固体理论认为物质点在三维空间只具有三个平动的自由度,而微极弹性固体理论认为物质点不仅具有三个平动的自由度,还具有三个转动的自由度。为了大体上看出微极弹性固体和一般弹性固体这两种模型的差异,下面给出各向同性线性微极弹性固体的本构方程:

$$
\begin{aligned}
\sigma_{ij} &= \lambda\delta_{ij}\varepsilon_{kk} + (\mu + \kappa)\varepsilon_{ij} + \mu\varepsilon_{ji} \\
m_{ij} &= \alpha\delta_{ij}\chi_{kk} + \beta\chi_{ij} + \gamma\chi_{ji}
\end{aligned}
\tag{1.2.1}
$$

式中:σ_{ij} 和 m_{ij} 为应力张量和偶应力张量;λ、μ、κ、α、β、γ 为物性模量;δ_{ij} 为克罗内克符号;ε_{ij} 和χ_{ij} 为应变张量和转动张量,且可表示为

$$
\begin{aligned}
\varepsilon_{ij} &= u_{j,i} - e_{ijk}\varphi_k \\
\chi_{ij} &= \varphi_{j,i}
\end{aligned}
\tag{1.2.2}
$$

其中,$u_{i,j}$和 $\varphi_{i,j}$分别为位移矢量 $\boldsymbol{u}$ 和转动矢量 $\boldsymbol{\varphi}$ 的分量,下角标间的“,”表示偏导。

在一般微极理论中,转动矢量 $\boldsymbol{\varphi}$ 是独立于位移矢量 $\boldsymbol{u}$ 的独立变量,当取 $\varphi_k = \dfrac{1}{2}e_{kij}u_{j,i}$ 时,微极理论将退化为约束偶应力理论。

经典弹性力学中各向同性线性弹性固体的本构方程为

$$
\sigma_{ij} = \lambda\delta_{ij}\varepsilon_{kk} + 2\mu\varepsilon_{ij} \tag{1.2.3}
$$

式中:λ 和 μ 为拉梅常数。

通过比较可知,在微极弹性固体中,由于考虑微极效应,总共需要六个物性模量,应力张量不再对称,并且出现了偶应力。

1.2.2 微极流体

与微极弹性固体类似,微极流体理论同样认为物质点在三维空间中不仅具有三个平动的自由度,而且还具有三个转动的自由度。以此为基础建立的广义连续介质力学中的物质模型是一类可以承受偶应力和体力偶的流体。这种模型是经典流体模型的推广。为了大体上看出微极流体和一般流体这两种模型的差异,下面给出各向同性线性微极流体的本构方程:

$$
\begin{aligned}
\sigma_{ij} &= -p\delta_{ij} + \lambda^*\delta_{ij}A_{kk} + (\mu^* + \kappa^*)A_{ij} + \mu^*A_{ji} \\
m_{ij} &= \alpha^*\delta_{ij}B_{kk} + \beta^*B_{ij} + \gamma^*B_{ji}
\end{aligned}
\tag{1.2.4}
$$

式中:σ_{ij} 和 m_{ij} 为应力张量和偶应力张量;λ^*、μ^*、κ^*、α^*、β^*、γ^* 为物性模量;δ_{ij} 为克罗内克符号;p 为动压力;而

$$A_{ij} = v_{j,i} + \boldsymbol{v}_{ij}$$
$$B_{ij} = \boldsymbol{v}_{i,j} \tag{1.2.5}$$

其中，$v_{j,i}$ 和 $\boldsymbol{v}_{i,j}$ 为速度矢量$\boldsymbol{v}$ 和角速度矢量 $\boldsymbol{v}$ 的分量，$\boldsymbol{v}_{ij}$ 为回转速度张量分量，下角标间的“,”表示偏导。

各向同性牛顿流体的本构方程为

$$\sigma_{ij} = -p\delta_{ij} + \lambda^* \delta_{ij} D_{kk} + 2\mu^* D_{ij} \tag{1.2.6}$$

式中：λ^* 和 μ^* 为黏性系数；$D_{ij} = v_{j,i}$ 为变形速率张量。

通过比较可见，在微极流体中，由于考虑微极效应，总共需要六个物性模量，应力张量不再对称，并且出现力偶应力。

1.2.3 非局部弹性固体

与经典弹性固体的认识不同，在考虑非局部效应的弹性固体模型中，计及了弹性固体中长程分子间的相互作用力。它是经典弹性固体模型的推广和扩充，也属广义的连续介质力学的范畴。各向同性线性非局部弹性固体的本构方程如下：

$$\begin{aligned}\sigma_{ij} = {} & \lambda\delta_{ij}\varepsilon_{kk} + 2\mu\varepsilon_{ij} + \\ & \int\rho[\lambda'\delta_{ij}\varepsilon_{kk}(\boldsymbol{x}') + 2\mu'\varepsilon_{ij}(\boldsymbol{x}')]\mathrm{d}V(\boldsymbol{x}')\end{aligned} \tag{1.2.7}$$

式中：λ、μ 和 λ'、μ' 分别为局部拉梅系数和非局部拉梅系数；σ_{ij} 为应力张量；ε_{ij} 为应变张量；V 为物体所占据的体积；$\boldsymbol{x}$ 为所考察点的位置矢量；$\boldsymbol{x}'$为所有其他点的位置矢量。

上式中的积分项反映了弹性固体中的非局部效应。若略去这个非局部效应项，则有

$$\sigma_{ij} = \lambda\delta_{ij}\varepsilon_{kk} + 2\mu\varepsilon_{ij} \tag{1.2.8}$$

这便是经典弹性力学中各向同性线性弹性固体的本构方程。

1.2.4 非局部流体

考虑非局部效应的流体模型，也是广义连续介质力学的研究对象。它是古典流体模型的推广和扩充。与古典流体不同，在非局部流体中长程分子间相互作用力是重要的。各向同性线性非局部流体的本构方程如下：

$$\begin{aligned}\sigma_{ij} = {} & -p\delta_{ij} + \lambda^*\delta_{ij}D_{kk} + 2\mu^* D_{ij} + \\ & \int\{[\sigma' + \bar{\lambda}'D_{kk}(\boldsymbol{x}')]\delta_{ij} + 2\bar{\mu}'D_{ij}(\boldsymbol{x}')\}\mathrm{d}V(\boldsymbol{x}')\end{aligned} \tag{1.2.9}$$

式中：λ^*、μ^* 和 $\bar{\lambda}'$、$\bar{\mu}'$ 分别为局部黏性常数和非局部黏性系数；σ_{ij} 为应力张量；D_{ij} 为变形速率张量；V 为物体所占据的体积；$\boldsymbol{x}$ 为所考察点的位置矢量；$\boldsymbol{x}'$为所有其他点的位置矢量；p 为动压力；σ' 为表面张力。

式(1.2.9)中积分项反映流体中的非局部效应。若略去这个非局部效应项，则有

$$\sigma_{ij} = -p\delta_{ij} + \lambda^*\delta_{ij}D_{kk} + 2\mu^* D_{ij} \tag{1.2.10}$$

这便是经典流体力学中线性黏性流体的本构方程。

1.3 微结构力学的尺度效应

虽然微纳机电系统相对于宏观系统最突出的特征表现在尺度上，但它绝不是传统宏观机电系统的简单按比例的缩小。当其系统尺度缩小到微米、亚微米甚至纳米量级时，微纳结构性能与宏观尺寸下相比，在很多方面都表现出明显的定性差异。宏观尺寸下的主导作用力可能是体积力（如重力和惯性力等），而在微纳尺度下这些可能完全可以忽略。而宏观尺度下常常可以忽略的表面力、线力等在微观尺度下却会成为主导的作用力。不仅如此，随着构件特征尺度的减小，其微构件的结构尺度已经越来越接近于材料的颗粒或空隙尺度，材料微观结构对其力学性能的定性影响会越来越突出。因此，在微纳尺度下，不论是结构的力学性能还是其多场耦合性能都会表现出明显的尺度效应。

许多微尺度实验发现，微构件力学性能（如变形能）明显依赖于其特征尺度，明显依赖于其高阶的应力和高阶位移梯度的作用。此外，力电耦合性能表现出明显挠曲电效应，应变梯度会诱导极化，电场梯度会诱导机械变形应力。

经典连续介质理论的本构关系中不包含任何与特征尺寸相关的参数，因此无法解释微结构力学性能及多场耦合性能的尺寸效应。非局部理论试图从分子原子的作用层面修正经典连续介质理论中质点的模型，但用其直接处理微纳米尺度的结构却显得比较困难。为此，人们提出了用应变梯度理论来解释微纳结构力学性能的尺度效应，解释介电材料的挠曲电力电耦合特性。

微结构尺度效应的典型实验有三个：一个是 Fleck 等的铜丝扭转实验，另一个是 Stolken 和 Evans 的微梁弯曲实验，再一个是 Poole 等的纳米压痕实验。

Fleck 等分别对直径为 170μm、30μm、20μm、15μm 和 12μm 的细铜丝进行了扭转实验，实验中发现，其无量纲扭矩随细铜丝直径的减小而增大。当细铜丝直径从 170μm 减小到 12μm 时，其无量纲扭矩增加了约 3 倍。后来，又有其他人做了类似的实验，对直径分别为 105μm、42μm、30μm 和 18μm 的细铜丝进行了扭转实验，当细铜丝直径从 105μm 减小到 18μm 时，其无量纲扭矩增加了约 1.5 倍。

Stolken 和 Evans 对厚度分别为 50μm、25μm 和 12.5μm 的镍薄梁进行了弯曲实验，从实验中发现，随着微镍梁厚度的减小，其无量纲弯曲硬度也显著增加。Lloyd 等人研究了不同颗粒增强金属基复合材料，发现在保持增强颗粒体积分数不变的情况下，复合材料的宏观强度随颗粒尺寸的减小而增大。Lam 等对厚度分别为 115μm、75μm、38μm 和 20μm 的环氧树脂悬臂梁进行了弯曲实验，从实验中观察到，微梁无量纲抗弯刚度随厚度的减小而增大。当微梁厚度减小到 20μm 时，其无量纲抗弯刚度相对于 115μm 时提高了约 2.3 倍。Mcfarland 和 Colton 的实验也说明了这一点。在对厚度约为 15μm 和 30μm 的聚丙烯悬臂梁进行的弯曲实验中观察到，其弯曲刚度值是传统理论预测值的 4 倍以上。

再一类能很好揭示微尺度下材料尺寸效应的实验是微米及亚微米的压痕实验。例如，Poole 等对多晶铜薄膜进行的压痕实验、Mcelhaney 等对铜进行的压痕实验、魏悦广等对单晶铜和铝薄膜进行的压痕实验、Ma 和 Clarke 对单晶银薄膜进行的压痕实验、Stemashenko 等对单晶钨薄膜进行的压痕实验，以及 Chong 和 Lam 对环氧树脂类薄膜进行的压痕实验，都说明了薄膜硬度随压痕深度的减小而显著增大。压入深度小于 50μm 时，压痕硬度表现出非常强烈的尺度效应。对于金属材料,所测材料的硬度值随着压入深度的减小可达到传统硬度值的2倍甚至3倍。不仅如此,学者们在对材料弹性变形的实验中也发现了明显的尺寸效应。

微尺度下,不仅微纳结构的力学性能表现出明显的尺寸效应,对介质性材料(介电材料)来说,其力电耦合性能也表现出明显的尺度效应,并突出地表现在挠曲电效应方面。挠曲电效应是指应变梯度与极化,以及极化梯度和应变之间的相互耦合的效应。由于应变梯度具有很强的尺度效应,因此挠曲电效应也对尺度具有明显的依赖性,体现在微介质性(介电材料)材料结构的多场耦合效应中。

挠曲电效应是有别于压电效应的另一种力电耦合效应形式。通常的压电效应是指应变和极化之间的相互耦合,表现为应变诱导极化,极化产生机械变形应力。压电效应通常仅存在于非中心对称介电材料中,而挠曲电效应广泛存在于所有介电材料(包括中心对称的介电材料)中。根据作用方式的不同,挠曲电效应可分为正挠曲电效应和逆挠曲电效应。正挠曲电效应表现为应变梯度诱导极化,即力场(机械能)向电场(电能)的转换,逆挠曲电效应表现为极化梯度产生机械变形应力,即电场(电能)向力场(机械能)的转换。在特定的条件下,这种耦合可以具有较大的力电耦合系数。挠曲电效应与应变梯度相关,介电体特征尺寸越小,应变梯度越大,故微纳尺度挠曲电效应比宏观尺度更加明显。

挠曲电效应之所以不仅能存在于非中心对称介电材料中而且还存在于中心对称介电材料中,是因为应变本身不能打破材料的中心对称性,而应变梯度能够打破这种对称性。如果材料本身是中心对称的晶体结构,则在发生均匀变形之后将仍然是中心对称结构。所以压电效应不能存在于中心对称的介电材料中。例如,中心对称晶体板在均匀变形的情况下,正负电荷的中心依然重合,其中心对称性依然能够得以保持,不产生极化向量。但是,应变梯度却能够打破这种中心对称性。当中心对称材料受到非均匀变形时,上下表面晶格不对称使得正负电荷中心不再重合,从而在材料内部发生极化。这就是挠曲电效应存在于所有介电材料中的原因。

挠曲电效应的存在极大地扩展了广义压电材料的范围。对于非压电体,通过合理结构形式的设计,使其在外力作用下能产生非均匀变形,从而因挠曲电效应诱发极化,就会表现出类似压电的性能。例如,基于纵向挠曲电效应制作的挠曲电压电复合结构,把钛酸锶钡梯形块按矩形阵列排列,块体间由空气或其他柔性材料绝缘,上下表面用金属板压合形成层复合结构。当该复合板在厚度方向受力时,每个楔形块都会产生应变梯度,从而由挠曲电效应诱发极化,就能表现出类似压电的性能,实验测得等效压电系数基本上与压电材料相当,说明通过有效的结构设计,非压电材料也能实现力电转换的效能。同样也可以基于横向挠曲电效应制作相应的挠曲电压电复合结构,当结构受压时,材料的弯曲变形产生应变梯度,从而由挠曲电效应产生极化,极化电荷通过电极收集。实验测得的有效压电系数也很可观。

利用挠曲电效应可以制作应变梯度传感器,将其贴附于开孔铝板的孔边缘附近,可检测单轴拉伸动载荷下孔边缘的应变梯度变化,从而实时监测裂纹的产生和生长。利用挠曲电效应可以制作曲率传感器,通过感知应变梯度的变化测量不同载荷下弯曲梁的曲率。有学者通过实验对比了相同条件下挠曲电悬臂梁和压电悬臂梁的输出电荷,发现当悬臂梁厚度达到微米量级时,挠曲电悬臂梁表现出更好的灵敏度。由于挠曲电材料不存在退极化和老化的问题,因此其材料的稳定性和耐久性会大大提升。

按照经典连续介质力学的概念和理论,结构内部的应力是按柯西应力的概念来定义的。结构内部的变形是按小变形应变理论来分析的。这样的假设和处理对于绝大多数工程问题都是很有效的。特别是对于大尺度的问题是足够精确的。因为此时构成物质的分子级或颗粒级的尺寸可忽略不计。然而,对于微纳米尺度的结构来说,上述的假设有时就不再有效了。其原因是结构的尺寸已接近材料颗粒的尺寸,而材料颗粒有其固有的特性,无论从颗粒的体积本身或是其特性方面都不是无限可分的,从而动摇了传统连续介质力学的一些基本假设。因为这些假设存在以下几方面的局限:①由于物质无限连续可分,内部应力中只有极限意义上的柯西应力,而没有偶应力(或称应力偶)。由于物质无限连续可分,对任意体积合力矩为零都成立,从而导得只有对称意义的柯西应力,而没有反对称意义的应力。②在变形特性上,只有伸缩和角变形意义上的应变,而没有旋转意义上的应变,认为旋转是刚体的行为。事实上,对于微尺度结构,材料颗粒的尺寸不能再忽略不计。其颗粒的大小及其属性必须予以充分的考虑才行。从颗粒体积上讲,微结构的质点要远小于颗粒体积,颗粒是由许多质点构成的区域。这样一来,颗粒内的变形与颗粒外的变形不再连续,颗粒表面上的应力就不再对称。此外,颗粒除随物质整体介质转动外,还有可能存在自身的相对转动。

第2章 张量概论

2.1 矢量的描述

2.1.1 标量

在人们认识自然界的过程中,很早就有了数和量的概念,并广泛应用于实际的生产和生活中,为了描述一种事物的多少,总是将数和量合在一起用,如一斤苹果、二尺布等。这样的量通常叫作数量。它有数的含义,即大小的含义,也有单位的含义,即量纲的含义。但这种量没有方向性,也无需用空间坐标表示。这种只有数量大小而没有空间方向的量,称为标量(Scale)。它是相对于下文要介绍的矢量(Vector)而言的。

2.1.2 矢量

随着人们认识的深化和物理学的发展,单纯用数和量来描述事物已经不足够了。如对力的描述、速度的描述,用数和量只能描述其大小,而无法描述其方向。为了充分认识并描述这些事物,并兼顾大小和方向两个方面,人们引入了矢量(也称向量)的概念。矢量既有大小,也有方向。相对矢量来说,传统的无方向特征的数和量,通常称为标量。标量由于没有方向、没有空间的概念,因此一般也无需用坐标系来描述。矢量则不同,准确描述矢量的方向,一定要有一个参考的坐标系。并将该矢量在不同坐标轴上的投影称为分量。分量带有一个下标。如矢量$\boldsymbol{f}$在直角坐标系$Oxyz$中其各分量分别表示为f_x ,f_y ,f_z 。如果用$i = 1,2,3$分别代表x ,y ,z轴,则力的三个分量又可以表示为f_i ,$i = 1,2,3$。可以看出,用一个下标可以表示出一个矢量的分量,而将这些分量集合在一起,就构成了矢量的完整描述。比较一下标量和矢量。从内涵上讲:标量只具有大小的特征;矢量不仅具有大小的特征,而且还具有方向的特征。从表征形式上讲:标量一般无需参照坐标系,即使用参照系,也没有分量的概念,表征形式也无需下标;矢量则需要参考坐标系,在坐标系的各轴上有分量的概念,分量表征形式需要一层下标,分量的集合构成总矢量的描述。

2.1.3 矢量的坐标变换

进一步的分析发现,对应不同的坐标系,同一矢量的分量形式是不同的,但它们之间遵从某种变换的规则。如一个平面内的矢量$\boldsymbol{A}$在平面直角坐标系Oxy中的分量为$\{A_x, A_y\}$,若将坐标系旋转一个角度φ变换成一个新坐标系$Ox'y'$,其对应的分量则为$\{A_{x'}, A_{y'}\}$,如图2.1.1所示。坐标系$\boldsymbol{i}(xoy)$与坐标系$\boldsymbol{i}'(x'Oy')$间单位矢量(也称为基矢量)的变换关系为

$$\begin{cases}\boldsymbol{i}_x = \boldsymbol{i}_{x'}\cos\varphi - \boldsymbol{i}_{y'}\sin\varphi \\ \boldsymbol{i}_y = \boldsymbol{i}_{x'}\sin\varphi + \boldsymbol{i}_{y'}\cos\varphi\end{cases} \tag{2.1.1}$$

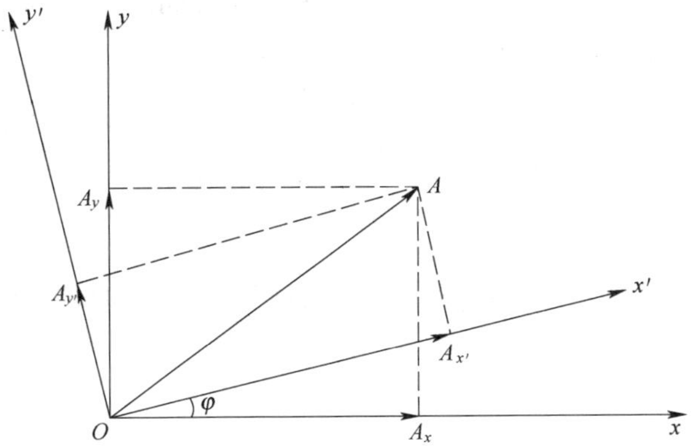

图 2.1.1　直角坐标系的变换

矢量 **A** 的分量也满足对应的变换关系,即

$$\begin{cases} A_x = A_{x'}\cos\varphi - A_{y'}\sin\varphi \\ A_y = A_{x'}\sin\varphi + A_{y'}\cos\varphi \end{cases} \tag{2.1.2}$$

一般来讲,平面内(或空间内)一点可用一矢径 $\boldsymbol{r}$ 来表示。在坐标系 Oxy 中 $\boldsymbol{r}$ 可写成:

$$\boldsymbol{r} = x\boldsymbol{i}_x + y\boldsymbol{i}_y \tag{2.1.3}$$

对坐标的偏微分为

$$\frac{\partial \boldsymbol{r}}{\partial x} = \boldsymbol{i}_x \text{ 和 } \frac{\partial \boldsymbol{r}}{\partial y} = \boldsymbol{i}_y \tag{2.1.4}$$

同理有

$$\frac{\partial \boldsymbol{r}}{\partial x'} = \boldsymbol{i}_{x'} \text{ 和 } \frac{\partial \boldsymbol{r}}{\partial y'} = \boldsymbol{i}_{y'} \tag{2.1.5}$$

为了分析新旧坐标系的变换关系,可把新坐标系 $Ox'y'$ 的坐标看作旧坐标系 Oxy 坐标的函数,即 $x' = f_1(x,y)$ 及 $y' = f_2(x,y)$,则式(2.1.4)和式(2.1.5)又可写为

$$\boldsymbol{i}_x = \frac{\partial \boldsymbol{r}}{\partial x} = \frac{\partial \boldsymbol{r}}{\partial x'}\frac{\partial x'}{\partial x} + \frac{\partial \boldsymbol{r}}{\partial y'}\frac{\partial y'}{\partial x} = \frac{\partial x'}{\partial x}\boldsymbol{i}_{x'} + \frac{\partial y'}{\partial x}\boldsymbol{i}_{y'} \tag{2.1.6a}$$

$$\boldsymbol{i}_y = \frac{\partial \boldsymbol{r}}{\partial y} = \frac{\partial \boldsymbol{r}}{\partial x'}\frac{\partial x'}{\partial y} + \frac{\partial \boldsymbol{r}}{\partial y'}\frac{\partial y'}{\partial y} = \frac{\partial x'}{\partial y}\boldsymbol{i}_{x'} + \frac{\partial y'}{\partial y}\boldsymbol{i}_{y'} \tag{2.1.6b}$$

上述方程组有非零解的条件是下面的行列式不等于零,即

$$\begin{vmatrix} \dfrac{\partial x'}{\partial x} & \dfrac{\partial y'}{\partial x} \\ \dfrac{\partial x'}{\partial y} & \dfrac{\partial y'}{\partial y} \end{vmatrix} \neq 0 \tag{2.1.7}$$

该行列式称作雅可比(Jacobian)行列式,对应的矩阵称作雅可比矩阵。进一步分析发现,雅可比矩阵的元素就是上述坐标变换的系数。对于上述相对于老坐标系逆时针旋转一个角度 φ 的新坐标系变换,其雅可比矩阵可写成:

$$\boldsymbol{J} = \frac{\partial(x',y')}{\partial(x,y)} = \begin{bmatrix} \dfrac{\partial x'}{\partial x} & \dfrac{\partial y'}{\partial x} \\ \dfrac{\partial x'}{\partial y} & \dfrac{\partial y'}{\partial y} \end{bmatrix} = \begin{bmatrix} \cos\varphi & -\sin\varphi \\ \sin\varphi & \cos\varphi \end{bmatrix} \tag{2.1.8}$$

这样一来,无论是坐标系 $\boldsymbol{i}$ 与 $\boldsymbol{i}'$ 间的变换,还是矢量在不同坐标系中分量之间的关系都可以描述为雅可比矩阵的线性变换形式,即

$$\boldsymbol{i} = \boldsymbol{J} \cdot \boldsymbol{i}' \tag{2.1.9}$$

$$\boldsymbol{A} = \boldsymbol{J} \cdot \boldsymbol{A}' \tag{2.1.10}$$

2.1.4 斜角直线坐标系中的矢量描述

在直线坐标系中,矢量的分量就是矢量在对应坐标轴上的投影,或者说是矢量与坐标基矢量的点积,即

$$A_x = \boldsymbol{A} \cdot \boldsymbol{i}_x = |\boldsymbol{A}|\cos\theta \tag{2.1.11}$$

式中:θ 为矢量 $\boldsymbol{A}$ 与 $\boldsymbol{i}_x$ 轴间的夹角。

然而,对于一般的斜角(非直角)的直线坐标系,上述的关系就没这么简单了。图 2.1.2 所示为一平面内的斜角直线坐标系 Ox_1x_2,其中坐标轴 Ox_1 和 Ox_2 相互不垂直。坐标系内有一矢量 $\boldsymbol{P}$。按矢量的平行四边形法则可将其分解为坐标轴上的两个分量 $\boldsymbol{P}_1$ 和 $\boldsymbol{P}_2$。若取 $\boldsymbol{g}_1$ 和 $\boldsymbol{g}_2$ 分别为 Ox_1 轴和 Ox_2 轴上的基矢量,则可将 $\boldsymbol{P}_1$ 和 $\boldsymbol{P}_2$ 写成:

$$\begin{cases} \boldsymbol{P}_1 = a_1\boldsymbol{g}_1 \\ \boldsymbol{P}_2 = a_2\boldsymbol{g}_2 \end{cases} \tag{2.1.12}$$

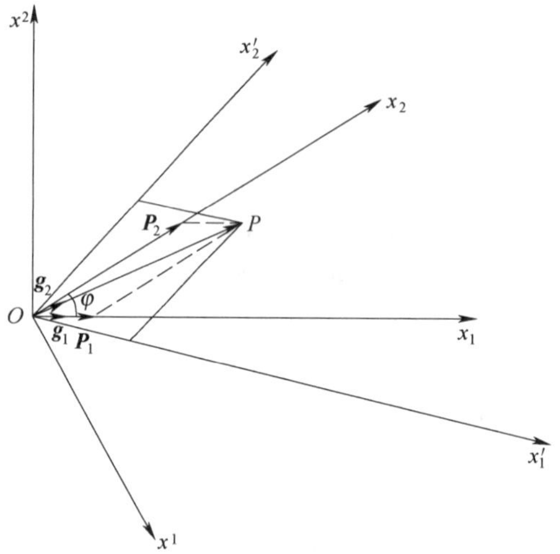

图 2.1.2 斜角直线坐标系及其坐标变换

式中:a_1 和 a_2 为标量。

原矢量 $\boldsymbol{P}$ 可写成:

$$\boldsymbol{P} = \boldsymbol{P}_1 + \boldsymbol{P}_2 = a_1\boldsymbol{g}_1 + a_2\boldsymbol{g}_2 \tag{2.1.13}$$

标量 a_1 和 a_2 反映的是矢量 $\boldsymbol{P}$ 在 Ox_1 轴和 Ox_2 轴上的分量 $\boldsymbol{P}_1$ 和 $\boldsymbol{P}_2$ 占基矢量 $\boldsymbol{g}_1$ 和 $\boldsymbol{g}_2$ 的倍数,通常直接称其为矢量 $\boldsymbol{P}$ 在斜角直线坐标系 Ox_1x_2 中的分量。

将式(2.1.13)两端同时点乘 $\boldsymbol{g}_1$,则有

$$\begin{aligned} \boldsymbol{P} \cdot \boldsymbol{g}_1 &= a_1\boldsymbol{g}_1 \cdot \boldsymbol{g}_1 + a_2\boldsymbol{g}_2 \cdot \boldsymbol{g}_1 \\ &= a_1 |\boldsymbol{g}_1|^2 + a_2 |\boldsymbol{g}_1| |\boldsymbol{g}_2| \cos\langle \boldsymbol{g}_1, \boldsymbol{g}_2 \rangle \end{aligned} \tag{2.1.14}$$

由于斜角直线坐标系 Ox_1x_2 中的坐标轴 Ox_1 和 Ox_2 相互不垂直,亦即基矢量 $\boldsymbol{g}_1$ 和 $\boldsymbol{g}_2$

的夹角为 $\varphi \neq \dfrac{\pi}{2}$，上式中的第二项并不为零。因此通过点积投影的方法不能直接得到分量 a_1。

为了解决这样的问题，可引入一组新的基矢量 $\boldsymbol{g}^1$ 和 $\boldsymbol{g}^2$（注意由原来的下标改成了上标），并称 $\boldsymbol{g}^1$ 和 $\boldsymbol{g}^2$ 为 $\boldsymbol{g}_1$ 和 $\boldsymbol{g}_2$ 的对偶基，使其与原基矢量 $\boldsymbol{g}_1$ 和 $\boldsymbol{g}_2$ 满足关系：$\boldsymbol{g}_1 \cdot \boldsymbol{g}^2 = \boldsymbol{g}_2 \cdot \boldsymbol{g}^1 = 0$ 和 $\boldsymbol{g}_1 \cdot \boldsymbol{g}^1 = \boldsymbol{g}_2 \cdot \boldsymbol{g}^2 = 1$，即正交。在图形上，相当于画了一个新坐标 Ox^1x^2，其中 Ox^1 轴与 Ox_2 轴垂直，Ox^2 轴与 Ox_1 轴垂直。再用 $\boldsymbol{g}^1$ 去点乘式(2.1.13)，有

$$\boldsymbol{P} \cdot \boldsymbol{g}^1 = a_1\boldsymbol{g}_1 \cdot \boldsymbol{g}^1 + a_2\boldsymbol{g}_2 \cdot \boldsymbol{g}^1 = a_1 \tag{2.1.15}$$

同理有

$$\boldsymbol{P} \cdot \boldsymbol{g}^2 = a_2 \tag{2.1.16}$$

可以看出，a_1 相当于 $\boldsymbol{P}$ 在 Ox^1 轴上的投影 P^1，a_2 相当于 $\boldsymbol{P}$ 在 Ox^2 轴上的投影 P^2，即

$$a_1 = P^1 \quad 和 \quad a_2 = P^2 \tag{2.1.17}$$

则前述的分解公式可重写为

$$\boldsymbol{P} = P^1\boldsymbol{g}_1 + P^2\boldsymbol{g}_2 \tag{2.1.18}$$

由于 $\boldsymbol{g}_1$ 和 $\boldsymbol{g}_2$ 是原斜角直线坐标系的基矢量，称为协变基矢量。而 $\boldsymbol{g}^1$ 和 $\boldsymbol{g}^2$ 和它们有正交关系，满足 $\boldsymbol{g}_1 \cdot \boldsymbol{g}^1 = 1$，$\boldsymbol{g}_2 \cdot \boldsymbol{g}^2 = 1$，$\boldsymbol{g}_1 \cdot \boldsymbol{g}^2 = \boldsymbol{g}_2 \cdot \boldsymbol{g}^1 = 0$，即

$$\begin{bmatrix} \boldsymbol{g}_1 \\ \boldsymbol{g}_2 \end{bmatrix} \cdot [\boldsymbol{g}^1 \quad \boldsymbol{g}^2] = \begin{bmatrix} 1 & 0 \\ 0 & 1 \end{bmatrix} \tag{2.1.19}$$

或

$$\boldsymbol{g}_i \cdot \boldsymbol{g}^j = \delta_i^j \tag{2.1.20}$$

式中：δ_i^j 为 Kronecker 函数，且有

$$\delta_i^j = \begin{cases} 1, & i = j \\ 0, & i \neq j \end{cases} \tag{2.1.21}$$

从矩阵的角度，如果两个方矩阵的积为单位矩阵，则称这两个矩阵互逆，即后面的矩阵为前面矩阵的逆矩阵。因此称 $\boldsymbol{g}^1$ 和 $\boldsymbol{g}^2$ 为逆变基矢量（严格说来，这两个矩阵不是方阵，不能算逆矩阵）。对应地，称 P^1 和 P^2 为矢量 $\boldsymbol{P}$ 的逆变分量。若将该矢量按逆变基矢量分解，则有

$$\boldsymbol{P} = P_1\boldsymbol{g}^1 + P_2\boldsymbol{g}^2 \tag{2.1.22}$$

式中：P_1 和 P_2 为矢量 $\boldsymbol{P}$ 的协变分量。

这样的概念在空间三维坐标系或 n 维坐标系中是同样存在的，思路也完全类似。在 n 维空间中，矢量 $\boldsymbol{P}$ 可以表示为

$$\boldsymbol{P} = \sum_{i=1}^{n} P_i\boldsymbol{g}^i \tag{2.1.23}$$

同理有

$$\boldsymbol{P} = \sum_{i=1}^{n} P^i\boldsymbol{g}_i \tag{2.1.24}$$

可以看出，在 n 维空间中，矢量 $\boldsymbol{P}$ 既可以表示为逆变基的线性组合，也可以表示为协变基的线性组合。表示为逆变基的线性组合时的系数（分量）是协变分量，表示为协变基

的线性组合时的系数(分量)是逆变分量。

对于一个三维的斜角直线坐标系 (x^1, x^2, x^3),其某一点的空间位置可以用坐标原点至该点的矢径 $\boldsymbol{r}(x^1, x^2, x^3)$ 来表示。类似于前述的二维情况,矢径 $\boldsymbol{r}(x^1, x^2, x^3)$ 可以表示为逆变坐标分量与协变基矢量 $\boldsymbol{g}_i$ 的线性组合,即

$$\boldsymbol{r} = x^1\boldsymbol{g}_1 + x^2\boldsymbol{g}_2 + x^3\boldsymbol{g}_3 = \sum_{i=1}^{3} x^i\boldsymbol{g}_i \tag{2.1.25}$$

由于矢径 $\boldsymbol{r}(x^1, x^2, x^3)$ 对坐标的微分可以表示为:$\mathrm{d}\boldsymbol{r} = \frac{\partial \boldsymbol{r}}{\partial x^i}\mathrm{d}x^i$,同时它又可以表示为:$\mathrm{d}\boldsymbol{r} = \boldsymbol{g}_i\mathrm{d}x^i$,因此协变基矢量 $\boldsymbol{g}_i$ 可通过矢径对坐标求偏导得到。这样的协变基矢量称为自然基矢量,即

$$\boldsymbol{g}_i = \frac{\partial \boldsymbol{r}}{\partial x^i} \tag{2.1.26}$$

协变基矢量的方向沿坐标线正方向,其大小等于当坐标 x^i 每单位增量时两点之间的距离。因这三个坐标的坐标线不在一个平面内,其混合积:

$$[\boldsymbol{g}_1\boldsymbol{g}_2\boldsymbol{g}_3] = \boldsymbol{g}_1 \cdot (\boldsymbol{g}_2 \times \boldsymbol{g}_3) \neq 0 \tag{2.1.27}$$

即 $\boldsymbol{g}_1, \boldsymbol{g}_2, \boldsymbol{g}_3$ 线性无关。当 $\boldsymbol{g}_1, \boldsymbol{g}_2, \boldsymbol{g}_3$ 构成右手坐标系时,该混合积为正值,可令其为

$$[\boldsymbol{g}_1\boldsymbol{g}_2\boldsymbol{g}_3] = \sqrt{g} \tag{2.1.28}$$

其中,g 为正实数。

与二维坐标系类似,可以通过对偶基来定义逆变基矢量 $\boldsymbol{g}^i$,其满足的关系为

$$\boldsymbol{g}^j \cdot \boldsymbol{g}_i = \delta_i^j \tag{2.1.29}$$

逆变基矢量 $\boldsymbol{g}^i$ 在方向上与协变基矢量 $\boldsymbol{g}_i$ 有一夹角 φ,并垂直于另两个协变基矢量 $\boldsymbol{g}_i$ $(i \neq j)$,在大小上,其模为 $|\boldsymbol{g}^i| = \frac{1}{|\boldsymbol{g}_i|\cos\varphi}$。

在已知协变基矢量 $\boldsymbol{g}_i$ 的情况下,可以根据二者之间的关系求逆变基矢量 $\boldsymbol{g}^i$,一种形式可表示为

$$\boldsymbol{g}^1 = \frac{1}{\sqrt{g}}(\boldsymbol{g}_2 \times \boldsymbol{g}_3), \boldsymbol{g}^2 = \frac{1}{\sqrt{g}}(\boldsymbol{g}_3 \times \boldsymbol{g}_1), \boldsymbol{g}^3 = \frac{1}{\sqrt{g}}(\boldsymbol{g}_1 \times \boldsymbol{g}_2) \tag{2.1.30}$$

另一种形式可表示为

$$\boldsymbol{g}^i = g^{ij}\boldsymbol{g}_j \tag{2.1.31}$$

其中,$g^{ij} = \boldsymbol{g}^i \cdot \boldsymbol{g}^j$。

同理,在已知逆变基矢量 $\boldsymbol{g}^i$ 的情况下,协变基矢量 $\boldsymbol{g}_i$ 为

$$\boldsymbol{g}_i = g_{ij}\boldsymbol{g}^j \tag{2.1.32}$$

其中,$g_{ij} = \boldsymbol{g}_i \cdot \boldsymbol{g}_j$。

利用后文的张量概念,g^{ij} 和 g_{ij} 可称作度量张量的逆变分量和协变分量。二者的矩阵满足:$[g^{ij}] = [g_{ij}]^{-1}$,其行列式满足:

$$\det(g_{ij}) = g \tag{2.1.33}$$

$$\det(g^{ij}) = \frac{1}{g} \tag{2.1.34}$$

也可以用逆变基矢量 $\boldsymbol{g}^i$ 将协变基矢量 $\boldsymbol{g}_i$ 表示为

$$\boldsymbol{g}_1=\sqrt{g}(\boldsymbol{g}^2\times\boldsymbol{g}^3),\boldsymbol{g}_2=\sqrt{g}(\boldsymbol{g}^3\times\boldsymbol{g}^1),\boldsymbol{g}_3=\sqrt{g}(\boldsymbol{g}^1\times\boldsymbol{g}^2) \tag{2.1.35}$$

2.2 张量的基本概念

2.2.1 张量概念的初步

有了矢量概念之后,自然界中绝大多数事物都可以通过标量和矢量来描述。然而,随着人们认识客观世界的不断深化,以及物理学的深入发展,有些事物单用标量和矢量来描述又显不够了。如结构中某一点的应力状态,既涉及作用面的方向,又涉及某一面内作用力的方向,因此涉及双重方向。若用下标来描述分量,则需要双重下标,如 $\sigma_{ij}(ij=1,2,3)$。为此,人们引入了张量(Tensor)的概念。张量是标量和矢量概念的推广和扩展。它是一种更广义的量的概念。根据分量下标层数的多少,张量分为不同的阶。标量由于不用下标,因此被视为零阶张量。矢量的分量只有一层下标,因此被称为一阶张量,而应力类型的量其分量需要双重下标来表示,被称作二阶张量,当然还有三阶张量和高阶张量。从严格的数学和物理意义上讲,张量是对事物的一种客观描述,其本身与坐标系的选取无关。它是一种不依赖于特定坐标系的表达物理量的方法。采用张量记法表示的方程,若在某一坐标系中成立,则在经过变换的其他坐标系中也成立,即张量方程具有不变性。张量有两种描述方法,其一是不需要坐标系的实体描述方法,其二是借助于坐标系的分量描述方法。在实际数学物理分析时,人们常常需要借助坐标系,对应不同的坐标系,其张量的分量也会不同。但不同坐标系下的张量分量之间,就像上述矢量分量之间一样,存在依赖于坐标系之间转换的一种变换。

2.2.2 张量的逆变与协变

在一般的斜角直线坐标系中,描述矢量时存在协变和逆变的概念,如前所述。对于矢量是这样,对于更广义的张量,情况也是如此。借助于坐标系描述张量时,也需要通过基矢量和分量来描述。用协变基矢量来描述时,其分量系数就是逆变分量,用逆变基矢量来描述时,其分量系数就是协变分量。可以看出,无论是对于矢量还是张量,之所以有协变分量和逆变分量之说,完全是因为斜角直线坐标系的存在。若该斜角直线坐标的夹角 $\varphi=\dfrac{\pi}{2}$,即 Ox_1 和 Ox_2 垂直,则新坐标系的 Ox^1 轴及 Ox^2 轴是和 Ox_1 轴及 Ox_2 轴完全重合的。这种情况下,逆变分量与协变分量是一样的。

鉴于连续介质力学多用笛卡儿直角坐标系,因此本书大多介绍并用到的是直角坐标系的张量。这种张量没有协变和逆变之分。

2.2.3 张量的定义

张量的定义一般比较抽象,可从以下两个方面来理解。一是从物理的角度看,张量就是一种描述物理客观的量,是标量和矢量的扩展。标量只描述物理量的大小,矢量不仅描述物理量的大小,还能描述物理量的方向,张量比标量和矢量更广义,它不仅能描述物理量的大小和物理量的方向，还能描述更多重的方向，甚至其他方面的因素。它是一种客观的量。二是从数学的角度看，张量可看作是某种坐标系下遵从一定坐标转换关系的各分量的有序集合。

为了解释数学上的这些思想，我们再从图 1.2 中的斜角直线坐标系及不同斜角坐标系间的变换说起。若仍以矢量 $\boldsymbol{P}$ 为对象，分析其在坐标系 Ox_1x_2 及坐标系 $Ox_1'x_2'$ 间的变换关系。不失一般性，称 Ox_1x_2 为旧坐标系，$Ox_1'x_2'$ 为新坐标系。在新坐标系 $Ox_1'x_2'$ 中，对应的基矢量为 $\boldsymbol{g}_1'$ 和 $\boldsymbol{g}_2'$，则新坐标系的基矢量对老坐标系的基矢量分解为

$$\boldsymbol{g}_1' = \beta_1^1\boldsymbol{g}_1 + \beta_1^2\boldsymbol{g}_2 \tag{2.2.1a}$$

$$\boldsymbol{g}_2' = \beta_2^1\boldsymbol{g}_1 + \beta_2^2\boldsymbol{g}_2 \tag{2.2.1b}$$

写成一般公式为

$$\boldsymbol{g}_i' = \sum_j \beta_i^j\boldsymbol{g}_j, \quad i = 1,2 \tag{2.2.2}$$

同理，新老坐标系的对偶基之间有如下关系：

$$\boldsymbol{g}'^i = \sum_j \gamma_j^i\boldsymbol{g}^j, \quad i = 1,2 \tag{2.2.3}$$

将老坐标系的基矢量按新坐标系的基矢量分解，有

$$\boldsymbol{g}_i = \sum_j \alpha_j^i\boldsymbol{g}_j', \quad i = 1,2 \tag{2.2.4}$$

将上式两端点乘 g'^k，得

$$\boldsymbol{g}_i \cdot g'^k = \sum_j \alpha_j^i\boldsymbol{g}_j' \cdot \boldsymbol{g}'^k = \alpha_k^i, \quad i = 1,2 \tag{2.2.5}$$

将式(2.2.3)代入式(2.2.5)得

$$\boldsymbol{g}_i \cdot \sum_j \gamma_j^k\boldsymbol{g}^j = \gamma_i^k, \quad i = 1,2 \tag{2.2.6}$$

比较式(2.2.5)与式(2.2.6)可知：$\alpha_k^i = \gamma_i^k$，即

$$\boldsymbol{g}_i = \sum_j \gamma_i^j\boldsymbol{g}_j', \quad i = 1,2 \tag{2.2.7}$$

同理有

$$\boldsymbol{g}^i = \sum_j \beta_i^j\boldsymbol{g}'^j, \quad i = 1,2 \tag{2.2.8}$$

将矢量 $\boldsymbol{P}$ 分别在两种坐标系按协基矢量分解，有

$$\boldsymbol{P} = \sum_j P^j\boldsymbol{g}_j = \sum_j P^j \sum_k \gamma_j^k\boldsymbol{g}_k' \tag{2.2.9}$$

$$\boldsymbol{P} = \sum_k P'^k\boldsymbol{g}_k' \tag{2.2.10}$$

矢量是客观的，不因坐标系的变化而变化，因此以上两式应该相等，即

$$\sum_j P^j \sum_k \gamma_j^k\boldsymbol{g}_k' = \sum_k P'^k\boldsymbol{g}_k' \tag{2.2.11}$$

用 $\boldsymbol{g}'^i$ 点乘上式两端得

$$\sum_j P^j \sum_k \gamma_j^k\boldsymbol{g}_k' \cdot \boldsymbol{g}'^i = \sum_k P'^k\boldsymbol{g}_k' \cdot \boldsymbol{g}'^i \tag{2.2.12}$$

得

$$\sum_j P^j\gamma_j^i = P'^i, \quad i = 1,2 \tag{2.2.13}$$

即

$$P'^i = \sum_j \gamma_j^i P^j, \quad i = 1,2 \tag{2.2.14}$$

比较式(2.2.14)与式(2.2.3),可以看出,矢量分量的新老坐标系变换关系与基矢量的变化关系形式完全相同。

以上是以平面坐标系为例来分析和讨论的。一般地,若坐标系 $(x_1,x_2,\cdots,x_n)$ 的基矢量为 $(\boldsymbol{g}_1,\boldsymbol{g}_2,\cdots,\boldsymbol{g}_n)$,另一坐标系 $(\bar{x}_1,\bar{x}_2,\cdots,\bar{x}_n)$ 的基矢量为 $(\bar{\boldsymbol{g}}_1,\bar{\boldsymbol{g}}_2,\cdots,\bar{\boldsymbol{g}}_n)$,则基矢量间满足如下变换关系:

$$\begin{bmatrix} \boldsymbol{g}_1 \\ \boldsymbol{g}_2 \\ \vdots \\ \boldsymbol{g}_n \end{bmatrix} = \boldsymbol{J} \cdot \begin{bmatrix} \bar{\boldsymbol{g}}_1 \\ \bar{\boldsymbol{g}}_2 \\ \vdots \\ \bar{\boldsymbol{g}}_n \end{bmatrix} = \frac{\partial(\bar{x}_1,\bar{x}_2,\cdots,\bar{x}_n)}{\partial(x_1,x_2,\cdots,x_n)} \begin{bmatrix} \bar{\boldsymbol{g}}_1 \\ \bar{\boldsymbol{g}}_2 \\ \vdots \\ \bar{\boldsymbol{g}}_n \end{bmatrix} \tag{2.2.15}$$

矢量 $\boldsymbol{A}$(一阶张量)在两个不同坐标系下的分量也满足这种变换关系,即

$$\boldsymbol{A} = \begin{bmatrix} A_1 \\ A_2 \\ \vdots \\ A_n \end{bmatrix} = \boldsymbol{J} \cdot \bar{\boldsymbol{A}} = \frac{\partial(\bar{x}_1,\bar{x}_2,\cdots,\bar{x}_n)}{\partial(x_1,x_2,\cdots,x_n)} \begin{bmatrix} \bar{A}_1 \\ \bar{A}_2 \\ \vdots \\ \bar{A}_n \end{bmatrix} \tag{2.2.16}$$

或写成:

$$\boldsymbol{A}_i = \sum_{j=1}^{n} \beta_{ij} \bar{A}_j, \quad i = 1,2,\cdots,n \tag{2.2.17}$$

其中,$\beta_{ij} = \dfrac{\partial \bar{x}_j}{\partial x_i}$。矢量 $\boldsymbol{A}_i$ 作为一阶张量,由于只有一层指标,从一个坐标系经过一次变换就可以得到另一个坐标系的分量。

二阶张量的情况类似,但由于有两重指标,一次变换只能针对一层指标进行,因此一个坐标系下的分量需经过两次变换才能得到另一个坐标系下的分量,即

$$A_{kl} = \sum_{i=1}^{n} \sum_{j=1}^{n} \beta_{ki} \beta_{lj} \bar{A}_{ij}, \quad k,l = 1,2,\cdots,n \tag{2.2.18}$$

以此类推,n 阶张量由于有 n 重指标,而一次变换只能针对一层指标进行,因此需经过 n 次变换才能得到另一坐标系下的全部分量。从上述的分析可以看出,抛开物理的含义,从数学的角度理解,张量就是某种坐标系下遵从一定坐标转换关系的各分量的有序集合。

2.3 矢量和张量的表示方法

矢量和张量都有两种表示方法。一种是实体表示方法,另一种是分量表示方法。实体表示法无需坐标,通常用黑体表示,如 $\boldsymbol{V}$、$\boldsymbol{T}$,其中矢量还可以用上划箭头表示,如 $\boldsymbol{a}$。分量表示法需有参考的坐标系。在参考的坐标系下,将矢量或张量按基矢量分解,对应基矢

量的各系数，就构成了分量的集合。矢量分量可用一层下标描述，二阶张量分量需用两重(层)下标描述。

在空间直角坐标系 $Oxyz$ 中，设基矢量(对于直角坐标系实际上为单位矢量)为 $\boldsymbol{i},\boldsymbol{j},\boldsymbol{k}$，则矢量 $\boldsymbol{a}$ 可写成 $\boldsymbol{a}=a_i\boldsymbol{i}+a_j\boldsymbol{j}+a_k\boldsymbol{k}$ 或 $\boldsymbol{a}=a_x\boldsymbol{i}+a_y\boldsymbol{j}+a_z\boldsymbol{k}$ 或 $\boldsymbol{a}=\{a_i,a_j,a_k\}$ 或 $\boldsymbol{a}=\{a_x,a_y,a_z\}$，也可写成列矩阵的形式：$\boldsymbol{a}=\begin{bmatrix}a_x\\a_y\\a_z\end{bmatrix}$。张量 $\boldsymbol{T}$ 可写成矩阵的形式：$\boldsymbol{T}=\begin{bmatrix}T_{xx}&T_{xy}&T_{xz}\\T_{yx}&T_{yy}&T_{yz}\\T_{zx}&T_{zy}&T_{zz}\end{bmatrix}$。可以看出一阶张量矢量的分量可以写成列阵或行阵的形式，而二阶张量的分量需写成一般矩阵的形式。三阶以上张量的分量描述起来就比较困难了。

2.3.1 矢量和张量分析中的两个符号法则

为了书写方便，在张量理论中人们规定了两个符号法则。法则一是代用符号法则。代用符号法则是用数字下标遍历取所有应该的值来代替原先的穷举表示。如对于坐标系 xyz，通常用 x_i ($i=1,2,3$)来代替，而且通常省略括号中的内容，直接用 x_i 代替 xyz，隐含 $i=1,2,3$。矢量 $\boldsymbol{a}$ 的分量就写成 a_i，其中的下标 i 作为哑元可取 1,2,3,…，对于空间直角坐标系，i 取 1,2,3。二阶张量 $\boldsymbol{T}$ 的分量可写成 T_{ij}，其中的下标哑元 i,j 在空间三维坐标系中各自取 1,2,3。此外，为了简化书写，若自变量为一矢量，则函数 $f(x_i)$ 对 x_i 的偏导数 $\dfrac{\partial f}{\partial x_i}$ 通常简写为 $\dfrac{\partial f}{\partial x_i}=f_{,i}$，称为逗号代导数的符号代用法则。另一法则是约定求和法则，该法则规定在同一项中，如有一个自由指标重复出现，就表示要对这个指标遍历求和，对于空间直角坐标系表示从 1 到 3 求和，如 $a_kb_k=\sum\limits_1^3 a_ib_i$ 和 $\dfrac{\partial u_k}{\partial x_k}=\sum\limits_1^3\dfrac{\partial u_i}{\partial x_i}$ 等。按这种法则，式(2.2.17)的矢量变换(一阶张量)就可以写成：

$$A_i=\beta_{ij}\overline{A}_j \tag{2.3.1}$$

式(2.2.18)的二阶张量变换就可以写成：

$$A_{kl}=\beta_{ki}\beta_{lj}\overline{A}_{ij} \tag{2.3.2}$$

以此类推，n 阶张量的变换就可以写成：

$$\boldsymbol{T}_{i_1i_2\cdots i_n}=\beta_{i_1j_1}\beta_{i_2j_2}\cdots\beta_{i_nj_n}\overline{\boldsymbol{T}}_{j_1j_2\cdots j_n} \tag{2.3.3}$$

显然，这种表示很简洁，也很方便。

2.3.2 特殊的符号张量

张量分析中有两个常见的符号张量，一个是 Kronecker 符号张量，另一个是置换符号张量。

1. Kronecker 符号张量 $\boldsymbol{\delta_{ij}}$

在式(2.1.21)中曾提到过 Kronecker 函数，它在正交量计算时很有用。在张量分析

中,也常常涉及正交量的计算,为此,类似式(2.1.21),定义 Kronecker 符号张量为

$$\delta_{ij} = \begin{cases} 0, & i \neq j \\ 1, & i = j \end{cases} \tag{2.3.4}$$

有了该符号张量,若记 $\boldsymbol{e}_i$ 为直角坐标系中沿 x_i ($i = 1,2,3$)轴的单位向量(基矢量),则有

$$\boldsymbol{e}_i \cdot \boldsymbol{e}_j = \delta_{ij} \tag{2.3.5}$$

单位矩阵也可由 Kronecker 符号张量表示为

$$\boldsymbol{I} = (\delta_{ij}) = \delta_{ij} = \begin{pmatrix} 1 & 0 & 0 \\ 0 & 1 & 0 \\ 0 & 0 & 1 \end{pmatrix} \tag{2.3.6}$$

2. 置换符号 $\boldsymbol{e_{ijk}}$

在进行张量的运算时,经常涉及正负号的选择,而且还有一定的规律,为此,定义置换符号张量 e_{ijk} 为

$$e_{ijk} = \begin{cases} 1, & (i,j,k) \text{ 是}(1,2,3) \text{ 的偶排列} \\ -1, & (i,j,k) \text{ 是}(1,2,3) \text{ 的奇排列} \\ 0, & i,j,k \text{ 中有相同者} \end{cases} \tag{2.3.7}$$

所谓偶排列和奇排列是这样定义的。对于原始的排列顺序 123,若将其中的任一对互换一次,则分别会有 132、213,称为指标的一次互换。在此基础上,再将任一对指标互换一次,称为指标的二次互换,二次互换可得到 312、123 或 231。依此类推,可定义指标的 k 次互换,也就有 k 次的排列。k 为偶数时称为偶排列, k 为奇数时称为奇排列。

有了该置换符号张量,行列式的计算表示起来就比较简洁了,如:

$$\boldsymbol{\Delta} = \begin{vmatrix} a_{11} & a_{12} & a_{13} \\ a_{21} & a_{22} & a_{23} \\ a_{31} & a_{32} & a_{33} \end{vmatrix} = e_{ijk} a_{1i} a_{2j} a_{3k} \tag{2.3.8}$$

3. 置换张量 $\boldsymbol{\in_{ijk}}$

由于置换符号不随坐标的改变而改变,因此还不能称作张量。为了便于分析,定义一个置换张量,其分量为三个基矢量的混合积,即

$$\in_{ijk} = [\boldsymbol{g}_i \boldsymbol{g}_j \boldsymbol{g}_k] = \sqrt{g}\, e_{ijk} \tag{2.3.9}$$

$$\in^{ijk} = [\boldsymbol{g}^i \boldsymbol{g}^j \boldsymbol{g}^k] = \frac{1}{\sqrt{g}} e^{ijk} \tag{2.3.10}$$

它属于三阶张量,并可表示为

$$\in = \in_{ijk} \boldsymbol{g}^i \boldsymbol{g}^j \boldsymbol{g}^k = \in^{ijk} \boldsymbol{g}_i \boldsymbol{g}_j \boldsymbol{g}_k \tag{2.3.11}$$

利用置换张量,可将两个矢量的叉积表示成:

$$\boldsymbol{a} \times \boldsymbol{b} = \in : \boldsymbol{ab} \tag{2.3.12}$$

其中 : 代表双点积。

由于置换张量是一个三阶张量,因此根据后文张量的运算法则,两个置换张量的并乘是一个六阶张量,即 $\in\in = \in_{ijk} \in_{lmn} \boldsymbol{g}^i \boldsymbol{g}^j \boldsymbol{g}^k \boldsymbol{g}^l \boldsymbol{g}^m \boldsymbol{g}^n = \in^{ijk} \in^{lmn} \boldsymbol{g}_i \boldsymbol{g}_j \boldsymbol{g}_k \boldsymbol{g}_l \boldsymbol{g}_m \boldsymbol{g}_n$ 。当然,也可以进行内积(点积)缩并运算。利用缩并计算可得如下的置换张量和置换符号的运算性质:

$$e_{ijk} e^{ijk} = \in_{ijk} \in^{ijk} = 6 = 3! \tag{2.3.13}$$

$$e_{ijk}e^{ijt} = \in_{ijk}\in^{ijt} = 2\delta_k^t \tag{2.3.14}$$

$$e_{ijk}e^{ist} = \in_{ijk}\in^{ist} = \delta_j^s\delta_k^t - \delta_j^t\delta_k^s \tag{2.3.15}$$

2.4 矢量和张量的代数运算

矢量的代数运算在矢量分析的书籍中都有详细的介绍。这里把矢量和张量放在一起介绍,主要是出于两点考虑:其一,矢量作为张量的特殊一种,凡是张量满足的代数运算,矢量也同样满足;其二,用矢量的特例来解释问题,使人更容易从直观上理解。

2.4.1 张量的加减

只有阶数相同的张量才可以相加减,其结果的阶数与原张量同阶。不同阶数的张量不能进行加减运算。若 $\boldsymbol{A}$ 和 $\boldsymbol{B}$ 都是 n 阶张量,则

$$\boldsymbol{A} \pm \boldsymbol{B} = \boldsymbol{C} \tag{2.4.1}$$

$\boldsymbol{C}$ 的分量满足关系:

$$C_{i_n} = A_{i_n} \pm B_{i_n} \tag{2.4.2}$$

由于 $\boldsymbol{A}$ 和 $\boldsymbol{B}$ 都是 n 阶张量, $\boldsymbol{C} = (C_{i_n})$ 也是 n 阶张量。

由于零张量(各分量均为零)在任何坐标系下都是零张量,因此如果在一个坐标系下张量 $\boldsymbol{A}$ 和张量 $\boldsymbol{B}$ 相等,即 $\boldsymbol{A}=\boldsymbol{B}$,就有 $\boldsymbol{A}-\boldsymbol{B}=0$(零张量),则在另一个坐标系下,也有 $\boldsymbol{A}-\boldsymbol{B}=0$,进而有 $\boldsymbol{A}=\boldsymbol{B}$。该式表明,若把描述某物理规律的张量方程看作一个等式,则该等式不因坐标系的变化而变化。张量方程形式具有不变性。

2.4.2 张量与标量相乘

设 λ 是标量,$\boldsymbol{A}$ 是 n 阶张量,则二者的乘积定义为

$$\lambda\boldsymbol{A} = \boldsymbol{A}\lambda = \boldsymbol{B} \tag{2.4.3}$$

乘积的结果 $\boldsymbol{B}$ 仍是 n 阶张量,且其分量为 $B_{i_n} = \lambda A_{i_n}$ 。

2.4.3 张量乘积

标量与标量的乘积比较简单,标量与矢量或张量的乘积也比较简单。张量之间的乘积就比较复杂了。因为矢量作为最简单的张量都有很多种乘积,分别包括点乘、叉乘和并乘等。为此,先看一下矢量的乘积。

1. 矢量的点乘

两个矢量 $\boldsymbol{a}$ 和 $\boldsymbol{b}$ 的点乘是一个标量,定义为模(大小)的相乘再乘以夹角的余弦,即

$$c = \boldsymbol{a} \cdot \boldsymbol{b} = \|\boldsymbol{a}\| \cdot \|\boldsymbol{b}\| \cos\langle \boldsymbol{a},\boldsymbol{b}\rangle \tag{2.4.4}$$

由于矢量的模都是标量,因此两矢量的点乘结果也是标量。相当于将原来的一阶张量缩并成零阶张量。

2. 矢量的叉乘

两个矢量 $\boldsymbol{a}$ 和 $\boldsymbol{b}$ 的叉乘仍是一个矢量,其大小定义为模的相乘再乘以夹角的正弦,而方向垂直于矢量 $\boldsymbol{a}$ 和 $\boldsymbol{b}$ 构成的平面,且满足右手法则,如图 2.4.1 所示。其表达式可

写成：

$$c = a \times b = \begin{vmatrix} e_1 & e_2 & e_3 \\ a_1 & a_2 & a_3 \\ b_1 & b_2 & b_3 \end{vmatrix} = e_{ijk} a_j b_k e_i \tag{2.4.5}$$

与两个矢量点乘不同，两个矢量 $\boldsymbol{a}$ 和 $\boldsymbol{b}$ 的叉乘仍为矢量，从张量的角度讲，其张量的阶没变。

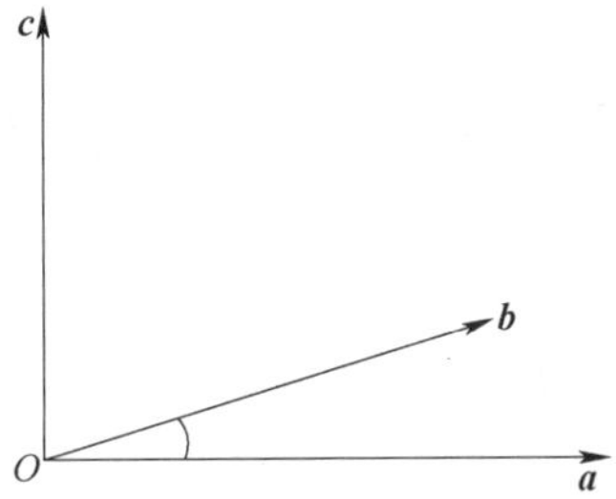

图 2.4.1　矢量叉乘示意图

3. 矢量的并乘

两个矢量 $\boldsymbol{a}$ 和 $\boldsymbol{b}$ 的并乘将得到一个二阶张量 $\boldsymbol{C}$，$\boldsymbol{C}$ 的分量是两矢量中每一个分量间的乘积，即 $C_{ij} = a_i \cdot b_j$。可以看出，矢量并乘的结果与点乘的结果正好相反，点乘的结果是降阶，而并乘的结果是升阶。如果把矢量 $\boldsymbol{a}$ 和 $\boldsymbol{b}$ 看作两个行矩阵，则点乘为 $\boldsymbol{a} \cdot \boldsymbol{b}^{\mathrm{T}}$，而并乘为 $\boldsymbol{a}^{\mathrm{T}} \cdot \boldsymbol{b}$，其中上标 T 代表矩阵的转置。

4. 张量的并乘（并矢）

类似矢量的并乘，两张量 $\boldsymbol{A}$ 和 $\boldsymbol{B}$ 的并乘记为 $\boldsymbol{AB}$。$\boldsymbol{A}$ 的每一分量与 $\boldsymbol{B}$ 的每一分量相乘，就得到 $\boldsymbol{AB}$ 的一个分量，即 $(\boldsymbol{AB})_{i_m j_n} = A_{i_m} B_{i_n}$。若 $\boldsymbol{A}$ 是 m 阶张量，$\boldsymbol{B}$ 是 n 阶张量，则 $\boldsymbol{AB}$ 是 $m+n$ 阶的张量。

5. 张量的收缩及内积（点积）

若一个 n 阶张量 $A_{i_1 \cdots i_n}$ 的下标 $i_1 \cdots i_n$ 中有两个自由指标相同，则应用约定求和法则，就得到一个有 $n-2$ 个自由指标的张量 $\boldsymbol{B}$，称 $\boldsymbol{B}$ 是张量 $\boldsymbol{A}$ 的收缩。$\boldsymbol{B}$ 是 $n-2$ 阶的张量。若两个张量 $\boldsymbol{A}$ 和 $\boldsymbol{B}$ 乘积时有一个自由指标相同，则称其为 $\boldsymbol{A}$ 和 $\boldsymbol{B}$ 的内积，记作 $\boldsymbol{A} \cdot \boldsymbol{B}$。内积一次相当于一次收缩，张量的阶降低两阶。如两个矢量 $\boldsymbol{u}$ 和 $\boldsymbol{v}$ 的点乘（点积）$\boldsymbol{u} \cdot \boldsymbol{v} = u_i v_i$，收缩后得到的是一个标量（零阶张量）。一般地，若 $\boldsymbol{A}$ 是 m 阶张量，$\boldsymbol{B}$ 是 n 阶张量，则 $\boldsymbol{A} \cdot \boldsymbol{B}$ 是 $m+n-2$ 阶的张量。

6. 张量并乘（并矢）的收缩（缩并）、点积、双点积与三点积

两个并矢的点积是指将相邻的两个矢量进行缩并，如：

$$(\boldsymbol{ab}) \cdot (\boldsymbol{cd}) = \boldsymbol{a}(\boldsymbol{b} \cdot \boldsymbol{c})\boldsymbol{d} = (\boldsymbol{b} \cdot \boldsymbol{c})\boldsymbol{ad} \tag{2.4.6}$$

但并矢的点积是不可交换的，即

$$(\boldsymbol{ab}) \cdot (\boldsymbol{cd}) \neq (\boldsymbol{cd}) \cdot (\boldsymbol{ab}) \tag{2.4.7}$$

两个并矢的双点积是指最相邻的四个矢量进行两两缩并。并且有并联式和串联式两种双点积形式，并联式如：

$$(\boldsymbol{ab}) : (\boldsymbol{cd}) = (\boldsymbol{a} \cdot \boldsymbol{c})(\boldsymbol{b} \cdot \boldsymbol{d}) \tag{2.4.8}$$

串联式如：

$$(\boldsymbol{ab}) \cdot\cdot (\boldsymbol{cd}) = (\boldsymbol{b} \cdot \boldsymbol{c})(\boldsymbol{a} \cdot \boldsymbol{d}) \tag{2.4.9}$$

两个并矢的三点积是指最相邻的六个矢量进行两两缩并。也有并联式和串联式两种三点积形式，并联式如：

$$(\boldsymbol{abc}) \vdots (\boldsymbol{def}) = (\boldsymbol{a} \cdot \boldsymbol{d})(\boldsymbol{b} \cdot \boldsymbol{e})(\boldsymbol{c} \cdot \boldsymbol{f}) \tag{2.4.10}$$

串联式如：

$$(\boldsymbol{abc}) \cdots (\boldsymbol{def}) = (\boldsymbol{c} \cdot \boldsymbol{d})(\boldsymbol{b} \cdot \boldsymbol{e})(\boldsymbol{a} \cdot \boldsymbol{f}) \tag{2.4.11}$$

2.5 张量场的梯度、散度和高斯积分定理

在物理学中，把某个物理量在空间一个区域内的分布称为场。标量构成的场叫标量场，矢量构成的场叫矢量场，一般张量构成的场叫张量场。

2.5.1 标量场的梯度

在标量场中的一点处存在一个矢量，该矢量方向为标量场在该点处变化率最大的方向，其模等于这个最大变化率的数值，这个矢量称为标量场的梯度。标量场的梯度是一个矢量场。设标量场 f 的空间分布规律为 $f=f(x,y,z)$，则其沿 $\boldsymbol{l}$ 方向的变化率（也是沿 $\boldsymbol{l}$ 方向的方向导数）为

$$\frac{\partial f}{\partial l} = \frac{\partial f}{\partial x}\frac{\partial x}{\partial l} + \frac{\partial f}{\partial y}\frac{\partial y}{\partial l} + \frac{\partial f}{\partial z}\frac{\partial z}{\partial l} = \frac{\partial f}{\partial x}\cos\varphi_x + \frac{\partial f}{\partial y}\cos\varphi_y + \frac{\partial f}{\partial z}\cos\varphi_z \tag{2.5.1}$$

若定义一个矢量 $\boldsymbol{g} = \left(\frac{\partial f}{\partial x},\frac{\partial f}{\partial y},\frac{\partial f}{\partial z}\right)$，另一矢量 $\boldsymbol{e}_l = (\cos\varphi_x, \cos\varphi_y, \cos\varphi_z)$，$\boldsymbol{e}_l$ 恰为 $\boldsymbol{l}$ 方向的单位矢量，则有

$$\frac{\partial f}{\partial l} = \boldsymbol{g} \cdot \boldsymbol{e} = \|\boldsymbol{g}\| \cdot \|\boldsymbol{e}\| \cos\langle \boldsymbol{g},\boldsymbol{e}\rangle = \|\boldsymbol{g}\| \cos\langle \boldsymbol{g},\boldsymbol{e}\rangle \tag{2.5.2}$$

可以看出，当 $\boldsymbol{l}$ 的方向与 $\boldsymbol{g}$ 的方向相同时，上式的值最大，其值为 $\frac{\partial f}{\partial l} = \|\boldsymbol{g}\|$。矢量 $\boldsymbol{g} = \left(\frac{\partial f}{\partial x},\frac{\partial f}{\partial y},\frac{\partial f}{\partial z}\right)$ 正好符合梯度的定义。因此，标量场的梯度可写为

$$\mathrm{grad}f = \left(\frac{\partial f}{\partial x},\frac{\partial f}{\partial y},\frac{\partial f}{\partial z}\right) \tag{2.5.3}$$

结合前述的符号代用法则，通常定义矢量算符 $\nabla = \mathrm{grad} = \left\{\frac{\partial}{\partial x_1},\frac{\partial}{\partial x_2},\frac{\partial}{\partial x_3}\right\}$ 为梯度算符，从而有

$$\mathrm{grad}f = \nabla \boldsymbol{f} = \left(\frac{\partial}{\partial x_1},\frac{\partial}{\partial x_2},\frac{\partial}{\partial x_3}\right)f \tag{2.5.4}$$

再参照前述逗号代偏导数的符号代用法则，将上述的偏导数矢量写成下标逗点后加自由指标的形式为

$$\mathrm{grad}f = \nabla \boldsymbol{f} = \left(\frac{\partial}{\partial x_1},\frac{\partial}{\partial x_2},\frac{\partial}{\partial x_3}\right)f = f_{,i} \tag{2.5.5}$$

式中：f 为标量；算符 ∇ 为矢量算符；梯度 $\nabla \boldsymbol{f}$ 为矢量。

2.5.2 矢量与张量的梯度

设 $\boldsymbol{A}$ 是 n 阶张量，其分量形式为 $A_{i_1 i_2 \cdots i_n}$，则其张量 $\boldsymbol{A}$ 的梯度定义为

$$\mathrm{grad}\boldsymbol{A} = \nabla \boldsymbol{A} = \frac{\partial}{\partial x_k} A_{i_1 i_2 \cdots i_n} = A_{i_1 i_2 \cdots i_n , k} \tag{2.5.6}$$

其中，$\nabla \boldsymbol{A}$ 为 $n+1$ 阶的张量。即通过梯度符号运算后的张量比原张量增加一阶。

2.5.3 矢量与张量的散度

设某矢量场 $\boldsymbol{a}$ 由下式给出：

$$\boldsymbol{a} = a_x(x,y,z)\boldsymbol{i} + a_y(x,y,z)\boldsymbol{j} + a_z(x,y,z)\boldsymbol{k} \tag{2.5.7}$$

其中，a_x、a_y、a_z 具有一阶连续偏导数。在该矢量场中的任一点 M 处作一个包围该点的任意闭合曲面 S，则 $\oint\!\!\oint_S \boldsymbol{a} \cdot \mathrm{d}\boldsymbol{s}$ 为矢量场通过该闭合曲面的通量，其中 $\mathrm{d}\boldsymbol{s}$ 为有向微曲面。当 S 所限定的体积 ΔV 以任意方式趋近于 0 时，比值 $(\oint\!\!\oint_S \boldsymbol{a} \cdot \mathrm{d}\boldsymbol{s})/\Delta V$ 的极限称为矢量场 $\boldsymbol{a}$ 在点 M 处的散度，并记作 $\mathrm{div}\boldsymbol{a}$。

根据高斯（Gauss）积分定理有

$$\oint\!\!\oint_S \boldsymbol{a} \cdot \mathrm{d}\boldsymbol{s} = \iiint_{\Delta V} \left(\frac{\partial a_x}{\partial x} + \frac{\partial a_y}{\partial y} + \frac{\partial a_z}{\partial z} \right) \mathrm{d}V \tag{2.5.8}$$

则有

$$\begin{aligned}
\mathrm{div}\boldsymbol{a} &= \lim_{\Delta V \to 0} (\oint\!\!\oint_S \boldsymbol{a} \cdot \mathrm{d}\boldsymbol{s}) / \Delta V \\
&= \lim_{\Delta V \to 0} \left(\iiint_{\Delta V} \left(\frac{\partial a_x}{\partial x} + \frac{\partial a_y}{\partial y} + \frac{\partial a_z}{\partial z} \right) \mathrm{d}V \right) / \Delta V \\
&= \frac{\partial a_x}{\partial x} + \frac{\partial a_y}{\partial y} + \frac{\partial a_z}{\partial z}
\end{aligned} \tag{2.5.9}$$

利用前面的梯度矢量算符，又可将其写为

$$\mathrm{div}\boldsymbol{a} = \nabla \cdot \boldsymbol{a} \tag{2.5.10}$$

或写为

$$\mathrm{div}\boldsymbol{a} = \frac{\partial}{\partial x_k} a_k \tag{2.5.11}$$

或

$$\mathrm{div}\boldsymbol{a} = a_{k,k}$$

设 $\boldsymbol{A}$ 是 n 阶张量，其散度定义为

$$\mathrm{div}\boldsymbol{A} = \nabla \cdot \boldsymbol{A} = \frac{\partial}{\partial x_k} A_{k i_2 \cdots i_n} \tag{2.5.12}$$

它是对 $\boldsymbol{A}$ 进行了一次收缩，因此是 $n-1$ 阶的张量。

可以看出，梯度使张量的阶数增加一阶，散度却使张量的阶数降低一阶。如对于一阶

张量的矢量 $\boldsymbol{a}$,其梯度 $\nabla\boldsymbol{a}=\frac{\partial a_i}{\partial x_k}$ 是二阶张量,而散度 $\mathrm{div}\boldsymbol{a}=\nabla\cdot\boldsymbol{a}=\frac{\partial a_i}{\partial x_i}$ 则是一个零阶张量,即标量。由于标量已经是零阶张量,只能升阶,无法再降阶,因此,标量有梯度的概念,但不存在散度的概念。

2.5.4 张量的高斯积分定理——奥高公式

按照散度的表达式,矢量的高斯积分定理(也叫奥高公式)可写为

$$\oiint_S \boldsymbol{a}\cdot\mathrm{d}\boldsymbol{s}=\iiint_V \mathrm{div}\boldsymbol{a}\mathrm{d}V \tag{2.5.13}$$

将有向微曲面表示为 $\mathrm{d}\boldsymbol{s}=\boldsymbol{n}\mathrm{d}\sigma$,其中 $\boldsymbol{n}$ 为曲面 $\mathrm{d}\boldsymbol{s}$ 的单位法向矢量,$\mathrm{d}\sigma$ 为微面积标量。则上式写为

$$\oiint_S \boldsymbol{a}\cdot\boldsymbol{n}\mathrm{d}\sigma=\iiint_V \mathrm{div}\boldsymbol{a}\mathrm{d}V \tag{2.5.14}$$

对于矢量来说,点乘是可以交换的,因此有

$$\oiint_S \boldsymbol{n}\cdot\boldsymbol{a}\mathrm{d}\sigma=\iiint_V \mathrm{div}\boldsymbol{a}\mathrm{d}V \tag{2.5.15}$$

将其推广到张量 $\boldsymbol{A}$ 中,有

$$\oiint_S \boldsymbol{n}\cdot\boldsymbol{A}\mathrm{d}\sigma=\iiint_V \mathrm{div}\boldsymbol{A}\mathrm{d}V \tag{2.5.16}$$

此式即为张量情形的高斯积分定理,也叫张量情形的奥高公式。

2.6 二阶张量

在连续介质力学理论中,除常见的标量(零阶张量)和矢量(一阶张量)外,最常用的还有二阶张量。鉴于标量和矢量的一些特性人们都已熟知,这里重点讨论一下二阶张量的特性。二阶张量的形式与矩阵的形式很类似,有时也用矩阵的形式来表示,因此,其特性与矩阵相比也有许多类似之处。

2.6.1 二阶张量的转置、正交、对称和反对称

如果 $\boldsymbol{A}=A_{ij}$ 是一个二阶张量,则称 $\boldsymbol{A}^{\mathrm{T}}=A_{ji}$ 是 $\boldsymbol{A}$ 的转置张量,转置张量还是二阶张量。如果张量与其转置的内积是单位张量,即 $\boldsymbol{A}\cdot\boldsymbol{A}^{\mathrm{T}}=\boldsymbol{A}^{\mathrm{T}}\cdot\boldsymbol{A}=\boldsymbol{I}$($\boldsymbol{I}=\delta_{ij}$ 为单位张量),则称 $\boldsymbol{A}$ 是正交张量。若张量 $\boldsymbol{A}$ 与其转置 $\boldsymbol{A}^{\mathrm{T}}$ 恒相等,即 $\boldsymbol{A}=\boldsymbol{A}^{\mathrm{T}}$,或 $A_{ij}=A_{ji}$ 恒成立,则称 $\boldsymbol{A}$ 是对称张量。若张量 $\boldsymbol{A}$ 与其转置 $\boldsymbol{A}^{\mathrm{T}}$ 的负值恒相等,即 $\boldsymbol{A}=-\boldsymbol{A}^{\mathrm{T}}$,或 $A_{ij}=-A_{ji}$ 恒成立,则称 $\boldsymbol{A}$ 是反对称张量。直角三维空间坐标系中的二阶对称张量可用六个分量来表征,而二阶反对称张量可用三个分量来表征。二阶张量的对称性和反对称性是与坐标系无关的。因为如果 $A_{ij}=\pm A_{ji}$ 恒成立,无论怎样进行坐标系变换,即无论怎样取 β_{ij},都有 $A'_{ij}=\beta_{im}\beta_{jn}A_{mn}=\pm\beta_{im}\beta_{jn}A_{nm}=\pm A'_{ji}$,即其对称性和反对称性都不变。二阶张量可唯一地分解成一个对称张量和另一个反对称张量之和,其分解式为

$$A_{ij} = \frac{1}{2}(A_{ij} + A_{ji}) + \frac{1}{2}(A_{ij} - A_{ji}) \tag{2.6.1}$$

上式右边第一项是对称张量,第二项是反对称张量。说这种分解是唯一的,是因为如将 $\boldsymbol{A}$ 分解成 $\boldsymbol{B}$ 加 $\boldsymbol{C}$,即 $\boldsymbol{A} = \boldsymbol{B} + \boldsymbol{C}$,$\boldsymbol{B}$ 是对称张量,$\boldsymbol{C}$ 是反对称张量,则有 $A_{ij} = B_{ij} + C_{ij}$ 和 $A_{ji} = B_{ji} + C_{ji} = B_{ij} - C_{ij}$,两式相加得 $B_{ij} = \frac{1}{2}(A_{ij} + A_{ji})$,两式相减得 $C_{ij} = \frac{1}{2}(A_{ij} - A_{ji})$ 。所以这种分解是唯一的。

2.6.2 二阶张量的主值和主方向

如果把二阶张量 $\boldsymbol{A}$ 看成是矢量 $\boldsymbol{x}$ 到矢量 $\boldsymbol{y}$ 的线性变换,即

$$\boldsymbol{A} \cdot \boldsymbol{x} = \boldsymbol{y} \tag{2.6.2}$$

取 $\boldsymbol{y} = \lambda \boldsymbol{x}$ 代入式(2.6.2),得

$$\boldsymbol{A} \cdot \boldsymbol{x} = \lambda \boldsymbol{x} \tag{2.6.3}$$

$\boldsymbol{x}$ 有非零解的条件是下面的行列式等于零,即

$$\det(\boldsymbol{A} - \lambda \boldsymbol{I}) = 0 \tag{2.6.4}$$

其中, det( ) 代表求行列式,解出的 λ 称为二阶张量 $\boldsymbol{A}$ 的主值,对应主值的非零解 $\boldsymbol{x}$ 称为特征矢量。特征矢量的方向称为张量 $\boldsymbol{A}$ 的特征方向或主轴方向。可以看出,主值 λ 代表两个矢量 $\boldsymbol{A} \cdot \boldsymbol{x}$ 和 $\boldsymbol{x}$ 的比值,它是与坐标系选取无关的标量。

将上式写成行列式形式:

$$\det(\boldsymbol{A} - \lambda \boldsymbol{I}) = \begin{vmatrix} A_{11} - \lambda & A_{12} & A_{13} \\ A_{21} & A_{22} - \lambda & A_{23} \\ A_{31} & A_{32} & A_{33} - \lambda \end{vmatrix} = 0 \tag{2.6.5}$$

将该行列式展开,得

$$\lambda^3 - A_{kk}\lambda^2 + \frac{1}{2}(A_{ii}A_{jj} - A_{ij}A_{ji})\lambda - \det\boldsymbol{A} = 0 \tag{2.6.6}$$

该方程称为张量 $\boldsymbol{A}$ 的特征方程。设方程的三个根(即 $\boldsymbol{A}$ 的三个主值)为 λ_1、λ_2 和 λ_3,由根与系数的关系可知:

$$\lambda_1 + \lambda_2 + \lambda_3 = A_{kk} = I_1 \tag{2.6.7}$$

$$\lambda_1\lambda_2 + \lambda_1\lambda_3 + \lambda_2\lambda_3 = \frac{1}{2}(A_{ii}A_{jj} - A_{ij}A_{ji}) = I_2 \tag{2.6.8}$$

$$\lambda_1\lambda_2\lambda_3 = \det\boldsymbol{A} = I_3 \tag{2.6.9}$$

由于主值都是坐标变换下的不变量,因此 I_1、I_2 和 I_3 也都是坐标变换下的不变量,分别称为 $\boldsymbol{A}$ 的第一、第二和第三不变量。

如果二阶张量是对称的,则该张量的三个主值都是实数,对应于不同主值的两特征向量必正交,且恒有三个互相垂直的主轴方向。

2.7 柱坐标系及球坐标系的算子坐标变换

前文给出的有关张量运算及张量方程都是以直角坐标系为背景的。在连续介质力学

的分析中，除直角坐标系外，常用的坐标系还有柱坐标系和球坐标系。不同坐标系的基矢量是不同的，对应的张量运算形式也是不同的。为了对柱坐标系和球坐标系下的张量进行运算，需要导出相关基本运算的表达式。这些运算主要都是关于微分算子的，最基本的有六个，分别是矢量的微分、随体导数、梯度、散度、旋度及拉普拉斯算子。运算中典型的和常用的运算有 12 个，这 12 种量包括矢量的微分、标量的梯度、标量的随体导数、矢量的梯度、矢量的散度、矢量的旋度、矢量的随体导数、张量的梯度、张量的散度等。

2.7.1 直角坐标系

在直角坐标系中，作为自变量的坐标可用矢量 $\boldsymbol{r}=(x_1,x_2,x_3)$ 来表示，其中 (x_1,x_2,x_3) 是直角坐标。$\boldsymbol{r}$ 作为自变量其空间微分 $\mathrm{d}\boldsymbol{r}$ 可写为 $\mathrm{d}\boldsymbol{r}=(\partial x_1,\partial x_2,\partial x_3)$。作为因变量的矢量 $\boldsymbol{v}=(v_1,v_2,v_3)$，则 $\boldsymbol{v}$ 的空间微分可表示为

$$\mathrm{d}\boldsymbol{v}=(dv_1,dv_2,dv_3) \tag{2.7.1}$$

梯度算子是一个矢量算子，其形式可表示为

$$\nabla=\mathrm{grad}=\frac{\mathrm{d}}{\mathrm{d}\boldsymbol{r}}=\left(\frac{\partial}{\partial x_1},\frac{\partial}{\partial x_2},\frac{\partial}{\partial x_3}\right) \tag{2.7.2}$$

随体导数又叫全导数，其形式为

$$\frac{\mathrm{D}}{\mathrm{D}t}=\frac{\partial}{\partial t}+(\boldsymbol{v}\cdot\nabla) \tag{2.7.3}$$

式中：$\boldsymbol{v}$ 为速度。

散度算子可写为

$$\mathrm{div}\,\boldsymbol{v}=\nabla\cdot\boldsymbol{v} \tag{2.7.4}$$

由于 $\mathrm{div}\boldsymbol{v}=\nabla\cdot\boldsymbol{v}=\dfrac{\partial v_k}{\partial x_k}$，而 $\mathrm{grad}\boldsymbol{v}=\nabla\boldsymbol{v}=\dfrac{\partial v_i}{\partial x_j}$，当 $i=j$ 时，正是二阶张量 $\nabla\boldsymbol{v}$ 的对角线上的分量，因此 $\dfrac{\partial v_k}{\partial x_k}$ 相当于对角线上的分量求和，用 tr( ) 表示，这样散度算子也可写为

$$\mathrm{div}\,\boldsymbol{v}=\nabla\cdot\boldsymbol{v}=\mathrm{tr}(\nabla\boldsymbol{v}) \tag{2.7.5}$$

其中，$\mathrm{tr}\boldsymbol{A}$ 代表二阶张量 $\boldsymbol{A}$ 的对角线分量之和。

旋度的算子可写为

$$\mathrm{rot}\,\boldsymbol{v}=\nabla\times\boldsymbol{v}=\begin{vmatrix}\boldsymbol{i} & \boldsymbol{j} & \boldsymbol{k}\\ \dfrac{\partial}{\partial x_1} & \dfrac{\partial}{\partial x_2} & \dfrac{\partial}{\partial x_3}\\ v_1 & v_2 & v_3\end{vmatrix} \tag{2.7.6}$$

拉普拉斯算子为

$$\nabla^2=\frac{\partial^2}{\partial x_i\partial x_i}=\frac{\partial}{\partial x_i}\left(\frac{\partial}{\partial x_i}\right)=\nabla\cdot\nabla \tag{2.7.7}$$

由于二阶张量的梯度或散度求起来比较复杂，经常将其转化为一阶张量求解，为此我们做如下分析推导。

当 $\boldsymbol{A}$ 为二阶张量，$\boldsymbol{v}$ 为矢量时，由于 $\mathrm{div}\boldsymbol{A}=\dfrac{\partial}{\partial x_i}A_{ij}$，而 $\nabla\boldsymbol{v}=\dfrac{\partial v_i}{\partial x_j}$，因此有

$$
(\mathrm{div}\boldsymbol{A})\cdot\boldsymbol{v}=\left(\frac{\partial}{\partial x_i}A_{ij}\right)v_j=\frac{\partial}{\partial x_i}(A_{ij}v_j)-A_{ij}\frac{\partial v_j}{\partial x_i} \tag{2.7.8}
$$

$$
=\mathrm{div}(\boldsymbol{A}\cdot\boldsymbol{v})-\mathrm{tr}[\boldsymbol{A}\cdot(\nabla\boldsymbol{v})]
$$

即

$$
(\mathrm{div}\boldsymbol{A})\cdot\boldsymbol{a}=\mathrm{div}(\boldsymbol{A}\cdot\boldsymbol{a})-\mathrm{tr}[\boldsymbol{A}\cdot(\nabla\boldsymbol{a})] \tag{2.7.9}
$$

2.7.2 柱坐标系

柱坐标系示意图如图 2.7.1 所示。柱坐标 (r,ϕ,z) 与直角坐标 (x_1,x_2,x_3) 间的转换关系为

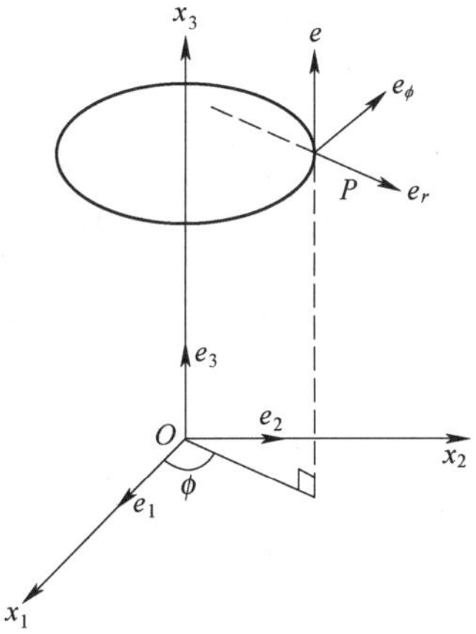

图 2.7.1 柱坐标示意图

$$
\begin{cases}x_1=r\cos\phi\\x_2=r\sin\phi\\x_3=z\end{cases} \tag{2.7.10}
$$

设 $\boldsymbol{e}_i(i=1,2,3)$ 为直角坐标系的基矢量，$\boldsymbol{e}_i^c(i=1,2,3)$ 为柱坐标系的基矢量。由于 $\boldsymbol{e}_i(i=1,2,3)$ 的单位都是长度单位，模为 1，它们也是 x_i 轴的单位长度矢量。而 $\boldsymbol{e}_i^c(i=1,2,3)$ 的单位不都是长度单位，因此它们并不都是所属方向的单位长度矢量。

按照前述坐标转换时基矢量和微分量的关系有

$$
\boldsymbol{e}=\boldsymbol{J}\cdot\boldsymbol{e}^c=\frac{\partial(x_1,x_2,x_3)}{\partial(r,\phi,z)}\cdot\boldsymbol{e}^c \tag{2.7.11}
$$

即

$$
\begin{bmatrix}\boldsymbol{e}_1\\\boldsymbol{e}_2\\\boldsymbol{e}_3\end{bmatrix}=\begin{bmatrix}\cos\phi & -r\sin\phi & 0\\\sin\phi & r\cos\phi & 0\\0 & 0 & 1\end{bmatrix}\begin{bmatrix}\boldsymbol{e}_1^c\\\boldsymbol{e}_2^c\\\boldsymbol{e}_3^c\end{bmatrix} \tag{2.7.12}
$$

基矢量的量纲如果不同，从理论上讲，这样的分析并没有问题，因为在张量分析中并没有要求基矢量的单位量纲必须一致。但在物理分析时，为了方便物理量的分析，经常需要将各坐标的基矢量统一成一种量纲。为此，我们取一组新的单位矢量 $\boldsymbol{e}_r,\boldsymbol{e}_\phi,\boldsymbol{e}_z$ 来代替

原基矢量,且有 $\boldsymbol{e}_r=\boldsymbol{e}_1^c$, $\boldsymbol{e}_\phi=r\boldsymbol{e}_2^c$, $\boldsymbol{e}_z=\boldsymbol{e}_3^c$,则可将式(2.7.12)改为

$$\begin{bmatrix}\boldsymbol{e}_1\\ \boldsymbol{e}_2\\ \boldsymbol{e}_3\end{bmatrix}=\begin{bmatrix}\cos\phi & -\sin\phi & 0\\ \sin\phi & \cos\phi & 0\\ 0 & 0 & 1\end{bmatrix}\begin{bmatrix}\boldsymbol{e}_1^c\\ r\boldsymbol{e}_2^c\\ \boldsymbol{e}_3^c\end{bmatrix}=\begin{bmatrix}\cos\phi & -\sin\phi & 0\\ \sin\phi & \cos\phi & 0\\ 0 & 0 & 1\end{bmatrix}\begin{bmatrix}\boldsymbol{e}_r\\ \boldsymbol{e}_\phi\\ \boldsymbol{e}_z\end{bmatrix}\tag{2.7.13}$$

1. 空间矢量及基矢量的微分

对于空间坐标矢量 $\boldsymbol{r}$,虽然其在两种坐标系的表示形式并不相同,但都是一个空间矢量,两种表示形式的结果应该是相同的,因此有

$$\boldsymbol{r}=x_i\boldsymbol{e}_i=r\boldsymbol{e}_1^c+\phi\boldsymbol{e}_2^c+z\boldsymbol{e}_3^c\tag{2.7.14}$$

对其进行微分得

$$\mathrm{d}\boldsymbol{r}=\mathrm{d}x_i\boldsymbol{e}_i=\mathrm{d}r\boldsymbol{e}_1^c+\mathrm{d}\phi\boldsymbol{e}_2^c+\mathrm{d}z\boldsymbol{e}_3^c=\mathrm{d}r\boldsymbol{e}_r+r\mathrm{d}\phi\boldsymbol{e}_\phi+\mathrm{d}z\boldsymbol{e}_z\tag{2.7.15}$$

即在新的坐标基矢量 $\boldsymbol{e}_r$、$\boldsymbol{e}_\phi$、$\boldsymbol{e}_z$ 下 $\mathrm{d}\boldsymbol{r}$ 的柱坐标分量为 $(\mathrm{d}r, r\mathrm{d}\phi, \mathrm{d}z)$。

应当指出,在直角坐标系(属直线坐标)中,基矢量无论是方向还是大小都是不随坐标的变化而改变的,基矢量对坐标的导数为零,但在柱坐标系(属曲线坐标)中,虽然上述基矢量的大小都不变,但其方向是随坐标而改变的,基矢量对坐标的导数不再为零。这一点是在曲线坐标系中特别值得注意的。

由式(2.7.12)得

$$\begin{cases}\boldsymbol{e}_r=\cos\phi\boldsymbol{e}_1+\sin\phi\boldsymbol{e}_2\\ \boldsymbol{e}_\phi=-\sin\phi\boldsymbol{e}_1+\cos\phi\boldsymbol{e}_2\\ \boldsymbol{e}_z=\boldsymbol{e}_3\end{cases}\tag{2.7.16}$$

将其对坐标 r,ϕ,z 分别求导,并注意直角坐标系的基矢量 $\boldsymbol{e}_i(i=1,2,3)$ 对坐标系的导数为零,则有

$$\begin{cases}\dfrac{\partial\boldsymbol{e}_r}{\partial r}=0, & \dfrac{\partial\boldsymbol{e}_r}{\partial\phi}=-\sin\phi\boldsymbol{e}_1+\cos\phi\boldsymbol{e}_2=\boldsymbol{e}_\phi, & \dfrac{\partial\boldsymbol{e}_r}{\partial z}=0\\ \dfrac{\partial\boldsymbol{e}_\phi}{\partial r}=0, & \dfrac{\partial\boldsymbol{e}_\phi}{\partial\phi}=-\cos\varphi\boldsymbol{e}_1-\sin\phi\boldsymbol{e}_2=-\boldsymbol{e}_r, & \dfrac{\partial\boldsymbol{e}_\phi}{\partial z}=0\\ \dfrac{\partial\boldsymbol{e}_z}{\partial r}=0, & \dfrac{\partial\boldsymbol{e}_z}{\partial\phi}=0, & \dfrac{\partial\boldsymbol{e}_z}{\partial z}=0\end{cases}\tag{2.7.17}$$

由式(2.7.17)也可得到

$$\begin{cases}\mathrm{d}\boldsymbol{e}_r=\boldsymbol{e}_\phi\mathrm{d}\phi\\ \mathrm{d}\boldsymbol{e}_\phi=-\boldsymbol{e}_r\mathrm{d}\phi\end{cases}\tag{2.7.18}$$

2. 标量的梯度

先看一下标量的梯度。由于

$$\mathrm{d}f=\frac{\partial f}{\partial r}\mathrm{d}r+\frac{\partial f}{\partial\phi}\mathrm{d}\phi+\frac{\partial f}{\partial z}\mathrm{d}z=\nabla f\cdot\mathrm{d}\boldsymbol{r}\tag{2.7.19}$$

$\mathrm{d}\boldsymbol{r}$ 取新的柱坐标系分量 $(\mathrm{d}r, r\mathrm{d}\phi, \mathrm{d}z)$,则有

$$\mathrm{d}f=\nabla f\cdot\mathrm{d}\boldsymbol{r}=(\nabla f)_r\mathrm{d}r+(\nabla f)_\phi r\mathrm{d}\phi+(\nabla f)_z\mathrm{d}z\tag{2.7.20}$$

比较以上两式,得

$$(\nabla f)_r=\frac{\partial f}{\partial r},(\nabla f)_\phi=\frac{1}{r}\frac{\partial f}{\partial \phi},(\nabla f)_z=\frac{\partial f}{\partial z} \tag{2.7.21}$$

因此,柱坐标系下的梯度算子应为

$$\nabla=\text{grad}=\left(\frac{\partial}{\partial r},\frac{1}{r}\frac{\partial}{\partial \phi},\frac{\partial}{\partial z}\right) \tag{2.7.22}$$

3. 随体导数算子

随体导数算子为

$$\frac{\mathrm{D}}{\mathrm{D}t}=\frac{\partial}{\partial t}+(\boldsymbol{v}\cdot\nabla)=\frac{\partial}{\partial t}+v_r\frac{\partial}{\partial r}+\frac{v_\phi}{r}\frac{\partial}{\partial \phi}+v_z\frac{\partial}{\partial z} \tag{2.7.23}$$

由于柱坐标系下的基矢量对坐标的导数不为零,因此在有关量的推导中应特别注意。以加速度为例,在柱坐标系中,速度可表示为

$$\boldsymbol{v}=v_r\boldsymbol{e}_r+v_\phi\boldsymbol{e}_\phi+v_z\boldsymbol{e}z_z \tag{2.7.24}$$

加速度则为

$$\frac{\mathrm{D}\boldsymbol{v}}{\mathrm{D}t}=\boldsymbol{e}_r\frac{\mathrm{D}v_r}{\mathrm{D}t}+v_r\frac{\mathrm{D}\boldsymbol{e}_r}{\mathrm{D}t}+\boldsymbol{e}_\phi\frac{\mathrm{D}v_\phi}{\mathrm{D}t}+v_\phi\frac{\mathrm{D}\boldsymbol{e}_\phi}{\mathrm{D}t}+\boldsymbol{e}_z\frac{\mathrm{D}v_z}{\mathrm{D}t}+v_z\frac{\mathrm{D}\boldsymbol{e}_z}{\mathrm{D}t} \tag{2.7.25}$$

利用式(2.7.23),并将式(2.7.17)的关系代入其中,则有

$$\begin{cases}\dfrac{\mathrm{D}\boldsymbol{e}_r}{\mathrm{D}t}=\dfrac{v_\phi}{r}\dfrac{\partial \boldsymbol{e}_r}{\partial \phi}=\dfrac{v_\phi}{r}\boldsymbol{e}_\phi\\[2ex]\dfrac{\mathrm{D}\boldsymbol{e}_\phi}{\mathrm{D}t}=\dfrac{v_\phi}{r}\dfrac{\partial \boldsymbol{e}_\phi}{\partial \phi}=-\dfrac{v_\phi}{r}\boldsymbol{e}_r\\[2ex]\dfrac{\mathrm{D}\boldsymbol{e}_z}{\mathrm{D}t}=0\end{cases} \tag{2.7.26}$$

将其代入式(2.7.25)中,得

$$\frac{\mathrm{D}\boldsymbol{v}}{\mathrm{D}t}=\left(\frac{\mathrm{D}v_r}{\mathrm{D}t}-\frac{v_\phi^2}{r}\right)\boldsymbol{e}_r+\left(\frac{\mathrm{D}v_\phi}{\mathrm{D}t}+\frac{v_rv_\phi}{r}\right)\boldsymbol{e}_\phi+\frac{\mathrm{D}v_z}{\mathrm{D}t}\boldsymbol{e}_z \tag{2.7.27}$$

即

$$\begin{cases}\left(\dfrac{\mathrm{D}\boldsymbol{v}}{\mathrm{D}t}\right)_r=\dfrac{\mathrm{D}v_r}{\mathrm{D}t}-\dfrac{v_\phi^2}{r}\\[2ex]\left(\dfrac{\mathrm{D}\boldsymbol{v}}{\mathrm{D}t}\right)_\phi=\dfrac{\mathrm{D}v_\phi}{\mathrm{D}t}+\dfrac{v_rv_\phi}{r}\\[2ex]\left(\dfrac{\mathrm{D}\boldsymbol{v}}{\mathrm{D}t}\right)_z=\dfrac{\mathrm{D}\boldsymbol{v}_z}{\mathrm{D}t}\end{cases} \tag{2.7.28}$$

4. 矢量的梯度

再看一下矢量的梯度 $\nabla\boldsymbol{v}$ 。由于矢量是一阶张量,其梯度应为二阶张量,可表示为 $\nabla\boldsymbol{v}=\dfrac{\mathrm{d}\boldsymbol{v}}{\mathrm{d}\boldsymbol{r}}$ 。由于 $\boldsymbol{v}=v_r\boldsymbol{e}_r+v_\phi\boldsymbol{e}_\phi+v_z\boldsymbol{e}_z$,则有

$$\begin{cases}\dfrac{\partial \boldsymbol{v}}{\partial r}=\left(\dfrac{\partial v_r}{\partial r}\right)\boldsymbol{e}_r+v_r\dfrac{\partial \boldsymbol{e}_r}{\partial r}+\left(\dfrac{\partial v_\phi}{\partial r}\right)\boldsymbol{e}_\phi+v_\phi\dfrac{\partial \boldsymbol{e}_\phi}{\partial r}+\left(\dfrac{\partial v_z}{\partial r}\right)\boldsymbol{e}_z+v_z\dfrac{\partial \boldsymbol{e}_z}{\partial r}\\ \dfrac{\partial \boldsymbol{v}}{r\partial \phi}=\left(\dfrac{\partial v_r}{r\partial \phi}\right)\boldsymbol{e}_r+v_r\dfrac{\partial \boldsymbol{e}_r}{r\partial \phi}+\left(\dfrac{\partial v_\phi}{r\partial \phi}\right)\boldsymbol{e}_\phi+\boldsymbol{v}_\phi\dfrac{\partial \boldsymbol{e}_\phi}{r\partial \phi}+\left(\dfrac{\partial v_z}{r\partial \phi}\right)\boldsymbol{e}_z+v_z\dfrac{\partial \boldsymbol{e}_z}{r\partial \phi}\\ \dfrac{\partial \boldsymbol{v}}{\partial z}=\left(\dfrac{\partial v_r}{\partial z}\right)\boldsymbol{e}_r+v_r\dfrac{\partial \boldsymbol{e}_r}{\partial z}+\left(\dfrac{\partial v_\phi}{\partial z}\right)\boldsymbol{e}_\phi+v_\phi\dfrac{\partial \boldsymbol{e}_\phi}{\partial z}+\left(\dfrac{\partial v_z}{\partial z}\right)\boldsymbol{e}_z+v_z\dfrac{\partial \boldsymbol{e}_z}{\partial z}\end{cases} \tag{2.7.29}$$

即

$$\begin{cases}\dfrac{\partial \boldsymbol{v}}{\partial r}=\left(\dfrac{\partial v_r}{\partial r}\right)\boldsymbol{e}_r+\left(\dfrac{\partial v_\phi}{\partial r}\right)\boldsymbol{e}_\phi+\left(\dfrac{\partial v_z}{\partial r}\right)\boldsymbol{e}_z\\ \dfrac{\partial \boldsymbol{v}}{r\partial \phi}=\left(\dfrac{\partial v_r}{r\partial \phi}-\dfrac{v_\phi}{r}\right)\boldsymbol{e}_r+\left(\dfrac{\partial v_\phi}{r\partial \phi}+\dfrac{v_r}{r}\right)\boldsymbol{e}_\phi+\left(\dfrac{\partial v_z}{r\partial \phi}\right)\boldsymbol{e}_z\\ \dfrac{\partial \boldsymbol{v}}{\partial z}=\left(\dfrac{\partial v_r}{\partial z}\right)\boldsymbol{e}_r+\left(\dfrac{\partial v_\phi}{\partial z}\right)\boldsymbol{e}_\phi+\left(\dfrac{\partial v_z}{\partial z}\right)\boldsymbol{e}_z\end{cases} \tag{2.7.30}$$

上式的各分量构成了梯度张量的分量,即

$$\nabla \boldsymbol{v}=\begin{pmatrix}(\nabla \boldsymbol{v})_{rr} & (\nabla \boldsymbol{v})_{r\phi} & (\nabla \boldsymbol{v})_{rz}\\ (\nabla \boldsymbol{v})_{\phi r} & (\nabla \boldsymbol{v})_{\phi\phi} & (\nabla \boldsymbol{v})_{\phi z}\\ (\nabla \boldsymbol{v})_{zr} & (\nabla \boldsymbol{v})_{z\phi} & (\nabla \boldsymbol{v})_{zz}\end{pmatrix}=\begin{pmatrix}\dfrac{\partial v_r}{\partial r} & \dfrac{1}{r}\left(\dfrac{\partial v_r}{\partial \phi}-v_\phi\right) & \dfrac{\partial v_r}{\partial z}\\ \dfrac{\partial v_\phi}{\partial r} & \dfrac{1}{r}\left(\dfrac{\partial v_\phi}{\partial \phi}+v_r\right) & \dfrac{\partial v_\phi}{\partial z}\\ \dfrac{\partial v_z}{\partial r} & \dfrac{1}{r}\dfrac{\partial v_z}{\partial \phi} & \dfrac{\partial v_z}{\partial z}\end{pmatrix} \tag{2.7.31}$$

5. 矢量的散度

根据散度的公式 $\mathrm{div}\boldsymbol{v}=\mathrm{tr}(\nabla \boldsymbol{v})$,可求出矢量的散度为

$$\mathrm{div}\boldsymbol{v}=\frac{\partial v_r}{\partial r}+\frac{v_r}{r}+\frac{1}{r}\frac{\partial v_\phi}{\partial \phi}+\frac{\partial v_z}{\partial z} \tag{2.7.32}$$

6. 标量的拉普拉斯算式

根据拉普拉斯算子的公式 $\nabla^2 f=\mathrm{div}(\nabla f)$,考虑标量的梯度为一矢量,可求出标量的拉普拉斯算式为

$$\nabla^2 f=\frac{\partial^2 f}{\partial r^2}+\frac{1}{r}\frac{\partial f}{\partial r}+\frac{1}{r^2}\frac{\partial^2 f}{\partial \phi^2}+\frac{\partial^2 f}{\partial z^2} \tag{2.7.33}$$

同理考虑矢量的散度为一标量,则由标量的梯度公式得

$$\nabla(\mathrm{div}\boldsymbol{v})=\left(\frac{\partial}{\partial r}(\mathrm{div}\boldsymbol{v}),\frac{1}{r}\frac{\partial}{\partial \phi}(\mathrm{div}\boldsymbol{v}),\frac{\partial}{\partial z}(\mathrm{div}\boldsymbol{v})\right) \tag{2.7.34}$$

7. 二阶张量的散度

二阶张量的散度 $\mathrm{div}\boldsymbol{A}$ 是一个矢量,可表示为

$$\mathrm{div}\boldsymbol{A}=(\mathrm{div}\boldsymbol{A})_r\boldsymbol{e}_r+(\mathrm{div}\boldsymbol{A})_\phi\boldsymbol{e}_\phi+(\mathrm{div}\boldsymbol{A})_z\boldsymbol{e}_z \tag{2.7.35}$$

将其分别点乘 $\boldsymbol{e}_r$,$\boldsymbol{e}_\phi$ 和 $\boldsymbol{e}_z$,并利用前面的式(2.7.5),其分量可写为

$$\begin{cases}(\mathrm{div}\boldsymbol{A})_r=(\mathrm{div}\boldsymbol{A})\cdot\boldsymbol{e}_r=\mathrm{div}(\boldsymbol{A}\cdot\boldsymbol{e}_r)-\mathrm{tr}[\boldsymbol{A}\cdot(\nabla\boldsymbol{e}_r)]\\ (\mathrm{div}\boldsymbol{A})_\phi=(\mathrm{div}\boldsymbol{A})\cdot\boldsymbol{e}_\phi=\mathrm{div}(\boldsymbol{A}\cdot\boldsymbol{e}_\phi)-\mathrm{tr}[\boldsymbol{A}\cdot(\nabla\boldsymbol{e}_\phi)]\\ (\mathrm{div}\boldsymbol{A})_z=(\mathrm{div}\boldsymbol{A})\cdot\boldsymbol{e}_z=\mathrm{div}(\boldsymbol{A}\cdot\boldsymbol{e}_z)-\mathrm{tr}[\boldsymbol{A}\cdot(\nabla\boldsymbol{e}_z)]\end{cases} \tag{2.7.36}$$

二阶张量按分量可表示为 $\boldsymbol{A}=\begin{pmatrix} A_{rr} & A_{r\phi} & A_{rz} \\ A_{\phi r} & A_{\phi\phi} & A_{\phi z} \\ A_{zr} & A_{z\phi} & A_{zz} \end{pmatrix}$，而根据上述矢量的梯度公式可得

$$\nabla \boldsymbol{e}_z=\begin{pmatrix} 0 & 0 & 0 \\ 0 & 0 & 0 \\ 0 & 0 & 0 \end{pmatrix} \tag{2.7.37}$$

$$\nabla \boldsymbol{e}_r=\begin{pmatrix} 0 & 0 & 0 \\ 0 & \frac{1}{r} & 0 \\ 0 & 0 & 0 \end{pmatrix} \tag{2.7.38}$$

$$\nabla \boldsymbol{e}_\phi=\begin{pmatrix} 0 & -\frac{1}{r} & 0 \\ 0 & 0 & 0 \\ 0 & 0 & 0 \end{pmatrix} \tag{2.7.39}$$

从而有

$$\mathrm{tr}[\boldsymbol{A}\cdot(\nabla \boldsymbol{e}_r)]=\frac{1}{r}\boldsymbol{A}_{\phi\phi} \tag{2.7.40}$$

$$\mathrm{tr}[\boldsymbol{A}\cdot(\nabla \boldsymbol{e}_\phi)]=-\frac{1}{r}\boldsymbol{A}_{\phi r} \tag{2.7.41}$$

$$\mathrm{tr}[\boldsymbol{A}\cdot(\nabla \boldsymbol{e}_z)]=0 \tag{2.7.42}$$

又由于 $(\boldsymbol{A}\cdot\boldsymbol{e}_k)_i=A_{ik}$，即有下列关系：

$$\begin{cases} \boldsymbol{A}\cdot\boldsymbol{e}_r=A_{rr}\boldsymbol{e}_r+A_{\phi r}\boldsymbol{e}_\phi+A_{zr}\boldsymbol{e}_z \\ \boldsymbol{A}\cdot\boldsymbol{e}_\phi=A_{r\phi}\boldsymbol{e}_r+A_{\phi\phi}\boldsymbol{e}_\phi+A_{z\phi}\boldsymbol{e}_z \\ \boldsymbol{A}\cdot\boldsymbol{e}_z=A_{rz}\boldsymbol{e}_r+A_{\phi z}\boldsymbol{e}_\phi+A_{zz}\boldsymbol{e}_z \end{cases} \tag{2.7.43}$$

利用前面矢量的散度公式得

$$\begin{cases} (\mathrm{div}\boldsymbol{A})_r=\dfrac{\partial A_{rr}}{\partial r}+\dfrac{1}{r}\dfrac{\partial A_{\phi r}}{\partial \phi}+\dfrac{\partial A_{zr}}{\partial z}+\dfrac{A_{rr}-A_{\phi\phi}}{r} \\ (\mathrm{div}\boldsymbol{A})_\phi=\dfrac{\partial A_{r\phi}}{\partial r}+\dfrac{1}{r}\dfrac{\partial A_{\phi\phi}}{\partial \phi}+\dfrac{\partial A_{z\phi}}{\partial z}+\dfrac{A_{\phi r}+A_{r\phi}}{r} \\ (\mathrm{div}\boldsymbol{A})_z=\dfrac{\partial A_{rz}}{\partial r}+\dfrac{1}{r}\dfrac{\partial A_{\phi z}}{\partial \phi}+\dfrac{\partial A_{zz}}{\partial z}+\dfrac{A_{rz}}{r} \end{cases} \tag{2.7.44}$$

2.7.3 球坐标系

球坐标系示意图如图 2.7.2 所示。对于球坐标系，其坐标 (r,θ,ϕ) 与直角坐标 (x_1, x_2, x_3) 间的关系为

$$\begin{cases} x_1=r\sin\theta\cos\phi \\ x_2=r\sin\theta\sin\phi \\ x_3=r\cos\theta \end{cases} \tag{2.7.45}$$

由于球坐标系也是曲线坐标系，对应原始坐标系的基矢量其量纲不一致，不利于物理量的分析，为了方便物理量的分析，与柱坐标系类似，需要取一组新的基矢量，这里取的是三个坐标方向的单位矢量，其中 $\boldsymbol{e}_r$ 是 r 方向单位向量，$\boldsymbol{e}_\theta$ 是 θ 方向单位向量，$\boldsymbol{e}_\phi$ 是 ϕ 方向单位向量。同柱坐标类似，虽然上述基矢量的大小都不变，但其方向是随坐标而改变的，基矢量对坐标的导数不再为零。这一点在球坐标系中也是需要特别注意的。

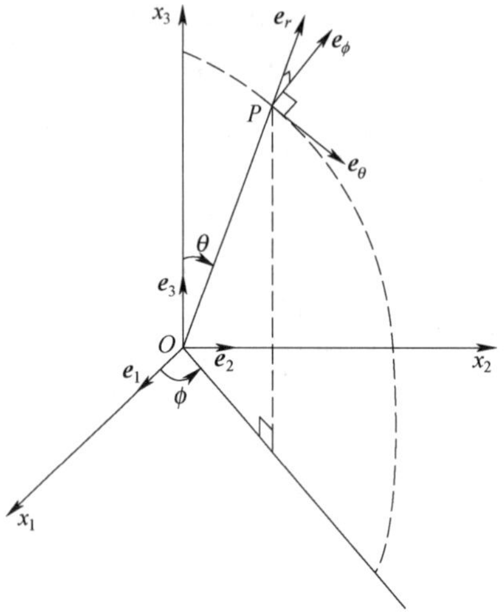

图 2.7.2　球坐标示意图

1. 空间矢量及基矢量的微分

球坐标系中所取的基矢量与直角坐标 $\boldsymbol{e}_i$ ($i=1,2,3$) 的关系可表示为

$$\begin{cases}\boldsymbol{e}_r=\boldsymbol{e}_1\sin\theta\cos\phi+\boldsymbol{e}_2\sin\theta\sin\phi+\boldsymbol{e}_3\cos\theta\\ \boldsymbol{e}_\theta=\boldsymbol{e}_1\sin\theta\cos\phi+\boldsymbol{e}_2\sin\theta\sin\phi-\boldsymbol{e}_3\sin\theta\\ \boldsymbol{e}_\phi=-\boldsymbol{e}_1\sin\phi+\boldsymbol{e}_2\cos\phi\end{cases}\tag{2.7.46}$$

它们对坐标的微分可写为

$$\begin{cases}\mathrm{d}\boldsymbol{e}_r=\boldsymbol{e}_\theta\mathrm{d}\theta+\boldsymbol{e}_\phi\sin\theta\mathrm{d}\phi\\ \mathrm{d}\boldsymbol{e}_\theta=-\boldsymbol{e}_r\mathrm{d}\theta+\boldsymbol{e}_\phi\cos\theta\mathrm{d}\phi\\ \mathrm{d}\boldsymbol{e}_\phi=-\boldsymbol{e}_r\sin\theta\mathrm{d}\theta-\boldsymbol{e}_\theta\cos\theta\mathrm{d}\phi\end{cases}\tag{2.7.47}$$

即有

$$\begin{cases}\dfrac{\partial\boldsymbol{e}_r}{\partial r}=0,\dfrac{\partial\boldsymbol{e}_r}{\partial\theta}=\boldsymbol{e}_\theta,\dfrac{\partial\boldsymbol{e}_r}{\partial\phi}=\boldsymbol{e}_\phi\sin\theta\\ \dfrac{\partial\boldsymbol{e}_\theta}{\partial r}=0,\dfrac{\partial\boldsymbol{e}_\theta}{\partial\theta}=-\boldsymbol{e}_r,\dfrac{\partial\boldsymbol{e}_\theta}{\partial\phi}=\boldsymbol{e}_\phi\cos\theta\\ \dfrac{\partial\boldsymbol{e}_\phi}{\partial r}=0,\dfrac{\partial\boldsymbol{e}_\phi}{\partial\theta}=-\boldsymbol{e}_r\sin\theta,\dfrac{\partial\boldsymbol{e}_\phi}{\partial\phi}=-\boldsymbol{e}_\theta\cos\theta\end{cases}\tag{2.7.48}$$

由于矢径可写为 $\boldsymbol{r}=r\boldsymbol{e}_r$ ，则有 $\mathrm{d}\boldsymbol{r}=\boldsymbol{e}_r\mathrm{d}r+r\mathrm{d}\boldsymbol{e}_r$ ，利用上述公式得

$$\mathrm{d}\boldsymbol{r}=\boldsymbol{e}_r\mathrm{d}r+\boldsymbol{e}_\theta r\mathrm{d}\theta+\boldsymbol{e}_\phi r\sin\theta\mathrm{d}\phi\tag{2.7.49}$$

即 $\mathrm{d}\boldsymbol{r}$ 的球坐标分量为 ($\mathrm{d}r,r\mathrm{d}\theta,r\sin\theta\mathrm{d}\phi$) 。

2. 标量的梯度

对于标量 f，其微分可表示为 $\mathrm{d}f=\dfrac{\partial f}{\partial r}\mathrm{d}r+\dfrac{\partial f}{\partial \theta}\mathrm{d}\theta+\dfrac{\partial f}{\partial \phi}\mathrm{d}\phi$，而用梯度 ∇f 和球坐标矢径又可表示为 $\mathrm{d}f=\nabla f\cdot \mathrm{d}\boldsymbol{r}$。若用 $(\nabla f)_r$，$(\nabla f)_\theta$，$(\nabla f)_\phi$ 代表 ∇f 的球坐标分量，则有

$$\frac{\partial f}{\partial r}\mathrm{d}r+\frac{\partial f}{\partial \theta}\mathrm{d}\theta+\frac{\partial f}{\partial \phi}\mathrm{d}\phi=(\nabla f)_r\mathrm{d}r+(\nabla f)_\theta r\mathrm{d}\theta+(\nabla f)_\phi r\sin\theta\mathrm{d}\phi \tag{2.7.50}$$

即

$$(\nabla f)_r=\frac{\partial f}{\partial r},(\nabla f)_\theta=\frac{1}{r}\frac{\partial f}{\partial r},(\nabla f)_\phi=\frac{1}{r\sin\theta}\frac{\partial f}{\partial \phi} \tag{2.7.51}$$

亦即

$$\nabla=\mathrm{grad}=\left(\frac{\partial}{\partial r},\frac{1}{r}\frac{\partial}{\partial \theta},\frac{1}{r\sin\theta}\frac{\partial}{\partial \phi}\right) \tag{2.7.52}$$

3. 标量的随体导数

标量的随体导数为 $\dfrac{\mathrm{D}f}{\mathrm{D}t}=\dfrac{\partial f}{\partial t}+(\boldsymbol{v}\cdot\nabla)f$，由于速度矢量可表示为 $\boldsymbol{v}=v_r\boldsymbol{e}_r+v_\theta\boldsymbol{e}_\theta+v_\phi\boldsymbol{e}_\phi$，因此有

$$(\boldsymbol{v}\cdot\nabla)=v_r\frac{\partial}{\partial r}+\frac{v_\theta}{r}\frac{\partial}{\partial \theta}+\frac{v_\phi}{r\sin\theta}\frac{\partial}{\partial \phi} \tag{2.7.53}$$

进而有

$$\frac{\mathrm{D}f}{\mathrm{D}t}=\frac{\partial f}{\partial t}+v_r\frac{\partial f}{\partial r}+\frac{v_\theta}{r}\frac{\partial f}{\partial \theta}+\frac{v_\phi}{r\sin\theta}\frac{\partial f}{\partial \phi} \tag{2.7.54}$$

4. 矢量的随体导数

矢量的随体导数可写为

$$\frac{\mathrm{D}\boldsymbol{v}}{\mathrm{D}t}=\boldsymbol{e}_r\frac{\mathrm{D}v_r}{\mathrm{D}t}+v_r\frac{\mathrm{D}\boldsymbol{e}_r}{\mathrm{D}t}+\boldsymbol{e}_\theta\frac{\mathrm{D}v_\theta}{\mathrm{D}t}+v_\theta\frac{\mathrm{D}\boldsymbol{e}_\theta}{\mathrm{D}t}+\boldsymbol{e}_\phi\frac{\mathrm{D}v_\phi}{\mathrm{D}t}+v_\phi\frac{\mathrm{D}\boldsymbol{e}_\phi}{\mathrm{D}t} \tag{2.7.55}$$

由于基矢量对时间及径向坐标的偏导为零，则由前述的关系得

$$\begin{cases}\dfrac{\mathrm{D}\boldsymbol{e}_r}{\mathrm{D}t}=\dfrac{v_\theta}{r}\dfrac{\partial \boldsymbol{e}_r}{\partial \theta}+\dfrac{v_\phi}{r\sin\theta}\dfrac{\partial \boldsymbol{e}_r}{\partial \phi}=\dfrac{1}{r}(v_\theta\boldsymbol{e}_\theta+v_\phi\boldsymbol{e}_\phi)\\[2ex] \dfrac{\mathrm{D}\boldsymbol{e}_\theta}{\mathrm{D}t}=\dfrac{v_\theta}{r}\dfrac{\partial \boldsymbol{e}_\theta}{\partial \theta}+\dfrac{v_\phi}{r\sin\theta}\dfrac{\partial \boldsymbol{e}_\theta}{\partial \phi}=-\dfrac{1}{r}(v_\theta\boldsymbol{e}_r-v_\phi\cot\theta\boldsymbol{e}_\phi)\\[2ex] \dfrac{\mathrm{D}\boldsymbol{e}_\phi}{\mathrm{D}t}=\dfrac{v_\phi}{r\sin\theta}\dfrac{\partial \boldsymbol{e}_\phi}{\partial \phi}=-\dfrac{1}{r}(v_\phi\boldsymbol{e}_r+v_\phi\cot\theta\boldsymbol{e}_\theta)\end{cases} \tag{2.7.56}$$

将其代入式(2.7.55)并整理得

$$\begin{cases}\left(\dfrac{\mathrm{D}\boldsymbol{v}}{\mathrm{D}t}\right)_r=\dfrac{\mathrm{D}v_r}{\mathrm{D}t}-\dfrac{1}{r}(v_\theta^2+v_\phi^2)\\[2ex] \left(\dfrac{\mathrm{D}\boldsymbol{v}}{\mathrm{D}t}\right)_\theta=\dfrac{\mathrm{D}v_\theta}{\mathrm{D}t}+\dfrac{1}{r}(v_rv_\theta-v_\phi^2\cot\theta)\\[2ex] \left(\dfrac{\mathrm{D}\boldsymbol{v}}{\mathrm{D}t}\right)_\phi=\dfrac{\mathrm{D}v_\phi}{\mathrm{D}t}+\dfrac{1}{r}(v_rv_\phi+v_\theta v_\phi\cot\theta)\end{cases} \tag{2.7.57}$$

其中，$\frac{\mathrm{D}}{\mathrm{D}t}=\frac{\partial}{\partial t}+v_r\frac{\partial}{\partial r}+\frac{v_\theta}{r}\frac{\partial}{\partial\theta}+\frac{v_\phi}{r\sin\theta}\frac{\partial}{\partial\phi}$。

5. 矢量的梯度

由于 $\mathrm{d}\boldsymbol{v}=(\mathrm{d}v_r)\boldsymbol{e}_r+v_r\mathrm{d}\boldsymbol{e}_r+(\mathrm{d}v_\theta)\boldsymbol{e}_\theta+v_\theta\mathrm{d}\boldsymbol{e}_\theta+(\mathrm{d}v_\phi)\boldsymbol{e}_\phi+v_\phi\mathrm{d}\boldsymbol{e}_\phi$，则由前述标量梯度及基矢量微分的关系推导可得

$$\begin{cases}(\mathrm{d}\boldsymbol{v})_r=\frac{\partial v_r}{\partial r}\mathrm{d}r+\left(\frac{\partial v_r}{\partial\theta}-v_\theta\right)\mathrm{d}\theta+\left(\frac{\partial v_r}{\partial\phi}-v_\phi\sin\theta\right)\mathrm{d}\phi\\ (\mathrm{d}\boldsymbol{v})_\theta=\frac{\partial v_\theta}{\partial r}\mathrm{d}r+\left(\frac{\partial v_\theta}{\partial\theta}+v_r\right)\mathrm{d}\theta+\left(\frac{\partial v_\theta}{\partial\phi}-v_\phi\cos\theta\right)\mathrm{d}\phi\\ (\mathrm{d}\boldsymbol{v})_\phi=\frac{\partial v_\phi}{\partial r}\mathrm{d}r+\frac{\partial v_\phi}{\partial\theta}\mathrm{d}\theta+\left(\frac{\partial v_\phi}{\partial\phi}+v_r\sin\theta+v_\theta\cos\theta\right)\mathrm{d}\phi\end{cases}\tag{2.7.58}$$

由于 $(\mathrm{d}\boldsymbol{v})_i=(\nabla\boldsymbol{v}\cdot\mathrm{d}\boldsymbol{r})_i=(\nabla\boldsymbol{v})_{ij}(\mathrm{d}\boldsymbol{r})_j$，而

$$\begin{cases}(\nabla\boldsymbol{v}\cdot\mathrm{d}r)_r=(\nabla\boldsymbol{v})_{rr}\mathrm{d}r+(\nabla\boldsymbol{v})_{r\theta}r\mathrm{d}\theta+(\nabla\boldsymbol{v})_{r\phi}r\sin\theta\mathrm{d}\phi\\ (\nabla\boldsymbol{v}\cdot\mathrm{d}r)_\theta=(\nabla\boldsymbol{v})_{\theta r}\mathrm{d}r+(\nabla\boldsymbol{v})_{\theta\theta}r\mathrm{d}\theta+(\nabla\boldsymbol{v})_{\theta\phi}r\sin\theta\mathrm{d}\phi\\ (\nabla\boldsymbol{v}\cdot\mathrm{d}r)_\phi=(\nabla\boldsymbol{v})_{\phi r}\mathrm{d}r+(\nabla\boldsymbol{v})_{\phi\theta}r\mathrm{d}\theta+(\nabla\boldsymbol{v})_{\phi\phi}r\sin\theta\mathrm{d}\phi\end{cases}\tag{2.7.59}$$

比较上述两式得：

$$\nabla\boldsymbol{v}=\begin{pmatrix}(\nabla\boldsymbol{v})_{rr}&(\nabla\boldsymbol{v})_{r\theta}&(\nabla\boldsymbol{v})_{r\phi}\\(\nabla\boldsymbol{v})_{\theta r}&(\nabla\boldsymbol{v})_{\theta\theta}&(\nabla\boldsymbol{v})_{\theta\phi}\\(\nabla\boldsymbol{v})_{\phi r}&(\nabla\boldsymbol{v})_{\phi\theta}&(\nabla\boldsymbol{v})_{\phi\phi}\end{pmatrix}$$

$$=\begin{pmatrix}\frac{\partial v_r}{\partial r}&\frac{1}{r}\left(\frac{\partial v_r}{\partial\theta}-v_\theta\right)&\frac{1}{r\sin\theta}\left(\frac{\partial v_r}{\partial\phi}-v_\phi\sin\theta\right)\\ \frac{\partial v_\theta}{\partial r}&\frac{1}{r}\left(\frac{\partial v_\theta}{\partial\theta}+v_r\right)&\frac{1}{r\sin\theta}\left(\frac{\partial v_\theta}{\partial\phi}-v_\phi\cos\theta\right)\\ \frac{\partial v_\phi}{\partial r}&\frac{1}{r}\frac{\partial v_\phi}{\partial\theta}&\frac{1}{r\sin\theta}\left(\frac{\partial v_\phi}{\partial\phi}+v_r\sin\theta+v_\theta\cos\theta\right)\end{pmatrix}\tag{2.7.60}$$

6. 矢量的散度

按照 $\mathrm{div}\boldsymbol{v}=\mathrm{tr}(\nabla\boldsymbol{v})$，并利用式(2.7.60)得

$$\mathrm{div}\boldsymbol{v}=\frac{\partial v_r}{\partial r}+\frac{2v_r}{r}+\frac{1}{r}\frac{\partial v_\theta}{\partial\theta}+\frac{v_\theta\cot\theta}{r}+\frac{1}{r\sin\theta}\frac{\partial v_\phi}{\partial\phi}\tag{2.7.61}$$

7. 二阶张量的散度

二阶张量可表示为

$$\boldsymbol{A}=\begin{pmatrix}A_{rr}&A_{r\theta}&A_{r\phi}\\A_{\theta r}&A_{\theta\theta}&A_{\theta\phi}\\A_{\phi r}&A_{\phi\theta}&A_{\phi\phi}\end{pmatrix}\tag{2.7.62}$$

利用

$$
\begin{cases}
(\mathrm{div}\boldsymbol{A})_r = (\mathrm{div}\boldsymbol{A}) \cdot \boldsymbol{e}_r = \mathrm{div}(\boldsymbol{A} \cdot \boldsymbol{e}_r) - \mathrm{tr}[\boldsymbol{A} \cdot (\nabla \boldsymbol{e}_r)] \\
(\mathrm{div}\boldsymbol{A})_\theta = (\mathrm{div}\boldsymbol{A}) \cdot \boldsymbol{e}_\theta = \mathrm{div}(\boldsymbol{A} \cdot \boldsymbol{e}_\theta) - \mathrm{tr}[\boldsymbol{A} \cdot (\nabla \boldsymbol{e}_\theta)] \\
(\mathrm{div}\boldsymbol{A})_\phi = (\mathrm{div}\boldsymbol{A}) \cdot \boldsymbol{e}_\phi = \mathrm{div}(\boldsymbol{A} \cdot \boldsymbol{e}_\phi) - \mathrm{tr}[\boldsymbol{A} \cdot (\nabla \boldsymbol{e}_\phi)]
\end{cases} \tag{2.7.63}
$$

及

$$
\nabla \boldsymbol{e}_r = \begin{pmatrix} 0 & 0 & 0 \\ 0 & \frac{1}{r} & 0 \\ 0 & 0 & 0 \end{pmatrix}, \nabla \boldsymbol{e}_\theta = \begin{pmatrix} 0 & -\frac{1}{r} & 0 \\ 0 & 0 & 0 \\ 0 & 0 & \frac{\cot\theta}{r} \end{pmatrix}, \nabla \boldsymbol{e}_\phi = \begin{pmatrix} 0 & 0 & -\frac{1}{r} \\ 0 & 0 & -\frac{\cot\theta}{r} \\ 0 & 0 & 0 \end{pmatrix} \tag{2.7.64}
$$

和

$$
\begin{cases}
\mathrm{tr}[\boldsymbol{A} \cdot (\boldsymbol{e}_r)] = \frac{1}{r}(A_{\theta\theta} + A_{\phi\phi}) \\
\mathrm{tr}[\boldsymbol{A} \cdot (\boldsymbol{e}_\theta)] = \frac{1}{r}(-A_{\theta r} + A_{\phi\phi}\cot\theta) \\
\mathrm{tr}[\boldsymbol{A} \cdot (\boldsymbol{e}_\phi)] = -\frac{1}{r}(A_{\phi r} + A_{\phi\theta}\cot\theta)
\end{cases} \tag{2.7.65}
$$

又由于 $(\boldsymbol{A} \cdot \boldsymbol{e}_k)_i = A_{ik}$，则

$$
\begin{cases}
\boldsymbol{A} \cdot \boldsymbol{e}_r = A_{rr}\boldsymbol{e}_r + A_{\theta r}\boldsymbol{e}_\theta + A_{\phi r}\boldsymbol{e}_\phi \\
\boldsymbol{A} \cdot \boldsymbol{e}_\theta = A_{r\theta}\boldsymbol{e}_r + A_{\theta\theta}\boldsymbol{e}_\theta + A_{\phi\theta}\boldsymbol{e}_\phi \\
\boldsymbol{A} \cdot \boldsymbol{e}_\phi = A_{r\phi}\boldsymbol{e}_r + A_{\theta\phi}\boldsymbol{e}_\theta + A_{\phi\phi}\boldsymbol{e}_\phi
\end{cases} \tag{2.7.66}
$$

得

$$
\begin{cases}
(\mathrm{div}\boldsymbol{A})_r = \frac{\partial A_{rr}}{\partial r} + \frac{1}{r}\frac{\partial A_{\theta r}}{\partial \theta} + \frac{1}{r\sin\theta}\frac{\partial A_{\phi r}}{\partial \phi} + \frac{1}{r}(2A_{rr} - A_{\theta\theta} - A_{\phi\phi} + A_{\theta r}\cot\theta) \\
(\mathrm{div}\boldsymbol{A})_\theta = \frac{\partial A_{r\theta}}{\partial r} + \frac{1}{r}\frac{\partial A_{\theta\theta}}{\partial \theta} + \frac{1}{r\sin\theta}\frac{\partial A_{\phi\theta}}{\partial \phi} + \frac{1}{r}(2A_{r\theta} + A_{\theta r} + (A_{\theta\theta} - A_{\phi\phi})\cot\theta) \\
(\mathrm{div}\boldsymbol{A})_\phi = \frac{\partial A_{r\phi}}{\partial r} + \frac{1}{r}\frac{\partial A_{\theta\phi}}{\partial \theta} + \frac{1}{r\sin\theta}\frac{\partial A_{\phi\phi}}{\partial \phi} + \frac{1}{r}(2A_{r\phi} + A_{\phi r} + (A_{\phi\theta} + A_{\theta\phi})\cot\theta)
\end{cases} \tag{2.7.67}
$$

8. 标量的拉普拉斯算符

由于 $\nabla^2 f = \mathrm{div}(\nabla f)$，从而有

$$
\nabla^2 f = \frac{\partial^2 f}{\partial r^2} + \frac{2}{r}\frac{\partial f}{\partial r} + \frac{1}{r^2}\frac{\partial^2 f}{\partial \theta^2} + \frac{\cot\theta}{r^2}\frac{\partial f}{\partial \theta} + \frac{1}{r^2\sin^2\theta}\frac{\partial^2 f}{\partial \phi^2} \tag{2.7.68}
$$

第 3 章　变形、应变及应变梯度

3.1　变形与位移梯度

在选定坐标系后，介质中的任何质点的位置都可以通过坐标来确定。如果是静态的或仅涉及小变形动态，质点的坐标可以认为是不变的，即质点和坐标是没有区别的，介质的变形完全可以由坐标的变化来表示。但如果是运动的或是大变形动态的，质点的坐标就会发生变化，质点的当前坐标和原始坐标就会发生分离，此时再仅仅用坐标的变化来描述介质的变形就不够了。为此，人们提出了两种分析方法。一种是拉格朗日（Lagrange）方法，另一种是欧拉（Euler）方法。拉格朗日法又称随体法，它把视线始终盯在质点上，进而来分析质点在运动过程中物理量随时间的变化规律。通常用介质质点的初始位置坐标 (a,b,c) 作为识别质点的标志，在任意时刻某质点 (a,b,c) 的空间位置坐标 (x,y,z) 可看成是 (a,b,c) 和时间 t 的函数。欧拉方法又称为流场法，它把视线始终盯在空间位置上，而不是盯在质点上。通过观察在流动空间中的每一个空间点上运动要素随时间的变化来得到整个流体的运动情况，进而研究各时刻质点在流场中的变化规律。

取连续介质某质点在初时刻 $(t=0)$ 的空间位置坐标矢量为 $\boldsymbol{a}$，之后的空间位置坐标矢量为 $\boldsymbol{x}$，并且称 $\boldsymbol{a}$ 为物质坐标，$\boldsymbol{x}$ 为空间坐标。从拉格朗日法的角度看，某质点在时刻 t 时的空间位置既和所盯着的质点有关也和时间有关，因此有 $\boldsymbol{x}=\boldsymbol{x}(\boldsymbol{a},t)$，$\boldsymbol{a}$ 为固定值时代表特定的质点。从欧拉法的角度看，某空间位置在时刻 t 时是哪个质点，既和所盯着的位置有关也和时间有关，因此有 $\boldsymbol{a}=\boldsymbol{a}(\boldsymbol{x},t)$，$\boldsymbol{x}$ 为固定值时代表特定的位置。换句话说，$\boldsymbol{a}=\boldsymbol{a}(\boldsymbol{x},\boldsymbol{t})$ 表示的是 t 时刻处于空间位置 $\boldsymbol{x}$ 上的是哪一个连续介质质点，而 $\boldsymbol{x}=\boldsymbol{x}(\boldsymbol{a},t)$ 表示的是质点 $\boldsymbol{a}$ 在 t 时所处的空间位置。$\boldsymbol{x}=\boldsymbol{x}(\boldsymbol{a},t)$ 给出的是 t 时刻连续介质的一种位形。质点从 $t=0$ 到 t 时刻所运动的位移为

$$\boldsymbol{u}=\boldsymbol{x}(\boldsymbol{a},t)-\boldsymbol{x}(\boldsymbol{a},0) \tag{3.1.1}$$

运动的速度为

$$\boldsymbol{v}=\frac{\partial \boldsymbol{u}}{\partial t}=\frac{\partial \boldsymbol{x}}{\partial t} \tag{3.1.2}$$

运动的加速度为

$$\boldsymbol{w}=\frac{\partial \boldsymbol{v}}{\partial t}=\frac{\partial^2 \boldsymbol{x}}{\partial t^2} \tag{3.1.3}$$

以上对 t 求偏导时，要保持 $\boldsymbol{a}$ 不变。保持 $\boldsymbol{a}$ 不变即保持质点不变（也即随该质点一起运动），这样的时间导数称为随体导数，用 $\dfrac{\mathrm{D}}{\mathrm{D}t}$ 表示。

对于物质质点坐标来说，随体导数和偏导数是一样的。但连续介质力学中的许多物

理变量都经常描述成空间坐标的函数，即 $f=f(\boldsymbol{x},t)$，此时的随体导数应为

$$\frac{\mathrm{D}f}{\mathrm{D}t}=\frac{\partial f}{\partial t}+\frac{\partial f}{\partial \boldsymbol{x}}\frac{\partial \boldsymbol{x}}{\partial t}=\frac{\partial f}{\partial t}+\boldsymbol{v}\frac{\partial f}{\partial \boldsymbol{x}}=\frac{\partial f}{\partial t}+\mathrm{grad}f\cdot\boldsymbol{v} \tag{3.1.4}$$

如当给定速度的函数为 $\boldsymbol{v}=\boldsymbol{v}(\boldsymbol{x},t)$，则加速度不应简单写为 $\boldsymbol{w}=\dfrac{\partial \boldsymbol{v}}{\partial t}$，而应该写为

$$\boldsymbol{w}=\frac{\mathrm{D}\boldsymbol{v}}{\mathrm{D}t}=\frac{\partial \boldsymbol{v}}{\partial t}+\frac{\partial \boldsymbol{v}}{\partial \boldsymbol{x}}\cdot\boldsymbol{v}=\frac{\partial \boldsymbol{v}}{\partial t}+\mathrm{grad}\boldsymbol{v}\cdot\boldsymbol{v} \tag{3.1.5}$$

即

$$w_i=\frac{\mathrm{D}v_i}{\mathrm{D}t}=\frac{\partial v_i}{\partial t}+v_k\frac{\partial v_i}{\partial x_k},\quad i=1,2,3 \tag{3.1.6}$$

应变反映的是变形，而变形一定是介质发生了非刚体的移动或转动，即不同的质点的位移发生了变化。在介质中取无限接近的两点 A 和 B，其坐标分别是 $\boldsymbol{x}_{\mathrm{A}}$ 和 $\boldsymbol{x}_{\mathrm{B}}$，两点的距离为

$$\Delta\boldsymbol{x}=\boldsymbol{x}_{\mathrm{B}}-\boldsymbol{x}_{\mathrm{A}} \tag{3.1.7}$$

变形后，原来的两点分别经过位移 $\boldsymbol{u}_{\mathrm{A}}$ 和 $\boldsymbol{u}_{\mathrm{B}}$ 移动到 A' 和 B'，其坐标分别变为 $\boldsymbol{x}'_{\mathrm{A}}$ 和 $\boldsymbol{x}'_{\mathrm{B}}$，且有 $\boldsymbol{x}'_{\mathrm{A}}=\boldsymbol{x}_{\mathrm{A}}+\boldsymbol{u}_{\mathrm{A}}$ 和 $\boldsymbol{x}'_{\mathrm{B}}=\boldsymbol{x}_{\mathrm{B}}+\boldsymbol{u}_{\mathrm{B}}$，取 $\Delta\boldsymbol{u}=\boldsymbol{u}_{\mathrm{B}}-\boldsymbol{u}_{\mathrm{A}}$，此时两点的距离变为 $\Delta\boldsymbol{x}'=\boldsymbol{x}'_{\mathrm{B}}-\boldsymbol{x}'_{\mathrm{A}}=\boldsymbol{x}_{\mathrm{B}}-\boldsymbol{x}_{\mathrm{A}}+\boldsymbol{u}_{\mathrm{B}}-\boldsymbol{u}_{\mathrm{A}}=\Delta\boldsymbol{x}+\Delta\boldsymbol{u}$。

经过位移之后，两点距离的变化为

$$\Delta\boldsymbol{s}=\Delta\boldsymbol{x}'-\Delta\boldsymbol{x}=\Delta\boldsymbol{u} \tag{3.1.8}$$

这种距离变化与原距离的比值称为相对伸长（或缩短）量，可写为

$$\Delta\boldsymbol{e}=\frac{\Delta\boldsymbol{u}}{\Delta\boldsymbol{x}} \tag{3.1.9}$$

这是一个矢量的比值，当 $\Delta\boldsymbol{x}$ 与 $\Delta\boldsymbol{u}$ 方向一致时，代表相对伸长（或缩短）量，当 $\Delta\boldsymbol{x}$ 与 $\Delta\boldsymbol{u}$ 方向垂直时，代表某种角度的变化。由于 $\Delta\boldsymbol{u}$ 有三个方向的分量，$\Delta\boldsymbol{x}$ 也有三个方向的分量，因此应有九个分量，其中代表相对伸长（或缩短）的有三个分量，而代表角度变化的有六个分量。

使 A 和 B 两点无限接近，即取极限，其极限值称为该点的位移梯度，也可直接通俗地称为应变（注意与后文的应变有区别），即

$$\boldsymbol{\varepsilon}'=\mathrm{grad}\boldsymbol{u}=\lim_{\Delta\boldsymbol{x}\to 0}\frac{\Delta\boldsymbol{u}}{\Delta\boldsymbol{x}}=\frac{\mathrm{d}\boldsymbol{u}}{\mathrm{d}\boldsymbol{x}} \tag{3.1.10}$$

位移是一阶张量（矢量），坐标也是一阶张量，因此，位移梯度是二阶张量。写成分量的形式为

$$\varepsilon'_{ij}=\frac{\partial u_j}{\partial x_i} \tag{3.1.11}$$

下标相同时，如 ε'_{11}，ε'_{22}，ε'_{33}，代表某方向的相对伸长（缩短）量，称为线应变。下标不同时，如 ε'_{12}，ε'_{13}，ε'_{21}，ε'_{23}，ε'_{31}，ε'_{32}，代表产生的转角，称为角应变。从图 3.1.1 和图 3.1.2 可以看出，对于一个矩形微元，角应变 ε'_{ij}（$i\neq j$）使原直角减小角度为 $\alpha_{ij}\approx\tan\alpha_{ij}=\dfrac{\partial u_j}{\partial x_i}=\varepsilon'_{ij}$，同理，角应变 ε'_{ji} 又使该角度减小 ε'_{ji}，总角度减小量为 $\gamma_{ij}=\varepsilon'_{ij}+\varepsilon'_{ji}$（$i\neq j$），通常

称其为剪切应变，且 $\gamma_{ij}=\gamma_{ji}$ 。

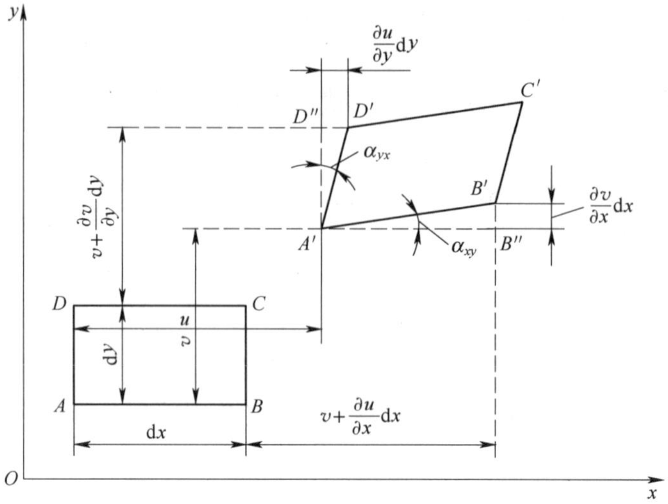

图 3.1.1　平面变形

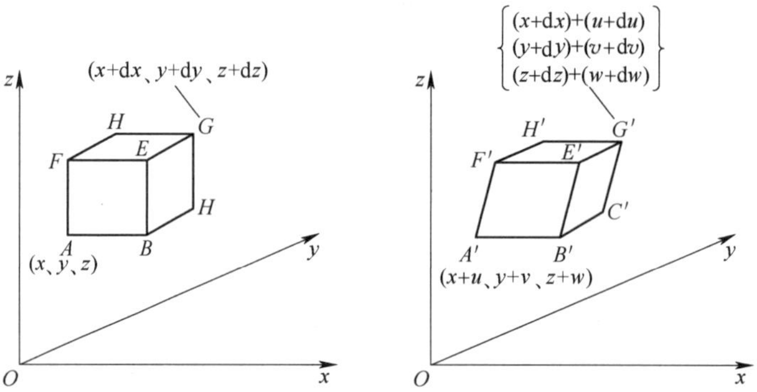

图 3.1.2　单元体变形

虽然 $\gamma_{ij}=\gamma_{ji}$ 是对称张量，但在一般情况下，角应变 $\varepsilon_{ij}'\neq\varepsilon_{ji}'$，因此上述的位移梯度张量并不一定是对称张量。

3.2　应变及转动

为了进一步分析上述位移梯度张量的性质，做一下位移的分解。设位移场为 $\boldsymbol{u}=\boldsymbol{u}(x_1,x_2,x_3)$，假定位移梯度很小（即 $\left|\frac{\partial u_j}{\partial x_i}\right|\ll 1$ 恒成立）。按照二阶张量的分解性质，可将上述位移梯度张量分解成对称的和反对称的两部分之和的形式，则位移分量的微分可写为

$$\mathrm{d}u_j=\frac{\partial u_j}{\partial x_i}\mathrm{d}x_i=\frac{1}{2}\left(\frac{\partial u_j}{\partial x_i}-\frac{\partial u_i}{\partial x_j}\right)\mathrm{d}x_i+\frac{1}{2}\left(\frac{\partial u_j}{\partial x_i}+\frac{\partial u_i}{\partial x_j}\right)\mathrm{d}x_i \tag{3.2.1}$$

取 $\omega_{ij}=\frac{1}{2}\left(\frac{\partial u_j}{\partial x_i}-\frac{\partial u_i}{\partial x_j}\right)=\frac{1}{2}(u_{j,i}-u_{i,j})$，$\varepsilon_{ij}=\frac{1}{2}\left(\frac{\partial u_j}{\partial x_i}+\frac{\partial u_i}{\partial x_j}\right)=\frac{1}{2}(u_{j,i}+u_{i,j})$，则

$$\mathrm{d}u_j=\omega_{ij}\mathrm{d}x_i+\varepsilon_{ij}\mathrm{d}x_i \tag{3.2.2}$$

可以看出，ω_{ij} 是反对称张量，ε_{ij} 是对称张量。进一步分析发现，二阶反对称张量只有三个独立的分量，且满足 $\omega_{kj}=\frac{1}{2}e_{ijk}\frac{\partial u_j}{\partial x_k}=\frac{1}{2}e_{ijk}u_{j,k}$，可以用一种矢量（一阶张量）描述，若定义其是一阶张量（矢量）$\boldsymbol{\omega}$ 的一个分量 $\boldsymbol{\omega}_i$，即 $\boldsymbol{\omega}_i=\omega_{jk}=\frac{1}{2}e_{ijk}\frac{\partial u_k}{\partial x_j}=-\frac{1}{2}e_{ijk}u_{j,k}$，或 $\omega_{ij}=e_{jki}\omega_k=e_{ijk}\omega_k$，也称 $\boldsymbol{\omega}_i$ 和 ω_{ij} 互为反偶，即 $\boldsymbol{\omega}_i$ 为反对称二阶张量 ω_{ij} 的反偶矢量，ω_{ij} 为矢量 $\boldsymbol{\omega}_i$ 的反偶二阶反对称张量。按照矢量叉乘的性质，一方面有

$$\boldsymbol{\omega}=\frac{1}{2}\nabla\times\boldsymbol{u}=\frac{1}{2}\mathrm{rot}\boldsymbol{u} \tag{3.2.3}$$

另一方面有

$$\omega_{ji}\mathrm{d}x_j=e_{ikj}\omega_k\mathrm{d}x_j=(\boldsymbol{\omega}\times\mathrm{d}\boldsymbol{x})_i \tag{3.2.4}$$

代入式(3.2.2)，得

$$\mathrm{d}u_i=(\boldsymbol{\omega}\times\mathrm{d}\boldsymbol{x})_i+\varepsilon_{ji}\mathrm{d}x_j \tag{3.2.5}$$

或

$$\mathrm{d}\boldsymbol{u}=\boldsymbol{\omega}\times\mathrm{d}\boldsymbol{x}+\boldsymbol{E}\cdot\mathrm{d}\boldsymbol{x} \tag{3.2.6}$$

其中，$\boldsymbol{E}=\{\varepsilon_{ij}\}$。对于点 $\boldsymbol{x}$ 邻域内的另一点 $\boldsymbol{x}+\mathrm{d}\boldsymbol{x}$ 有

$$\boldsymbol{u}(\boldsymbol{x}+\mathrm{d}\boldsymbol{x})=\boldsymbol{u}(\boldsymbol{x})+\boldsymbol{\omega}\times\mathrm{d}\boldsymbol{x}+\boldsymbol{E}\cdot\mathrm{d}\boldsymbol{x} \tag{3.2.7}$$

可以看出，点 $\boldsymbol{x}$ 邻域内一点 $\boldsymbol{x}+\mathrm{d}\boldsymbol{x}$ 的位移可分解成三部分：第一部分 $\boldsymbol{u}(\boldsymbol{x})$ 是随 $\boldsymbol{x}$ 点一起的平动；第二部分 $\boldsymbol{\omega}\times\mathrm{d}\boldsymbol{x}$ 是 $\mathrm{d}\boldsymbol{x}$ 段的一种转动，它是位移梯度中的反对称部分所起的作用；第三部分 $\boldsymbol{E}\cdot\mathrm{d}\boldsymbol{x}$ 反映的是变形引起的位移，它是位移梯度中对称部分所起的作用。

在经典连续介质力学中，忽略了位移梯度中反对称部分导致的转动效应，只计及了位移梯度中对称部分导致的变形作用，并将 $\boldsymbol{E}$ 定义为应变张量，即

$$\varepsilon_{ij}=\varepsilon_{ji}=\frac{1}{2}(\varepsilon'_{ij}+\varepsilon'_{ji})=\frac{1}{2}\left(\frac{\partial u_j}{\partial x_i}+\frac{\partial u_i}{\partial x_j}\right)=\frac{1}{2}(u_{j,i}+u_{i,j}) \tag{3.2.8}$$

其中包含 $i=j$ 的情况，该应变张量为对称二阶张量。在形式上与应力张量的对称部分也是一致的。当 $i=j$ 时，这种应变张量的分量体现的是伸缩变形；当 $i\neq j$ 时，其分量体现的是角度的变形。由于角应变主要是由于剪切产生的变形，因此也叫剪应变。

3.3 应变梯度张量及位移二阶梯度张量

经典连续介质力学理论考虑了三个方面的假设：一是认为介质具有连续性，不仅包括位移连续，也包括变形（位移梯度）连续；二是认为介质具有局部性，不仅物质尺度可以无限缩小，其各物理量也可以通过极限求得；三是认为介质质点之间具有独立性，即某一质点与周围质点仅存在连续性的关联，而没有相互作用的关联。各物理量虽与某质点有关，但仅依赖于这一质点，而不同时依赖于周围其他质点。这样的假设掩盖了力矩的作用，同时也回避了转动的作用，特别是掩盖了引起变形的力矩（应力矩）的作用和单位尺度上转

角(转动梯度)的作用。这对于在宏观尺度结构下介质材料的分析是适宜的,因为材料颗粒级的尺寸远远小于结构的尺寸,宏观结构中所谓的质点,其相对尺度(严格地说质点是没有尺度的)可以远大于材料颗粒级的尺度,材料颗粒级的尺度是可以忽略的,因此其经典连续介质力学的分析是足够精确的。然而,对于微纳米级的结构,材料的颗粒级尺度不能再被忽略,而必须计及。材料颗粒自身的特性与颗粒间的连接特性是不同的,颗粒本身可能是刚体,也可能是刚度较大的变形体。它可能包含了很多的质点,这些质点之间有较强的依赖关系。颗粒与颗粒之间的位移是连续的,但变形(位移梯度)可能不再连续。因此其材料颗粒级尺度的存在既颠覆了经典连续介质力学中的连续性假设,也颠覆了经典连续介质力学中的局部性假设,更颠覆了经典连续介质力学中的质点之间具有独立性的假设。

在经典连续介质力学理论中,由于位移梯度也是连续的,因此位移梯度的梯度具有有限性。但对于微纳结构的材料而言,由于颗粒效应的存在,其位移梯度具有一定程度的间断性,位移梯度的梯度变得比较显著。位移梯度反映的是应变,因此颗粒的存在会导致应变的间断,而间断性的应变会带来显著的应变梯度。因此,在微结构中,应变梯度则是一个较显著的物理量。

严格地说,在经典连续介质力学理论中,位移梯度被分解成了两部分:一部分是对称的部分,称作应变;另一部分是反对称的部分,称作转动。前者的梯度称为应变梯度,后者称为转动梯度。转动梯度具有"单位长度的转角即曲率"的含义,因此,也常把转动梯度称为曲率。

应变梯度可以表示为

$$\frac{\partial \boldsymbol{\varepsilon}}{\partial \boldsymbol{x}} = \varepsilon_{jk,i} = \frac{1}{2}(u_{k,j} + u_{j,k})_{,i} = \frac{1}{2}(u_{k,ij} + u_{j,ki}) \tag{3.3.1}$$

转动梯度可以表示为

$$\chi_{ij} = \omega_{i,j} = \frac{1}{2} e_{ilk} u_{k,lj} \tag{3.3.2}$$

不管是应变梯度还是转动梯度,都是位移的二阶梯度。为了对位移的二阶梯度进行有效的分析,定义其二阶梯度为

$$\eta_{ijk} = \frac{\partial}{\partial \boldsymbol{x}}\left(\frac{\partial \boldsymbol{u}}{\partial \boldsymbol{x}}\right) = u_{k,ij} \tag{3.3.3}$$

它与前述的应变梯度及转动梯度都有些不同。它是包含了应变梯度和转动梯度两部分的二阶梯度。而应变梯度只是位移梯度对称部分的二阶梯度,转动梯度只是位移梯度反对称部分的二阶梯度。

类似于位移梯度可以分解成对称的部分和反对称的部分两项之和,二阶位移梯度也可以分解成对称的和反对称的两部分之和的形式。其形式如下:

$$\eta_{ijk} = \eta_{ijk}^{s} + \eta_{ijk}^{a} \tag{3.3.4}$$

其中对称的部分为

$$\eta_{ijk}^{s} = \frac{1}{3}(\eta_{ijk} + \eta_{jki} + \eta_{kij}) \tag{3.3.5}$$

反对称的部分为

$$\eta_{ijk}^{a} = \frac{1}{3}(2\eta_{ijk} - \eta_{jki} - \eta_{kij}) \tag{3.3.6}$$

如果把应变梯度对称的和反对称的两部分也进行分解，会发现其中对称部分 $\frac{1}{3}(\varepsilon_{jk,i} + \varepsilon_{ki,j} + \varepsilon_{ij,k})$ 与位移二阶梯度对称部分是相同的，即

$$\eta_{ijk}^{s} = \frac{1}{3}(\eta_{ijk} + \eta_{jki} + \eta_{kij}) = \frac{1}{3}(\varepsilon_{jk,i} + \varepsilon_{ki,j} + \varepsilon_{ij,k}) \tag{3.3.7}$$

因此，可以说位移二阶梯度的对称部分就是应变梯度的对称部分，而位移二阶梯度的反对称部分既包括了应变梯度的反对称部分，也包括了转动梯度的成分。

针对位移二阶梯度的对称部分，还可以将其分解成相互独立的有迹和无迹的两部分，其形式为

$$\eta_{ijk}^{s} = \eta_{ijk}^{(0)} + \eta_{ijk}^{(1)} \tag{3.3.8}$$

其中有迹的部分 $\eta_{ijk}^{(0)}$ 和无迹的部分 $\eta_{ijk}^{(1)}$ 又可分别表示为

$$\begin{cases} \eta_{ijk}^{(0)} = \frac{1}{5}(\delta_{ij}\eta_{mmk}^{s} + \delta_{jk}\eta_{mmi}^{s} + \delta_{ki}\eta_{mmj}^{s}) \\ \eta_{ijk}^{(1)} = \eta_{ijk}^{s} - \eta_{ijk}^{(0)} \end{cases} \tag{3.3.9}$$

其中，$\eta_{mmk}^{s} = \frac{1}{3}(\eta_{mmk} + 2\eta_{kmm})$。

转动梯度也可以用位移二阶梯度 η_{ijk} 表示为

$$\chi_{ij} = \omega_{i,j} = \frac{1}{2}e_{ilk}u_{k,lj} = \frac{1}{2}e_{ilk}\eta_{jlk} \tag{3.3.10}$$

利用转动梯度的表达式，事实上，又可以将位移二阶梯度的反对称部分表示为

$$\eta_{ijk}^{a} = \frac{2}{3}(e_{ijp}\chi_{pk} + e_{ikp}\chi_{pj}) \tag{3.3.11}$$

这种分解表明，位移二阶梯度的反对称部分反映的都是转动梯度的成分。

当然，针对转动梯度，也可以进行对称和反对称的分解，其形式为

$$\chi_{ij} = \chi_{ij}^{s} + \chi_{ij}^{a} \tag{3.3.12}$$

其中

$$\begin{cases} \chi_{ij}^{s} = \frac{1}{2}(\chi_{ij} + \chi_{ji}) \\ \chi_{ij}^{a} = \frac{1}{2}(\chi_{ij} - \chi_{ji}) \end{cases} \tag{3.3.13}$$

通过进一步的分析可知，位移二阶梯度的有迹部分中的各分量还可以分解成膨胀梯度和转动梯度反对称部分两个部分之和的形式：

$$\eta_{ipp}^{s} = \varepsilon_{,i} + \frac{2}{3}e_{imn}\chi_{mn}^{a} = \varepsilon_{,i} + \frac{2}{3}e_{imn}\chi_{mn} \tag{3.3.14}$$

式中：$\varepsilon = \varepsilon_{mm}$ 为膨胀应变（或体应变）。

综上可以看出，位移二阶梯度的对称部分中的有迹部分去掉转动梯度后，剩下的是体应变（体积改变）梯度（膨胀梯度）成分，无迹部分反映的是应变偏量（形状改变）梯度的

成分，其他的都是转动梯度的成分。因此，可以说位移二阶梯度是由体应变梯度（体积膨胀梯度）$\varepsilon_{mm,i}$、应变偏量梯度（形变梯度）$\eta_{ijk}^{(1)}$ 以及转动梯度 χ_{ij} 三大部分构成的。

同一般的二阶对称张量性质一样，应变张量也有三个主值 ε_1、ε_2 和 ε_3，通常称其为主应变，也有三个不变量，分别为

$$I_1 = \varepsilon_1 + \varepsilon_2 + \varepsilon_3 \tag{3.3.15}$$

$$I_2 = \varepsilon_1\varepsilon_2 + \varepsilon_1\varepsilon_3 + \varepsilon_2\varepsilon_3 \tag{3.3.16}$$

$$I_3 = \varepsilon_1\varepsilon_2\varepsilon_3 \tag{3.3.17}$$

通常分别称其为应变张量第一、第二和第三不变量。

3.4 应变率张量、角速度张量及曲率变化率张量

用速度代替位移，可由上述的应变张量得到应变率张量，也称变形速度的张量 $\dot{\boldsymbol{E}} = \{\dot{\varepsilon}_{ij}\}$ 为

$$\dot{\varepsilon}_{ij} = \frac{1}{2}\left(\frac{\partial v_i}{\partial x_j} + \frac{\partial v_j}{\partial x_i}\right) \tag{3.4.1}$$

它也是一个二阶对称张量，是速度梯度张量 $\dfrac{\partial v_i}{\partial x_j}$ 的对称部分。变形速度张量各分量的物理意义分别是线元在单位时间内的相对伸缩率或角元在单位时间内的角度变化。如：

$$\dot{\varepsilon}_{11} = \frac{\partial v_1}{\partial x_1} \tag{3.4.2}$$

表示平行 x_1 轴的线元在单位时间内的相对伸缩率。而

$$2\dot{\varepsilon}_{12} = \frac{\partial v_1}{\partial x_2} + \frac{\partial v_2}{\partial x_1} \tag{3.4.3}$$

表示微元形状相对 x_1 轴和 x_2 轴间单位时间内的角度变化（也称此为剪切应变速度）。类似地也可解释其他分量的意义。类似于位移的分解，也可对速度场进行分解。设 $\boldsymbol{v} = \boldsymbol{v}(x_1, x_2, x_3, t)$ 是 t 时刻的速度场，考虑同一时刻（即固定 t，而有 $\mathrm{d}t = 0$）有 $\mathrm{d}u_i = \dot{\omega}_{ij}\mathrm{d}x_j + \dot{\varepsilon}_{ij}\mathrm{d}x_j$，其中 $\dot{\omega}_{ij} = \dfrac{1}{2}\left(\dfrac{\partial v_j}{\partial x_i} - \dfrac{\partial v_i}{\partial x_j}\right)$ 是二阶反对称张量。

取 $\dot{\boldsymbol{\omega}} = \dfrac{1}{2}\mathrm{rot}\boldsymbol{v}$，即 $\dot{\omega}_i = \dfrac{1}{2}\in_{ijk}\dfrac{\partial v_k}{\partial x_j}$，或 $\dot{\omega}_1 = \dfrac{1}{2}\left(\dfrac{\partial v_2}{\partial x_3} - \dfrac{\partial v_3}{\partial x_2}\right) = \dot{\omega}_{32}$，$\dot{\omega}_2 = \dot{\omega}_{13}$，$\dot{\omega}_3 = \dot{\omega}_{21}$，则有

$$\dot{\omega}_{ij}\mathrm{d}x_j = \in_{ikj}\dot{\omega}_k\mathrm{d}x_j = (\dot{\boldsymbol{\omega}} \times \mathrm{d}\boldsymbol{x})_i \tag{3.4.4}$$

进而有

$$\mathrm{d}v_i = (\dot{\boldsymbol{\omega}} \times \mathrm{d}\boldsymbol{x})_i + \dot{\varepsilon}_{ij}\mathrm{d}x_j \tag{3.4.5}$$

$$\mathrm{d}\boldsymbol{v} = \dot{\boldsymbol{\omega}} \times \mathrm{d}\boldsymbol{x} + \dot{\boldsymbol{E}} \cdot \mathrm{d}\boldsymbol{x} \tag{3.4.6}$$

式(3.4.6)称为微团速度分解。右边第二项 $\dot{\boldsymbol{E}} \cdot \mathrm{d}\boldsymbol{x}$ 是变形引起的速度变化，第一项 $\dot{\boldsymbol{\omega}} \times$

$\mathrm{d}\boldsymbol{x}$ 是微团作旋转引起的速度变化,而旋转的角速度为

$$\dot{\boldsymbol{\omega}} = \frac{1}{2}\mathrm{rot}\boldsymbol{v} \tag{3.4.7}$$

角速度的梯度是曲率变化率,即

$$\dot{\boldsymbol{\chi}} = \nabla\dot{\boldsymbol{\omega}} \tag{3.4.8}$$

第 4 章　应力张量、偶应力张量与应力矩(高阶应力)张量

4.1　连续介质力学中的力密度与应力张量

在经典连续介质力学分析中,分析的对象是介质的力学特性,从作用的来源讲,有外部的作用和内部的作用两个方面。从作用的方式讲,有力的作用、速度的作用、加速度的作用、位移的作用和温度的作用等多个方面。从作用的形态讲,有静态的作用、低速动态的作用和冲击动态的作用等几个方面。外部的作用多表现在边界条件上,内部的作用多表现在介质质点间的相互作用上。因此,在经典连续介质力学分析中,内部的分析总是以质点作为研究对象,属非极性的局部连续介质力学理论。在非极性的局部连续介质力学理论中,不考虑质点旋转的作用,因此其应力是对称的二阶张量。在现代连续介质力学分析中,除了瞄准质点外,还要考虑周围区域的影响,也可能还要考虑微小区域的极性的作用。这样一来,应力张量就不一定是对称的,而是会有反对称的偶应力成分,进而就会形成应力力偶矩,使介质的力学场中会存在力偶矩的成分。

连续介质系统的外部作用力可分为体力和面力两种。体力以单位体积力(力的体密度)的形式直接作用在质点上。面力作用在边界上,可用边界条件来描述,面力的类型有集中力和分布力,分布力一般用单位面积的力来描述。这种单位面积上的力称为力的面密度。内部作用力主要是介质质点间的作用力,也是一种分布力,也可以用力的面密度的形式来描述。为了有效地描述介质中某一点的这种力的面密度,假想过该点做一曲面将介质分成两部分,取其中含有该质点的部分作为分析对象,该曲面就相当于该部分的外表面,该质点就位于该外表面上。在该表面的该点处取一个曲面微元 $\Delta \boldsymbol{s}$。由于是假想的分开,事实上两部分是紧密联系和作用的,因此两部分的作用力就体现在该表面上。

设作用在曲面微元 $\Delta \boldsymbol{s}$ 上的作用力为 $\Delta \boldsymbol{f}$,如图 4.1.1 所示,对曲面微元 $\Delta \boldsymbol{s}$ 取极限,则得该点处单位面积的作用力为

$$\boldsymbol{\sigma}' = \frac{\mathrm{d}\boldsymbol{f}}{\mathrm{d}\boldsymbol{s}} \tag{4.1.1}$$

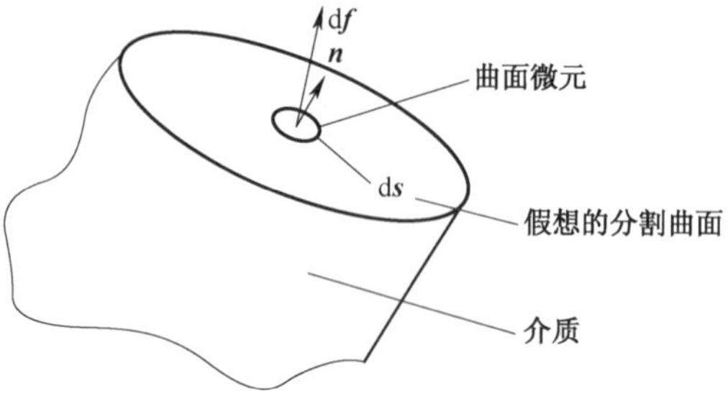

图 4.1.1　质点处分个界面微元面的受力分析

该单位面积上的作用力在经典连续介质力学分析中被称作该点的应力,为了以示区别,这里我们暂时先称其为广义应力。由于作用力微元是一个矢量,曲面元也是一个矢量,因此该广义应力是一个二阶张量。曲面微元矢量通常可写为 $\mathrm{d}\boldsymbol{s} = \boldsymbol{n}\mathrm{d}s$,其中 $\boldsymbol{n}$ 为曲面微元的法向单位矢量, $\mathrm{d}s$ 是微元的面积标量。则上述公式可写为

$$\boldsymbol{\sigma}' = \frac{\mathrm{d}\boldsymbol{f}}{\boldsymbol{n}\mathrm{d}s} \tag{4.1.2}$$

该广义应力的公式还可以写成分量的形式:

$$\sigma'_{ij} = \frac{\mathrm{d}f_j}{\mathrm{d}s_i} = \frac{\mathrm{d}f_j}{n_i\mathrm{d}s} \tag{4.1.3}$$

通常称垂直于曲面微元(与曲面微元的法向单位矢量平行)的分量为正应力,称平行于曲面微元(与曲面微元的法向单位矢量垂直)的分量为剪应力。因此,上述应力分量中两个自由指标相同的分量 $\sigma'_{11},\sigma'_{22},\sigma'_{33}$ 为正应力分量,两个自由指标不同的分量 σ'_{12}, $\sigma'_{13},\sigma'_{21},\sigma'_{23},\sigma'_{31},\sigma'_{32}$ 为剪应力分量。

若把单位面积的力表示为

$$\bar{f}_j = \frac{f_i}{s} \tag{4.1.4}$$

而将面元矢量 $\boldsymbol{n}_i$ 视为坐标基矢量 $\boldsymbol{x}_i$,则有

$$\boldsymbol{\sigma}' = \sigma'_{ij} = \frac{\mathrm{d}f_j}{\mathrm{d}s_i} = \frac{\mathrm{d}f_j}{n_i\mathrm{d}s} = \frac{\mathrm{d}\bar{f}_j}{\mathrm{d}x_i} = \bar{f}_{j,i} = \nabla\bar{\boldsymbol{f}} \tag{4.1.5}$$

可以看出,应力可以理解为单位面积力的梯度。

如果认为两个张量相除的形式理解起来比较困难,为了便于分析和理解,也可以将上述应力公式化为

$$\mathrm{d}\boldsymbol{f} = \boldsymbol{\sigma}' \cdot \boldsymbol{n}\mathrm{d}s = \nabla\bar{\boldsymbol{f}} \cdot \mathrm{d}\boldsymbol{x} \tag{4.1.6}$$

微元作用力是一个一阶张量,曲面微元也是一个一阶张量,只有应力张量是二阶张量,与一个一阶张量内积收缩才能得到另一个一阶张量。从这个角度分析,应力张量也应该是一个二阶张量。将该式写成分量形式为

$$\mathrm{d}f_j = \sigma'_{ij}\mathrm{d}s_i \tag{4.1.7}$$

在 $Oxyz$ 坐标系中,将 i,j,k 还原为 x,y,z ,在某质点处取一个微小六面体,如图 4.1.2 所示,则可直观看出各应力的作用,每个面都有三个方向的应力分量,其中一个是正应力,两个是剪应力。

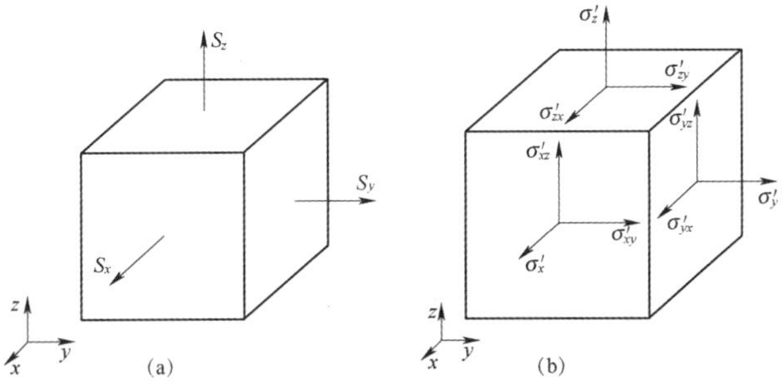

图 4.1.2 单元体受力情况图

(a)物体内的微单元及微元面;(b)单元体上的受力。

4.2 偶应力与应力力偶矩张量

为了准确描述力偶、力偶矩及力矩的概念,书中所谓的力偶是指不作用在一条直线上的大小相等方向相反的一对力,力偶矩是指相距一定距离的力偶形成的力矩,而力矩则是某个力在一定力臂下形成的力矩。因此,一般意义上的力矩并不一定是力偶矩,只有力偶形成的力矩才称作力偶矩。对于应力来说,其概念类似,即所谓偶应力是指不作用在一条直线(或一个平面)上的大小相等方向相反的一对应力,应力力偶矩是指相距一定距离的偶应力形成的力矩,而应力矩则是某个应力在一定力臂下形成的力矩,应力矩有时也称作高阶应力。

为了进一步分析应力张量的特性,先建立一个三维空间直角坐标系,其三个轴分别为 i 、j 和 k ,围绕介质中所分析的点作一个微小六面体单元,使微小六面体的各面法向与三个坐标轴平行,其中有三个面法向与坐标轴正向相同,另外三个面法向与坐标轴负向相同。

正应力的作用主要是使微六面体单元产生伸缩变形,而剪应力的作用主要是使微六面体单元产生形状畸变和旋转,经典连续介质力学中认为剪应力是对称的,因此剪应力的作用主要是使微六面体单元产生形状畸变而没有旋转变形。旋转变形主要是非对称的剪应力引起的应力力偶矩导致的,因此,先从剪应力作用的角度,分析一下沿 k 方向偶应力和应力力偶矩的特性。

图 4.2.1 所示的微小六面体的边长分别是 $\mathrm{d}l_i$ 、$\mathrm{d}l_j$ 和 $\mathrm{d}l_k$,表面(包括面积和方向两个因素)分别是 $\mathrm{d}s_i$ 、$\mathrm{d}s_j$ 、$\mathrm{d}s_k$ 和 $-\mathrm{d}s_i$ 、$-\mathrm{d}s_j$ 、$-\mathrm{d}s_k$ 。能形成 k 方向力偶矩的四个面分别是 $\mathrm{d}s_i$ 、$\mathrm{d}s_j$ 和 $-\mathrm{d}s_i$ 、$-\mathrm{d}s_j$ 。其剪应力的分布如图 4.2.1 所示,从图中可以看出,它们会形成偶应力,进而会沿 k 方向形成应力力偶矩。在 $\mathrm{d}s_i$ 面沿 j 方向的剪应力为 σ'_{ij} ,总剪力为 $\sigma'_{ij}\mathrm{d}s_i$,其对面($-\mathrm{d}s_i$ 面)沿 j 方向的总剪力为 $-\sigma'_{ij}\mathrm{d}s_i$,二者形成一个偶应力,力臂 $\mathrm{d}l_i$ 的存在又使其沿 k 方向形成一个力偶矩 $\overline{m}_k=\sigma'_{ij}\mathrm{d}s_i\mathrm{d}l_i$ 。在 $\mathrm{d}s_j$ 面沿 i 方向的剪应力为 σ'_{ji} ,总剪力为 $\sigma'_{ji}\mathrm{d}s_j$,其对面($-\mathrm{d}s_j$ 面)沿 i 方向的总剪力为 $-\sigma'_{ji}\mathrm{d}s_j$,二者也形成一个偶应力,力臂 $\mathrm{d}l_j$ 的存在又使其沿 k 方向形成一个力偶矩 $\overline{m}'_k=-\sigma'_{ji}\mathrm{d}s_j\mathrm{d}l_j$ 。

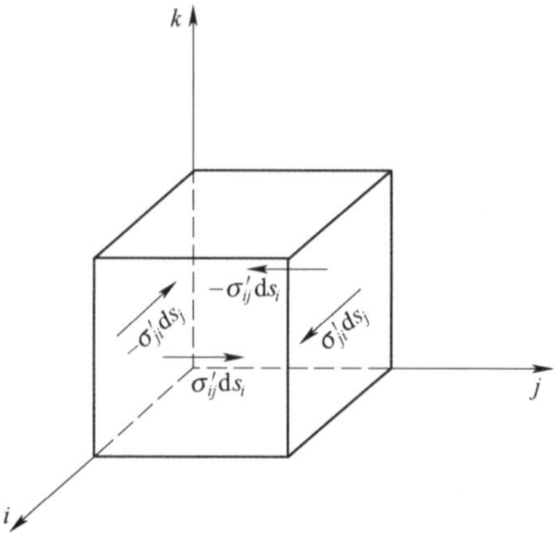

图 4.2.1 单元体剪偶应力(略去了高阶小量)分析图

经典连续介质力学认为，介质尺度是可以无限缩小的，不存在应力力偶矩，随着六面体尺度的缩小，六面体在内力作用下也不应发生转动，因此绕 k 轴的总力矩应该为零，即

$$\overline{m}_k + \overline{m}'_k = 0 \tag{4.2.1}$$

亦即

$$\sigma'_{ij}\mathrm{d}s_i\mathrm{d}l_i - \sigma'_{ji}\mathrm{d}s_j\mathrm{d}l_j = 0 \tag{4.2.2}$$

由于 $\mathrm{d}s_i\mathrm{d}l_i = \mathrm{d}s_j\mathrm{d}l_j = \mathrm{d}V$ 为六面体的体积，代入上式得

$$\sigma'_{ij} = \sigma'_{ji} \tag{4.2.3}$$

该式说明，经典连续介质力学中应力张量是一个对称的二阶张量。因此，九个分量中只有六个是独立的，只要知道了六个分量就可以确定整个张量。

针对微纳尺度的材料而言，颗粒或气孔的存在都将产生应力的非局部作用，出现应力的非对称成分，使其周围形成应力力偶矩不为零的状态。因此，仅考虑到应力层面是不够的，还应该考虑到偶应力（应力力偶矩）的层面。考虑偶应力存在时其应力状态如图 4.2.2 所示。这里仅标出了微六面体各微元面沿 k 方向的偶应力，其他方向的类似。

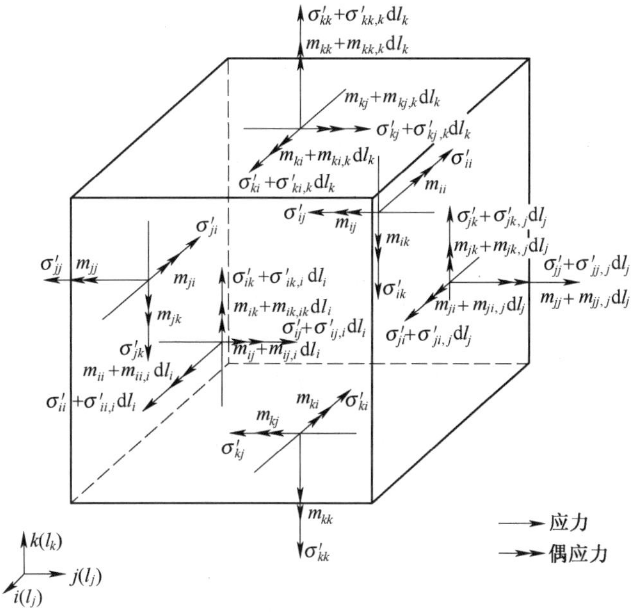

图 4.2.2　考虑偶应力存在时的应力状态

此时，在不考虑体力偶的情况下，力矩的平衡关系为

$$\overline{m}_k + \overline{m}'_k + \frac{\partial m_{kk}}{\partial x_k}\mathrm{d}s_k\mathrm{d}l_k + \frac{\partial m_{ik}}{\partial x_i}\mathrm{d}s_i\mathrm{d}l_i + \frac{\partial m_{jk}}{\partial x_j}\mathrm{d}s_j\mathrm{d}l_j = 0 \tag{4.2.4}$$

式中：m_{ik} 为第 i 平面单位面积的应力形成的沿 k 方向的力偶矩。

将 $\overline{m}_k = \sigma'_{ij}\mathrm{d}s_i\mathrm{d}l_i$ 和 $\overline{m}'_k = -\sigma'_{ji}\mathrm{d}s_j\mathrm{d}l_j$ 代入式（4.2.4），并利用关系式 $\mathrm{d}s_i\mathrm{d}l_i = \mathrm{d}s_j\mathrm{d}l_j = \mathrm{d}s_k\mathrm{d}l_k = \mathrm{d}V$，得

$$m_{jk,j} + (\sigma'_{ij} - \sigma'_{ji}) = 0 \tag{4.2.5}$$

或

$$m_{jk,j} + e_{kst}\sigma'_{st} = 0 \tag{4.2.6}$$

考虑体力偶作用时,力平衡关系应写为

$$\overline{m}_k + \overline{m}_k' + \frac{\partial m_{kk}}{\partial x_k}\mathrm{d}s_k\mathrm{d}l_k + \frac{\partial m_{ik}}{\partial x_i}\mathrm{d}s_i\mathrm{d}l_i + \frac{\partial m_{jk}}{\partial x_j}\mathrm{d}s_j\mathrm{d}l_j + \rho m_{vk}\mathrm{d}V = 0 \tag{4.2.7}$$

式中:m_{vk} 为沿 k 方向的单位质量的体力偶矩。

整理后,得

$$\rho \boldsymbol{m}_v + \mathrm{div}\boldsymbol{m} + \in : \boldsymbol{\sigma}' = 0 \tag{4.2.8}$$

式中:$\boldsymbol{m}_v$ 为单位质量的体力偶矩张量。

这只是静态平衡的结果,在动态情况下,还应计入介质的惯性力。该平衡方程说明,在静态平衡情况下,力偶矩的作用与非对称应力的作用之和是为零的。

式(4.2.8)中的第一项代表力偶矩的散度,第二项则是某等效力偶矩的散度,若以某力偶矩 m_{jk}^* 来等效非对称应力 σ_{st}' 的作用,则有

$$e_{kst}\sigma_{st}' = m_{jk,j}^* \tag{4.2.9}$$

即

$$\in : \boldsymbol{\sigma}' = \mathrm{div}(\boldsymbol{m}^*) \tag{4.2.10}$$

从以上公式可以看出,之所以出现等效的力偶矩(也称作偶应力),是因为 σ_{ij}' 不再是对称张量,即 $\sigma_{ij}' \neq \sigma_{ji}'$。

针对非对称张量可以将其分解成对称部分和反对称部分两项之和的形式:

$$\sigma_{ij}' = \sigma_{ij} + \tau_{ij} \tag{4.2.11}$$

其中

$$\begin{cases} \sigma_{ij} = \dfrac{1}{2}(\sigma_{ij}' + \sigma_{ji}') \\ \tau_{ij} = \dfrac{1}{2}(\sigma_{ij}' - \sigma_{ji}') \end{cases} \tag{4.2.12}$$

由于对于对称部分有 $\in : \boldsymbol{\sigma} = \boldsymbol{0}$,因此对于非对称部分有

$$\in : \boldsymbol{\tau} = \in : (\boldsymbol{\sigma} + \boldsymbol{\tau}) = \in : \boldsymbol{\sigma}' = \mathrm{div}(\boldsymbol{m}^*) \tag{4.2.13}$$

这样一来,式(4.2.5)和式(4.2.6)可化为

$$m_{lk,l} + 2\tau_{ij} = 0 \tag{4.2.14}$$

同时有

$$\mathrm{div}(\boldsymbol{m}) + \mathrm{div}(\boldsymbol{m}^*) = \boldsymbol{0} \tag{4.2.15}$$

考虑体力偶作用时,力平衡关系应写为

$$\rho \boldsymbol{m}_v + \mathrm{div}\boldsymbol{m} + \mathrm{div}(\boldsymbol{m}^*) = 0 \tag{4.2.16}$$

4.3 应力分解与应力矩(高阶应力)张量

对称部分体现的就是传统的应力张量,同一般的二阶对称张量性质一样,该应力张量也有三个实的主值 σ_1、σ_2 和 σ_3,通常称其为主应力。在主应力方向的作用面上其剪应力为零,对称应力有三个不变量,分别为

$$I_1 = \sigma_{kk} = \sigma_1 + \sigma_2 + \sigma_3 \tag{4.3.1}$$

$$I_2 = \frac{1}{2}(\sigma_{ii}\sigma_{jj} - \sigma_{ij}\sigma_{ji}) = \sigma_1\sigma_2 + \sigma_1\sigma_3 + \sigma_2\sigma_3 \tag{4.3.2}$$

$$I_3 = \det\boldsymbol{\sigma} = \sigma_1\sigma_2\sigma_3 \tag{4.3.3}$$

其中，det( )代表对二阶张量矩阵求行列式。通常分别称其为应力张量第一、第二和第三不变量。

传统的应力张量作为对称二阶张量有以下三个典型的性质：①其三个主值 σ_1、σ_2 和 σ_3 一定都是实数；②对应不同主值的两特征向量一定正交；③恒有三个互相垂直的主轴方向。

作为对称二阶张量，传统的应力张量还可以进一步进行球形张量 $\boldsymbol{P}$ 和偏斜张量 $\boldsymbol{S}$ 的分解，即

$$\boldsymbol{\sigma} = \boldsymbol{P} + \boldsymbol{S} \tag{4.3.4}$$

这样一来，非对称的总应力就可以分解成：

$$\boldsymbol{\sigma}' = \boldsymbol{P} + \boldsymbol{S} + \boldsymbol{\tau} \tag{4.3.5}$$

其中球形张量 $\boldsymbol{P}$ 的分量为 $P_{ij} = \begin{cases} \frac{1}{3}\sigma_{kk}, i = j \\ 0, \quad i \neq j \end{cases}$，偏斜张量 $\boldsymbol{S}$ 的分量为

$$S_{ij} = \begin{cases} \sigma_{ij} - \frac{1}{3}\sigma_{kk}, i = j \\ \sigma_{ij}, \quad i \neq j \end{cases} \tag{4.3.6}$$

球形应力张量有三个相同的主值 $P_1 = P_2 = P_3 = \frac{1}{3}\sigma_{kk}$，其三个主不变量分别为

$$\begin{cases} I_1^P = \sigma_{kk} \\ I_2^P = \frac{1}{3}(\sigma_{kk})^2 \\ I_3^P = \frac{1}{27}(\sigma_{kk})^3 \end{cases} \tag{4.3.7}$$

偏斜应力张量 $\boldsymbol{S}$ 的九个分量除满足对称条件外，还应满足其第一主不变量为零的条件，因此只有五个独立的分量，其三个主不变量分别为

$$\begin{cases} I_1^S = 0 \\ I_2^S = \frac{1}{2}(\sigma_{ii}\sigma_{jj} - \sigma_{ij}\sigma_{ji}) - \frac{1}{3}(\sigma_{kk})^2 \\ I_3^S = \det\sigma - \frac{1}{6}\sigma_{kk}(\sigma_{ii}\sigma_{jj} - \sigma_{ij}\sigma_{ji}) + \frac{2}{27}(\sigma_{kk})^3 \end{cases} \tag{4.3.8}$$

非对称的总应力分量可以分解成：

$$\sigma'_{ij} = P_{ij} + S_{ij} + \tau_{ij} \tag{4.3.9}$$

反对称部分体现的则是应力力偶矩的作用。力偶矩是应力的矩。形成力矩的两个条件分别是力和力臂。对于经典连续介质，之所以不考虑应力力偶矩的作用是因为随着尺度的无限缩小，力臂就消失了。然而，材料颗粒或空隙的存在是客观的，对于微纳结构而言，其介质质点尺度缩小到颗粒或空隙的尺度就不能再无限缩小了，因此颗粒或空隙的特

征尺寸就形成了一个力臂，进而导致力偶矩的存在。

反对称应力张量也有三个主值，其中一个是零，另两个是一对共轭虚数。可表示为 $\lambda_3^\tau=0$，$\lambda_1^\tau=\varphi i$，$\lambda_2^\tau=-\varphi i$，其中 $\varphi>0$ 为正实数。其三个主不变量中有两个是零，另一个恒大于零，即 $I_1^\tau=0$，$I_3^\tau=0$，$I_2^\tau=(\tau_{12})^2+(\tau_{23})^2+(\tau_{31})^2=\varphi^2$。若设 $\boldsymbol{\lambda}_3^\tau$ 所对应的特征方向的单位矢量为 $\boldsymbol{e}_3$，则 $\boldsymbol{e}_3$ 满足 $\boldsymbol{\tau}\cdot\boldsymbol{e}_3=\mathbf{0}$，$\boldsymbol{e}_3$ 称为反对称应力张量的轴。

类似于反对称应变张量，若定义一个一阶偶应力张量（矢量）$\boldsymbol{\tau}'$ 的一个分量 $\boldsymbol{\tau}'_k$ 使其满足 $\boldsymbol{\tau}_{ij}=e_{ijk}\boldsymbol{\tau}'_k$，则 $\boldsymbol{\tau}'_k$ 与 τ_{ij} 构成互为反偶的关系，即一阶偶应力张量（矢量）$\boldsymbol{\tau}'_k$ 为反对称二阶应力张量 $\boldsymbol{\tau}_{ij}$ 的反偶偶应力矢量，而 $\boldsymbol{\tau}_{ij}$ 为应力矢量（一阶偶应力张量）$\boldsymbol{\tau}'_k$ 的反偶二阶反对称应力张量。

将应力反对称张量 $\boldsymbol{\tau}$ 对一空间距离 $\boldsymbol{l}$ 做线性变换，得

$$\boldsymbol{\tau}\cdot\boldsymbol{l}=\tau_{ij}l_j=e_{ijk}\tau'_k l_j=\boldsymbol{l}\times\boldsymbol{\tau}' \tag{4.3.10}$$

即其变换等价于该距离与反偶偶应力 $\boldsymbol{\tau}'$ 的叉乘，即

$$\boldsymbol{\tau}\cdot\boldsymbol{l}=\boldsymbol{l}\times\boldsymbol{\tau}' \tag{4.3.11}$$

若将 $\boldsymbol{l}$ 看作偶应力的间距（力臂），则上述方程的右侧恰是偶应力形成的力偶矩。可以看出偶应力在特征尺度上形成的力矩就是应力力偶矩。应力力偶矩属于应力的矩，它是由应力反对称部分导致的。

从广义的角度讲，不仅应力反对称的部分会导致应力力偶矩，应力对称的部分也会形成应力矩。参照前文中反对称应力的等效力偶的方程，并考虑到非对称应力的一般形式，可按如下关系定义应力力矩 τ_{kij}^*：

$$\mathrm{div}(\boldsymbol{\tau}^*)=\tau_{kij,k}^*=\sigma'_{ij} \tag{4.3.12}$$

即应力是应力矩的散度。应力力矩有时也称作高阶应力或双应力。需要说明的是，上述的偶应力、反对称应力、应力矩的各自含义是不同的。偶应力 τ'_k 是一阶张量、反对称应力 τ_{ij} 是二阶张量、应力矩 τ_{ijk}^* 则是三阶张量。偶应力 τ'_k 和反对称应力 τ_{ij} 存在互为反偶的关系。

利用前文中的应力分解，应力矩（高阶应力）的散度可表示为

$$\tau_{kij,k}^*=P_{ij}+S_{ij}+\tau_{ij} \tag{4.3.13}$$

用 $\in$ 对式(4.3.13)进行左并积计算，得 $\in:\mathrm{div}(\boldsymbol{\tau}^*)=\in:\boldsymbol{P}+\in:\boldsymbol{S}+\in:\boldsymbol{\tau}$。由于 $\boldsymbol{P}$ 和 $\boldsymbol{S}$ 都是对称张量，因此有 $\in:\boldsymbol{P}=\mathbf{0}$ 及 $\in:\boldsymbol{S}=\mathbf{0}$，进而有

$$\in:\mathrm{div}(\boldsymbol{\tau}^*)=\in:\boldsymbol{\tau}=\mathrm{div}(\boldsymbol{m}^*) \tag{4.3.14}$$

进一步可以认为：

$$\in:\boldsymbol{\tau}^*=\boldsymbol{m}^* \tag{4.3.15}$$

高阶应力是三阶张量，偶应力是二阶张量。

除高阶应力 τ_{ijk}^* 外，还可能存在高阶体力 $\boldsymbol{\tau}_{\mathrm{V}}$，高阶体力是一个二阶张量。用 $\in$ 对高阶体力 $\boldsymbol{\tau}_{\mathrm{V}}$ 进行左并积计算可得体力偶 $\boldsymbol{m}_{\mathrm{V}}$，即

$$\in:\boldsymbol{\tau}_{\mathrm{V}}^*=\boldsymbol{m}_{\mathrm{V}} \tag{4.3.16}$$

体力偶 $\boldsymbol{m}_{\mathrm{V}}$ 是一个矢量，即一阶张量。

第5章　连续介质力学理论的拓展

5.1　经典连续介质力学理论

5.1.1　质量守恒定律

质量守恒(Conservation of Mass)是指物质在运动过程中,不生不灭,其质量保持不变。在某一时刻 t,占据空间体积为 V 的那部分连续介质的质量 m 可由如下积分给出:

$$m = \int_V \rho \mathrm{d}V \tag{5.1.1}$$

式中:$\rho = \rho(x,t)$ 为质量密度,简称密度(Density),它通常是空间坐标及时间的函数。

介质运动时质量保持不变意味着上述的积分为常数,即

$$m = \int_V \rho \mathrm{d}V = \text{const} \tag{5.1.2}$$

这就是质量守恒定律的一般形式。

质量守恒反映的是介质的连续性,因此,经常称其表达式为连续性方程。在不同的坐标系下,质量守恒方程有不同的形式。

1. 欧拉形式的连续性方程

对式(5.1.2)求全导数即随体导数,有

$$\frac{\mathrm{D}m}{\mathrm{D}t} = \frac{\mathrm{D}}{\mathrm{D}t}\int_V \rho \mathrm{d}V = \int_V \left[\frac{\partial \rho}{\partial t} + \mathrm{div}(\rho \boldsymbol{v})\right]\mathrm{d}V = 0 \tag{5.1.3}$$

利用高斯定理 $\int_V \mathrm{div}(\boldsymbol{A})\mathrm{d}v = \int_S \boldsymbol{n}\cdot A\mathrm{d}s$,式(5.1.3)第二部分又可以化成面积分,因此有

$$\int_V \frac{\partial \rho}{\partial t}\mathrm{d}V = -\int_S \boldsymbol{n}\cdot(\rho\boldsymbol{v})\mathrm{d}S = -\int_S v_n\rho\mathrm{d}S \tag{5.1.4}$$

式中:S 为物质体积 V 的包面;$\boldsymbol{n}$ 为面元 $\mathrm{d}S$ 的单位矢量;$\boldsymbol{v}$ 为质点速度。

从式(5.1.4)可以看出,在 t 时刻 V 中介质单位时间增加的质量 $\int_V \frac{\partial \rho}{\partial t}\mathrm{d}V$ 等于单位时间穿过 S 面流进的质量 $-\int_S v_n\rho\mathrm{d}S$。该式被称为积分形式的连续性方程。

由于式(5.1.3)对于任意体积 V 都成立,所以式中的被积函数(Integrand)应该为零,于是有

$$\frac{\partial \rho}{\partial t} + \mathrm{div}(\rho\boldsymbol{v}) = 0 \tag{5.1.5}$$

或

$$\frac{\partial \rho}{\partial t} + \frac{\partial}{\partial x_i}(\rho v_i) = 0 \tag{5.1.6}$$

式(5.1.5)和式(5.1.6)也可写成:

$$\frac{\mathrm{D}\rho}{\mathrm{D}t}+\rho\mathrm{div}\boldsymbol{v}=0 \tag{5.1.7}$$

或

$$\frac{\mathrm{D}\rho}{\mathrm{D}t}+\rho\frac{\partial v_i}{\partial x_i}=0 \tag{5.1.8}$$

以上各式称为微分形式的连续性方程。

如果介质运动是等容的(Isovolumetric),即连续介质不可压缩(Incompressible Continuum),亦即质点密度与 t 无关,则有

$$\frac{\mathrm{D}\rho}{\mathrm{D}t}=0 \tag{5.1.9}$$

于是有

$$\mathrm{div}\boldsymbol{v}=0 \tag{5.1.10}$$

或

$$\frac{\partial v_i}{\partial x_i}=0 \tag{5.1.11}$$

对于这种不可压介质的速度场 $\boldsymbol{v}(\boldsymbol{x},t)$,可以利用一个称之为矢量位势的矢量 $\boldsymbol{\Phi}$ 来表示,即

$$\boldsymbol{v}=\nabla\times\boldsymbol{\Phi} \tag{5.1.12}$$

或

$$v_i=\in_{ijk}\frac{\partial\Phi_k}{\partial x_j} \tag{5.1.13}$$

2. 拉格朗日形式的连续性方程

设拉格朗日坐标系的坐标为 $\boldsymbol{X}(X_1,X_2,X_3)$,它与欧拉坐标系的坐标 $\boldsymbol{x}(x_1,x_2,x_3)$ 存在转换关系,质量密度 ρ 既可以表示成欧拉坐标的函数,同时也可以表示成拉格朗日坐标的函数。为了便于表示,在拉格朗日空间坐标系中用 ρ^* 表示质量密度,则通过欧拉坐标 (x_1,x_2,x_3) 和拉格朗日坐标 (X_1,X_2,X_3) 的转换关系,可将质量密度进行如下等价变换表示:

$$\rho=\rho(\boldsymbol{x},t)=\rho(\boldsymbol{x}(\boldsymbol{X},t),t)=\rho^*(\boldsymbol{X},t)=\rho^* \tag{5.1.14}$$

介质运动、变形开始时,拉格朗日坐标系的坐标 $\boldsymbol{X}(X_1,X_2,X_3)$ 和欧拉坐标系的坐标 $\boldsymbol{x}(x_1,x_2,x_3)$ 是相同的,又由于在拉格朗日坐标系中始终盯住质点,介质在运动和变形中物质质点的拉格朗日坐标是不变的,因此通常取 $t=0$ 时的欧拉坐标作为拉格朗日坐标,即有

$$\boldsymbol{x}(\boldsymbol{X},0)=\boldsymbol{X} \tag{5.1.15}$$

因此有

$$\rho(\boldsymbol{x}(\boldsymbol{X},0),0)=\rho^*(\boldsymbol{X},0)=\rho_0 \tag{5.1.16}$$

式中:ρ_0 为介质的初始密度。

根据质量守恒关系,在某一时刻 t,占据空间体积为 V 的那部分连续介质的质量 m 与初始时刻 $t=0$ 占据空间体积为 V_0 的那部分连续介质的质量是相等的,即有

$$\int_V \rho \mathrm{d}V = \int_V \rho(x,t)\mathrm{d}V = \int_{V_0}\rho^*(\boldsymbol{X},0)\mathrm{d}V_0 = \int_{V_0}\rho_0\mathrm{d}V_0 \tag{5.1.17}$$

上述积分虽然是对于两个时刻的，即初始时刻（$t=0$）和当前时刻（$t=t$），但针对的介质却都是同一个部分的介质。V 是这些介质当前所占据的空间体积，V_0 为开始时所占的空间体积，也是拉格朗日坐标系中的体积。积分体积元 $\mathrm{d}V=\mathrm{d}x_1\mathrm{d}x_2\mathrm{d}x_3$ 是欧拉坐标的体积元，而 $\mathrm{d}V_0=\mathrm{d}X_1\mathrm{d}X_2\mathrm{d}X_3$ 则是拉格朗日坐标的体积元。根据不同坐标系三重积分的换元关系 $\mathrm{d}V=|\boldsymbol{J}|\mathrm{d}V_0$，其中 $\boldsymbol{J}=\dfrac{\partial \boldsymbol{x}}{\partial \boldsymbol{X}}$ 为雅可比矩阵，$|\boldsymbol{J}|$ 为雅可比行列式，式（5.1.17）左边积分可以改写为

$$\int_V \rho \mathrm{dV} = \int_{V_0}\rho(X,t)\,|\boldsymbol{J}|\,\mathrm{d}V_0 = \int_{V_0}\rho\,|\boldsymbol{J}|\,\mathrm{d}V_0 \tag{5.1.18}$$

从而有

$$\int_{V_0}\rho\,|\boldsymbol{J}|\,\mathrm{d}V_0 = \int_{V_0}\rho_0\mathrm{d}V_0 \tag{5.1.19}$$

由于式（5.1.19）对于任取的 V_0 都成立，从而得

$$\rho_0 = |\boldsymbol{J}|\rho \tag{5.1.20}$$

该式可称作拉格朗日积分形式的连续性方程。

在小变形下，有 $\boldsymbol{x}=\boldsymbol{x}(\boldsymbol{X},0)+\boldsymbol{u}=\boldsymbol{X}+\boldsymbol{u}$，其中 $\boldsymbol{u}$ 为位移张量，因此有 $\dfrac{\partial x_i}{\partial X_j}=\dfrac{\partial X_i}{\partial X_j}+\dfrac{\partial u_i}{\partial X_j}=\delta_{ij}+\dfrac{\partial u_i}{\partial X_j}$，将其代入雅可比矩阵中可得

$$|\boldsymbol{J}| = \left|\frac{\partial \boldsymbol{x}}{\partial \boldsymbol{X}}\right| = \left|\frac{\partial \boldsymbol{X}}{\partial \boldsymbol{X}}\right| + \left|\frac{\partial \boldsymbol{u}}{\partial \boldsymbol{X}}\right| = |\boldsymbol{\delta}| + \left|\frac{\partial \boldsymbol{u}}{\partial \boldsymbol{X}}\right| = 1 + |\mathrm{div}\boldsymbol{u}| = 1 + \mathrm{div}\boldsymbol{u} \tag{5.1.21}$$

进而有

$$\rho_0 = \rho(1+\mathrm{div}\boldsymbol{u}) \tag{5.1.22}$$

或

$$\rho = \rho_0(1-\mathrm{div}\boldsymbol{u}) \tag{5.1.23}$$

该式称为拉格朗日微分形式的连续性方程。

3. 质量守恒的一个推论

从质量守恒可以给出如下重要推论，即

$$\frac{\mathrm{D}}{\mathrm{D}t}\int_V \rho \boldsymbol{\varPsi}\mathrm{d}V = \int_V \rho\frac{\mathrm{D}\boldsymbol{\varPsi}}{\mathrm{D}t}\mathrm{d}V \tag{5.1.24}$$

其中，函数 $\boldsymbol{\varPsi}$ 可代表一个标量，也可代表一个矢量或张量的一个分量。

简单证明如下：将积分体积元 $\mathrm{d}V$ 和密度 ρ 的乘积 $\rho\mathrm{d}V$ 看作质量元 $\mathrm{d}M$，并注意质量不随时间变化，因此有

$$\frac{\mathrm{D}}{\mathrm{D}t}\int_V \rho \boldsymbol{\varPsi}\mathrm{d}V = \frac{\mathrm{D}}{\mathrm{D}t}\int_M \Psi\mathrm{d}M = \int_M \frac{\mathrm{D}\Psi}{\mathrm{D}t}\mathrm{d}M = \int_V \rho\frac{\mathrm{D}\Psi}{\mathrm{D}t}\mathrm{d}V \tag{5.1.25}$$

5.1.2 动量守恒定律

设在某一时刻，体积为 V、密度为 ρ 的介质以速度场 $\boldsymbol{v}$ 运动，体积 V 的包面为 S，体积

内单位质量的体力场为 $\boldsymbol{b}$,体积包面上的单位面积的面力场(即应力场)为 $\boldsymbol{\sigma}$,面积元 $\mathrm{d}S$ 的单位外法线方向矢量为 $\boldsymbol{n}$,则体积为 V 、密度为 ρ 的介质的总动量为

$$\boldsymbol{M} = \int_V \rho \boldsymbol{v} \, \mathrm{d}V \tag{5.1.26}$$

而作用在该部分介质上的体力和面力之和为

$$\boldsymbol{f} = \int_V \rho \boldsymbol{b} \mathrm{d}V + \int_S \boldsymbol{n} \cdot \boldsymbol{\sigma} \mathrm{d}S \tag{5.1.27}$$

按照动量守恒的原理或根据牛顿第二定律,在惯性系内介质总的动量随时间的变化率等于作用在所考虑这部分介质的合力。于是有

$$\frac{\mathrm{D}\boldsymbol{M}}{\mathrm{D}t} = \boldsymbol{f} \tag{5.1.28}$$

即

$$\frac{\mathrm{D}}{\mathrm{D}t}\int_V \rho \boldsymbol{v} \mathrm{d}V = \int_V \rho \boldsymbol{b} \mathrm{d}V + \int_S \boldsymbol{n} \cdot \boldsymbol{\sigma} \mathrm{d}S \tag{5.1.29}$$

利用质量守恒的推论得

$$\int_V \rho \frac{\mathrm{D}\boldsymbol{v}}{\mathrm{D}t} \mathrm{d}V = \int_V \rho \boldsymbol{b} \mathrm{d}V + \int_S \boldsymbol{n} \cdot \boldsymbol{\sigma} \mathrm{d}S \tag{5.1.30}$$

利用高斯定理,将面积分化成体积分得

$$\int_V \rho \frac{\mathrm{D}\boldsymbol{v}}{\mathrm{D}t} \mathrm{d}V = \int_V \rho \boldsymbol{b} \mathrm{d}V + \int_V \mathrm{div} \boldsymbol{\sigma} \mathrm{d}V \tag{5.1.31}$$

即

$$\int_V \rho \frac{\mathrm{D}\boldsymbol{v}}{\mathrm{D}t} \mathrm{d}V = \int_V (\rho \boldsymbol{b} + \mathrm{div} \boldsymbol{\sigma}) \mathrm{d}V \tag{5.1.32}$$

或写为

$$\int_V \rho \frac{\mathrm{D}v_i}{\mathrm{D}t} \mathrm{d}V = \int_V \left(\frac{\partial \sigma_{ji}}{\partial x_j} + \rho b_i \right) \mathrm{d}V \tag{5.1.33}$$

这就是积分形式的动量守恒关系式。

由于积分体积 V 是任意的,所以有

$$\rho \frac{\mathrm{D}\boldsymbol{v}}{\mathrm{D}t} = \mathrm{div} \boldsymbol{\sigma} + \rho \boldsymbol{b} \tag{5.1.34}$$

或写为

$$\rho \frac{\mathrm{D}v_i}{\mathrm{D}t} = \frac{\partial \sigma_{ji}}{\partial x_j} + \rho b_i \tag{5.1.35}$$

这就是微分形式的动量守恒关系式,通常称为运动方程。

当没有惯性项时,就得到静力状态下的平衡方程:

$$\mathrm{div} \boldsymbol{\sigma} + \rho \boldsymbol{b} = \boldsymbol{0} \tag{5.1.36}$$

或

$$\frac{\partial \sigma_{ji}}{\partial x_j} + \rho b_i = 0 \tag{5.1.37}$$

5.1.3 能量守恒定律

作为自然界的普遍规律之一的能量守恒，当然也适于连续介质力学，亦即连续介质力学也应遵守能量守恒定律。然而能量的含义很广，哪些能量要考虑，哪些能量可以忽略，要看具体的情况。对应的能量守恒方程的形式也依据具体情况的不同而不同。

1. 只考虑机械力学过程的情况

如果只考虑机械力学的能量，即所研究的是“纯机械力学”的过程，则能量守恒规律表述为：介质的动能加内能随时间的变化率等于单位时间内外力所做的功，即功率。它可从介质的运动方程直接导出。

首先将运动方程两边点乘速度 $\boldsymbol{v}$，则有

$$\rho \boldsymbol{v} \cdot \frac{\mathrm{D}\boldsymbol{v}}{\mathrm{D}t} = \boldsymbol{v} \cdot \mathrm{div}\boldsymbol{\sigma} + \rho \boldsymbol{v} \cdot \boldsymbol{b} \tag{5.1.38}$$

即

$$\rho v_i \frac{\mathrm{D}v_i}{\mathrm{D}t} = v_i \frac{\partial \sigma_{ji}}{\partial x_j} + \rho b_i v_i \tag{5.1.39}$$

或

$$\rho \frac{\mathrm{D}}{\mathrm{D}t}\left(\frac{v_i v_i}{2}\right) = \rho \frac{\mathrm{D}}{\mathrm{D}t}\left(\frac{\| \boldsymbol{v} \|^2}{2}\right) = v_i \frac{\partial \sigma_{ji}}{\partial x_j} + \rho b_i v_i \tag{5.1.40}$$

其中，$\| \boldsymbol{v} \|$ 为速度的模，即大小。可以看出，式(5.1.40)左边为介质单位体积的动能变化率。

由于

$$v_i \frac{\partial \sigma_{ji}}{\partial x_j} = \frac{\partial}{\partial x_j}(v_i \sigma_{ji}) - \frac{\partial v_i}{\partial x_j}\sigma_{ji} \tag{5.1.41}$$

而

$$\frac{\partial v_i}{\partial x_j} = \frac{1}{2}\left(\frac{\partial v_i}{\partial x_j} + \frac{\partial v_j}{\partial x_i}\right) + \frac{1}{2}\left(\frac{\partial v_i}{\partial x_j} - \frac{\partial v_j}{\partial x_i}\right) = \dot{\varepsilon}_{ji} + \dot{\omega}_{ji} \tag{5.1.42}$$

式中：$\dot{\varepsilon}_{ij}$ 为应变率张量；$\dot{\omega}_{ij}$ 为转速张量。

又由于 $\sigma_{ij} = \sigma_{ji}$ 是对称的张量，$\dot{\omega}_{ij} = -\dot{\omega}_{ji}$ 是反对称的张量，二者的内积为零，即 $\dot{\omega}_{ji}\sigma_{ji} = 0$，代入以上各式，可得

$$\rho \frac{\mathrm{D}}{\mathrm{D}t}\left(\frac{\| \boldsymbol{v} \|^2}{2}\right) = \frac{\partial}{\partial x_j}(v_i \sigma_{ji}) - \dot{\varepsilon}_{ji}\sigma_{ji} + \rho b_i v_i \tag{5.1.43}$$

或

$$\rho \frac{\mathrm{D}}{\mathrm{D}t}\left(\frac{\| \boldsymbol{v} \|^2}{2}\right) = \mathrm{div}(\boldsymbol{v} \cdot \boldsymbol{\sigma}) + \rho \boldsymbol{v} \cdot \boldsymbol{b} - \dot{\varepsilon}_{ji}\sigma_{ji} \tag{5.1.44}$$

将式(5.1.44)对所分析介质的体积 V 进行积分，并利用 $\dot{\varepsilon}_{ij}\sigma_{ij} = \dot{\varepsilon}_{ji}\sigma_{ji}$，得

$$\int_V \rho \frac{\mathrm{D}}{\mathrm{D}t}\left(\frac{\| \boldsymbol{v} \|^2}{2}\right)\mathrm{d}V = \int_V \mathrm{div}(\boldsymbol{v} \cdot \boldsymbol{\sigma})\mathrm{d}V + \int_V \rho \boldsymbol{v} \cdot \boldsymbol{b}\mathrm{d}V - \int_V \dot{\varepsilon}_{ij}\sigma_{ij}\mathrm{d}V \tag{5.1.45}$$

利用高斯定理将体积分化成面积分，并考虑体积与时间无关，式(5.1.45)可化为

$$\frac{\mathrm{D}}{\mathrm{D}t}\int_V \rho\left(\frac{\|\boldsymbol{v}\|^2}{2}\right)\mathrm{d}V = \int_S (\boldsymbol{v}\cdot\boldsymbol{\sigma})\cdot\boldsymbol{n}\mathrm{d}S + \int_V \rho\boldsymbol{v}\cdot\boldsymbol{b}\mathrm{d}V - \int_V \dot{\varepsilon}_{ij}\sigma_{ij}\mathrm{d}V \tag{5.1.46}$$

或

$$\frac{\mathrm{D}}{\mathrm{D}t}\int_V \rho\left(\frac{\|\boldsymbol{v}\|^2}{2}\right)\mathrm{d}V + \int_V \dot{\varepsilon}_{ij}\sigma_{ij}\mathrm{d}V = \int_S (\boldsymbol{v}\cdot\boldsymbol{\sigma})\cdot\boldsymbol{n}\mathrm{d}S + \int_V \rho\boldsymbol{v}\cdot\boldsymbol{b}\mathrm{d}V \tag{5.1.47}$$

式(5.1.47)左边第一项代表动能的变化率 $\dot{K}$,第二项代表因变形产生的应力应变内能的变化率 $\dot{U}$,而右边第一项为单位时间内外面力所做的功,第二项为单位时间内外体力所做的功,总称为单位时间内外力所做的功 $\dot{W}$。从而有

$$\dot{K} + \dot{U} = \dot{W} \tag{5.1.48}$$

其中

$$\dot{K} = \frac{\mathrm{D}}{\mathrm{D}t}\int_V \rho\left(\frac{\|\boldsymbol{v}\|^2}{2}\right)\mathrm{d}V \tag{5.1.49}$$

$$\dot{U} = \int_V \dot{\varepsilon}_{ij}\sigma_{ij}\mathrm{d}V \tag{5.1.50}$$

$$\dot{W} = \int_S (\boldsymbol{v}\cdot\boldsymbol{\sigma})\cdot\boldsymbol{n}\mathrm{d}S + \int_V \rho\boldsymbol{v}\cdot\boldsymbol{b}\mathrm{d}V \tag{5.1.51}$$

这就是纯机械力学过程的能量守恒方程。

2. 热力学过程的情况

在非纯机械力学过程的条件下,不仅要考虑机械能,而且还要考虑非机械能。这时能量守恒原理应表述为:动能加内能随时间的变化率等于外力功率加上单位时间内供给介质(或从介质中放出)的所有的其他能量之和。这里所讲的其他能量是指热能、化学能或电磁能等。

如果在这个过程中,只考虑机械能和热能、而不考虑其他的能,则其能量守恒原理就是热力学第一定律,它是一种狭义的能量守恒形式,但应用却很普遍。

设 $\boldsymbol{q}$ 为单位时间单位面积上的热流矢量(流出),也称作热流密度,则从包面流入介质的热量为 $-\int_S \boldsymbol{q}\cdot\boldsymbol{n}\mathrm{d}S$。设 h 为单位时间单位质量获得的辐射热量,则体积为 V 的介质单位时间获得的辐射热量为 $\int_V \rho h\mathrm{d}V$,从而介质单位时间所得到的总热量为

$$\dot{Q} = -\int_S \boldsymbol{q}\cdot\boldsymbol{n}\mathrm{d}S + \int_V \rho h\mathrm{d}V \tag{5.1.52}$$

此时的能量守恒方程应写为

$$\dot{K} + \dot{U} = \dot{W} + \dot{Q} \tag{5.1.53}$$

即

$$\frac{\mathrm{D}}{\mathrm{D}t}\int_V \rho\left(\frac{\|\boldsymbol{v}\|^2}{2}\right)\mathrm{d}V + \int_V \dot{\varepsilon}_{ij}\sigma_{ij}\mathrm{d}V = \int_S (\boldsymbol{v}\cdot\boldsymbol{\sigma})\cdot\boldsymbol{n}\mathrm{d}S + \int_V \rho\boldsymbol{v}\cdot\boldsymbol{b}\mathrm{d}V - \int_S \boldsymbol{q}\cdot\boldsymbol{n}\mathrm{d}S + \int_V \rho h\mathrm{d}V \tag{5.1.54}$$

或

$$\frac{\mathrm{D}}{\mathrm{D}t}\int_V \rho\left(\frac{\|\boldsymbol{v}\|^2}{2}\right)\mathrm{d}V + \int_V \dot{\varepsilon}_{ij}\sigma_{ij}\mathrm{d}V = \int_V \mathrm{div}(\boldsymbol{v}\cdot\boldsymbol{\sigma})\mathrm{d}V + \int_V \rho\boldsymbol{v}\cdot\boldsymbol{b}\mathrm{d}V - \int_V \mathrm{div}\boldsymbol{q}\mathrm{d}V + \int_V \rho h\mathrm{d}V \tag{5.1.55}$$

如果用 e 代表单位质量的内能(称为比内能),则有

$$\dot{U}=\frac{\mathrm{D}U}{\mathrm{D}t}=\frac{\mathrm{D}}{\mathrm{D}t}\int_V \rho e\mathrm{d}V=\int_V \rho\frac{\mathrm{D}e}{\mathrm{D}t}\mathrm{d}V=\int_V \rho\dot{e}\mathrm{d}V \tag{5.1.56}$$

对于纯机械力学的过程,有

$$\dot{U}=\int_V \rho\dot{e}\mathrm{d}V=\int_V \dot{\varepsilon}_{ij}\sigma_{ij}\mathrm{d}V \tag{5.1.57}$$

如果把热量也看作是内能的一部分,则对于热力学的过程有

$$\int_V \rho\dot{e}\mathrm{d}V=\int_V \dot{\varepsilon}_{ij}\sigma_{ij}\mathrm{d}V-\int_V \mathrm{div}\boldsymbol{q}\mathrm{d}V+\int_V \rho h\mathrm{d}V \tag{5.1.58}$$

或写成:

$$\rho\dot{e}=\dot{\varepsilon}_{ij}\sigma_{ij}-\mathrm{div}\boldsymbol{q}+\rho h \tag{5.1.59}$$

热流密度矢量 $\boldsymbol{q}$ 可由傅里叶定律得到,即

$$\boldsymbol{q}=-\lambda\mathrm{grad}T \tag{5.1.60}$$

式中: T 为温度; λ 为热传导常数。

这就是热力学介质的微分形式的能量守恒方程。它说明内能随时间的变化率等于应力功率加上单位时间供给介质的热量。

5.1.4 经典连续介质力学理论的基本方程

综合上述的分析,积分形式的经典连续介质力学的动力学基本方程如下:

1) 质量守恒方程

$$\frac{\mathrm{D}}{\mathrm{D}t}\int_V \rho\mathrm{d}V=\int_V\left[\frac{\partial\rho}{\partial t}+\mathrm{div}(\rho\boldsymbol{v})\right]\mathrm{d}V=0 \tag{5.1.61}$$

2) 动量守恒方程

$$\int_V \rho\frac{\mathrm{D}\boldsymbol{v}}{\mathrm{D}t}\mathrm{d}V=\int_V(\rho\boldsymbol{b}+\mathrm{div}\boldsymbol{\sigma})\mathrm{d}V \tag{5.1.62}$$

3) 能量守恒方程

$$\begin{aligned}&\frac{\mathrm{D}}{\mathrm{D}t}\left(\int_V \frac{1}{2}\rho\boldsymbol{v}\cdot\boldsymbol{v}\mathrm{d}V\right)+\int_V(\dot{\boldsymbol{\varepsilon}}:\boldsymbol{\sigma})\mathrm{d}V\\&=\int_V[\rho\boldsymbol{v}\cdot\boldsymbol{b}]\mathrm{d}V+\int_S(\boldsymbol{v}\cdot\boldsymbol{\sigma})\cdot\boldsymbol{n}\mathrm{d}S-\int_S\boldsymbol{q}\cdot\boldsymbol{n}\mathrm{d}S+\int_V\rho h\mathrm{d}V\end{aligned} \tag{5.1.63}$$

4) 内能变化率为

$$\int_V \rho\dot{e}\mathrm{d}V=\int_V \dot{\varepsilon}_{ij}\sigma_{ij}\mathrm{d}V-\int_V \mathrm{div}\boldsymbol{q}\mathrm{d}V+\int_V \rho h\mathrm{d}V \tag{5.1.64}$$

与此同时,也可得到微分形式的动力学基本方程。

1) 质量守恒方程

$$\frac{\partial\rho}{\partial t}+\mathrm{div}(\rho\boldsymbol{v})=0 \tag{5.1.65}$$

2) 动量守恒方程

$$\rho\frac{\mathrm{D}\boldsymbol{v}}{\mathrm{D}t}=\mathrm{div}\boldsymbol{\sigma}+\rho\boldsymbol{b} \tag{5.1.66}$$

3）能量守恒方程

$$\dot{k} + \dot{u} = \dot{w} + \dot{q} \tag{5.1.67}$$

式中：$\dot{k} = \frac{\mathrm{D}}{\mathrm{D}t}\rho(\frac{1}{2}\boldsymbol{v}\cdot\boldsymbol{v})$ 为单位体积动能（动能体积密度）变化率；$\dot{u} = \dot{\boldsymbol{\varepsilon}}:\boldsymbol{\sigma}$ 为单位体积变形能（变形能密度）变化率；$\dot{w} = \rho\boldsymbol{v}\cdot\boldsymbol{b} + \mathrm{div}(\boldsymbol{v}\cdot\boldsymbol{\sigma})$ 为单位时间单位体积外力所做的功；$\dot{q} = -\mathrm{div}\boldsymbol{q} + \rho h$ 为单位时间单位体积的热流量。

4）比内能（单位体积内能）变化率为

$$\rho\dot{e} = \dot{\boldsymbol{\varepsilon}}:\boldsymbol{\sigma} - \mathrm{div}\boldsymbol{q} + \rho h \tag{5.1.67}$$

5.2 近代（广义）连续介质力学理论

随着结构尺度的缩小，特别是到微纳米尺度，由于材料固有颗粒或空隙的存在，结构的力学规律呈现很明显的尺度效应，经典连续介质力学的理论不能再直接使用。其原因是经典连续介质力学对物质点的认识有局限性。它忽略了材料颗粒的尺度，分析时只计及了物质点的三维平动，而没有计及物质点的转动。

对于微纳米尺度的结构材料，材料颗粒的尺度不能再忽略，而颗粒除有平动的维度外，还存在转动的维度。若此时仍不考虑物质点的转动，其分析会带来很大的偏差。因此，对于微纳结构的材料，应计及介质物质点转动的影响。不仅如此，还要计入转动梯度的影响。计入转动、转动梯度影响的有各种不同的理论，分别有偶应力理论、微极理论、微态理论。

由于转动只是位移梯度中的反对称部分，因此从这个意义上讲，微极理论、微态理论及偶应力理论等计入的转动梯度也只是考虑了部分位移二阶梯度的影响。为了计入整个位移梯度的影响，人们提出了应变梯度的理论。在应变梯度理论中，除了考虑物质点的宏观位移平动的维度外，还考虑了位移梯度的维度。并且认为位移梯度的维度是独立于宏观位移平动维度的，它作用在材料特征尺度上会产生附加的位移。

偶应力理论是这些理论中相对简单的一种。与其他各种理论相比，偶应力理论考虑了转动梯度的作用，但这种转动仅仅是随物质的转动。在偶应力理论中，弹性体内的每一点除了具有平动的位移自由度之外，还具有转动梯度的转动自由度。

在微极理论中，每个弹性体的物质点除了三个经典的平动自由度外，还增加了三个独立的转动自由度。偶应力理论中的转动是随物质的转动，还称不上是独立的转动自由度。与偶应力理论的转动不同，微极理论中的转动自由度是独立的，且其中包含了随物质的转动。但这种转动属于刚体性的运动，不能产生变形。由于在微极理论中引进了独立的转动自由度，因此就会伴随产生旋转惯性矩、表面力偶和体力偶的作用。

微态连续介质力学理论认为，介质的变形由宏观变形和微观变形叠加而成。不同于经典连续介质力学理论中由三个平动自由度的描述，也不同于微极理论三个平动自由度加三个转动自由度的描述，而是用宏观的三个平动、三个转动加上微观的六个微观变形共12个自由度来描述介质的变形的。它比微极理论更为复杂，可以说微极理论是微态理论的一种特殊形式。

应变梯度理论是偶应力理论和微极理论的拓展。偶应力理论仅考虑了位移梯度中反对称部分的二阶梯度,微极理论也只是增加了独立转动的梯度。没有考虑位移梯度中对称部分的二阶梯度(即应变梯度)。应变梯度理论实质上是考虑了位移的全部二阶梯度。其思想是将位移的高阶梯度计入弹性体的本构方程中,从而引入尺度效应对系统的弹性变形的影响。该理论最早是由 Mindlin 等提出的,在 Mindlin 所提出的理论中,弹性体的应变能密度被定义为由弹性体应变及应变的第一、第二阶导数所构成的一个函数。应变梯度理论通常也称为完整的二阶梯度理论,在 Mindlin 的理论中,二阶位移梯度由两部分组成,一部分是由八个独立分量组成的反对称部分,另一部分是由十个独立分量组成的对称部分。

随着研究的不断进展及认识水平的不断提高,很多学者都运用应变梯度理论来解决微尺度力学中各方面的问题,并取得了引人注目的研究成果。Aifantis 利用应变梯度弹性理论讨论了不常见微结构和普通微结构的挠度和转角。Fleck 和 Hutchinson 通过对 Mindlin 的应变梯度理论进行改进,将二阶变形的梯度分量分解成拉伸梯度分量和旋转梯度分量两部分,这两部分彼此是相互独立的。

上述的偶应力理论、微极理论、微态理论、应变梯度理论都属于近代连续介质力学理论,或称为广义连续介质力学理论。它们都是经典连续介质力学理论的拓展。与此同时,为了克服经典连续介质力学理论的不足,还出现了非局部理论。非局部弹性理论认为,在弹性体中,守恒定律对全局弹性体是成立的,但对任意小的弹性体体元来说,守恒定律则不一定成立,弹性体的本构方程是由邻域内所有物质点应变所组成的泛函。非局部弹性理论表明,在弹性体内,某一点的应力不仅与该点的应变有关,还与该弹性体体内所有点的应变都有关,随着与该点距离的逐渐增大,距离越远的点的应变对该点的应力所产生的作用就会越小。对于微纳尺度的结构来说,材料颗粒的尺度必须计及,颗粒本身又是有很强凝聚力的非局部体,因此非局部理论的思想也应贯穿到微纳结构的力学理论之中。

Voigt 在 20 世纪之前就已经给出了体力偶和面力偶的相关解释,在此基础上提出了一种新的模型,这种模型称为力偶连续模型,该模型考虑了力偶在材料微粒表面或边界上的作用。随后 Cosserat 兄弟在 Voigt 的研究基础上进行了改进,建立了 Cosserat 理论,在该理论中,弹性体所对应的运动方程出现了偶应力。直到 20 世纪 60 年代左右,有些研究者才开始尝试对 Cosserat 理论进行进一步的改进和修正,通过对 Cosserat 理论增加一定的约束条件,逐渐发展并完善了偶应力理论。

5.2.1 考虑非对称应力的动量定律

考虑非对称应力时,单位面积的面力场(即应力场)应为 $\boldsymbol{\sigma}'$,它既包含了对称的应力部分,也包含了反对称的应力部分。此时的动量守恒定律方程应该写为

$$\int_V \rho \frac{\mathrm{D}\boldsymbol{v}}{\mathrm{D}t}\mathrm{d}V = \int_V (\rho \boldsymbol{b} + \mathrm{div}\boldsymbol{\sigma}')\mathrm{d}V \tag{5.2.1}$$

对应的微分形式的方程为

$$\rho \frac{\mathrm{D}\boldsymbol{v}}{\mathrm{D}t} = \mathrm{div}\boldsymbol{\sigma}' + \rho \boldsymbol{b} \tag{5.2.2}$$

5.2.2 角动量定律

对于微纳尺度结构的材料,除了要考虑动量守恒外,最重要的是要考虑因转动引起的

角动量守恒。无论是微尺度材料的微极理论还是偶应力理论,都在经典连续介质力学质点平动的基础上增加了转动的因素。转动的因素包括两个方面,一个是随物质的转动,一个是附加的转动。假设附加转动的角度为 φ ,附加角速度为 $\boldsymbol{\theta}=\dot{\varphi}$,则体积为 V 、密度为 ρ 、单位质量转动惯量张量为 $\boldsymbol{I}$ 的介质的总角动量应等于随物质转动的角动量与附加转动角动量之和,即

$$\boldsymbol{L}=\int_V \rho \boldsymbol{r}\times\boldsymbol{v}\,\mathrm{d}V+\int_V \rho(\boldsymbol{I}\cdot\boldsymbol{\theta})\,\mathrm{d}V \tag{5.2.3}$$

式(5.2.3)右端的第一项为随物质转动的角动量,第二项为附加转动的角动量。

作用在该部分介质上的总力偶矩既包括体力和面力产生的力偶矩,也包括体力偶与面力偶产生的力偶矩,因此,总力偶矩应为这四个因素力偶矩之和,即

$$\boldsymbol{M}_f=\int_V \rho(\boldsymbol{r}\times\boldsymbol{b})\,\mathrm{d}V+\int_S \boldsymbol{r}\times\boldsymbol{\sigma}'\,\mathrm{d}S+\int_V \rho\,\boldsymbol{m}_v\,\mathrm{d}V+\int_S \boldsymbol{n}\cdot\boldsymbol{m}\,\mathrm{d}S \tag{5.2.4}$$

式中: $\boldsymbol{m}_v$ 为单位质量的体力偶矩; $\boldsymbol{b}$ 为单位质量的体力; $\boldsymbol{m}$ 为单位面积的面力偶矩; $\boldsymbol{\sigma}'$ 为应力张量; $\boldsymbol{r}$ 为力臂矢量。

由角动量定理可得

$$\frac{\mathrm{D}\boldsymbol{L}}{\mathrm{D}t}=\boldsymbol{M}_f \tag{5.2.5}$$

即

$$\begin{aligned}&\frac{\mathrm{D}}{\mathrm{D}t}\left(\int_V \rho\boldsymbol{r}\times\boldsymbol{v}\,\mathrm{d}V+\int_V \rho\boldsymbol{I}\cdot\boldsymbol{\theta}\,\mathrm{d}V\right)\\&=\int_V \rho(\boldsymbol{r}\times\boldsymbol{b})\,\mathrm{d}V+\int_S \boldsymbol{n}\cdot(\boldsymbol{r}\times\boldsymbol{\sigma}')\,\mathrm{d}S+\int_V \rho\boldsymbol{m}_v\,\mathrm{d}V+\int_S \boldsymbol{n}\cdot\boldsymbol{m}\,\mathrm{d}S\end{aligned} \tag{5.2.6}$$

利用高斯定理,将面积分化成体积分,得

$$\begin{aligned}&\frac{\mathrm{D}}{\mathrm{D}t}\left(\int_V \rho\boldsymbol{r}\times\boldsymbol{v}\,\mathrm{d}V+\int_V \rho\boldsymbol{I}\cdot\boldsymbol{\theta}\,\mathrm{d}V\right)\\&=\int_V \rho(\boldsymbol{r}\times\boldsymbol{b})\,\mathrm{d}V+\int_V \mathrm{div}(\boldsymbol{r}\times\boldsymbol{\sigma}')\,\mathrm{d}V+\int_V \rho\,\boldsymbol{m}_v\,\mathrm{d}V+\int_V \mathrm{div}\boldsymbol{m}\,\mathrm{d}V\end{aligned} \tag{5.2.7}$$

由于

$$\mathrm{div}(\boldsymbol{r}\times\boldsymbol{\sigma}')=\boldsymbol{r}\times\mathrm{div}\boldsymbol{\sigma}'+\in:\boldsymbol{\sigma}' \tag{5.2.8}$$

则式(5.2.7)可化为

$$\begin{aligned}&\int_V \rho\boldsymbol{r}\times\frac{\mathrm{D}}{\mathrm{D}t}\boldsymbol{v}\,\mathrm{d}V+\int_V \rho\boldsymbol{I}\cdot\frac{\mathrm{D}\boldsymbol{\theta}}{\mathrm{D}t}\mathrm{d}V\\&=\int_V \rho(\boldsymbol{r}\times\boldsymbol{b})\,\mathrm{d}V+\int_V(\boldsymbol{r}\times\mathrm{div}\boldsymbol{\sigma}'+\in:\boldsymbol{\sigma}')\,\mathrm{d}V+\int_V \rho\,\boldsymbol{m}_v\,\mathrm{d}V+\int_V \mathrm{div}\boldsymbol{m}\,\mathrm{d}V\end{aligned} \tag{5.2.9}$$

即

$$\int_V \rho\boldsymbol{I}\cdot\frac{\mathrm{D}\boldsymbol{\theta}}{\mathrm{D}t}\mathrm{d}V=\int_V(\rho\,\boldsymbol{m}_v+\mathrm{div}\boldsymbol{m}+\in:\boldsymbol{\sigma}')\,\mathrm{d}V+\int_V \boldsymbol{r}\times\left(\rho\boldsymbol{b}+\mathrm{div}\boldsymbol{\sigma}'-\rho\frac{\mathrm{D}\boldsymbol{v}}{\mathrm{D}t}\right)\mathrm{d}V \tag{5.2.10}$$

利用前述的动量守恒关系 $\rho\dfrac{\mathrm{D}\boldsymbol{v}}{\mathrm{D}t}=\mathrm{div}\boldsymbol{\sigma}'+\rho\boldsymbol{b}$,式(5.2.10)可化为

$$\int_V \rho \boldsymbol{I} \cdot \frac{\mathrm{D}\boldsymbol{\theta}}{\mathrm{D}t}\mathrm{d}V = \int_V (\rho\, \boldsymbol{m}_v + \mathrm{div}\boldsymbol{m} + \in : \boldsymbol{\sigma}')\mathrm{d}V \tag{5.2.11}$$

即

$$\int_V \rho I_{ik} \frac{\mathrm{D}\theta_k}{\mathrm{D}t}\mathrm{d}V = \int_V \left(\rho m_{vi} + \frac{\partial m_{ji}}{\partial x_j} + e_{ist}\sigma'_{st}\right)\mathrm{d}V \tag{5.2.12}$$

这就是积分形式的角动量守恒关系式。

由于积分体积 V 是任意的,所以有

$$\rho \boldsymbol{I} \cdot \dot{\boldsymbol{\theta}} = \rho \boldsymbol{m}_v + \mathrm{div}\boldsymbol{m} + \in : \boldsymbol{\sigma}' \tag{5.2.13}$$

或

$$\rho I_{ik}\dot{\theta}_k = \rho m_{vi} + m_{ji,j} + e_{ist}\sigma'_{st} \tag{5.2.14}$$

或

$$\rho I_{ik}\ddot{\varphi}_k = \rho m_{vi} + m_{ji,j} + e_{ist}\sigma'_{st} \tag{5.2.15}$$

或

$$\rho I_{ik}\ddot{\varphi}_k = \rho m_{vi} + m_{ji,j} + 2\delta_{is}\delta_{it}\tau_{st} \tag{5.2.16}$$

其中,$\tau_{st} = \frac{1}{2}(\sigma'_{st} - \sigma'_{ts})$ 为应力张量的反对称部分。这就是微分形式的角动量守恒关系式。

无体力偶时,有

$$\rho \boldsymbol{I} \cdot \dot{\boldsymbol{\theta}} = \mathrm{div}\boldsymbol{m} + \in : \boldsymbol{\sigma}' \tag{5.2.17}$$

或

$$\rho I_{ik}\dot{\theta}_k = m_{ji,j} + e_{ist}\sigma'_{st} \tag{5.2.18}$$

对于无体力偶的静态问题,有

$$m_{ji,j} + e_{st}\sigma'_{st} = 0 \tag{5.2.19}$$

上述式子中的单位质量转动惯量张量 $\boldsymbol{I}$ 可由以下方法给出。对于密度为 ρ、体积为 V 的介质体,根据定义,其转动惯量张量可表示为

$$\boldsymbol{L} = \int_V \rho \boldsymbol{r} \times \boldsymbol{v}\,\mathrm{d}V \tag{5.2.20}$$

其中,$\boldsymbol{v}$ 为质点的速度,$\boldsymbol{v} = \dot{\boldsymbol{\omega}} \times \boldsymbol{r}$,其中 $\dot{\boldsymbol{\omega}}$ 为随物质转动的角速度,$\boldsymbol{r}$ 为力臂矢量因此有

$$\boldsymbol{L} = \int_V \rho \boldsymbol{r} \times (\dot{\boldsymbol{\omega}} \times \boldsymbol{r})\mathrm{d}V = \int_V \rho[\dot{\boldsymbol{\omega}}(\boldsymbol{r} \cdot \boldsymbol{r}) - \boldsymbol{r}(\boldsymbol{r} \cdot \dot{\boldsymbol{\omega}})]\mathrm{d}V \tag{5.2.21}$$

其在坐标轴 i 方向的分量为

$$L_i = \int_V \rho[\dot{\omega}_i r_m r_m - r_i r_k \dot{\omega}_k]\mathrm{d}V \tag{5.2.22}$$

由于 $\dot{\omega}_i = \delta_{ik}\dot{\omega}_k$,则有

$$L_i = \dot{\omega}_k \int_V \rho[\delta_{ik} r_m r_m - r_i r_k]\mathrm{d}V = \int_V \rho I_{ik}\dot{\omega}_k \mathrm{d}V \tag{5.2.23}$$

$$\boldsymbol{L} = \int_V \rho \boldsymbol{I} \cdot \dot{\boldsymbol{\omega}}\mathrm{d}V \tag{5.2.24}$$

其中,$I_{ik} = [\delta_{ik} r_m r_m - r_i r_k]$ 为单位质量的转动惯量张量。虽然单位质量转动惯量张

量的这一推导过程是以随物质宏观转动为背景推导出来的，但对于微观的独立转动也是适用的，只是此时的力臂矢量应该是微观局部的力臂矢量。对于特征尺度为 l 的微观独立附加转动，其单位质量的转动惯量张量 $\boldsymbol{I}_l$ 的分量应写为：$I_{ik}=[\delta_{ik}l_m l_m - l_i l_k]$。

在以上的推导过程中，一直认为随物质的转动来源于物质的宏观平动，而附加的转动才是微观的转动，这是微极理论的思想。从考虑转动因素影响的角度，也存在不同的理论，如近代的偶应力理论。虽然在能量守恒关系中都计入了转动的作用，但对于不同的理论，其转动因素的含义也是不同的。在较早的偶应力理论中，这种转动角度是由随物质转动的角度 $\boldsymbol{\omega}$ 和附加的独立相对转动角度 $\boldsymbol{\varphi}$ 叠加构成的，因此其角速度也是由随物质转动的角速度 $\dot{\boldsymbol{\omega}}$ 和附加的独立相对转动角速度 $\boldsymbol{\theta}$ 叠加构成的，即 $\dot{\boldsymbol{\omega}}+\boldsymbol{\theta}$。而在近代的偶应力理论（或称约束 Cosserat 理论）中，认为相对转动角度为零，即 $\boldsymbol{\theta}=\boldsymbol{0}$，此时，这种转动的角速度就是随物质转动的角速度，即 $\dot{\boldsymbol{\omega}}$。

约束偶应力理论的认识似乎又退回了传统的经典连续介质力学理论，因为随物质的转动相对平动来说并不独立，它已经在平动的分析中体现了。然而，这一理论并非只考虑了转动（即位移一阶梯度的反对称部分）的层面，而是考虑了转动梯度（即位移二阶梯度）的层面。这一点是经典连续介质力学理论中没有考虑到的。转动的梯度并不体现在角动量方程中，而是体现在能量方程中，因此，在后续的能量分析中所涉及的转动梯度应该既包含独立转动的梯度，也包含随物质转动的梯度（即位移二阶梯度的反对称部分）。

5.2.3 高阶动量矩定律

角动量是针对纯转动情形而言的。从位移梯度的角度看，它只涵盖了位移梯度的反对称部分，其对应的位移二阶梯度也只涵盖了转动的梯度，而没有涵盖应变的梯度。为了拓展其内涵，可以认为物质点的自由度除了宏观的平动位移自由度外，还有位移梯度的自由度，而且它相对平动位移自由度来说是一种独立的自由度，这里不妨称其为“独立位移梯度自由度或附加位移梯度自由度”，以区别于随物质平动位移形成的梯度。这种位移梯度作用在具有材料特征尺度的介质上会产生附加的位移。与此同时，外力作用在这种材料特征尺度上还会存在附加的高阶力矩。

这里的独立自由度的概念包含两层含义：一层是客观存在独立于随物质平动的“位移梯度自由度”，如微极理论中的独立转角；另一层是“应变梯度（位移的二阶梯度）”和“独立位移梯度的梯度”本身就是独立的。认识这两层含义很重要，它是区别于经典连续介质力学的关键所在。类似于前文的约束偶应力理论，当没有“独立位移梯度的自由度”时，可称其为约束高阶应力理论（或约束应变梯度理论），此时的应变梯度仅是随物质运动的位移二阶梯度。

为了便于分析，定义物质点速度矢量与特征尺度矢量的并积 $\boldsymbol{lv}$ 为单位质量的高阶动量矩，定义应力二阶张量与特征尺度矢量的并积 $\boldsymbol{l\sigma}$ 为高阶应力矩。

上述这种思想是应变梯度的理论思想。它一方面认为，微纳尺度结构的材料存在特征尺度 $\boldsymbol{l}$；另一方面认为，存在附加位移梯度自由度 $\nabla\boldsymbol{u}^*$。附加位移梯度作用在特征尺度 $\boldsymbol{l}$ 上会产生附加的位移 $\boldsymbol{l}\cdot\nabla\boldsymbol{u}^*$，外力（包括体力和面力）作用在特征尺度上会产生附加体力高阶矩 $\boldsymbol{lb}$ 和面力高阶矩 $\boldsymbol{l\sigma}$。

虽然转动的梯度也是一个二阶张量，但由于是反对称二阶张量，可用其反偶矢量来表示，因此上述的转动角度都是一阶张量，即矢量。附加位移梯度是二阶张量，它与转动惯量的点积还是二阶张量 $\boldsymbol{I}_l \cdot \nabla \boldsymbol{u}^*$，可称其为高阶动量矩。

这种情况下，体积为 V、密度为 ρ、单位质量转动惯量张量为 $\boldsymbol{I}_l$ 的介质的总高阶动量矩应等于物质宏观平动作用在特征尺度 $\boldsymbol{l}$ 上的高阶动量矩与附加高阶动量矩之和，即

$$\boldsymbol{L}_g = \int_V \rho \boldsymbol{l}\,\boldsymbol{v}\,\mathrm{d}V + \int_V \rho(\boldsymbol{I}_l \cdot \nabla \dot{\boldsymbol{u}})\,\mathrm{d}V \tag{5.2.25}$$

式(5.2.25)右端的第一项为物质宏观平动的高阶动量矩，第二项为附加的高阶动量矩。

作用在该部分介质上的总力高阶矩既包括体力和面力产生的力高阶矩，也包括高阶体应力与高阶面应力产生的力矩，因此，总力矩应为这四个因素力偶矩之和，即

$$\boldsymbol{M}_g = \int_V \rho(\boldsymbol{l}\boldsymbol{b})\,\mathrm{d}V + \int_S \boldsymbol{l}\boldsymbol{\sigma}'\,\mathrm{d}S + \int_V \rho \boldsymbol{\tau}_V \mathrm{d}V + \int_S \boldsymbol{n} \cdot \boldsymbol{\tau}^*\,\mathrm{d}S \tag{5.2.26}$$

式中：$\boldsymbol{\tau}_V$ 为单位质量的高阶应力张量；$\boldsymbol{\tau}^*$ 为高阶应力张量；$\boldsymbol{b}$ 为单位质量的体力；$\boldsymbol{\sigma}'$ 为应力张量；$\boldsymbol{l}$ 为材料特征尺度矢量。

高阶动量矩与外力的高阶矩应满足下列关系：

$$\frac{\mathrm{D}\boldsymbol{L}_g}{\mathrm{D}t} = \boldsymbol{M}_g \tag{5.2.27}$$

即

$$\begin{aligned}&\frac{\mathrm{D}}{\mathrm{D}t}\left(\int_V \rho \boldsymbol{l}\,\boldsymbol{v}\,\mathrm{d}V + \int_V \rho \boldsymbol{I}_l \cdot \nabla \dot{\boldsymbol{u}}\mathrm{d}V\right)\\ &= \int_V \rho(\boldsymbol{l}\boldsymbol{b})\,\mathrm{d}V + \int_S \boldsymbol{n} \cdot (\boldsymbol{l}\boldsymbol{\sigma}')\,\mathrm{d}S + \int_V \rho \boldsymbol{\tau}_V \mathrm{d}V + \int_S \boldsymbol{n} \cdot \boldsymbol{\tau}^*\,\mathrm{d}S\end{aligned} \tag{5.2.28}$$

利用高斯定理，将面积分化成体积分，得

$$\begin{aligned}&\frac{\mathrm{D}}{\mathrm{D}t}\left(\int_V \rho \boldsymbol{l}\,\boldsymbol{v}\,\mathrm{d}V + \int_V \rho \boldsymbol{I}_l \cdot \nabla \dot{\boldsymbol{u}}\mathrm{d}V\right)\\ &= \int_V \rho(\boldsymbol{l}\boldsymbol{b})\,\mathrm{d}V + \int_V \mathrm{div}(\boldsymbol{l}\boldsymbol{\sigma}')\,\mathrm{d}V + \int_V \rho \boldsymbol{\tau}_V \mathrm{d}V + \int_V \mathrm{div}\boldsymbol{\tau}^*\,\mathrm{d}V\end{aligned} \tag{5.2.29}$$

由于

$$\mathrm{div}(\boldsymbol{l}\boldsymbol{\sigma}') = \boldsymbol{l}\,\mathrm{div}\boldsymbol{\sigma}' + \boldsymbol{\sigma}' \cdot \nabla \boldsymbol{l} \tag{5.2.30}$$

则式(5.2.29)可化为

$$\begin{aligned}&\int_V \rho \boldsymbol{l} \frac{\mathrm{D}}{\mathrm{D}t}\boldsymbol{v}\,\mathrm{d}V + \int_V \rho \boldsymbol{I}_l \cdot \nabla \ddot{\boldsymbol{u}}\mathrm{d}V\\ &= \int_V \rho(\boldsymbol{l}\boldsymbol{b})\,\mathrm{d}V + \int_V (\boldsymbol{l}\,\mathrm{div}\boldsymbol{\sigma}' + \boldsymbol{\sigma}' \cdot \nabla \boldsymbol{l})\,\mathrm{d}V + \int_V \rho \boldsymbol{\tau}_V \mathrm{d}V + \int_V \mathrm{div}\boldsymbol{\tau}^*\,\mathrm{d}V\end{aligned} \tag{5.2.31}$$

即

$$\int_V \rho \boldsymbol{I}_l \cdot \nabla \ddot{\boldsymbol{u}}\mathrm{d}V = \int_V (\rho \boldsymbol{\tau}_V + \mathrm{div}\boldsymbol{\tau}^* + \boldsymbol{\sigma}' \cdot \nabla \boldsymbol{l})\,\mathrm{d}V + \int_V \boldsymbol{l}\left(\rho \boldsymbol{b} + \mathrm{div}\boldsymbol{\sigma}' - \rho \frac{\mathrm{D}\boldsymbol{v}}{\mathrm{D}t}\right)\mathrm{d}V \tag{5.2.32}$$

利用前述的动量守恒关系 $\rho \frac{\mathrm{D}\boldsymbol{v}}{\mathrm{D}t} = \mathrm{div}\boldsymbol{\sigma}' + \rho \boldsymbol{b}$，式(5.2.32)可化为

$$\int_V \rho \boldsymbol{I}_l \cdot \nabla \ddot{\boldsymbol{u}} \mathrm{d}V = \int_V (\rho \boldsymbol{\tau}_V + \mathrm{div}\boldsymbol{\tau}^* + \boldsymbol{\sigma}' \cdot \nabla \boldsymbol{l}) \mathrm{d}V \tag{5.2.33}$$

这就是积分形式的高阶动量矩守恒关系式。

由于积分体积 V 是任意的，所以有

$$\rho \boldsymbol{I}_l \cdot \nabla \ddot{\boldsymbol{u}} = \rho \boldsymbol{\tau}_V + \mathrm{div}\boldsymbol{\tau}^* + \boldsymbol{\sigma}' \cdot \nabla \boldsymbol{l} \tag{5.2.34}$$

这就是微分形式的高阶动量矩守恒关系式。

对式(5.2.33)和式(5.2.34)两侧用 $\in:$ 同时进行“左并积”计算，得

$$\rho \in: (\nabla \ddot{\boldsymbol{u}} \cdot \boldsymbol{I}_l) = \in: \boldsymbol{\tau}_V + \in: [\boldsymbol{\sigma}' \cdot \nabla \boldsymbol{l}] + \in: \mathrm{div}(\boldsymbol{\tau}^*) \tag{5.2.35}$$

利用关系式 $\in: \boldsymbol{\tau}_V = \boldsymbol{m}_V$，$\in: [(\boldsymbol{\sigma}') \cdot \nabla \boldsymbol{l}] = \in: \boldsymbol{\sigma}'$，$\in: \mathrm{div}(\boldsymbol{\tau}^*) = \in: \boldsymbol{\tau} = \mathrm{div}(\boldsymbol{m})$ 及 $\in: (\nabla \ddot{\boldsymbol{u}} \cdot \boldsymbol{I}_l) = \dot{\boldsymbol{\theta}} \cdot \boldsymbol{I}$，可得

$$\rho \boldsymbol{I} \cdot \dot{\boldsymbol{\theta}} = \boldsymbol{\rho} \boldsymbol{m}_V + \mathrm{div}\boldsymbol{m} + \in: \boldsymbol{\sigma}' \tag{5.2.36}$$

该方程与前一节的角动量守恒方程是完全相同的。

为了验证关系式 $\in: (\nabla \ddot{\boldsymbol{u}} \cdot \boldsymbol{I}_l) = \dot{\boldsymbol{\theta}} \cdot \boldsymbol{I}$，仍可从式(5.2.21)和式(5.2.24)出发来进行推导。由式(5.2.21)和式(5.2.24)可知：

$$\boldsymbol{I} \cdot \boldsymbol{\theta} = \boldsymbol{l} \times (\boldsymbol{\theta} \times \boldsymbol{l}) \tag{5.2.37}$$

又由于 $\boldsymbol{\theta} = \frac{1}{2} \nabla \times \dot{\boldsymbol{u}} = \frac{1}{2} \in: (\nabla \dot{\boldsymbol{u}})$，因此有

$$\boldsymbol{I} \cdot \boldsymbol{\theta} = \boldsymbol{l} \times (\boldsymbol{\theta} \times \boldsymbol{l}) = \in: \{\boldsymbol{l} \in: [\frac{1}{2} \in: (\nabla \dot{\boldsymbol{u}}) \boldsymbol{l}]\} \tag{5.2.38}$$

写成分量的形式为

$$\begin{aligned} \boldsymbol{I} \cdot \boldsymbol{\theta} &= \in: \{\boldsymbol{l} \in: [\frac{1}{2} \in: (\nabla \dot{\boldsymbol{u}}) \boldsymbol{l}]\} \\ &= e_{rst} \{ l_s e_{tlk} [\frac{1}{2} e_{lij} (\nabla_i \dot{u}_j) l_k]\} = \frac{1}{2} e_{rst} e_{tlk} e_{lij} l_s l_k \nabla_i \dot{u}_j \end{aligned} \tag{5.2.39}$$

令 $k = i$，得

$$\boldsymbol{I} \cdot \boldsymbol{\theta} = \frac{1}{2} e_{rst} e_{tli} e_{lij} l_s l_i \nabla_i \dot{u}_j \tag{5.2.40}$$

又由于 $e_{tli} e_{lij} = 2\delta_{tj}$，则式(5.2.40)可化为

$$\boldsymbol{I} \cdot \boldsymbol{\theta} = e_{rst} \delta_{tj} l_s l_i \nabla_i \dot{u}_j = e_{rst} l_s l_i \nabla_i \dot{u}_t = e_{rst} I_{si} \nabla \dot{u}_t = \in: (\boldsymbol{I}_l \cdot \nabla \dot{\boldsymbol{u}}) \tag{5.2.41}$$

进而有

$$\in: (\nabla \ddot{\boldsymbol{u}} \cdot \boldsymbol{I}_l) = \dot{\boldsymbol{\theta}} \cdot \boldsymbol{I} \tag{5.2.42}$$

和上一节转动梯度不体现在角动量方程中一样，应变梯度的因素并不体现在动量矩方程中，而是体现在能量方程中。在后续的能量分析中所涉及的应变梯度应该既包含附加位移梯度的梯度，也包含随物质运动的应变梯度。

5.2.4 能量守恒定律

对于经典的连续介质，在前述经典连续介质力学理论的能量守恒推导过程中，将动量守恒的运动方程两边点乘速度 v，得到

$$\rho \boldsymbol{v} \cdot \frac{\mathrm{D}\boldsymbol{v}}{\mathrm{D}t} = \boldsymbol{v} \cdot \operatorname{div}\boldsymbol{\sigma} + \rho \boldsymbol{v} \cdot \boldsymbol{b} \tag{5.2.43}$$

即

$$\rho \frac{\mathrm{D}}{\mathrm{D}t}\left(\frac{v_i v_i}{2}\right) = \rho \frac{\mathrm{D}}{\mathrm{D}t}\left(\frac{\|\boldsymbol{v}\|^2}{2}\right) = v_i \frac{\partial \sigma_{ji}}{\partial x_j} + \rho b_i v_i \tag{5.2.44}$$

利用关系式：

$$v_j \frac{\partial \sigma_{ij}}{\partial x_i} = \frac{\partial}{\partial x_i}(v_j \sigma_{ij}) - \frac{\partial v_j}{\partial x_i}\sigma_{ij} \tag{5.2.45}$$

和

$$\frac{\partial v_j}{\partial x_i} = \frac{1}{2}\left(\frac{\partial v_j}{\partial x_i} + \frac{\partial v_i}{\partial x_j}\right) + \frac{1}{2}\left(\frac{\partial v_j}{\partial x_i} - \frac{\partial v_i}{\partial x_j}\right) = \dot{\varepsilon}_{ij} + \dot{\omega}_{ij} \tag{5.2.46}$$

式中：$\dot{\varepsilon}_{ij}$ 为应变率张量；$\dot{\omega}_{ij}$ 为转速张量。

按照经典连续介质力学理论，有 $\sigma_{ij} = \sigma_{ji}$。由于该应力张量是对称的，$\dot{\omega}_{ij} = -\dot{\omega}_{ji}$ 是反对称的张量，二者的内积为零，即 $\dot{\omega}_{ij}\sigma_{ij} = 0$，从而得

$$\rho \frac{\mathrm{D}}{\mathrm{D}t}\left(\frac{\|\boldsymbol{v}\|^2}{2}\right) = \frac{\partial}{\partial x_i}(v_j \sigma_{ij}) - \dot{\varepsilon}_{ij}\sigma_{ij} + \rho b_i v_i \tag{5.2.47}$$

或

$$\rho \frac{\mathrm{D}}{\mathrm{D}t}\left(\frac{\|\boldsymbol{v}\|^2}{2}\right) = \operatorname{div}(\boldsymbol{v} \cdot \boldsymbol{\sigma}) + \rho \boldsymbol{v} \cdot \boldsymbol{b} - \dot{\varepsilon}_{ij}\sigma_{ij} \tag{5.2.48}$$

或

$$\rho \frac{\mathrm{D}}{\mathrm{D}t}\left(\frac{\|\boldsymbol{v}\|^2}{2}\right) = \operatorname{div}(\boldsymbol{v} \cdot \boldsymbol{\sigma}) + \rho \boldsymbol{v} \cdot \boldsymbol{b} - \dot{\boldsymbol{\varepsilon}} : \boldsymbol{\sigma} \tag{5.2.49}$$

式中：$\dot{\varepsilon}_{ij}\sigma_{ij}$ 为内能（变形能）密度变化率。

然而，对于微纳结构的材料，按照近代连续介质力学理论，应力 $\boldsymbol{\sigma}'$ 并不是对称的，有反对称的部分，因此 $\dot{\omega}_{ij}\sigma'_{ij} \neq 0$，而应该为 $\dot{\omega}_{ij}\sigma'_{ij} = \dot{\omega}_{ij}\tau_{ij}$，其中 $\tau_{ij} = \dfrac{1}{2}(\sigma'_{ij} - \sigma'_{ji})$ 为应力张量 $\boldsymbol{\sigma}'$ 的反对称部分。这样一来，能量守恒方程中的内能（变形能）密度变化率应改为 $\dot{\varepsilon}_{ij}\sigma_{ij} + \dot{\omega}_{ij}\tau_{ij}$。总内能变化率应改写为

$$\dot{U} = \int_V (\dot{\varepsilon}_{ij}\sigma_{ij} + \dot{\omega}_{ij}\tau_{ij})\,\mathrm{d}V \tag{5.2.50}$$

由于 $\dot{\varepsilon}_{ij}\sigma_{ij} + \dot{\omega}_{ij}\tau_{ij} = \dot{\varepsilon}_{ij}\sigma_{ij} + \dot{\omega}_{ij}\tau_{ij} + \dot{\varepsilon}_{ij}\tau_{ij} + \dot{\omega}_{ij}\sigma_{ij} = (\dot{\varepsilon}_{ij} + \dot{\omega}_{ij})(\sigma_{ij} + \tau_{ij}) = \dot{\varepsilon}'_{ij}\sigma'_{ij}$，因此式(5.2.50)又可化为

$$\dot{U} = \int_V (\dot{\varepsilon}'_{ij}\sigma'_{ij})\,\mathrm{d}V \tag{5.2.51}$$

这时，上述平动动能的能量守恒方程就应改为

$$\rho \frac{\mathrm{D}}{\mathrm{D}t}\left(\frac{\|\boldsymbol{v}\|^2}{2}\right) = \operatorname{div}(\boldsymbol{v} \cdot \boldsymbol{\sigma}) + \rho \boldsymbol{v} \cdot \boldsymbol{b} - \dot{\boldsymbol{\varepsilon}} : \boldsymbol{\sigma} - \dot{\boldsymbol{\omega}} : \boldsymbol{\tau} \tag{5.2.52}$$

该式也可以理解为随物质运动的动能变化率。

当考虑转动的作用时，系统的总动能应该是平动动能与转动动能之和。由于平动动

能可以用随物质的转动代替,因此,总动能应该是随物质的转动与附加转动总转动的动能之和,即

$$
\begin{aligned}
K &= \int_V \frac{1}{2}\rho(\dot{\boldsymbol{\omega}} + \boldsymbol{\theta}) \cdot \boldsymbol{I} \cdot (\dot{\boldsymbol{\omega}} + \boldsymbol{\theta})\mathrm{d}V \\
&= \int_V \rho(\frac{1}{2}\dot{\boldsymbol{\omega}} \cdot \boldsymbol{I} \cdot \dot{\boldsymbol{\omega}} + \cdot \boldsymbol{I} \cdot \dot{\boldsymbol{\omega}} \cdot \boldsymbol{\theta} + \frac{1}{2}\rho\boldsymbol{\theta} \cdot \boldsymbol{I} \cdot \boldsymbol{\theta})\mathrm{d}V \\
&= \int_V \frac{1}{2}\rho\, \boldsymbol{v} \cdot \boldsymbol{v}\, \mathrm{d}V + \int_V \rho\dot{\boldsymbol{\omega}} \cdot \boldsymbol{I} \cdot \boldsymbol{\theta}\mathrm{d}V + \int_V \frac{1}{2}\rho\boldsymbol{\theta} \cdot \boldsymbol{I} \cdot \boldsymbol{\theta}\mathrm{d}V
\end{aligned} \tag{5.2.53}
$$

式(5.2.53)中的第一项为随物质运动的动能部分,第二项为牵连运动的动能部分,第三项为附加转动(相对运动)的动能部分。

将角动量守恒方程两边点乘速度 $\boldsymbol{\theta}$,可得到附加转动(相对运动)的动能变化率为

$$
\rho\boldsymbol{\theta} \cdot \boldsymbol{I} \cdot \dot{\boldsymbol{\theta}} = \rho\boldsymbol{\theta} \cdot \boldsymbol{m}_V + \boldsymbol{\theta} \cdot \mathrm{div}\boldsymbol{m} + \boldsymbol{\theta} \cdot \in : \boldsymbol{\sigma}' \tag{5.2.54}
$$

即

$$
\rho\theta_i I_{ik}\dot{\theta}_k = \rho\theta_i m_{Vi} + \theta_i m_{ji,j} + \theta_i e_{ist}\sigma'_{st} \tag{5.2.55}
$$

由关系式 $\theta_i m_{ji,j} = (\theta_i m_{ji})_{,j} - \theta_{i,j}m_{ji}$,式(5.2.55)可化为

$$
\rho\theta_i I_{ik}\dot{\theta}_k = \rho\theta_i m_{Vi} + (\theta_i m_{ji})_{,j} - \theta_{i,j}m_{ji} + \theta_i e_{ist}\sigma'_{st} \tag{5.2.56}
$$

即

$$
\rho\boldsymbol{\theta} \cdot \boldsymbol{I} \cdot \dot{\boldsymbol{\theta}} = \rho\boldsymbol{\theta} \cdot \boldsymbol{m}_V + \mathrm{div}(\boldsymbol{\theta} \cdot \boldsymbol{m}) - \nabla\boldsymbol{\theta} : \boldsymbol{m} + \boldsymbol{\theta} \cdot \in : \boldsymbol{\sigma}' \tag{5.2.57}
$$

式中:$\nabla\boldsymbol{\theta}$ 为转动角速度梯度,其分量形式为 $\theta_{i,j}$。

将动量守恒方程两边点乘角速度 $(\boldsymbol{r} \times \boldsymbol{\theta})$,并利用 $\boldsymbol{v} = \dot{\boldsymbol{\omega}} \times \boldsymbol{r}$,可得到牵连运动的动能变化率部分:

$$
\rho\frac{\mathrm{D}}{\mathrm{D}t}[(\boldsymbol{r} \times \boldsymbol{\theta}) \cdot (\dot{\boldsymbol{\omega}} \times \boldsymbol{r})] = \rho\frac{\mathrm{D}}{\mathrm{D}t}(\boldsymbol{\theta} \cdot \boldsymbol{I} \cdot \dot{\boldsymbol{\omega}}) = \boldsymbol{\theta} \cdot (\boldsymbol{r} \times \mathrm{div}\boldsymbol{\sigma}') + \boldsymbol{\theta} \cdot (\rho\boldsymbol{r} \times \boldsymbol{b}) \tag{5.2.58}
$$

其中,$\boldsymbol{I}$ 为单位质量转动惯量张量,其分量表达式为 $I_{ik} = [\delta_{ik}r_m r_m - r_i r_k]$。

将以上三个部分叠加起来,可得到总的动能变化率为

$$
\begin{aligned}
\dot{K} &= \frac{\mathrm{D}}{\mathrm{D}t}(\int_V \frac{1}{2}\rho\, \boldsymbol{v} \cdot \boldsymbol{v}\, \mathrm{d}V + \int_V \rho\dot{\boldsymbol{\omega}} \cdot \boldsymbol{I} \cdot \boldsymbol{\theta}\mathrm{d}V + \int_V \frac{1}{2}\rho\boldsymbol{\theta} \cdot \boldsymbol{I} \cdot \boldsymbol{\theta}\mathrm{d}V) \\
&= \int_V [\mathrm{div}(\boldsymbol{v} \cdot \boldsymbol{\sigma}) + \rho\, \boldsymbol{v} \cdot \boldsymbol{b} - \dot{\boldsymbol{\varepsilon}} : \boldsymbol{\sigma} - \dot{\boldsymbol{\omega}} : \boldsymbol{\tau} + \rho\boldsymbol{\theta} \cdot \boldsymbol{m}_V + \boldsymbol{\theta} \cdot \mathrm{div}\boldsymbol{m} + \boldsymbol{\theta} \cdot \in : \boldsymbol{\sigma}' + \\
&\quad \boldsymbol{\theta} \cdot \boldsymbol{r} \times \mathrm{div}\boldsymbol{\sigma}' + \boldsymbol{\theta} \cdot \rho\boldsymbol{r} \times \boldsymbol{b}]\mathrm{d}V
\end{aligned} \tag{5.2.59}
$$

利用关系式 $\dot{\boldsymbol{\varepsilon}} : \boldsymbol{\sigma} + \dot{\boldsymbol{\omega}} : \boldsymbol{\tau} = \dot{\boldsymbol{\varepsilon}}' : \boldsymbol{\sigma}'$ 及 $\mathrm{div}(\boldsymbol{\theta} \cdot \boldsymbol{m}) - \nabla\boldsymbol{\theta} : \boldsymbol{m} = \boldsymbol{\theta} \cdot \mathrm{div}\boldsymbol{m}$,并利用高斯积分定理将体积分化为面积分,整理得

$$
\begin{aligned}
&\frac{\mathrm{D}}{\mathrm{D}t}(\int_V \frac{1}{2}\rho\, \boldsymbol{v} \cdot \boldsymbol{v}\, \mathrm{d}V + \int_V \rho\dot{\boldsymbol{\omega}} \cdot \boldsymbol{I} \cdot \boldsymbol{\theta}\mathrm{d}V + \int_V \frac{1}{2}\rho\boldsymbol{\theta} \cdot \boldsymbol{I} \cdot \boldsymbol{\theta}\mathrm{d}V) \\
&= \int_V [\rho\, \boldsymbol{v} \cdot \boldsymbol{b} + \rho\boldsymbol{\theta} \cdot \boldsymbol{m}_V + \boldsymbol{\theta} \cdot \mathrm{div}(\boldsymbol{r} \times \boldsymbol{\sigma}') + \boldsymbol{\theta} \cdot \rho(\boldsymbol{r} \times \boldsymbol{b})]\mathrm{d}V - \\
&\quad \int_V (\dot{\boldsymbol{\varepsilon}}' : \boldsymbol{\sigma}' + \nabla\boldsymbol{\theta} : \boldsymbol{m})\mathrm{d}V + \int_S (\boldsymbol{v} \cdot \boldsymbol{\sigma} + \boldsymbol{\theta} \cdot \boldsymbol{m}) \cdot \boldsymbol{n}\mathrm{d}S
\end{aligned} \tag{5.2.60}
$$

即

$$
\begin{aligned}
&\frac{\mathrm{D}}{\mathrm{D}t}\left(\int_V \frac{1}{2}\rho \boldsymbol{v} \cdot \boldsymbol{v}\,\mathrm{d}V + \int_V \rho \dot{\boldsymbol{\omega}} \cdot \boldsymbol{I} \cdot \boldsymbol{\theta}\,\mathrm{d}V + \int_V \frac{1}{2}\rho \boldsymbol{\theta} \cdot \boldsymbol{I} \cdot \boldsymbol{\theta}\,\mathrm{d}V\right) \\
=& \int_V [\rho \boldsymbol{v} \cdot \boldsymbol{b} + \rho \dot{\boldsymbol{\varphi}} \cdot \boldsymbol{m}_V + \dot{\boldsymbol{\varphi}} \cdot \mathrm{div}(\boldsymbol{r} \times \boldsymbol{\sigma}') + \dot{\boldsymbol{\varphi}} \cdot \rho(\boldsymbol{r} \times \boldsymbol{b})]\,\mathrm{d}V + \\
& \int_S (\boldsymbol{v} \cdot \boldsymbol{\sigma} + \dot{\boldsymbol{\varphi}} \cdot \boldsymbol{m}) \cdot \boldsymbol{n}\,\mathrm{d}S - \int_V (\dot{\boldsymbol{\varepsilon}}' : \boldsymbol{\sigma}' + \nabla \dot{\boldsymbol{\varphi}} : \boldsymbol{m})\,\mathrm{d}V
\end{aligned} \tag{5.2.61}
$$

式(5.2.61)左端为总动能变化率,右端前两项为外力(包括体力、面力、体力偶和面力偶)做功的功率,右端最后一项为势能变化率。

在这种同时考虑转动和平动情况下,系统的总能量守恒关系仍为

$$
\dot{K} + \dot{U} = \dot{W} \tag{5.2.62}
$$

但其中动能、内能和外力做功的形式都会发生变化。动能变化率 $\dot{K}$ 、内能(变形能)变化率 $\dot{U}$ 、单位时间外力(含力偶矩)所做的功 $\dot{W}$ 分别为

$$
\begin{aligned}
\dot{K} &= \frac{\mathrm{D}}{\mathrm{D}t}\int_V \frac{1}{2}\rho(\dot{\boldsymbol{\omega}} + \boldsymbol{\theta}) \cdot \boldsymbol{I} \cdot (\dot{\boldsymbol{\omega}} + \boldsymbol{\theta})\,\mathrm{d}V \\
&= \frac{\mathrm{D}}{\mathrm{D}t}\left(\int_V \frac{1}{2}\rho \boldsymbol{v} \cdot \boldsymbol{v}\,\mathrm{d}V + \int_V \rho \dot{\boldsymbol{\omega}} \cdot \boldsymbol{I} \cdot \boldsymbol{\theta}\,\mathrm{d}V + \int_V \frac{1}{2}\rho \boldsymbol{\theta} \cdot \boldsymbol{I} \cdot \boldsymbol{\theta}\,\mathrm{d}V\right)
\end{aligned} \tag{5.2.63}
$$

$$
\dot{U} = \int_V (\dot{\boldsymbol{\varepsilon}}' : \boldsymbol{\sigma}' + \nabla \dot{\boldsymbol{\varphi}} : \boldsymbol{m})\,\mathrm{d}V \tag{5.2.64}
$$

$$
\begin{aligned}
\dot{W} =& \int_V [\rho \boldsymbol{v} \cdot \boldsymbol{b} + \rho \dot{\boldsymbol{\varphi}} \cdot \boldsymbol{m}_V + \dot{\boldsymbol{\varphi}} \cdot \mathrm{div}(\boldsymbol{r} \times \boldsymbol{\sigma}') + \dot{\boldsymbol{\varphi}} \cdot \rho(\boldsymbol{r} \times \boldsymbol{b})]\,\mathrm{d}V + \\
& \int_S (\boldsymbol{v} \cdot \sigma + \dot{\boldsymbol{\varphi}} \cdot \boldsymbol{m}) \cdot \boldsymbol{n}\,\mathrm{d}S
\end{aligned} \tag{5.2.65}
$$

若考虑热力学的过程,则总能量守恒关系应为

$$
\dot{K} + \dot{U} = \dot{W} + \dot{Q} \tag{5.2.66}
$$

式中:$\dot{Q} = -\int_S \boldsymbol{q} \cdot \boldsymbol{n}\,\mathrm{d}S + \int_V \rho h\,\mathrm{d}V$ 为介质单位时间所得到的总热量。

上述能量守恒方程中的变形势能中出现了转角梯度的成分,但从公式的推导过程可以看出,该转角的梯度还是独立转角的梯度。为了拓展经典连续介质力学的理论,将这一转角的梯度拓展为包含随物质转动转角的梯度。这样一来,在能量方程中,转角的梯度既包含独立转角的梯度,也包含随物质转动的转角梯度。有了这样的拓展思想,即使没有独立的转动,也增加了转角梯度的因素。随物质转动的梯度是位移梯度反对称部分的梯度,也是位移二阶梯度的反对称部分。由于它具有曲率的特征,因此有时也将其称为曲率。即使没有独立转动,但考虑了转动梯度因素的理论是偶应力理论(或约束偶应力理论),也属近代连续介质力学的理论。

考虑转动自由度的作用时,对应的是微极理论和偶应力理论。将转动自由度拓展到位移梯度自由度时,对应的是应变梯度理论,其能量守恒方程虽然也为式(5.2.66),但其动能、变形势能及外力做功的形式分别为

$$
\dot{K} = \frac{\mathrm{D}}{\mathrm{D}t}\left(\int_V \frac{1}{2}\rho \boldsymbol{v} \cdot \boldsymbol{v}\,\mathrm{d}V + \int_V \rho \boldsymbol{v} \cdot \boldsymbol{l} \cdot \nabla \dot{\boldsymbol{u}}\,\mathrm{d}V + \int_V \frac{1}{2}\rho \nabla \dot{\boldsymbol{u}} \cdot \boldsymbol{I}_l \cdot \nabla \dot{\boldsymbol{u}}\,\mathrm{d}V\right) \tag{5.2.67}
$$

$$\dot{U} = \int_V (\sigma'_{ij}\dot{\varepsilon}'_{ij} + \tau_{ijk}\dot{\eta}_{ijk})\mathrm{d}V \tag{5.2.68}$$

$$\begin{aligned}\dot{W} = &\int_V (\rho \boldsymbol{b} \cdot \boldsymbol{v} + (\boldsymbol{bl}) : \nabla\boldsymbol{v} + \boldsymbol{\tau}_V : \nabla\boldsymbol{v})\mathrm{d}V + \\ &\int_S (\bar{\boldsymbol{\sigma}} \cdot \boldsymbol{v} + (\boldsymbol{\sigma}'\boldsymbol{l}) : \nabla\boldsymbol{v} + \bar{\boldsymbol{\tau}} : \nabla\boldsymbol{v}) \cdot \boldsymbol{n}\mathrm{d}S\end{aligned} \tag{5.2.69}$$

其中变形势能中的应变梯度既包含了“附加位移梯度的梯度”，也包含了随物质运动变形的“应变梯度（位移的二阶梯度）”。当没有“附加位移梯度的自由度”时，对应的理论为约束高阶应力理论（或约束应变梯度理论），此时的应变梯度仅是随物质运动的位移二阶梯度。

5.2.5 近代连续介质力学理论的基本方程

综合上述的分析，针对微纳米的结构材料介质，可得到考虑偶应力和二阶位移梯度的积分形式的动力学基本方程如下。

1）质量守恒方程

$$\frac{\mathrm{D}}{\mathrm{D}t}\int_V \rho \mathrm{d}V = \int_V \left[\frac{\partial \rho}{\partial t} + \mathrm{div}(\rho \boldsymbol{v})\right]\mathrm{d}V = 0 \tag{5.2.70}$$

2）动量守恒方程

$$\int_V \rho \frac{\mathrm{D}\boldsymbol{v}}{\mathrm{D}t}\mathrm{d}V = \int_V (\rho \boldsymbol{b} + \mathrm{div}\boldsymbol{\sigma}')\mathrm{d}V \tag{5.2.71}$$

3）角动量守恒方程

$$\int_V \rho \boldsymbol{I} \cdot \frac{\mathrm{D}\boldsymbol{\theta}}{\mathrm{D}t}\mathrm{d}V = \int_V (\rho \boldsymbol{m}_V + \mathrm{div}\boldsymbol{m} + \in : \boldsymbol{\sigma}')\mathrm{d}V \tag{5.2.72}$$

4）高阶动量矩守恒方程

$$\int_V \rho \boldsymbol{I}_1 \cdot \nabla\ddot{\boldsymbol{u}}\mathrm{d}V = \int_V (\rho \boldsymbol{\tau}_V + \mathrm{div}\boldsymbol{\tau}^* + \boldsymbol{\sigma}' \cdot \nabla\boldsymbol{l})\mathrm{d}V \tag{5.2.73}$$

5）微极理论的能量守恒方程

$$\begin{aligned}&\frac{\mathrm{D}}{\mathrm{D}t}\left(\int_V \frac{1}{2}\rho \boldsymbol{v} \cdot \boldsymbol{v}\,\mathrm{d}V + \int_V \rho \dot{\boldsymbol{\omega}} \cdot \boldsymbol{I} \cdot \boldsymbol{\theta}\mathrm{d}V + \int_V \frac{1}{2}\rho \boldsymbol{\theta} \cdot \boldsymbol{I} \cdot \boldsymbol{\theta}\mathrm{d}V\right) + \\ &\int_V (\dot{\boldsymbol{\varepsilon}}' : \boldsymbol{\sigma}' + \nabla\dot{\boldsymbol{\varphi}} : \boldsymbol{m})\mathrm{d}V \\ &= \int_V [\rho \boldsymbol{v} \cdot \boldsymbol{b} + \rho\dot{\boldsymbol{\varphi}} \cdot \boldsymbol{m}_V + \dot{\boldsymbol{\varphi}} \cdot \mathrm{div}(\boldsymbol{r} \times \boldsymbol{\sigma}') + \dot{\boldsymbol{\varphi}} \cdot \rho(\boldsymbol{r} \times \boldsymbol{b})]\mathrm{d}V + \\ &\int_S (\boldsymbol{v} \cdot \boldsymbol{\sigma} + \dot{\boldsymbol{\varphi}} \cdot \boldsymbol{m}) \cdot \boldsymbol{n}\mathrm{d}S - \int_S \boldsymbol{q} \cdot \boldsymbol{n}\mathrm{d}S + \int_V \rho h \mathrm{d}V\end{aligned} \tag{5.2.74}$$

其中对于偶应力理论，有 $\dot{\varphi}=0$，$\nabla\dot{\varphi}=\nabla\dot{\omega}$。

6）内能变化率

$$\int_V \rho \dot{e}\mathrm{d}V = \int_V (\dot{\boldsymbol{\varepsilon}}' : \boldsymbol{\sigma}' + \nabla\dot{\boldsymbol{\varphi}} : \boldsymbol{m})\mathrm{d}V - \int_V \mathrm{div}\boldsymbol{q}\mathrm{d}V + \int_V \rho h\mathrm{d}V \tag{5.2.75}$$

与此同时，也可得到微分形式的动力学基本方程。

1）质量守恒方程

$$\frac{\partial \rho}{\partial t} + \mathrm{div}(\rho \boldsymbol{v}) = 0 \tag{5.2.76}$$

2）动量守恒方程

$$\rho \frac{\mathrm{D}\boldsymbol{v}}{\mathrm{D}t} = \mathrm{div}\boldsymbol{\sigma}' + \rho \boldsymbol{b} \tag{5.2.77}$$

3）角动量守恒方程

$$\rho \boldsymbol{I} \cdot \dot{\boldsymbol{\theta}} = \rho \boldsymbol{m}_V + \mathrm{div}\boldsymbol{m} + \in : \boldsymbol{\sigma}' \tag{5.2.78}$$

4）高阶动量矩守恒方程

$$\rho \boldsymbol{I}_l \cdot \nabla \ddot{\boldsymbol{u}} = \rho \boldsymbol{\tau}_V + \mathrm{div}\boldsymbol{\tau}^* + \boldsymbol{\sigma}' \cdot \nabla \boldsymbol{l} \tag{5.2.79}$$

5）微极理论的能量守恒

$$\dot{k} + \dot{u} = \dot{w} + \dot{q} \tag{5.2.80}$$

式中：$\dot{k} = \frac{\mathrm{D}}{\mathrm{D}t}\rho\left(\frac{1}{2}\boldsymbol{v} \cdot \boldsymbol{v} + \dot{\boldsymbol{\omega}} \cdot \boldsymbol{I} \cdot \boldsymbol{\theta} + \frac{1}{2}\boldsymbol{\theta} \cdot \boldsymbol{I} \cdot \boldsymbol{\theta}\right)$ 为单位体积动能（动能体积密度）变化率；$\dot{u} = (\dot{\boldsymbol{\varepsilon}}' : \boldsymbol{\sigma}' + \nabla \dot{\boldsymbol{\varphi}} : \boldsymbol{m})$ 为单位体积变形能（变形能密度）变化率；$\dot{w} = \rho \boldsymbol{v} \cdot \boldsymbol{b} + \rho \dot{\boldsymbol{\varphi}} \cdot \boldsymbol{m}_V + \dot{\boldsymbol{\varphi}} \cdot \mathrm{div}(\boldsymbol{r} \times \boldsymbol{\sigma}') + \dot{\boldsymbol{\varphi}} \cdot \rho(\boldsymbol{r} \times \boldsymbol{b}) + \mathrm{div}(\boldsymbol{v} \cdot \boldsymbol{\sigma} + \dot{\boldsymbol{\varphi}} \cdot \boldsymbol{m})$ 为单位时间单位体积外力所做的功；$\dot{q} = -\mathrm{div}\boldsymbol{q} + \rho h$ 为单位时间单位体积的热流量。

6）比内能（单位体积内能）变化率

$$\rho \dot{e} = (\dot{\boldsymbol{\varepsilon}}' : \boldsymbol{\sigma}' + \nabla \dot{\boldsymbol{\varphi}} : \boldsymbol{m} - \mathrm{div}\boldsymbol{q} + \rho h) \tag{5.2.81}$$

应变梯度理论的能量守恒方程中的动能、变形势能和外力的功的形式与微极理论有所不同，其形式如式（5.2.67）~式（5.2.69）。

从上述的方程中可以看出，单位质量的转动惯量 $I_{ik} = [\delta_{ik} r_m r_m - r_i r_k]$ 取决于尺度 $\boldsymbol{r}$ 的大小。这个 $\boldsymbol{r}$ 不能理解为宏观的整体坐标的矢径，而是局部的微矢径。因此，应将其理解为微尺度颗粒或微空穴（空隙）的尺度。当该尺度趋于零时，局部微转动惯量、应力力偶矩及整体角动量项将消失，整体方程组将退化到经典连续介质力学理论的情况。只有对于微纳结构的材料，由于存在材料固有的颗粒或空隙尺度，才会存在相应的转动惯量、应力力偶矩，进而存在角动量项。

从上述近代连续介质力学的动力学基本方程可以看出，虽然在变形能关系式中已经考虑了非对称应力和随物质转动的作用，也考虑了附加的转动梯度和偶应力的作用，但并没有考虑随物质的转动梯度的作用。这样的分析在一定程度上适应了微纳结构材料的特性，但还是不够全面，因为随物质的转动梯度（位移梯度中反对称部分的二阶梯度）没有计入进来，随物质位移的应变梯度（位移梯度中对称部分的二阶梯度）也没有计入进来。为了改进这种认识，从转动梯度的因素讲，偶应力理论认为上述微极理论的转动不只是附加相对转动，而应该是包含随物质转动和附加相对转动的总转动，其转动梯度也是含随物质转动的总转动梯度。这样一来，即使没有附加相对转动，其理论中也增加了转动梯度的因素，也属于近代连续介质力学的理论。应变梯度理论则更加拓展了这一认识，认为除了应计入总转动外，还要计入所有位移（包括附加位移和随物质的位移）二阶梯度引起的高阶应力（应力矩）的作用。

第6章　微结构材料的本构特性

6.1　经典连续介质材料的本构特性

按照经典连续介质力学的理论,当某种材料介质看作是一种连续介质时,其动力学基本方程分别包括:一个质量守恒方程(也称连续性方程)、三个动量守恒方程(也称运动方程)和一个能量守恒方程,共计五个方程。而变量包括一个密度ρ、三个速度$\boldsymbol{v}$、一个内能e和六个应力$\boldsymbol{\sigma}$,总共11个。对于热力学过程还要包括三个热流密度$\boldsymbol{q}$,加起来一共有14个变量。显然,变量的个数远大于方程的个数,不能形成一个封闭的方程组,因此也无法求解。为了能够对方程进行求解,需要补充一些方程。前面的五个基本方程对任何材料都是一样的,因此是和材料无关的。补充的方程应该是和具体的材料性质密切相关的方程。

当不考虑热力学过程时,需要补充六个方程,这六个方程可统称为材料的本构方程(或物理方程)。但对于固体,由于通常不考虑密度和温度的变化,主要是应力和应变之间的关系,人们通常直接称之为应力应变关系。而对于流体,由于涉及的主要是压力、密度和温度等的关系,因此人们通常称之为状态方程。

6.1.1　线弹性本构方程

最简单的应力应变关系就是弹性变形过程的广义胡克定律,所描述的应力应变关系为

$$\sigma_{ij} = \lambda\delta_{ij}\varepsilon_{kk} + 2\mu\varepsilon_{ij} \tag{6.1.1}$$

其中,λ和μ为拉梅常数,ε_{kk}描述的是体积应变,$\delta_{ij} = \begin{cases}1, i = j\\0, i \neq j\end{cases}$是Kronecker函数。由于这里的应力张量$\sigma_{ij}$和应变张量$\varepsilon_{ij}$都是对称的,因此独立的方程正好是六个。但由于应变变量不是基本方程中直接含有的,虽然增加了六个方程,却又增加了六个变量。但考虑到应变是和位移相关的,而位移又是和速度对应的,因此,只要把应变位移的关系(通常称为几何关系)补充进来,方程数和变量数也是一致的,即构成了封闭的方程组。

按照以前章节应变张量的分析,在小变形条件下,应变位移关系(即几何方程)为

$$\varepsilon_{ij} = \frac{1}{2}\left(\frac{\partial u_i}{\partial x_j} + \frac{\partial u_j}{\partial x_i}\right) \tag{6.1.2}$$

由于应变张量ε_{ij}是对称的,因此独立的方程正好是六个。

对于材料的弹性变形,只要知道了边界条件,利用上述的五个基本方程,六个应力应变关系方程和六个几何方程就可以求解了。

当考虑热力学过程时,按照傅里叶传热定律,可将热流密度矢量表示成温度(绝对温

度)梯度的线性关系,即

$$\boldsymbol{q} = -k\text{grad}T \tag{6.1.3}$$

式中:T 为绝对温度;$k > 0$ 为热传导系数。

将式(6.1.3)代入基本方程的能量守恒方程中,其方程中原有的热流密度矢量三个变量缩减成温度标量 T 的一个变量。基本方程中的总变量数变为 12 个,相对于不考虑热力学过程的情况增加了一个,还需再补充一个方程。这个方程需用状态方程来补充。

6.1.2 理想流体本构方程

对于理想流体,根据理想流体的性质,可忽略剪力,且正应力中只有压力一个变量。其应力张量的表达式可写为

$$\boldsymbol{\sigma} = -P\boldsymbol{I} \tag{6.1.4}$$

或

$$\sigma_{ij} = -P\delta_{ij} \tag{6.1.5}$$

式中:P 为压力(标量);$\boldsymbol{I}$ 为二阶单位张量。

这样一来,原基本方程中应力二阶张量中的六个变量就缩减为压力标量的一个变量。变量数一下减少了五个。即使考虑热力学过程,其变量总数也只有七个。这时的方程数为五个(一个质量守恒方程、三个动量守恒方程、一个能量守恒方程),还要再补充两个方程才可以求解。这两个方程分别为联系压力 P 、密度 ρ 和温度 T 的状态方程:

$$P = P(\rho, T) \tag{6.1.6}$$

以及联系内能 e 、密度 ρ 和温度 T 的状态方程:

$$e = e(\rho, T) \tag{6.1.7}$$

6.1.3 不可压缩流体本构方程

对于上述的理想流体来说,也有两种特殊的情况,分别是等容情况和绝热情况。等容情况是指介质不可压缩的情况,对应的状态方程是 $\rho = \text{const}$,即密度不变,为常数。此时质量守恒方程变为只联系速度的连续性方程 $\text{div}v = 0$,此时抛开能量守恒关系,对应三个速度变量和一个压力变量已经有了三个动量方程和一个连续性方程,因此已经构成了封闭的方程组。

6.1.4 可压缩绝热流体本构方程

绝热情况是指没有热量交换的情况。对于可压缩绝热流体来说,若找到压力和密度关系:$P = P(\rho)$,则该方程加上三个动量方程和一个连续性方程共计五个方程,针对三个速度变量、一个压力变量和一个密度变量共计五个变量也是可以求解的。

当材料进入塑性状态时,若变形仍是小变形,则几何关系不变。但应力应变关系需换成塑性阶段的非线性应力应变关系,当忽略弹性变形时,其应变增量与应力偏量成正比,关系式(流动方程)为

$$\text{d}\varepsilon_{ij} = \text{d}\bar{\lambda}S_{ij} \tag{6.1.8}$$

式中:S_{ij} 为应力偏量;$\bar{\lambda}$ 为比例因子。

为了确定比例因子,还需引入屈服面方程。由于塑性变形比较复杂,加载卸载情况不一样,体积变形与形状变形又不服从同一种规律,因此一般性的通用表达式很难给出,都是针对实际问题的具体情况来分析的,这里不再赘述。

6.2 近代连续介质材料的本构特性

近代连续介质力学理论的材料介质包含很多种,这里仅以弹性固体类连续介质为对象,介绍一些相应的本构关系模型。它们分别是:偶应力理论本构模型、微极弹性固体理论本构模型,以及应变梯度理论本构模型。

6.2.1 弹性固体偶应力理论的本构模型

偶应力理论作为应变梯度理论的特殊情况,它只考虑了位移梯度反对称部分的二阶梯度,即曲率(转动梯度)因素的影响。因此,相对于经典连续介质理论的本构模型,仅增加了曲率的因素。与曲率因素对应的功共轭量为应力力偶矩。其本构关系可描述为

$$\begin{aligned} \sigma_{ij} &= \lambda\delta_{ij}\varepsilon_{kk} + 2\mu\varepsilon_{ij} \\ m_{ij} &= 2\mu l^2\chi_{ij} \end{aligned} \tag{6.2.1}$$

式中:σ_{ij} 和 m_{ij} 为应力张量和应力力偶矩张量;λ 和 μ 为拉梅常数;l 为材料的特征长度;δ_{ij} 为克罗内克符号;ε_{ij} 和 χ_{ij} 为应变张量和曲率张量(转动张量),且可表示为

$$\begin{aligned} \varepsilon_{ij} &= u_{j,i} - e_{ijk}\varphi_k \\ \chi_{ij} &= \varphi_{j,i} \end{aligned} \tag{6.2.2}$$

其中,u_i 和 φ_i 分别为位移矢量 $\boldsymbol{u}$ 和微转动矢量 $\boldsymbol{\varphi}$ 的分量,且 $\varphi_k = \dfrac{1}{2}e_{kij}u_{j,i}$,下角标间的“,”表示求偏导数。

通过比较可以看出,在弹性固体偶应力理论中,由于考虑了曲率的影响,本构关系中增加了一个特征长度的材料参数,应力张量不再对称,并且出现了应力力偶矩。

6.2.2 弹性固体微极理论本构模型

偶应力理论虽然考虑了转动梯度的作用,但仅限于物质点随物质的转动。微极理论相对于偶应力理论不仅考虑了物质点随物质的转动,而且还考虑了物质点的独立转动。因此,微极弹性固体理论认为物质点除了具有三个平动的自由度外,还具有三个独立转动的自由度。其各向同性线性弹性固体的本构方程可描述为

$$\begin{aligned} \sigma_{ij} &= \lambda\delta_{ij}\varepsilon_{kk} + (\mu + \kappa)\varepsilon_{ij} + \mu\varepsilon_{ji} \\ m_{ij} &= \alpha\delta_{ij}\chi_{kk} + \beta\chi_{ij} + \gamma\chi_{ji} \end{aligned} \tag{6.2.3}$$

式中:λ 、μ 、κ 、α 、β 、γ 为物性模量。

通过比较可以看出,在微极弹性固体中,由于考虑微极效应,本构关系中总共需要六个物性模量,相对于经典连续介质力学理论增加了四个材料参数,相对于偶应力理论也增加了三个材料参数,应力张量也不再对称,并且也出现了应力力偶矩。

6.2.3 弹性固体应变梯度理论本构模型

偶应力理论虽然考虑了位移二阶梯度的作用,但仅限于位移梯度中反对称部分的二阶梯度,它只反映了物质点随物质的转动。为了全面考虑位移二阶梯度的作用,除需考虑位移梯度中反对称部分的二阶梯度,还需考虑位移梯度中对称部分的二阶梯度,而位移梯度中对称部分的二阶梯度就是应变的梯度。这里所谓的应变梯度理论实质上是位移二阶梯度的理论,因为它不仅包含应变梯度(位移梯度中对称部分的二阶梯度),也包含转动梯度(位移梯度中反对称部分的二阶梯度)。因此可以说,应变梯度理论是偶应力理论的推广。

在应变梯度理论中,Mindlin 给出了五参数的本构模型,表示为

$$
\begin{aligned}
\sigma_{ij} &= \lambda\delta_{ij}\varepsilon_{kk} + 2\mu\varepsilon_{ij} \\
\tau_{ijk} &= \frac{1}{2}a_1(\delta_{ij}\eta_{knn} + \delta_{ik}\eta_{jnn} + 2\delta_{jk}\eta_{nni}) + 2a_2\delta_{jk}\eta_{inn} + \\
&\quad a_3(\delta_{ij}\eta_{nnk} + \delta_{ik}\eta_{nnj}) + 2a_4\eta_{ijk} + a_5(\eta_{kji} + \eta_{jki})
\end{aligned}
\tag{6.2.4}
$$

式中:τ_{ijk} 为高阶应力;η_{ijk} 为应变梯度;a_i($i = 1,2,3,4,5$)为材料参数。

由于该模型参数较多,且不一定相互独立,Lam 在对高阶应力和应变梯度进行对称性和反对称性分解的基础上,给出了如下的本构关系模型,表述为

$$
\begin{aligned}
\sigma_{ij} &= \lambda\delta_{ij}\varepsilon_{kk} + 2\mu\varepsilon_{ij} \\
p_i &= 2\mu l_0^2\gamma_i \\
\tau_{ijk}^{(1)} &= 2\mu l_1^2\eta_{ijk}^{(1)} \\
m_{ij}^{(s)} &= 2\mu l_2^2\chi_{ij}^{(s)}
\end{aligned}
\tag{6.2.5}
$$

式中:$\gamma_i = \varepsilon_{mm,i}$,$\eta_{ijk}^{(1)} = \frac{1}{3}(\varepsilon_{jk,i} + \varepsilon_{ki,j} + \varepsilon_{ij,k}) - \frac{1}{15}[\delta_{ij}(\varepsilon_{mm,k} + 2\varepsilon_{mk,m}) + \delta_{jk}(\varepsilon_{mm,i} + 2\varepsilon_{mi,m}) + \delta_{ki}(\varepsilon_{mm,j} + \varepsilon_{mi,m})]$,$\chi_{ij}^{(s)} = \frac{1}{2}(\varphi_{j,i} + \varphi_{i,j})$

分别为膨胀梯度张量、偏斜部分的拉伸梯度张量以及对称部分的转动梯度张量;p_i、$\tau_{ijk}^{(1)}$ 及 $\chi_{ij}^{(s)}$ 为对应的高阶应力张量。

6.3 压电材料的本构特性

压电效应是由皮埃尔·居里(Pierre Curie)和其哥哥雅克·保罗·居里(Jacques Paul Curie)于 1880 年在α-石英晶体上发现的,它反映了压电晶体材料的弹性与介质电性之间的机电耦合关系。压电晶体在受到外力作用发生形变时,晶体内部的电荷中心会发生偏移,出现电荷不对称分布的现象,从而在它的表面上出现极化电荷。这种没有电场作用,只是由外力作用而使晶体表面出现电荷的现象,称为压电效应。

图 6.3.1 表示 α-石英晶体的正压电效应,其中 $\boldsymbol{P}_1$,$\boldsymbol{P}_2$,$\boldsymbol{P}_3$ 分别为相互间夹角为 120°的压电晶体偶极矩矢量。在没有受到外力作用时,压电晶体正负电荷的中心重合,因

此 $\boldsymbol{P}_1+\boldsymbol{P}_2+\boldsymbol{P}_3=0$，此时，压电晶体表面没有电荷产生，如图 6.3.1(a) 所示。当压电晶体受到 x 方向(图 6.3.1 中的水平方向)的拉力作用而被拉伸时，正负电荷的相对位置也会发生变化，此时，电偶极矩在 x 方向的分量之和沿着 x 正方向，故在压电晶体的 x 正方向上产生正电荷，在 x 负方向上产生负电荷，如图 6.3.1(b) 所示。反之，当压电晶体受到 x 方向外力作用被压缩时，正负电荷的相对位置发生变化，打破了正负电荷平衡的状态，电偶极矩在 x 方向上的分量之和不再为零，而是沿着 x 负方向，故在 x 正方向上产生负电荷，在 x 负方向上产生正电荷，如图 6.3.1(c) 所示。无论压电晶体在 x 方向受到拉力作用还是压力作用，在 y 方向以及 z 方向上，电偶极矩的分量之和仍为零，因此，压电晶体只在 x 方向表现出压电效应，在 y 、z 方向未表现出压电效应。

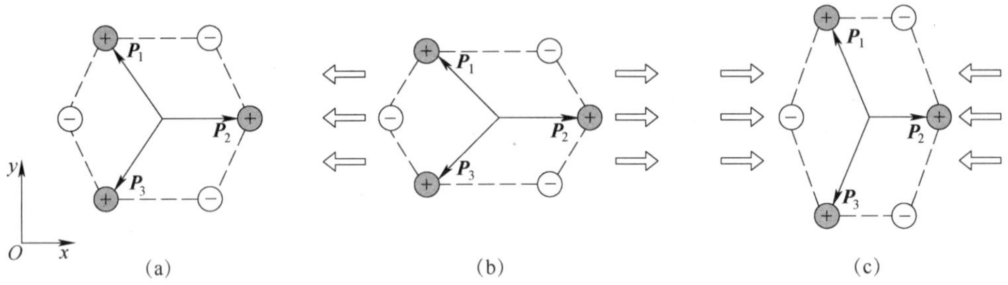

图 6.3.1　压电晶体的压电效应示意图

6.3.1　压电材料

压电材料既是电介质，也是可变形固体。压电材料分为天然和人造两种，天然的压电晶体不用人工极化，本身具有电轴。而人造的压电材料，需要经过极化处理，才能具有压电性能。

压电材料既具有正压电效应，也具有逆压电效应。所谓正压电效应是指当压电材料结构受到外力作用而发生应变变形时会导致电介质极化从而产生极化电荷。所谓逆压电效应是指当有外电场作用时材料结构会发生应变变形。利用正压电效应可以制成传感器、换能器或俘能器，利用逆压电效应可以制成执行器。一般情况下，正压电效应与逆压电效应具有对称性，即压电系数相等。实验证明，一般情况下，正压电效应和逆压电效应都是线性的，即晶体表面出现的电荷多少与形变大小成正比。当形变改变方向时，电场也改变方向，在外电场作用下，晶体的形变大小与电场强度成正比，当电场反向时，形变也改变方向。

1855 年药剂师赛格涅特(Seignette)首先制造出罗谢尔盐(酒石酸钾钠晶体)，并于 1880 年发现了罗谢尔盐的压电性。第二次世界大战期间，一些科学家又研制出磷酸二氢铵(ADP)、铌酸锂等压电晶体。直到 1917 年，法国物理学家郎之万(Langevin)研制成第一个实用的压电换能器，用来探测潜水艇，使压电效应才得到了实际的应用。在以后的 10 多年中，石英晶体成为唯一的压电器件材料。1941 年至 1949 年间，美国的科研人员首先进行了钡钛氧化物的研究，发现了钛酸钡陶瓷具有良好的压电性能。1954 年美国的贾菲(B. Jaffe)等发现了锆钛酸铅(PZT)陶瓷的压电性。在以后的 30 年中，PZT 材料以其较强且稳定的压电性能成为压电器件的主要材料。但 Lee 等研究表明在高频周期载荷作用下，压电陶瓷极易产生疲劳裂纹，发生脆性断裂。20 世纪 20 年代，人们开始了对聚合物高分子材料的研究。1969 年，日本科学家河野洋平(Kawai)发现了偏聚二聚乙烯(PVDF)具有压电性。PVDF 是一种压电聚合体，相对于 PZT 具有更好的柔韧性。20 世纪 90 年代初，美国宾州州立大学成功研制出新型的驰豫铁电单晶铌镁酸铅-钛酸铅(PZNT)和铌锌酸铅-钛酸铅(PMNT)，其压电系数和机电耦合系数很高，应变量比 PZT 高出 10 倍以上。中国科学院上海硅酸盐研究所从 1996 年开展了驰豫铁电单晶的基础研究和晶体生长工艺方法的探索，现已成功地生长出 PZNT 和 PMNT。

从上述发展历程来看，压电材料经历了从自然界存在的简单单晶材料到结构复杂的复合材料的发展历程。其中由压电陶瓷和聚合物构成的压电复合材料，由于具有多相材料的优越性能及可设计性，得到了广泛的关注和应用。

就目前而言，常用的压电材料主要可以分为五大类。

(1) 压电晶体(单晶)：如石英、铌酸锂($LiNbO_3$)、铌锌酸铅-钛酸铅(PZN-PT)等。

(2) 多晶压电陶瓷：如钛酸钡($BaTiO_3$)、钛酸铅($PbTiO_3$)、锆钛酸铅(PZT)等。

(3) 高分子聚合物：如聚偏二氟乙烯(PVDF)等。

(4) 无机压电材料：如 PZT 薄膜、氧化锌(ZnO)、氮化铝(AlN)等。

(5) 压电复合物：如高分子化合物掺杂压电陶瓷(PZT+PVDF)等。

表 6.3.1 列出了常用压电材料的主要特性。

表 6.3.1 常用压电材料的主要特性

类型	名称	压电系数 (pC/N)		介电常数	机电耦合系数
		d_{33}	d_{31}	$\varepsilon_r/\varepsilon$	K_{31}
压电晶体	石英	2.31	-0.73	4.68	0.05
压电陶瓷	ZnO	12	-5.1	9.26	0.18
	PZT-5H	593	-274	3400	0.39
	PZT-5A	374	-171	1700	0.34
聚合物	PVDF	39~44	-24~-12	13	0.117

针对不同的压电材料，要根据其应用场合、特性和成本来选择合适的制备方法，其制备方法按制备时出现的物相分为固相法、液相法和气相法。

固相法。采用传统固相法制备 PZT 时，烧结温度高于 1200℃ 会引发 PbO 的挥发，难以控制化学计量比，导致材料的微观结构和电学特性难以控制，适用于原料便宜、工艺简单及对压电材料性能要求不高的场合。

液相法。液相法制备压电材料是目前最常用的方法，包括共沉淀法、水热合成法、溶胶凝胶法、醇盐水解法等。

气相法。气相法适合制备纳米级压电薄膜，主要有物理相沉积和化学气相沉积。其中，溅射法是最常用的方法。化学气相沉积可以精确地控制反应产物的化学组成，掺杂方便，但难以获得合适的气源材料，不适合低成本、大量制备薄膜，实际中采用较少。

目前，压电材料的研究热点趋势主要有：低温烧结 PZT 陶瓷，大功率高转换效率的 PZT 压电陶瓷，压电复合材料，无铅压电陶瓷。

低温烧结是为了解决铅基压电陶瓷高温烧结中引起的 PbO 挥发问题。通过在 PZT 陶瓷中添加 Li_2CO_3、Bi_2O_3、MnO_2等低熔点烧结助剂能降低烧结温度约 200~300℃;制备纳米化超细粉体可以控制烧结温度在 PbO 的挥发温度以下;通过热压电烧结也可以使 PZT 的烧结温度降低 150~200℃,有利于减少 PbO 的挥发。

制备大功率高转换效率的压电陶瓷主要有三种方法:通过掺杂 Mn、$YMnO_3$及其他元素掺杂改性;将第四组元加入到多元系压电陶瓷中开发新的材料体系;通过添加低温共烧助剂,用湿化学法制备超细粉体,利用热压成形烧结,探索新的制备工艺。现阶段研究较多的压电复合材料是由压电陶瓷和聚合物复合成的。

目前,无铅压电材料中钛酸钡基、钛酸铋钠基研究已经很成熟,促使压电陶瓷的微观结构呈现单晶体特征的这一新技术也有了一定的发展。把压电铁电理论和无铅压电陶瓷体系组合,将 PZT 陶瓷的理论运用到无铅压电陶瓷中,开发新理论、新方法也有所发展。

6.3.2 压电晶体中的应力、应变描述

压电材料的压电性是指极化材料在变形过程会导致两个电极之间形成电压。用三个轴来表示压电材料空间分布时,一般极化方向被定义为 3 轴。1 轴、2 轴定义为相互正交且与 3 轴正交的轴。为方便起见,单元体取为矩形立方体,将设置 1 轴、2 轴作为单元体的边缘,如图 6.3.2 所示。通常情况下,正应力 $\boldsymbol{\sigma}$ 和剪应力 $\boldsymbol{\tau}$ 构成一个二阶张量。共有九个应力张量分量,考虑对称性时有六个独立的应力分量。为了描述方便,对于压电晶体,通常用上述的 1、2、3 这三个数字代替 x 、y 、z 这三个坐标,因此二阶应力张量 $\boldsymbol{\sigma}$ 用矩阵形式可表示成如下的关系式:

$$\sigma_{ij}=\begin{bmatrix}\sigma_x & \tau_{xy} & \tau_{xz}\\ \tau_{xy} & \sigma_y & \tau_{yz}\\ \tau_{zx} & \tau_{zy} & \sigma_z\end{bmatrix}=\begin{bmatrix}\sigma_{11} & \sigma_{12} & \sigma_{13}\\ \sigma_{21} & \sigma_{22} & \sigma_{23}\\ \sigma_{31} & \sigma_{32} & \sigma_{33}\end{bmatrix} \tag{6.3.1}$$

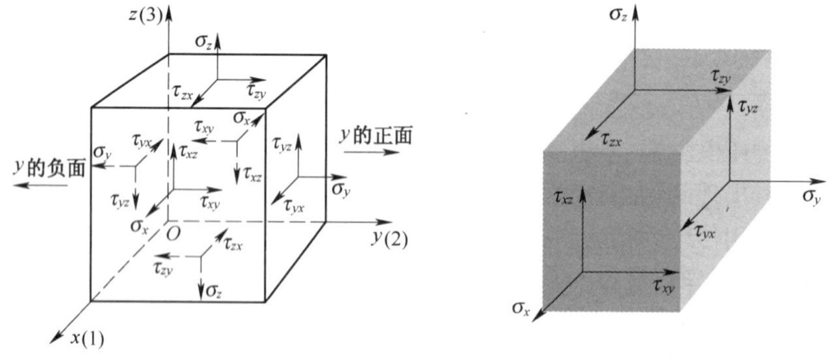

图 6.3.2 压电晶体中的应力示意图

由于根据弹性力学中的内力矩平衡条件可知,$\boldsymbol{\sigma}$ 为一对称张量,即

$$\sigma_{12}=\sigma_{21},\quad \sigma_{13}=\sigma_{31},\quad \sigma_{23}=\sigma_{32} \tag{6.3.2}$$

所以独立的张量只有六个,为了在压电方程中描述方便,通常将这六个二阶张量的分量用六个一阶张量(即向量)的分量来表示,并通常用 T 符号统表正应力和剪应力,分别为 $T_1=\sigma_{11}$, $T_2=\sigma_{22}$, $T_3=\sigma_{33}$, $T_4=\tau_{23}$, $T_5=\tau_{13}$, $T_6=\tau_{12}$ 。

类似地，用 S_1 到 S_6 来表示应变分量，其中 $S_1=\varepsilon_{11}$ ，$S_2=\varepsilon_{22}$ ，$S_3=\varepsilon_{33}$ ，$S_4=\varepsilon_{23}$ ，$S_5=\varepsilon_{13}$ ，$S_6=\varepsilon_{12}$ 。这样一来，应力 $\boldsymbol{T}$ 和应变 $\boldsymbol{S}$ 都是分量个数为六的向量（即一阶张量）。

根据连续介质力学，在没有压电效应时，没有力电耦合作用，应力和应变的关系可很简单地描述为

$$\boldsymbol{T}=\boldsymbol{c}\boldsymbol{S} \tag{6.3.3}$$

或

$$\boldsymbol{S}=\boldsymbol{s}\boldsymbol{T} \tag{6.3.4}$$

式中：$\boldsymbol{c}$ 为一个 6×6 的刚度矩阵；$\boldsymbol{s}$ 为一个的 6×6 柔度矩阵。

矩阵 $\boldsymbol{c}$ 和 $\boldsymbol{s}$ 为互逆矩阵。对压电材料来说，刚度（柔度）属性在恒电场与恒电位移条件下是不相同的。因此，$\boldsymbol{c}$ 和 $\boldsymbol{s}$ 矩阵必须定义这两个条件，由上标 E 和 D 表示如下：$\boldsymbol{c}^{\mathrm{E}}$ 为恒电场下刚度矩阵，$\boldsymbol{c}^{\mathrm{D}}$ 为恒电位移下刚度矩阵，$\boldsymbol{s}^{\mathrm{E}}$ 为恒电场下柔度矩阵，$\boldsymbol{s}^{\mathrm{D}}$ 为恒电位移下柔度矩阵。

PZT 压电材料是特定晶体，具有高度的对称性。材料的特性相对于 3 轴十分对称。所以我们可以方便地定义 1 轴和 2 轴使其平行对称。根据晶体的对称性，一般的各向异性材料在 $\boldsymbol{c}$ 或 $\boldsymbol{s}$ 矩阵中有 21 个系数。PZT 压电晶体结构比较特殊，一般只有四个独立的系数。许多应力/应变对之间相互不耦合，在矩阵系数上的反映就是系数等于零。$\boldsymbol{c}$ 矩阵形式如下：

$$\boldsymbol{c}=\begin{bmatrix} c_{11} & c_{12} & c_{12} & 0 & 0 & 0 \\ c_{12} & c_{11} & c_{12} & 0 & 0 & 0 \\ c_{12} & c_{12} & c_{33} & 0 & 0 & 0 \\ 0 & 0 & 0 & c_{44} & 0 & 0 \\ 0 & 0 & 0 & 0 & c_{44} & 0 \\ 0 & 0 & 0 & 0 & 0 & \dfrac{c_{11}-c_{12}}{2} \end{bmatrix} \tag{6.3.5}$$

其中，系数 c_{66} 有时被单独列出，但与 c_{11} 和 c_{12} 不是独立的。矩阵 $\boldsymbol{s}$ 与此类似，s_{66} 等于 2（$s_{11}-s_{12}$）。

6.3.3 压电方程

一般的非压电材料构成的结构在外力作用下会发生变形，其外力和内应力之间满足力学平衡条件和能量守恒原理，应力、应变之间满足胡克定律。一般的电介质材料在电场作用下会产生极化，电位移和电场强度之间满足由介电系数联系的关系。压电材料是一种特殊的材料，外力作用下不仅会产生变形，而且还会产生电场和电位移。而在电场作用下，不仅会发生极化而产生电位移，而且还会使结构产生变形。因此，压电材料在变形和极化过程中应满足特殊的力电转换关系。描述压电材料这种力电转换特性和规律的是压电材料的本构关系，这种关系称为压电方程。1987 年 IEEE 学会制定了一个标准，认为通常的压电材料在低电场和低应变作用下，应力、应变、电场强度及电位移之间具有线性关系，一般的压电方程可表示为

$$\begin{bmatrix} \boldsymbol{S} \\ \boldsymbol{D} \end{bmatrix} = \begin{bmatrix} \boldsymbol{s}^{\mathrm{E}} & \boldsymbol{d} \\ \boldsymbol{d}_{\mathrm{t}} & \boldsymbol{\varepsilon}^{\mathrm{T}} \end{bmatrix} \begin{bmatrix} \boldsymbol{T} \\ \boldsymbol{E} \end{bmatrix} \tag{6.3.6}$$

式中：$\boldsymbol{S}$ 为机械应变张量（这里实际上是向量即一阶张量）；$\boldsymbol{T}$ 为机械应力张量（也是向量）；$\boldsymbol{D}$ 为电位移矢量；$\boldsymbol{E}$ 为电场强度矢量。$\boldsymbol{s}^{\mathrm{E}}$ 为柔度张量（二阶张量），是零电场下单位应力作用下产生的应变；$\boldsymbol{d}$ 为逆压电系数张量，它给出了电场强度和所引起的机械应变之间的关系；$\boldsymbol{d}_{\mathrm{t}}$ 为压电系数张量，它给出了电位移和机械应力之间的关系，对于通常的压电材料，压电系数和逆压电系数是相同的；$\boldsymbol{\varepsilon}^{\mathrm{T}}$ 为介电常数张量，是无应力条件下单位电场产生的电位移。

IEEE 学会之所以制定了这个标准，是因为这一规律被很多实验证明是正确的。因此，也被广大科技工作者广泛接受和采纳。

由于通常情况下，机械的应力和应变本身已经是二阶张量，再加上电学量的作用描述起来会很复杂。为了简化起见，考虑到应力应变的对称性，在压电方程中，如前文所述，通常在确定坐标轴时，采用数字而不采用字母。用数字代表分量时，以 1、2、3 下标描述三个正应力和相应的正应变，以 4、5、6 下标描述三个剪应力和相应的剪应变。这样一来，应力和应变就被描述成一阶张量（即矢量）了。

由于应用状态和测试条件的不同，压电晶片（振子）可以处在不同的电学边界条件和机械边界条件下，与此同时，应力、应变、电场强度及电位移四个变量会表现为不同的自变量和因变量性态，因此一般情况下，根据机械自由和机械夹持的机械边界条件与电学短路和电学开路的电学边界条件，描述压电材料的压电效应。对应的方程共有四类，按力电耦合系数的符号通常称为 d 型、e 型、g 型和 h 型。

电学边界条件包括短路和开路两种。短路是指两电极间外电路的电阻比压电材料的内阻小得多，可认为外电路处于短路状态。这时电极面所累积的电荷由于短路而流走，电压保持不变。它的上标用 E 表示。开路是指两电极间外电路的电阻比压电材料的内阻大得多，可认为外电路处于开路状态。这时电极上的自由电荷保持不变，电位移保持不变。它的上标用 D 表示。

机械边界条件包括机械自由和机械夹紧两种。自由是指用夹具把压电陶瓷片的中间夹住，边界上的应力为零，即片子的边界条件是机械自由的，片子可以自由变形。它的上标用 T 表示。夹紧是指用刚性夹具把压电陶瓷的边缘固定，边界上的应变为零，即片子的边界条件是机械夹紧的。它的上标用 S 表示。

四类边界条件对应四类压电方程，根据不同的边界条件选择不同的压电方程。

第一类压电方程（即 d 型）边界条件为机械自由和电学短路，应力 $\boldsymbol{T}$ 和电场强度 $\boldsymbol{E}$ 为自变量，应变 $\boldsymbol{S}$ 和电位移 $\boldsymbol{D}$ 为因变量，方程为

$$\text{d 型：}\begin{cases} S_p = s_{pq}^{\mathrm{E}} T_q + d_{kp} E_k, & p,q = 1,2,\cdots,6 \\ D_i = d_{iq} T_q + \varepsilon_{ik}^{\mathrm{T}} E_k, & i,k = 1,2,3 \end{cases} \tag{6.3.7}$$

式中：d_{iq} 为压电常数；d_{kp} 为 d_{iq} 的转置；s_{pq}^{E} 为场强恒定时的弹性柔顺常数；$\varepsilon_{ik}^{\mathrm{T}}$ 为应力恒定时的材料介电常数。

式(6.3.7)的第一个方程体现了逆压电效应，而第二个方程体现了正压电效应。

第二类压电方程（即 e 型）边界条件为机械夹持和电学短路，应变 $\boldsymbol{S}$ 和电场强度 $\boldsymbol{E}$ 为

自变量,应力 $\boldsymbol{T}$ 和电位移 $\boldsymbol{D}$ 为因变量,方程为

$$\text{e 型：}\begin{cases} T_p = c_{pq}^{\mathrm{E}} S_q - e_{kp} E_k, & p,q = 1,2,\cdots,6 \\ D_i = e_{iq} S_q + \varepsilon_{ik}^{\mathrm{S}} E_k, & i,k = 1,2,3 \end{cases} \tag{6.3.8}$$

式中：c_{pq}^{E} 为场强恒定时(短路)的弹性刚度常数；e_{iq} 为压电应力系数；e_{kp} 为 e_{iq} 的转置；$\varepsilon_{ik}^{\mathrm{S}}$ 为应变恒定时的介电常数(夹紧介电常数)。

第三类压电方程(即 g 型)边界条件为机械自由和电学开路,应力 $\boldsymbol{T}$ 和电位移 $\boldsymbol{D}$ 为自变量,应变 $\boldsymbol{S}$ 和电场强度 $\boldsymbol{E}$ 为因变量,方程为

$$\text{g 型：}\begin{cases} S_p = s_{pq}^{\mathrm{D}} T_q + g_{kp} D_k, & p,q = 1,2,\cdots,6 \\ E_i = - g_{iq} T_q + \beta_{ik}^{\mathrm{T}} D_k, & i,k = 1,2,3 \end{cases} \tag{6.3.9}$$

式中：s_{pq}^{D} 为恒电位移(开路)时的柔度系数；β_{ik}^{T} 为恒应力作用下介质的隔离率；g_{iq} 为压电应变常数；g_{kp} 为 g_{iq} 的转置。

第四类压电方程(即 h 型)边界条件为机械夹持和电学开路,应变 $\boldsymbol{S}$ 和电位移 $\boldsymbol{D}$ 为自变量,应力 $\boldsymbol{T}$ 和电场强度 $\boldsymbol{E}$ 为因变量,方程为

$$\text{h 型：}\begin{cases} T_p = c_{pq}^{\mathrm{D}} S_q - h_{kp} D_k, & p,q = 1,2,\cdots,6 \\ E_i = - h_{iq} S_q + \beta_{ik}^{\mathrm{S}} D_k, & i,k = 1,2,3 \end{cases} \tag{6.3.10}$$

式中：h_{iq} 压电应力常数；h_{kp} 为 h_{iq} 的转置；β_{ik}^{S} 为恒应变下(夹紧)的介质隔离率；c_{pq}^{D} 为恒电位移(开路)时的弹性刚度系数。

压电方程(6.3.7)~方程(6.3.10)中出现了 12 个不同的电弹常数。弄清这些常数的物理意义,对研究压电器件问题以及测量这些常数都很有必要。

$$c_{pq}^{\mathrm{D}} = \left(\frac{\partial T_p}{\partial S_q}\right)_{\mathrm{D}}, \quad c_{pq}^{\mathrm{E}} = \left(\frac{\partial T_p}{\partial S_q}\right)_{\mathrm{E}}, \quad p,q = 1,2,\cdots,6 \tag{6.3.11}$$

c_{pq}^{D},c_{pq}^{E} 分别是恒电位移、恒电场的弹性刚度常数分量,表示在恒电位移、恒电场条件下应变分量 S_q 变化一个单位所引起的应力分量 T_p 的改变量,其单位为 $\mathrm{N/m^2}$。

$$\beta_{ij}^{\mathrm{S}} = \left(\frac{\partial E_i}{\partial D_j}\right)_{\mathrm{S}}, \quad \beta_{ij}^{\mathrm{T}} = \left(\frac{\partial E_i}{\partial D_j}\right)_{\mathrm{T}}, \quad i,j = 1,2,3 \tag{6.3.12}$$

β_{ij}^{S},β_{ij}^{T} 分别是恒应变、恒应力的介电隔离率分量,表示在恒应变、恒应力条件下电位移分量 D_j 每变化一个单位所引起的电场强度分量 E_i 的改变量,其单位为 m/F。

$$s_{pq}^{\mathrm{D}} = \left(\frac{\partial S_p}{\partial T_q}\right)_{\mathrm{D}}, \quad s_{pq}^{\mathrm{E}} = \left(\frac{\partial S_p}{\partial T_q}\right)_{\mathrm{E}}, \quad p,q = 1,2,\cdots,6 \tag{6.3.13}$$

s_{pq}^{D},s_{pq}^{E} 分别是恒电位移、恒电场的弹性柔性系数分量,表示在恒电位移、恒电场条件下应力分量 T_q 变化一个单位所引起的应变分量 S_p 的改变量,其单位为 $\mathrm{m^2/N}$。

$$\varepsilon_{ij}^{\mathrm{S}} = \left(\frac{\partial D_i}{\partial E_j}\right)_{\mathrm{S}}, \quad \varepsilon_{ij}^{\mathrm{T}} = \left(\frac{\partial D_i}{\partial E_j}\right)_{\mathrm{T}}, \quad i,j = 1,2,3 \tag{6.3.14}$$

$\varepsilon_{ij}^{\mathrm{S}}$,$\varepsilon_{ij}^{\mathrm{T}}$ 分别是恒应变、恒应力的介电常数分量,表示在恒应变、恒应力条件下电位移分量 E_j 每变化一个单位所引起的电场强度分量 D_i 的改变量,其单位为 F/m。

$$h_{ip} = -\left(\frac{\partial T_p}{\partial D_i}\right)_{\mathrm{S}} = -\left(\frac{\partial E_i}{\partial S_p}\right)_{\mathrm{D}}, \quad i = 1,2,3;p = 1,2,\cdots,6 \tag{6.3.15}$$

h_{ip} 是压电刚度常数分量,它表示恒应变条件下由于电位移分量 D_i 每增加一个单位所引起的应力分量 T_p 的减少量,或表示恒电位移条件下由于应变分量 S_p 每增加一个单位所引起的电场强度分量 E_i 的减少量,其单位为 N/C(或 V/m)。

$$d_{ip}=\left(\frac{\partial S_p}{\partial E_i}\right)_{\mathrm{T}}=\left(\frac{\partial D_i}{\partial T_p}\right)_{\mathrm{E}},\quad i=1,2,3;p=1,2,\cdots,6 \tag{6.3.16}$$

d_{ip} 是压电应变常数分量,它表示恒应力条件下由于电场强度分量 E_i 每增加一个单位所引起的应力分量 S_p 的增加量,或表示恒电场强度条件下由于应力分量 T_p 每增加一个单位所引起的电位移分量 D_i 的增加量,其单位为 C/N(或 m/V)。

$$g_{ip}=\left(\frac{\partial S_p}{\partial D_i}\right)_{\mathrm{T}}=-\left(\frac{\partial E_i}{\partial T_p}\right)_{\mathrm{D}},\quad i=1,2,3;p=1,2,\cdots,6 \tag{6.3.17}$$

g_{ip} 是压电电压常数分量,它表示恒应力条件下由于电位移分量 D_i 每增加一个单位所引起的应变分量 S_p 的增加量,或表示恒电位移条件下由于应力分量 T_p 每增加一个单位所引起的电场强度分量 E_i 的减少量,其单位为 V · m/N(或 m^2/C)。

$$e_{ip}=-\left(\frac{\partial T_p}{\partial E_i}\right)_{\mathrm{S}}=\left(\frac{\partial D_i}{\partial S_p}\right)_{\mathrm{E}},\quad i=1,2,3;p=1,2,\cdots,6 \tag{6.3.18}$$

e_{ip} 是压电应力常数分量,它表示恒应变条件下电场强度分量 E_i 每增加一个单位所引起的应力分量 T_p 的减少量,或表示恒电场强度条件下应变分量 S_p 每增加一个单位所引起的电位移分量 D_i 的增加量,其单位为 N/(V · m) (或 C/m^2)。

对于这 12 个常数,还有一个在测量时要保证、在定义时要附加的共同条件,即绝热条件。对压电材料来说,压电性能与六个力学量、三个电学量相关,反之亦然。因此将采取一个 3 × 6(或 6 × 3)矩阵来表达这种关系。各种不同的压电性能记为 $\boldsymbol{d},\boldsymbol{e},\boldsymbol{g},\boldsymbol{h}$ 矩阵。对于 $\boldsymbol{d}$ 矩阵,PZT 压电材料只有三个独立的系数,其他方向的物理量没有耦合,反映在矩阵中就是系数等于零,其 PZT 压电晶体的 $\boldsymbol{d}$ 矩阵形式如下:

$$\boldsymbol{d}=\begin{bmatrix}0&0&0&0&d_{15}&0\\0&0&0&d_{15}&0&0\\d_{31}&d_{31}&d_{33}&0&0&0\end{bmatrix} \tag{6.3.19}$$

矩阵 $\boldsymbol{e},\boldsymbol{g},\boldsymbol{h}$ 是相似的。矩阵之间不是独立的,相互之间可以推导。通常,d_{33} 为压电(应变)常数,g_{33} 为压电(电压)常数,h_{33} 为压电(劲度)常数。

6.3.4 压电效应的工作模式

压电材料在机械振动激发下的压电效应形式主要分成以下四种类型。①介质变形方向垂直于电场方向(即沿长度方向应变),为 31 模式。在 31 模式中,应力与极化方向垂直,这种模式常用在悬臂梁结构中。一般来说,31 模式结构容易制造,系统固有频率较低且振动幅度较大。②介质变形方向平行于电场方向(即沿厚度方向应变),为 33 模式。在 33 模式中,应力的方向与极化方向相同,常用在压电块被挤压的场合。33 模式机电耦合系数比较高,但不容易产生应变。③介质变形方向垂直于电场平面内,但为面内剪切变形(应变),为 15 模式。④介质变形方向平行于电场平面,也为面内剪切变形(应变)。

理论上可以设计三种受力结构的压电发电装置。由于微型系统中 d_{15} 类型外力载荷难以实现,在不考虑剪切应力的情况下,压电陶瓷只有两类压电应变常数 d_{31} 和 d_{33}。它们分别对应于压电能量回收的 31 模式和 33 模式,如图 6.3.3 所示,分别利用压电材料的 d_{31} 参数和 d_{33} 参数。33 模式施力方向和电压方向都沿 3 方向,而 31 模式施力方向是 1 方向,电压在 3 方向。

表 6.3.2 列出了一些常用的压电材料的特性参数,从表中可以看出,d_{33} 模式压电应变常数高于 d_{31} 模式。

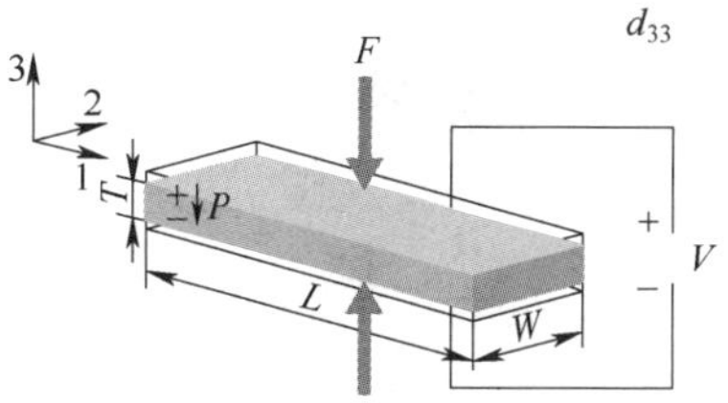

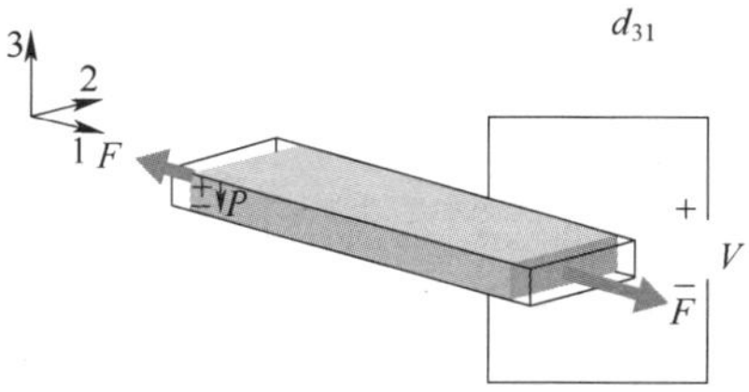

图 6.3.3 d_{33} 模式和 d_{31} 模式

表 6.3.2 常用压电材料 33 模式和 31 模式的特性

压电应变常数	单位	PZT	PVDF	PZT-PT
d_{31}	10^{-12} m/V	320	20	950
d_{33}	10^{-12} m/V	650	30	2000

d_{31} 模式通常利用梁在弯曲过程中所产生的 1 方向应变,悬臂梁结构是典型的应用实例。悬臂梁结构固有频率较低,用比较小的力就可以产生较大的应变,同时它在微系统加工过程中易于实现,是一种广泛应用的俘能结构。

在图 6.3.4 所示的悬臂梁型压电俘能结构中,利用梁在弯曲过程中所产生的 3 方向应变,采用 d_{31} 模式(上图),在 1 方向(厚度方向)产生电场,压电材料的电极可设置为平板式电极,外部施加的应力及由此引起的机械形变都沿着 3 方向,而极化方向为 1 方向,故产生的电势差也为 1 方向。若采用 d_{33} 压电模式(下图),可改变电极的设置,将压电材料的电极设置为表面叉指电极,外部施加的应力及由此引起的机械形变仍都沿着 3 方向,而极化方向可近似为 3 方向,产生的电压因此也为 3 方向。

对于相同尺寸的压电材料,33 模式的开路电压能够比 31 模式的高出许多。为比较开路电压,可以首先假定两种压电模式的压电层厚度一致为 t ,则正负电极间距在 31 模式中即等于压电层的厚度 t ,而在 33 模式的叉指电极中正负电极间距为 $d_{\text{electrode}}$,和压电层的厚度无关。如表 6.3.2 所列,33 模式的压电系数约为 31 模式的两倍,即 $d_{33} \approx 2d_{31}$ 。

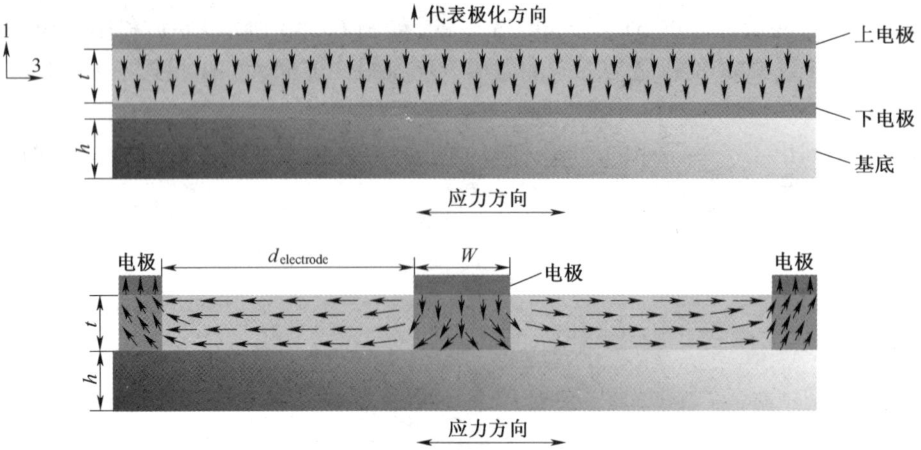

图 6.3.4　31 模式和 33 模式的应力与极化方向

6.4　材料的挠曲电本构特性

压电材料属于非中心对称的介质。正是由于它的非中心对称特性,在机械力作用产生应变变形时,才会打破原来的电荷平衡,从而产生电极化。因此,只有压电材料才会有力电耦合的压电效应。非压电材料是没有压电效应的,其原因就是因为非压电材料是中心对称的介质,即使有应变变形也不会使介质产生电极化。

那么,是不是中心对称介质一定不存在力电耦合效应呢?事实上,即使是中心对称的非压电材料,当产生曲率变形时,也会打破原有的电荷平衡而产生电极化。特别是在微尺度下,曲率的变形更加突出,更容易发生力电耦合效应。这种因曲率变形而产生的力电耦合效应称为挠曲电效应。与压电材料的压电效应不同,挠曲电效应不仅能存在于非中心对称的介电材料中,而且还存在于中心对称的介电材料中。这是因为应变本身不能打破材料的中心对称性,而应变梯度能够打破这种对称性。如果材料本身是中心对称的晶体结构,则在发生均匀变形之后将仍然是中心对称结构,所以中心对称介电材料表现不出压电效应。如图 6.4.1(a)所示,中心对称晶体板在均匀变形的情况下,正负电荷的中心依然重合,其中心对称性依然能够得以保持,不产生电极化向量。但是,应变梯度能够打破这种中心对称性。如图 6.4.1(b)所示,当中心对称材料受到非均匀变形时,上下表面晶格产生的不对称使得正负电荷中心不再重合,从而在材料内部产生极化。这就是挠曲电效应存在于所有介电材料中的原因。挠曲电效应是有别于压电效应的另一种力电耦合效应。挠曲电效应几乎存在于所有介电材料中,其中包含中心对称的介电材料。在某些情况下,其力电耦合系数还较大。对于微纳尺度的结构,由于其特征尺寸较小,应变梯度较大,挠曲电效应比宏观结构更加明显。

应变是位移的一阶梯度,曲率是位移的二阶梯度,也可以广义地称其为应变梯度。挠曲电效应反映的是应变梯度和极化,以及极化梯度和应变之间的相互耦合。根据作用方式的不同,挠曲电效应可分为正挠曲电效应和逆挠曲电效应两个方面。正挠曲电效应表现为应变梯度诱导极化,由机械能转换成电能,逆挠曲电效应表现为极化梯度引发机械变形和应力,由电能转换成机械能。

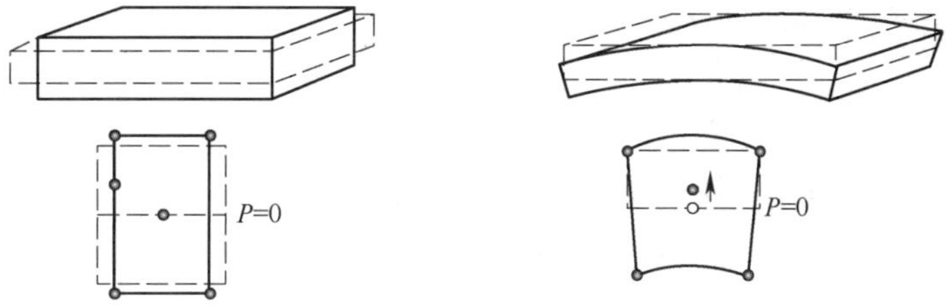

(a)　　　　　　　　　　(b)

图 6.4.1　挠曲电效应机理示意图

(a)均匀应变;(b)有应变梯度(非均匀应变)。

1964 年,Kogan 首次指出非均匀应变介电材料中的电极化强度 $\boldsymbol{P}$ 不仅与电场 $\boldsymbol{E}$ 及应变 $\boldsymbol{\varepsilon}$ 有关,还与应变梯度 $\nabla\boldsymbol{\varepsilon}$ 有关,其关系式为

$$\boldsymbol{P}=\boldsymbol{\kappa}^{\mathrm{e}}\cdot\boldsymbol{E}+\boldsymbol{d}:\boldsymbol{\varepsilon}+\boldsymbol{\mu}\,\vdots\,\nabla\boldsymbol{\varepsilon} \tag{6.4.1}$$

写成分量形式为

$$P_i=\kappa_{ij}^{\mathrm{e}}E_j+d_{ijk}\varepsilon_{jk}+\mu_{ijkl}\varepsilon_{kl,j} \tag{6.4.2}$$

式中:P_i 为电极化强度矢量;E_j 为电场强度矢量;ε_{jk} 为机械应变张量;$\varepsilon_{kl,j}$ 为应变梯度张量;κ_{ij}^{e} 为电介质极化率张量;d_{ijk} 为压电系数张量;μ_{ijkl} 为挠曲电系数张量。

式(6.4.2)右侧的第一项描述的是电介质的极化效应,第二项描述的是压电效应,第三项描述的是挠曲电效应。对于中心对称的介电材料,$d_{ijk}=0$,压电效应消失,只存在挠曲电效应,公式变为

$$P_i=\kappa_{ij}^{\mathrm{e}}E_j+\mu_{ijkl}\varepsilon_{kl,j} \tag{6.4.3}$$

相应的逆挠曲电效应可以表示为

$$\sigma_{ij}=\mu_{ijkl}E_{k,l}+c_{ijkl}\varepsilon_{kl} \tag{6.4.4}$$

式中:σ_{ij} 为应力张量;c_{ijkl} 为材料弹性系数张量。

材料的挠曲电系数可以通过多种微尺度实验来测量,包括压缩梯形块法、悬臂梁弯曲法、三点弯曲法和四点弯曲法等。

挠曲电效应的存在,一方面促使人们通过结构的巧妙设计,使非压电材料也能实现力电转换,使机械能转化成电能,另一方面也促使人们开发该效应的应用,如挠曲电传感器就是利用挠曲电效应来测量结构的变形曲率和应变梯度的。

在前文的第二类压电方程(即 e 型)中,若不把应力和应变写成矢量形式,而仍按二阶张量来描述 σ_{ij} 和 ε_{kl},则其方程形式为

$$\begin{aligned}\sigma_{ij}&=c_{ijkl}^{\mathrm{E}}\varepsilon_{kl}-e_{kij}E_k\\ D_i&=\kappa_{ij}^{\mathrm{S}}E_j+e_{ijk}\varepsilon_{jk}\end{aligned} \tag{6.4.5}$$

式中:c_{ijkl}^{E} 为场强恒定时(短路)的弹性系数张量;e_{ijk} 为压电应力系数;κ_{ij}^{S} 为应变恒定时的介电常数(夹紧介电常数)。

则考虑挠曲电效应时,该压电方程变为

$$\begin{aligned}\sigma_{ij}&=c_{ijkl}^{\mathrm{E}}\varepsilon_{kl}-e_{kij}E_k+\mu_{ijkl}E_{k,l}\\ D_i&=\kappa_{ij}^{\mathrm{S}}E_j+e_{ijk}\varepsilon_{jk}+\mu_{ijkl}\varepsilon_{kl,j}\end{aligned} \tag{6.4.6}$$

当挠曲电效应主要源于曲率χ因素时,并同时计入偶应力的作用,其介电材料的力电耦合方程可表示为

$$\begin{aligned} \sigma_{ij} &= c_{ijkl}^{\mathrm{E}}\varepsilon_{kl} - e_{kij}E_k + \mu_{ijkl}^{\sigma}E_{k,l} \\ D_i &= \kappa_{ij}^{\mathrm{S}}E_j + e_{ijk}\varepsilon_{jk} + \mu_{ijk}^{\mathrm{D}}\chi_{jk} \\ m_{ij} &= 2\mu l^2\chi_{ij} + \mu_{ijkl}^{\mathrm{m}}E_{k,l} \end{aligned} \tag{6.4.7}$$

式中:χ_{ij}为曲率张量;μ_{ijkl}^{σ},μ_{ijk}^{D},μ_{ijkl}^{m}为挠曲电系数张量;μ拉梅系数;l为材料特征长度。

第7章 变分原理及广义变形能

7.1 虚功原理及哈密顿原理

变分法指的是对泛函求极值(或驻值)的方法,因此它是一种数学的方法。对应到物理上的问题有很多,如古典的最速降线问题、短程线问题、等周问题,近代的力学问题、电磁场问题等。对应的力学问题主要是能量作用量最小原理问题。所谓能量作用量最小原理指的是一切自然变化进行的方向都是使能量作用量降低,能量作用量越低越稳定。对于平衡系统来说,能量作用量应为最小。基于这样的原理,若能把系统的作用量写成能量的泛函,则系统平衡时,该能量的泛函应该取最小值。变分方法结合最小能量作用量原理在力学中体现为哈密顿原理、虚功原理等。虚功原理包括虚位移原理和虚力原理两种形式。对应到力学整体系统分别是最小势能原理和最小余能原理。

工程中常见的力学问题有两类:一类是泛函已知,基本微分方程可能已知也可能未知;另一类是基本微分方程已知,但泛函形式未知。对于一些简单的问题,由泛函可以得到微分方程,从微分方程又可求出精确解。有时直接从泛函的变分也可求出精确解析解。但对于大多数的工程实际问题,由于都比较复杂,因此无论从微分方程求解途径还是从泛函变分的途径都难于得到精确解析解。此时,求近似解就成了一种有效的方法和途径。求近似解也有两种途径,一种是直接对微分方程求近似解,另一种是直接从泛函的变分来求近似解。由于微分方程多数是不能积分成初等函数的,于是提出了解变分问题的直接法。有时直接从泛函的变分来求近似解,可能比从微分方程来求近似解还要可行、还要容易、也还要准确。利兹(Ritz)法就是其中最有代表性的方法。利兹法的思想是找到一系列满足边界条件的已知函数作为基函数,然后对其进行线性组合,构成问题解的形式。组合的系数为待定系数,将它带入到泛函之中,把求泛函的极值问题变成求函数的极值问题。由于这种函数的驻值方程组可能是代数方程组,从而可以容易地求解出来。如果找到的基函数(函数簇)既独立又正交,那么问题的求解就比较容易了。问题是在全域上(所考虑对象的全范围)找到既满足边界条件又光滑、既相互独立又相互正交的函数簇并不容易。因此对一般形状的区域来说,利兹法的使用受到很多限制。作为利兹法的推广,还有另外一种方法叫伽辽金法。伽辽金法从误差的加权平均为零的角度给出了一种近似计算的方法。它对于微分方程已知,但泛函未知的情况,比利兹法更好用。无论是利兹法或者是伽辽金法,在选择基函数时都会遇到不好寻找的问题。特别是对于大而复杂的区域,要想找出既满足边界条件又符合相关要求的函数是很困难的。为此,人们想到将区域分片(块),并将基函数的性能要求放宽,满足连续性就可以。在每一小片(块)中以形式简单的函数作为性能要求放宽的基函数,从而把全区域的泛函变分求解问题化为各片(块)连接处(节点)有限个变量的代数求解问题。这种思路和工程中有限元的思想不谋而合，相互补充，相互完善。

7.1.1 能量变分原理

对于一个力学问题而言，按方程组中所含未知数性质的不同，一般有三种求解方法。一种是以位移作为未知量的求解法，称为位移法。另一种是以应力作为未知量的求解法，称为应力法。第三种是以位移和应力混合作为未知量的求解法，称为混合法。从变分原理的角度讲，位移法采用的是虚位移原理，实质上是最小势能原理。应力法采用的是虚应力原理，实质上是最小余能原理。混合法通常要采用修正的能量原理进行分析。无论是虚位移原理（或最小势能原理）还是虚应力原理（最小余能原理）都属于变分原理的范畴。

单纯从静力学角度讲，物体结构受到外力作用时，就会发生变形。如果忽略耗散能量的损失，则载荷在结构上所做的功将全部转化为结构变形能。如果这种外力是保守力，则保守力所做的功也表现为一种势能，变形势能和外力势能构成总的势能。系统达到静态平衡时，总势能应为最小。静力学系统的势能可认为是一种能量的作用量。这就是最小能量作用量原理的物理基础。

对于动力学问题，除势能外，还应该计入动能的作用。但并不能简单地认为动能和势能的和（即总能量）就是能量的作用量。从下文的哈密顿原理的分析可知，其能量的作用量并不是动能和势能的和，而是动能和势能的差。因此，力学的变分原理不能简单地说是最小能量原理，而应该说是最小能量作用量原理。保守系统的静力学问题的能量作用量只包含势能，因此可以说是最小势能原理。

7.1.2 虚位移原理

如果结构系统是保守系统，外力在变形位移上将对弹性体做功，这种功将以能量的形式储存在物体中，称为变形能（或应变能）。因此，应变能可以看成是弹性体变形时所吸收的能量。根据能量守恒原理，外力所做的功应该等于弹性体的变形能，描述这种能量守恒的原理就是虚功原理。虚功原理包括虚位移原理和虚力原理两种形式。虚位移原理可叙述为：对于一个平衡系统，当给一个满足边界条件的任意微小的可能虚位移时，外力在该虚位移上所做的虚功应该等于虚变形引起的虚变形能。

对任意物体，设它受到的外力为$\boldsymbol{F}$，在外力作用下，物体内将产生应力σ，假设在物体外力作用处发生虚位移$\delta\boldsymbol{u}$，则物体内将产生虚应变$\delta\boldsymbol{\varepsilon}$。在很小的虚位移下，外力可视为不变。因此，外力在虚位移上所做的虚功为

$$\delta W = \boldsymbol{F} \cdot \delta\boldsymbol{u} = \{\delta u\}^{\mathrm{T}}\{F\} \tag{7.1.1}$$

式中：$\{\delta u\}$为虚位移列阵；$\{F\}$为外力列阵。

单位体积内，应力作用下虚应变上的虚应变能（变形能）为$\boldsymbol{\sigma} \cdot \delta\varepsilon = \{\delta\varepsilon\}^{\mathrm{T}}\{\sigma\}$，其中$\{\delta\varepsilon\}$为虚应变列阵，$\{\sigma\}$为应力列阵，则整个物体的虚应变能为

$$\delta U = \iiint \{\delta\varepsilon\}^{\mathrm{T}}\{\sigma\}\,\mathrm{d}x\mathrm{d}y\mathrm{d}z \tag{7.1.2}$$

按照虚位移原理，外力在虚位移上所做的虚功等于物体的虚应变能，即

$$\{\delta u\}^{\mathrm{T}}\{F\} = \iiint \{\delta\varepsilon\}^{\mathrm{T}}\{\sigma\}\,\mathrm{d}x\mathrm{d}y\mathrm{d}z \tag{7.1.3}$$

上式也可写成：

$$\delta \Pi = \delta U - \delta W = 0 \tag{7.1.4}$$

该式就是最小势能原理。

物体的势能是指因为物体所处的位置或位形而具有的能够做功的能量(或称为位能)。变形体系统中的总势能包括位置势能和位形势能两部分,位形势能为变形能 U 。由于位置势能是源于物体沿保守外力相反方向移动到该位置克服保守外力所做的功,因此其位置势能为 $-W$,这样总势能的表达式就可写为

$$\Pi = U - W \tag{7.1.5}$$

由于外力所做的功和应变能均是位移的函数,而位移又是坐标的函数,因此物体的势能是一个函数的函数,即泛函。弹性体在外力作用下将发生形变,达到平衡时,系统的总势能应为最小值,其数学描述为

$$\delta \Pi = \delta U - \delta W = 0 \tag{7.1.6}$$

这就是最小势能原理。可以看出,最小势能原理是对物体势能泛函取最小值,它和虚功原理是相同的。

7.1.3 最小余能原理

虚位移原理(最小势能原理)是对位移变量进行变分的原理,对应的解是位移解,这样求得的位移比较精确。由位移可间接求出应力。由于工程中有时最感兴趣的常常是应力,所以直接以应力作为未知函数来求解也很必要。这时需要的是最小余能原理。最小余能原理属于虚功原理中的虚力原理形式。在应力应变曲线中,以应力为被积函数对应变积分得到的是变形势能即应变能,以应变为被积函数对应力积分得到的是应变余能。所谓最小余能原理就是指,当给一个满足应力平衡条件和边界条件的任意微小的可能虚应力时,虚外力所做的虚功应该等于虚应力引起的虚变形余能。

虚外力所做的虚功的表达式为

$$\delta W = \delta \boldsymbol{F} \cdot \boldsymbol{u} = \{u\}^{\mathrm{T}}\{\delta F\} \tag{7.1.7}$$

单位体积内,应变在虚应力作用下产生的虚变形能(余能)为 $\delta \boldsymbol{\sigma} \cdot \boldsymbol{\varepsilon} = \{\varepsilon\}^{\mathrm{T}}\{\delta\sigma\}$,其中 $\{\varepsilon\}$ 为应变列阵, $\{\delta\sigma\}$ 为虚应力列阵,则整个物体的虚变形能(余能)为

$$\delta U = \iiint \{\varepsilon\}^{\mathrm{T}}\{\delta\sigma\}\,\mathrm{d}x\mathrm{d}y\mathrm{d}z \tag{7.1.8}$$

按照虚力原理,虚外力在位移上所做的虚功等于物体的虚变形能(余能),即

$$\{u\}^{\mathrm{T}}\{\delta F\} = \iiint \{\varepsilon\}^{\mathrm{T}}\{\delta\sigma\}\,\mathrm{d}x\mathrm{d}y\mathrm{d}z \tag{7.1.9}$$

式(7.1.9)也同样可以写成:

$$\delta \Pi = \delta U - \delta W = 0 \tag{7.1.10}$$

在实际应用过程中,要结合问题的背景和要求来选择采用哪一种原理。若采用最小势能原理来分析问题,则要确定是否满足位移协调条件,而若采用最小余能原理来解决问题,则要确定是否满足平衡条件和边界条件的应力函数条件。

7.1.4 哈密顿原理

最小势能原理和最小余能原理多半针对的是静力学问题,因此一般不考虑动能的影响。考虑动态系统的动力学问题时,需考虑动能的影响。考虑动能作用时应该用哈密顿

原理。哈密顿原理也是一种能量变分原理。对于离散系统,其结果等价于欧拉-拉格朗日方程。对于连续介质来说,由于其自由度是无限的,无法描述成有限个自由度的欧拉-拉格朗日方程,因此其表达形式与离散系统有些区别。其原理的内容简单地说就是:系统处于动态平衡时,其哈密顿作用量泛函取驻值,即其泛函的变分为零,并且通常是取极小值。

$$\delta S = 0 \tag{7.1.11}$$

哈密顿作用量定义为

$$S = \int_{t_1}^{t_2} (W + T - U)\,\mathrm{d}t \tag{7.1.12}$$

式中: T 为系统动能; U 为系统变形内能; W 为外力所做的功。

由于系统动能、系统变形能及外力的功都和位移变量有关系,而位移变量又是时间和空间坐标的函数,因此哈密顿作用量 $S = \int_{t_1}^{t_2} (W + T - U)\,\mathrm{d}t$ 为函数的函数,是泛函。该作用量反映的也是能量的概念。对于保守系统,外力(保守力)所做的功等于势能的减少,因此有 $V = -W$ 。将其代入哈密顿作用量公式中得 $S = \int_{t_1}^{t_2} [T - (U + V)]\,\mathrm{d}t$,因此哈密顿作用量描述的是在始末两个时间 (t_1, t_2) 内经不同路径(即沿各种不同位形)时系统的总动能和总势能的差。

哈密顿原理针对保守系统来说,从物理意义上可描述为,系统处于动态平衡时,在经始末两个时间 (t_1, t_2) 所有各种不同路径(即沿各种不同位形)都有对应的系统总动能和总势能差,而真实的路径是使该动能势能差的变分为零,即该动能势能差取最小值(或驻值),其表达式为

$$\delta S = \int_{t_1}^{t_2} [\delta T - \delta(U + V)]\,\mathrm{d}t = 0 \tag{7.1.13}$$

对于非保守系统,哈密顿作用量描述的是在始末两个时间 (t_1, t_2) 内经不同路径(即沿各种不同位形)时系统的总动能和总变形能的差加上外力所做的功。从物理意义上可描述为,系统处于动态平衡时,在经始末两个时间 (t_1, t_2) 所有各种不同路径(即沿各种不同位形)都有对应的哈密顿作用量,而真实的路径是使该哈密顿作用量取最小值(或驻值),即该哈密顿作用量的变分为零,其表达式为

$$\delta S = \int_{t_1}^{t_2} (\delta W + \delta T - \delta U)\,\mathrm{d}t = 0 \tag{7.1.14}$$

如果除变形能外还有其他保守力势能,则式(7.1.14)可转化为

$$\delta S = \int_{t_1}^{t_2} [\delta W + \delta(T - U)]\,\mathrm{d}t = 0 \tag{7.1.15}$$

其中, U 既包含了变形能也包含了保守外力的势能,而 W 仅是非保守力所做的功。

哈密顿原理与虚功原理不仅在形式上是有区别的,而且在含义上也是不同的。虚功原理强调的是在某一时刻,外力所做的功都转化为系统总能量(包括动能和势能)的增加,因此具有能量守恒的含义。哈密顿原理强调的是动态平衡系统的真实位形或路径是使作用量最小,对于保守系统这个作用量就是动能势能差,也就是说对于保守的动态平衡系统,在各种可能的位形或路径中,其真实的位形或路径就是动能势能差为最小那种。从某种意义上说,哈密顿原理也是一种最小作用量原理。

对于静力问题,哈密顿原理的表达式化为

$$\delta S = \int_{t_1}^{t_2} \delta(W - U)\,\mathrm{d}t = 0 \tag{7.1.16}$$

这就是最小势能原理或最小余能原理。

7.2 广义变形能密度

在哈密顿变分原理中的哈密顿作用量包括三部分,一个是动能部分,一个是势能部分,再一个是外力的功的部分。由于保守力的功也可以归结到势能部分,因此外力所做功的部分一般只包含非保守力的功。而势能部分对于连续介质来说既包含了保守力所做的功,也包含了变形的势能。

在经典连续介质力学中,变形的势能就是应变势能。其表达式为

$$U = \int_V \boldsymbol{\sigma} : \boldsymbol{\varepsilon}\,\mathrm{d}V \tag{7.2.1}$$

式中:$\boldsymbol{\sigma}$ 为应力张量;$\boldsymbol{\varepsilon}$ 为应变张量。式(7.2.1)中可以看出,该应变势能不但包含了应力应变的因素,而且只包含了对称应力应变的因素。

对于微纳结构的材料,考虑应力力偶矩作用时,变形势能中不仅应考虑对称应力应变的因素,还应考虑反对称应力应变的因素,而且还应考虑转动梯度(曲率)引起的变形能。这样一来总的变形势能应写为

$$U = \int_V (\boldsymbol{\sigma}' : \boldsymbol{\varepsilon}' + \boldsymbol{m} : \nabla\boldsymbol{\varphi})\,\mathrm{d}V \tag{7.2.2}$$

或写为

$$U = \int_V (\boldsymbol{\sigma} : \boldsymbol{\varepsilon} + \boldsymbol{m} : \nabla\boldsymbol{\varphi} + \boldsymbol{\tau} : \boldsymbol{\omega})\,\mathrm{d}V \tag{7.2.3}$$

式中:$\nabla\boldsymbol{\varphi}$ 为转动梯度张量;$\boldsymbol{m}$ 为应力力偶矩张量;$\boldsymbol{\omega}$ 为转动张量;$\boldsymbol{\tau}$ 为反对称应力张量。

从微极理论的角度考虑,$\boldsymbol{\varphi}$ 为附加的局部转动。从偶应力理论的角度考虑,该转动的梯度中既应包含附加转动的梯度,也应包含随物质转动的梯度。从近代的偶应力理论(约束偶应力理论)角度考虑,该转动的梯度仅包含随物质转动的梯度。

在应变梯度理论中,认为转动梯度(曲率)的因素只反映了位移梯度中反对称部分的二阶梯度,而没有反映出位移梯度中对称部分的二阶梯度,其认识是不全面的。因此从更广义的意义讲,认为变形能中不仅应考虑转动梯度(曲率)引起的变形能,还应考虑应变梯度的作用,这样一来总的变形势能就应写为

$$U = \int_V (\sigma'_{ij}\varepsilon'_{ij} + \tau_{ijk}\eta_{ijk})\,\mathrm{d}V \tag{7.2.4}$$

或

$$U = \int_V (\boldsymbol{\sigma}' : \boldsymbol{\varepsilon}' + \boldsymbol{\tau}^* \,\vdots\, \boldsymbol{\eta})\,\mathrm{d}V \tag{7.2.5}$$

式中:$\boldsymbol{\tau}^*$ 为应力矩(高阶应力)张量;$\boldsymbol{\eta}$ 为应变梯度张量,更严格地说应称为位移二阶梯度张量。

事实上,传统的连续介质力学是局部的理论,对于空间某一点,只考虑该物质点的作

用是无法体现力矩的作用的。对于微结构的材料来说,要考虑应力力偶矩的作用,就应该计入非局部的效应。空间某点 $\boldsymbol{x}$ 的变形能密度为 $w(\boldsymbol{x})$,则其邻近点 $\boldsymbol{x}+\boldsymbol{\xi}$ 的变形能密度为 $w(\boldsymbol{x}+\boldsymbol{\xi})$ 。考虑到 $\boldsymbol{\xi}$ 为一小量,对其按泰勒级数展开,得

$$w(\boldsymbol{x}+\boldsymbol{\xi})=w(x)+\frac{\partial w}{\partial \boldsymbol{x}}\cdot\boldsymbol{\xi}+\cdots \tag{7.2.6}$$

又由于

$$\frac{\partial w}{\partial \boldsymbol{x}}\cdot\boldsymbol{\xi}=\frac{\partial w}{\partial \boldsymbol{\varepsilon}}:\left(\frac{\partial \boldsymbol{\varepsilon}}{\partial \boldsymbol{x}}\cdot\boldsymbol{\xi}\right)=\boldsymbol{\sigma}:(\nabla\boldsymbol{\varepsilon}\cdot\boldsymbol{\xi})=(\sigma\xi)\ \vdots\ \nabla\boldsymbol{\varepsilon}=\boldsymbol{\tau}^{*}\ \vdots\ \boldsymbol{\eta} \tag{7.2.7}$$

因此有

$$w(\boldsymbol{x}+\boldsymbol{\xi})=w(\boldsymbol{x})+\boldsymbol{\tau}^{*}\ \vdots\ \boldsymbol{\eta}+\cdots \tag{7.2.8}$$

式中:$\boldsymbol{\tau}^{*}$ 为应力矩(或高阶应力);$\boldsymbol{\eta}$ 为应变梯度。

当只考虑随物质的转动梯度(及曲率)的因素时,有

$$w(\boldsymbol{x}+\boldsymbol{\xi})=w(\boldsymbol{x})+\boldsymbol{m}:\boldsymbol{\chi}+\cdots \tag{7.2.9}$$

式中:$\boldsymbol{\chi}$ 为转动梯度(曲率)张量。

从以上公式可以看出,与经典的连续介质力学理论相比,应变能密度中增加了一项位移二阶梯度的作用项,即应变梯度作用项。对于宏观尺度的结构,该应变梯度项的作用与应变项的作用相比很小,可以忽略。对于微纳尺度的结构,应变梯度项的作用变得显著,有时甚至会大于应变项的作用。

在微纳结构中,材料颗粒的尺度已大于质点的尺度。对于一个弹性介质中的刚性颗粒,其颗粒区域内的应变为零,但颗粒与介质的连接是弹性的。此时若仅从颗粒自身的角度考虑,仅计入应变引起的变形能,其变形能密度为零,因此总变形能也为零。显然这是不符合实际情况的。由于连接是弹性的,当颗粒有转动时,一定会增加连接的势能。若在变形能密度中,不仅计入应变引起的变形能,还考虑应变梯度的作用,则情况会有些变化。尽管应变引起的变形能为零,但还存在应变梯度引起的变形能部分。在这种情况下,颗粒内 $\boldsymbol{x}$ 点的应变能密度 $w(\boldsymbol{x})=0$,虽然颗粒边缘 $\boldsymbol{x}+\boldsymbol{\xi}$ 点的应变能也为零,但连接处的变形能密度为 $w(\boldsymbol{x}+\boldsymbol{\xi})=\boldsymbol{m}:\boldsymbol{\chi}+\cdots$, 这样就弥补了单纯应变能描述的不足。这说明对于存在材料微颗粒的微结构,考虑应力力偶矩及转动梯度(即曲率)或高阶应力及应变梯度的作用是十分必要的。

由于应力和应变之间、曲率和偶应力之间存在功共轭相关性,因此其变形能密度应表示为

$$w(\boldsymbol{\varepsilon},\boldsymbol{\chi})=\int\boldsymbol{\varepsilon}:\mathrm{d}\boldsymbol{\sigma}+\int\boldsymbol{\chi}:\mathrm{d}\boldsymbol{m} \tag{7.2.10}$$

将前文中的弹性固体的本构方程:

$$\begin{aligned}\sigma_{ij}&=\lambda\delta_{ij}\varepsilon_{kk}+2\mu\varepsilon_{ij}\\ m_{ij}&=2\mu l^{2}\chi_{ij}\end{aligned} \tag{7.2.11}$$

代入式(7.2.10),得弹性固体偶应力理论的变形能密度为

$$w(\boldsymbol{\varepsilon},\boldsymbol{\chi})=\mu(\varepsilon_{ij}\varepsilon_{ij}+l^{2}\chi_{ij}\chi_{ij})+\frac{1}{2}\lambda\varepsilon_{kk}^{2} \tag{7.2.12}$$

7.3 微结构力学方程

7.3.1 微结构静力学方程

对于微结构的静力问题,可采用最小势能原理进行分析。按照前文微极理论的思想,微结构的变形势能可写为

$$U = \int_V (\boldsymbol{\sigma}' : \boldsymbol{\varepsilon}' + \boldsymbol{m} : \nabla \boldsymbol{\varphi}) \mathrm{d}V \tag{7.3.1}$$

外力所做的功中既应包括体力及面力在随物质运动的位移上的功,还应该包括体力及面力在附加转动上的功,除此之外,还应该计入面力偶矩和体力偶矩所做的功,则其外力总功应为

$$W = \int_V [\rho \boldsymbol{b} \cdot \boldsymbol{u} + \rho(\boldsymbol{r} \times \boldsymbol{b}) \cdot \boldsymbol{\varphi} + \rho \boldsymbol{m}_V \cdot \boldsymbol{\varphi}] \mathrm{d}V + \int_S [\overline{\boldsymbol{\sigma}} \cdot \boldsymbol{u} + (\boldsymbol{r} \times \overline{\boldsymbol{\sigma}}) \cdot \boldsymbol{\varphi} + \overline{\boldsymbol{m}} \cdot \boldsymbol{\varphi}] \cdot \boldsymbol{n} \mathrm{d}S \tag{7.3.2}$$

则由虚位移原理 $\delta \Pi = \delta U - \delta W = 0$,得

$$\begin{aligned} &\int_V (\boldsymbol{\sigma}' : \delta \boldsymbol{\varepsilon}' + \boldsymbol{m} : \delta \nabla \boldsymbol{\varphi}) \mathrm{d}V \\ &= \int_V [\rho \boldsymbol{b} \cdot \delta \boldsymbol{u} + \rho(\boldsymbol{r} \times \boldsymbol{b}) \cdot \delta \boldsymbol{\varphi} + \rho \boldsymbol{m}_V \cdot \delta \boldsymbol{\varphi}] \mathrm{d}V + \int_S [\overline{\boldsymbol{\sigma}} \cdot \delta \boldsymbol{u} + (\boldsymbol{r} \times \overline{\boldsymbol{\sigma}}) \cdot \\ &\quad \delta \boldsymbol{\varphi} + \overline{\boldsymbol{m}} \cdot \delta \boldsymbol{\varphi}] \cdot \boldsymbol{n} \mathrm{d}S \end{aligned} \tag{7.3.3}$$

由于

$$\begin{aligned} &\int_S (\overline{\boldsymbol{\sigma}} \cdot \delta \boldsymbol{u}) \cdot \boldsymbol{n} \mathrm{d}S - \int_V \boldsymbol{\sigma}' : \delta \boldsymbol{\varepsilon}' \mathrm{d}V \\ &= \int_V \mathrm{div}(\boldsymbol{\sigma}' \cdot \delta \boldsymbol{u}) \mathrm{d}V - \int_V \boldsymbol{\sigma}' : \delta \nabla \boldsymbol{u} \mathrm{d}V \\ &= \int_V \mathrm{div} \boldsymbol{\sigma}' \cdot \delta \boldsymbol{u} \mathrm{d}V \end{aligned} \tag{7.3.4}$$

又由于

$$\begin{aligned} &\int_S (\overline{\boldsymbol{m}} \cdot \delta \boldsymbol{\varphi}) \cdot \boldsymbol{n} \mathrm{d}S - \int_V \boldsymbol{m} : \delta \nabla \boldsymbol{\varphi} \mathrm{d}V \\ &= \int_V \mathrm{div}(\boldsymbol{m} \cdot \delta \boldsymbol{\varphi}) \mathrm{d}V - \int_V \boldsymbol{m} : \delta \nabla \boldsymbol{\varphi} \mathrm{d}V \\ &= \int_V \mathrm{div}(\boldsymbol{m}) \cdot \delta \boldsymbol{\varphi} \mathrm{d}V \end{aligned} \tag{7.3.5}$$

因此可得

$$\begin{aligned} &\int_{t_1}^{t_2} \Big\{ \int_V \rho \boldsymbol{b} \cdot \delta \boldsymbol{u} \mathrm{d}V + \int_V \mathrm{div} \boldsymbol{\sigma}' \cdot \delta \boldsymbol{u} \mathrm{d}V + \\ &\int_V \Big[\boldsymbol{r} \times (\rho \boldsymbol{b} + \boldsymbol{r} \times \mathrm{div} \boldsymbol{\sigma}') \cdot \delta \boldsymbol{\varphi} + \rho \boldsymbol{m}_V \cdot \delta \boldsymbol{\varphi} + \in : \boldsymbol{\sigma}' \cdot \delta \boldsymbol{\varphi} + \mathrm{div}(\boldsymbol{m}) \cdot \delta \boldsymbol{\varphi} \Big] \mathrm{d}V \Big\} \mathrm{d}t = 0 \end{aligned} \tag{7.3.6}$$

考虑到 $\delta\boldsymbol{u}$ 和 $\delta\boldsymbol{\varphi}$ 是独立的，使式(7.3.6)变分为零，就使其变分 $\delta\boldsymbol{u}$ 和 $\delta\boldsymbol{\varphi}$ 的系数均为零，从而可得积分形式的静力平衡方程为

$$\int_V (\rho\boldsymbol{b} + \mathrm{div}\boldsymbol{\sigma}')\mathrm{d}V = 0 \tag{7.3.7}$$

静力偶矩平衡方程为

$$\int_V (\rho\boldsymbol{m}_V + \mathrm{div}\boldsymbol{m} + \in : \boldsymbol{\sigma}')\mathrm{d}V = 0 \tag{7.3.8}$$

对应的微分形式方程分别为

$$\rho\boldsymbol{b} + \mathrm{div}\boldsymbol{\sigma}' = 0 \tag{7.3.9}$$

和

$$\rho\boldsymbol{m}_V + \mathrm{div}\boldsymbol{m} + \in : \boldsymbol{\sigma}' = 0 \tag{7.3.10}$$

7.3.2 微结构动力学方程

对于微结构动力学的问题，需计入系统动能的作用，可采用哈密顿原理的变分方法。

1. 宏观结构动力学哈密顿变分原理

对于宏观结构的材料，即经典的连续介质，将哈密顿原理应用到经典的连续介质力学理论中时，对于某一体积 V 的介质，其总动能为

$$T = \int_V \frac{1}{2}\rho\,\boldsymbol{v}\cdot\boldsymbol{v}\,\mathrm{d}V \tag{7.3.11}$$

式中：ρ 为质量密度；$\boldsymbol{v}$ 为介质质点速度矢量。

应变势能为

$$U = \int_V \boldsymbol{\sigma} : \boldsymbol{\varepsilon}\mathrm{d}V \tag{7.3.12}$$

式中：$\boldsymbol{\sigma}$ 为应力张量；$\boldsymbol{\varepsilon}$ 为应变张量。

外力的功为

$$W = \int_V \rho\boldsymbol{b}\cdot\boldsymbol{u}\mathrm{d}V + \int_S (\overline{\boldsymbol{\sigma}}\cdot\boldsymbol{u})\cdot\boldsymbol{n}\mathrm{d}S \tag{7.3.13}$$

式中：$\boldsymbol{b}$ 为单位质量的体力矢量；$\overline{\boldsymbol{\sigma}}$ 为边界面力矢量；$\boldsymbol{u}$ 为介质质点位移矢量；$\boldsymbol{n}$ 为边界单位曲面的矢量。

这样，其系统的哈密顿作用量就可以写为

$$S = \int_{t_1}^{t_2}\left[\int_V \rho\boldsymbol{b}\cdot\boldsymbol{u}\mathrm{d}V + \int_S (\overline{\boldsymbol{\sigma}}\cdot\boldsymbol{u})\cdot\boldsymbol{n}\mathrm{d}S + \int_V \frac{1}{2}\rho\,\boldsymbol{v}\cdot\boldsymbol{v}\,\mathrm{d}V - \int_V \boldsymbol{\sigma} : \boldsymbol{\varepsilon}\mathrm{d}V\right]\mathrm{d}t \tag{7.3.14}$$

由于

$$\begin{aligned}
&\int_S (\overline{\boldsymbol{\sigma}}\cdot\boldsymbol{u})\cdot\boldsymbol{n}\mathrm{d}S - \int_V \boldsymbol{\sigma} : \boldsymbol{\varepsilon}\mathrm{d}V \\
&= \int_V \mathrm{div}(\boldsymbol{\sigma}\cdot\boldsymbol{u})\mathrm{d}V - \int_V \boldsymbol{\sigma} : \nabla\boldsymbol{u}\mathrm{d}V \\
&= \int_V \mathrm{div}\boldsymbol{\sigma}\cdot\boldsymbol{u}\mathrm{d}V
\end{aligned} \tag{7.3.15}$$

将其代入式(7.3.14)，可得

$$S = \int_{t_1}^{t_2} \left[\int_V \rho \boldsymbol{b} \cdot \boldsymbol{u} \mathrm{d}V + \int_V \mathrm{div}\boldsymbol{\sigma} \cdot \boldsymbol{u} \mathrm{d}V + \int_V \frac{1}{2} \rho \boldsymbol{v} \cdot \boldsymbol{v} \mathrm{d}V \right] \mathrm{d}t \tag{7.3.16}$$

对其进行变分,可得

$$\delta S = \int_{t_1}^{t_2} \left[\int_V \rho \boldsymbol{b} \cdot \delta \boldsymbol{u} \mathrm{d}V + \int_S \mathrm{div}\boldsymbol{\sigma} \cdot \delta \boldsymbol{u} \mathrm{d}S + \int_V \rho \boldsymbol{v} \cdot \delta \boldsymbol{v} \mathrm{d}V \right] \mathrm{d}t \tag{7.3.17}$$

由于

$$\begin{aligned} & \int_{t_1}^{t_2} \int_V \rho \boldsymbol{v} \cdot \delta \boldsymbol{v} \mathrm{d}V \mathrm{d}t \\ = & \int_V \rho (\boldsymbol{v} \cdot \delta \boldsymbol{u}) \mathrm{d}V \bigg|_{t_1}^{t_2} - \int_{t_1}^{t_2} \int_V \rho \frac{\mathrm{D}}{\mathrm{D}t} \boldsymbol{v} \cdot \delta \boldsymbol{u} \mathrm{d}V \mathrm{d}t \\ = & - \int_{t_1}^{t_2} \int_V \rho \frac{\mathrm{D}}{\mathrm{D}t} \boldsymbol{v} \cdot \delta \boldsymbol{u} \mathrm{d}V \mathrm{d}t \end{aligned} \tag{7.3.18}$$

将其代入式(7.3.17),可得

$$\begin{aligned} \delta S & = \int_{t_1}^{t_2} \left[\int_V \rho \boldsymbol{b} \cdot \delta \boldsymbol{u} \mathrm{d}V + \int_V \mathrm{div}\boldsymbol{\sigma} \cdot \delta \boldsymbol{u} \mathrm{d}V - \int_V \rho \frac{\mathrm{D}}{\mathrm{D}t} \boldsymbol{v} \cdot \delta \boldsymbol{u} \mathrm{d}V \right] \mathrm{d}t \\ & = \int_{t_1}^{t_2} \left[\int_V \rho \boldsymbol{b} \mathrm{d}V + \int_S (\overline{\boldsymbol{\sigma}} \cdot \boldsymbol{n}) \mathrm{d}S - \int_V \rho \frac{\mathrm{D}}{\mathrm{D}t} \boldsymbol{v} \mathrm{d}V \right] \cdot \delta \boldsymbol{u} \mathrm{d}t \end{aligned} \tag{7.3.19}$$

使其变分为零,得

$$\int_V \rho \boldsymbol{b} \mathrm{d}V + \int_S (\overline{\boldsymbol{\sigma}} \cdot \boldsymbol{n}) \mathrm{d}S - \int_V \rho \frac{\mathrm{D}}{\mathrm{D}t} \boldsymbol{v} \mathrm{d}V = 0 \tag{7.3.20}$$

即

$$\int_V \rho \frac{\mathrm{D}}{\mathrm{D}t} \boldsymbol{v} \mathrm{d}V = \int_V \rho \boldsymbol{b} \mathrm{d}V + \int_S (\overline{\boldsymbol{\sigma}} \cdot \boldsymbol{n}) \mathrm{d}S \tag{7.3.21}$$

该方程就是前文中经典连续介质力学理论中的动量守恒方程。

2. 微纳结构微极理论的动力学哈密顿变分原理

对于微纳结构的材料,需采用近代的连续介质力学理论。微极理论认为,介质的物质点除具有经典连续介质力学的平动位移自由度外,还具有独立的物质点自身转动的自由度。这样一来,总动能应为随物质运动的动能与附加转动动能之和。由于存在二者的耦合,因此,总动能应该是平动动能、附加转动动能和二者耦合动能(牵连项)的三项之和,即

$$T = \int_V \frac{1}{2} \rho \boldsymbol{v} \cdot \boldsymbol{v} \mathrm{d}V + \int_V \rho \dot{\boldsymbol{\omega}} \cdot \boldsymbol{I} \cdot \boldsymbol{\theta} \mathrm{d}V + \int_V \frac{1}{2} \rho \boldsymbol{\theta} \cdot \boldsymbol{I} \cdot \boldsymbol{\theta} \mathrm{d}V \tag{7.3.22}$$

式中:$\boldsymbol{\omega}$ 为随物质的转动速度,且有 $\boldsymbol{u} = \boldsymbol{\omega} \times \boldsymbol{r}$ 及 $\boldsymbol{v} = \dot{\boldsymbol{\omega}} \times \boldsymbol{r}$。

在变形势能中应考虑转动引起的变形能,其总变形势能应为

$$U = \int_V (\boldsymbol{\sigma}' : \boldsymbol{\varepsilon}' + \boldsymbol{m} : \nabla \boldsymbol{\varphi}) \mathrm{d}V \tag{7.3.23}$$

式中:$\boldsymbol{m}$ 为应力力偶矩(偶应力)张量;$\nabla \boldsymbol{\varphi}$ 为附加独立转角的梯度张量。

外力所做的功中既应包括体力及面力在随物质运动的位移上的功,还应该包括体力及面力在附加转动上的功,除此之外,还应计入面力偶矩和体力偶矩所做的功,则其外力总功应为

$$W = \int_V \left[\rho \boldsymbol{b} \cdot \boldsymbol{u} + \rho (\boldsymbol{r} \times \boldsymbol{b}) \cdot \boldsymbol{\varphi} + \rho \boldsymbol{m}_V \cdot \boldsymbol{\varphi} \right] \mathrm{d}V + \int_S \left[\overline{\boldsymbol{\sigma}} \cdot \boldsymbol{u} + (\boldsymbol{r} \times \overline{\boldsymbol{\sigma}}) \cdot \boldsymbol{\varphi} + \overline{\boldsymbol{m}} \cdot \boldsymbol{\varphi} \right] \cdot \boldsymbol{n} \mathrm{d}S \tag{7.3.24}$$

式中：$\boldsymbol{m}_V$ 为体应力力偶矩（偶应力）张量；$\overline{\boldsymbol{m}}$ 为面应力力偶矩（偶应力）张量；$\boldsymbol{\varphi}$ 为附加转动角度矢量（或张量）。

此时，其哈密顿作用量可以写为

$$S = \int_{t_1}^{t_2}\left[\int_V \rho\left[\boldsymbol{b}\cdot\boldsymbol{u} + (\boldsymbol{r}\times\boldsymbol{b})\cdot\boldsymbol{\varphi} + \boldsymbol{m}_V\cdot\boldsymbol{\varphi}\right]\mathrm{d}V + \int_S\left[\overline{\boldsymbol{\sigma}}\cdot\boldsymbol{u} + (\boldsymbol{r}\times\overline{\boldsymbol{\sigma}})\cdot\boldsymbol{\varphi} + \overline{\boldsymbol{m}}\cdot\boldsymbol{\varphi}\right]\cdot\boldsymbol{n}\mathrm{d}S + \int_V \frac{1}{2}\rho\boldsymbol{v}\cdot\boldsymbol{v}\mathrm{d}V + \int_V \rho\dot{\boldsymbol{\omega}}\cdot\boldsymbol{I}\cdot\boldsymbol{\theta}\mathrm{d}V + \int_V \frac{1}{2}\rho\boldsymbol{\theta}\cdot\boldsymbol{I}\cdot\boldsymbol{\theta}\mathrm{d}V - \int_V(\boldsymbol{\sigma}' : \varepsilon' + \boldsymbol{m} : \nabla\boldsymbol{\varphi})\mathrm{d}V\right]\mathrm{d}t \tag{7.3.25}$$

由于

$$\begin{aligned}&\int_S(\overline{\boldsymbol{\sigma}}\cdot\boldsymbol{u})\cdot\boldsymbol{n}\mathrm{d}S - \int_V\boldsymbol{\sigma}' : \boldsymbol{\varepsilon}'\mathrm{d}V\\ &= \int_V \mathrm{div}(\boldsymbol{\sigma}'\cdot\boldsymbol{u})\mathrm{d}V - \int_V\boldsymbol{\sigma}' : \nabla\boldsymbol{u}\mathrm{d}V\\ &= \int_V \mathrm{div}\boldsymbol{\sigma}'\cdot\boldsymbol{u}\mathrm{d}V\end{aligned} \tag{7.3.26}$$

及

$$\begin{aligned}&\int_S(\overline{\boldsymbol{m}}\cdot\boldsymbol{\varphi})\cdot\boldsymbol{n}\mathrm{d}S - \int_V\boldsymbol{m} : \nabla\boldsymbol{\varphi}\mathrm{d}V\\ &= \int_V \mathrm{div}(\boldsymbol{m}\cdot\boldsymbol{\varphi})\mathrm{d}V - \int_V\boldsymbol{m} : \nabla\boldsymbol{\varphi}\mathrm{d}V\\ &= \int_V \mathrm{div}(\boldsymbol{m})\cdot\boldsymbol{\varphi}\mathrm{d}V\end{aligned} \tag{7.3.27}$$

将其代入式(7.3.25)，可得

$$S = \int_{t_1}^{t_2}\left[\int_V \rho\left[\boldsymbol{b}\cdot\boldsymbol{u} + (\boldsymbol{r}\times\boldsymbol{b})\cdot\boldsymbol{\varphi} + \boldsymbol{m}_V\cdot\boldsymbol{\varphi}\right]\mathrm{d}V + \int_V\left\{\left[\mathrm{div}\boldsymbol{\sigma}'\cdot\boldsymbol{u} + \mathrm{div}(\boldsymbol{r}\times\boldsymbol{\sigma}')\cdot\boldsymbol{\varphi}\right]\mathrm{d}V + \int_V \mathrm{div}\boldsymbol{m}\cdot\boldsymbol{\varphi}\mathrm{d}V + \int_V\frac{1}{2}\rho\boldsymbol{v}\cdot\boldsymbol{v}\mathrm{d}V + \int_V\rho\dot{\boldsymbol{\omega}}\cdot\boldsymbol{I}\cdot\boldsymbol{\theta}\mathrm{d}V + \int_V\frac{1}{2}\rho\boldsymbol{\theta}\cdot\boldsymbol{I}\cdot\boldsymbol{\theta}\mathrm{d}V\right]\mathrm{d}t \tag{7.3.28}$$

对其进行变分得

$$\begin{aligned}\delta S = \int_{t_1}^{t_2}\Big\{&\int_V\rho\boldsymbol{b}\cdot\delta\boldsymbol{u}\mathrm{d}V + \int_V\mathrm{div}\boldsymbol{\sigma}'\cdot\delta\boldsymbol{u}\mathrm{d}V + \int_V\rho\,\boldsymbol{v}\cdot\delta\,\boldsymbol{v}\,\mathrm{d}V +\\ &\int_V\left[\rho(\boldsymbol{r}\times\boldsymbol{b})\cdot\delta\boldsymbol{\varphi} + \rho\boldsymbol{m}_V\cdot\delta\boldsymbol{\varphi}\right]\mathrm{d}V + \int_V\mathrm{div}(\boldsymbol{r}\times\boldsymbol{\sigma}')\cdot\delta\boldsymbol{\varphi}\mathrm{d}V +\\ &\int_V\mathrm{div}\boldsymbol{m}\cdot\delta\boldsymbol{\varphi}\mathrm{d}V + \int_V\rho\dot{\boldsymbol{\omega}}\cdot\boldsymbol{I}\cdot\delta\boldsymbol{\theta}\mathrm{d}V + \int_V\rho\theta\cdot\boldsymbol{I}\cdot\delta\boldsymbol{\theta}\mathrm{d}V\Big\}\mathrm{d}t\end{aligned} \tag{7.3.29}$$

利用

$$\begin{aligned}&\int_{t_1}^{t_2}\int_V\rho\boldsymbol{v}\cdot\delta\boldsymbol{v}\mathrm{d}V\mathrm{d}t\\ &= \int_V\rho(\boldsymbol{v}\cdot\delta\boldsymbol{u})\mathrm{d}V\Big|_{t_1}^{t_2} - \int_{t_1}^{t_2}\int_V\rho\frac{\mathrm{D}}{\mathrm{D}t}\boldsymbol{v}\cdot\delta\boldsymbol{u}\mathrm{d}V\mathrm{d}t\\ &= -\int_{t_1}^{t_2}\int_V\rho\frac{\mathrm{D}}{\mathrm{D}t}\boldsymbol{v}\cdot\delta\boldsymbol{u}\mathrm{d}V\mathrm{d}t\end{aligned} \tag{7.3.30}$$

及

$$\int_{t_1}^{t_2}\int_V \rho\boldsymbol{\theta}\cdot\boldsymbol{I}\cdot\delta\boldsymbol{\theta}\mathrm{d}V\mathrm{d}t$$

$$=\int_V \rho\boldsymbol{\theta}\cdot\boldsymbol{I}\cdot\delta\boldsymbol{\varphi}\mathrm{d}V\bigg|_{t_1}^{t_2}-\int_{t_1}^{t_2}\int_V \rho\dot{\boldsymbol{\theta}}\cdot\boldsymbol{I}\cdot\delta\boldsymbol{\varphi}\mathrm{d}V\mathrm{d}t$$

$$=-\int_{t_1}^{t_2}\int_V \rho\dot{\boldsymbol{\theta}}\cdot\boldsymbol{I}\cdot\delta\boldsymbol{\varphi}\mathrm{d}V\mathrm{d}t \tag{7.3.31}$$

和

$$\int_{t_1}^{t_2}\int_V \rho\dot{\boldsymbol{\omega}}\cdot\boldsymbol{I}\cdot\delta\boldsymbol{\theta}\mathrm{d}V\mathrm{d}t=-\int_{t_1}^{t_2}\int_V \rho\ddot{\boldsymbol{\omega}}\cdot\boldsymbol{I}\cdot\delta\boldsymbol{\varphi}\mathrm{d}V\mathrm{d}t \tag{7.3.32}$$

并考虑到 $\delta\boldsymbol{u}$ 和 $\delta\boldsymbol{\varphi}$ 是独立的,使式(7.3.32)变分为零,就是使其变分 $\delta\boldsymbol{u}$ 和 $\delta\boldsymbol{\varphi}$ 的系数均为零,从而得到动量守恒定律为

$$\int_V \rho\frac{\mathrm{D}}{\mathrm{D}t}\boldsymbol{v}\,\mathrm{d}V=\int_V(\rho\boldsymbol{b}+\mathrm{div}\boldsymbol{\sigma}')\mathrm{d}V \tag{7.3.33}$$

角动量守恒定律为

$$\int_V \rho\dot{\boldsymbol{\theta}}\cdot\boldsymbol{I}\mathrm{d}V+\int_V \rho\ddot{\boldsymbol{\omega}}\cdot\boldsymbol{I}\mathrm{d}V=\int_V[\rho(\boldsymbol{r}\times\boldsymbol{b})+\rho\boldsymbol{m}_V+\mathrm{div}(\boldsymbol{r}\times\boldsymbol{\sigma}')+\mathrm{div}\boldsymbol{m}]\mathrm{d}V \tag{7.3.34}$$

由于

$$\int_V \rho\ddot{\boldsymbol{\omega}}\cdot\boldsymbol{I}\mathrm{d}V=\int_V \rho\boldsymbol{r}\times\frac{\mathrm{D}}{\mathrm{D}t}\boldsymbol{v}\,\mathrm{d}V \tag{7.3.35}$$

且

$$\mathrm{div}(\boldsymbol{r}\times\boldsymbol{\sigma}')=\boldsymbol{r}\times\mathrm{div}\boldsymbol{\sigma}'+\in:\sigma' \tag{7.3.36}$$

则式(7.3.34)可化为

$$\int_V \rho\dot{\boldsymbol{\theta}}\cdot\boldsymbol{I}\mathrm{d}V=\int_V\left[\left(\boldsymbol{r}\times\left(\rho\boldsymbol{b}+\mathrm{div}\boldsymbol{\sigma}'-\rho\frac{\mathrm{D}}{\mathrm{D}t}\boldsymbol{v}\right)+\rho\boldsymbol{m}_V+\in:\sigma'+\mathrm{div}\boldsymbol{m}\right]\mathrm{d}V \tag{7.3.37}$$

由动量守恒定律 $\int_V \rho\frac{\mathrm{D}}{\mathrm{D}t}\boldsymbol{v}\mathrm{d}V=\int_V(\rho\boldsymbol{b}+\mathrm{div}\boldsymbol{\sigma}')\mathrm{d}V$,知式(7.3.37)右端第一项为零,则得

$$\int_V \rho\dot{\boldsymbol{\theta}}\cdot\boldsymbol{I}\mathrm{d}V=\int_V[\rho\boldsymbol{m}_V+\in:\sigma'+\mathrm{div}\boldsymbol{m}]\mathrm{d}V \tag{7.3.38}$$

这就是积分形式的角动量守恒方程。

由于积分体积是任意的,因此被积函数应满足下列关系:

$$\rho\boldsymbol{I}\cdot\dot{\boldsymbol{\theta}}=\rho\boldsymbol{m}_V+\mathrm{div}\boldsymbol{m}+\in:\sigma' \tag{7.3.39}$$

该方程就是前文中计入微纳结构材料尺度效应时的角动量守恒方程。

3. 微纳结构偶应力理论的动力学哈密顿变分原理

仅从偶应力的作用及宏观的动力学平衡关系角度出发,式(7.3.39)的转动只是微极理论意义上的附加转动,而没有计及随物质的转动,因为随物质的宏观转动已体现在平动的动量守恒方程中。然而动量守恒方程只计及了应变变形能的作用,没有考虑应变梯度变形能的因素。事实上,对于微结构材料来说,转动梯度的作用不只是附加转动引起梯度

的作用,随物质的转动也存在转动梯度的作用。因此,在近代的连续介质力学理论中,从转动梯度的角度讲,微极理论公式中的转动还应加上随物质转动的梯度,即转动梯度中同时包含了随物质的转动和附加的相对转动。

按照这样的认识,即使不考虑附加的独立转动,也还存在随物质转动的梯度。当不考虑附加独立转动时,对应的是近代连续介质力学理论中的偶应力理论,此时,$\boldsymbol{\varphi}=0$,只有随物质的转动,其转动的梯度就是变形的曲率,其总变形势能应写为

$$U=\int_V(\boldsymbol{\sigma}':\varepsilon'+\boldsymbol{m}:\chi)\mathrm{d}V \tag{7.3.40}$$

式中:$\boldsymbol{m}$ 为应力力偶矩(偶应力)张量;$\boldsymbol{\chi}$ 为曲率张量

这里值得注意的是,虽然随物质的转动 $\boldsymbol{\omega}$ 相对平动 $\boldsymbol{v}$ 来说不是独立的,但认为转动的梯度 $\boldsymbol{\chi}$ 却是独立的。然而独立的转动梯度 $\boldsymbol{\chi}=\nabla\boldsymbol{\omega}^*$ 势必引起独立的附加转动 $\boldsymbol{\omega}^*$,其积分形式的角动量守恒方程为

$$\int_V\rho\ddot{\boldsymbol{\omega}}\cdot\boldsymbol{I}\mathrm{d}V=\int_V[\rho\boldsymbol{m}_V+\in:\sigma'+\mathrm{div}\boldsymbol{m}]\mathrm{d}V \tag{7.3.41}$$

此时的角加速度仅是随物质的角加速度,即 $\ddot{\boldsymbol{\omega}}$。

其微分形式的角动量守恒方程为

$$\rho\boldsymbol{I}\cdot\ddot{\boldsymbol{\omega}}=\rho\boldsymbol{m}_V+\mathrm{div}\boldsymbol{m}+\in:\sigma' \tag{7.3.42}$$

考虑了附加转动 $\boldsymbol{\omega}^*$ 又回到了微极理论附加转动 $\boldsymbol{\varphi}$ 的范畴。这似乎挺蹩脚。实际上,在偶应力理论中是不必考虑转动梯度 $\boldsymbol{\chi}$ 势必引起的附加转动 $\boldsymbol{\omega}^*$ 的,这正是偶应力理论与微极理论的区别,也正是近代连续介质力学与经典连续介质力学的区别。

4. 微纳结构应变梯度理论的动力学哈密顿变分原理

无论是微极理论或是偶应力理论,都只是考虑了转动梯度(曲率)的影响,而转动梯度(曲率)只是位移梯度中反对称部分的梯度,即只是位移二阶梯度的一部分,位移二阶梯度的另一部分是应变的梯度。如果在变形势能中不仅计入了转动梯度(曲率)引起的变形能,还计入了应变梯度引起的变形能,则总变形势能的形式应表示为

$$U=\int_V(\sigma'_{ij}\varepsilon'_{ij}+\tau_{ijk}\eta_{ijk})\mathrm{d}V \tag{7.3.43}$$

式中:$\varepsilon'_{ij}=\dfrac{\partial\boldsymbol{u}}{\partial\boldsymbol{x}}=u_{j,i}$ 为位移一阶梯度;$\eta_{ijk}=\dfrac{\partial}{\partial\boldsymbol{x}}\left(\dfrac{\partial\boldsymbol{u}}{\partial\boldsymbol{x}}\right)=u_{k,ij}$ 为位移二阶梯度,其张量形式表示为 $\boldsymbol{\eta}$;τ_{ijk} 为应力矩,满足 $\tau_{ijk,k}=\sigma'_{ij}$,也有人称其为双应力或高阶应力,其张量形式表示为 $\boldsymbol{\tau}^*$。

在应变梯度理论的分析中,针对微纳结构的材料,设存在一个特征尺度张量 $\boldsymbol{l}$,外力在这个特征尺度上会产生力矩。位移梯度在这个特征尺度上会产生附加位移。无论从动能的角度还是从自由度的角度,都认为位移梯度在特征尺度张量 $\boldsymbol{l}$ 上产生的附加位移是独立于宏观位移的一种附加位移。

考虑位移梯度层面的独立附加位移时,总动能应包括三个部分:一个是位移层面的动能,即宏观运动动能;一个是位移梯度层面的动能,即微观动能;再一个是位移与位移梯度间耦合的动能,即宏观微观耦合动能。因此,其总动能为三者之和,即

$$T=\int_V\frac{1}{2}\rho\,\boldsymbol{v}\cdot\boldsymbol{v}\,\mathrm{d}V+\int_V\rho\,\boldsymbol{v}\cdot(\boldsymbol{l}\cdot\nabla\dot{\boldsymbol{u}})\mathrm{d}V+\int_V\frac{1}{2}\rho(\nabla\dot{\boldsymbol{u}}\cdot\boldsymbol{I}_l):\nabla\dot{\boldsymbol{u}}\mathrm{d}V \tag{7.3.44}$$

式中：$\boldsymbol{l}$ 为材料特征尺度张量（这里是矢量）；$\boldsymbol{I}_l$ 为对应特征尺度 $\boldsymbol{l}$ 单位质量的转动惯量张量，其分量形式的表达式为 $I_{ik}^l = [\delta_{ik}l_m l_m - l_i l_k]$。

同样，考虑位移梯度层面的独立附加位移时，外力的功也应包括三个方面：一个是外力（包括体力和面力）在位移上的功；一个是外力在尺度 $\boldsymbol{l}$ 上的矩在位移梯度上的功；再一个是高阶应力（包括高阶体力和高阶面力）在位移梯度上的功。总功为三者之和，即

$$W = \int_V (\rho \boldsymbol{b} \cdot \boldsymbol{u} + (\boldsymbol{bl}) : \nabla \boldsymbol{u} + \boldsymbol{\tau}_V : \nabla \boldsymbol{u}) \mathrm{d}V + \int_S (\bar{\boldsymbol{\sigma}} \cdot \boldsymbol{u} + (\boldsymbol{\sigma}'\boldsymbol{l}) : \nabla \boldsymbol{u} + \bar{\boldsymbol{\tau}} : \nabla \boldsymbol{u}) \cdot \boldsymbol{n} \mathrm{d}S \tag{7.3.45}$$

式中：$\boldsymbol{\tau}_V$ 为高阶体应力张量，$\bar{\boldsymbol{\tau}}$ 为高阶面应力张量。

此时，其哈密顿作用量可以写为

$$\begin{aligned} S = \int_{t_1}^{t_2} [& \int_V (\rho \boldsymbol{b} \cdot \boldsymbol{u} + (\boldsymbol{bl}) : \nabla \boldsymbol{u} + \boldsymbol{\tau}_V : \nabla \boldsymbol{u}) \mathrm{d}V + \\ & \int_S (\bar{\boldsymbol{\sigma}} \cdot \boldsymbol{u} + (\boldsymbol{\sigma}'\boldsymbol{l}) : \nabla \boldsymbol{u} + \bar{\boldsymbol{\tau}} : \nabla \boldsymbol{u}) \cdot \boldsymbol{n} \mathrm{d}S + \\ & \int_V \frac{1}{2} \rho \boldsymbol{v} \cdot \boldsymbol{v} \mathrm{d}V + \int_V \rho \boldsymbol{v} \cdot (\boldsymbol{l} \cdot \nabla \dot{\boldsymbol{u}}) \mathrm{d}V + \int_V \frac{1}{2} \rho (\nabla \dot{\boldsymbol{u}} \cdot \boldsymbol{I}_l) : \nabla \dot{\boldsymbol{u}} \mathrm{d}V - \\ & \int_V (\boldsymbol{\sigma}' : \varepsilon' + \boldsymbol{\tau}^* \vdots \boldsymbol{\eta}) \mathrm{d}V] \mathrm{d}t \end{aligned} \tag{7.3.46}$$

由于

$$\begin{aligned} & \int_S (\bar{\boldsymbol{\sigma}} \cdot \boldsymbol{u}) \cdot \boldsymbol{n} \mathrm{d}S - \int_V \boldsymbol{\sigma}' : \varepsilon' \mathrm{d}V \\ = & \int_V \mathrm{div}(\boldsymbol{\sigma}' \cdot \boldsymbol{u}) \mathrm{d}V - \int_V \boldsymbol{\sigma}' : \nabla \boldsymbol{u} \mathrm{d}V \\ = & \int_V \mathrm{div} \boldsymbol{\sigma}' \cdot \boldsymbol{u} \mathrm{d}V \end{aligned} \tag{7.3.47}$$

及

$$\begin{aligned} & \int_S (\bar{\boldsymbol{\tau}} : \nabla \boldsymbol{u}) \cdot \boldsymbol{n} \mathrm{d}S - \int_V (\boldsymbol{\tau}^* \vdots \boldsymbol{\eta}) \mathrm{d}V \\ = & \int_V \mathrm{div}(\bar{\boldsymbol{\tau}} : \nabla \boldsymbol{u}) \mathrm{d}V - \int_V (\boldsymbol{\tau}^* \vdots \nabla \nabla \boldsymbol{u}) \mathrm{d}V \\ = & \int_V \mathrm{div}(\boldsymbol{\tau}^*) : \nabla \boldsymbol{u} \mathrm{d}V \end{aligned} \tag{7.3.48}$$

将其代入式(7.3.46)，可得

$$\begin{aligned} S = \int_{t_1}^{t_2} [& \int_V (\rho \boldsymbol{b} \cdot \boldsymbol{u} + (\boldsymbol{bl}) : \nabla \boldsymbol{u} + \boldsymbol{\tau}_V : \nabla \boldsymbol{u}) \mathrm{d}V + \int_V \mathrm{div} \boldsymbol{\sigma}' \cdot \boldsymbol{u} \mathrm{d}V + \\ & \int_V \mathrm{div}(\boldsymbol{\sigma}'\boldsymbol{l}) : \nabla \boldsymbol{u} \mathrm{d}V + \int_V \mathrm{div}(\boldsymbol{\tau}^*) : \nabla \boldsymbol{u} \mathrm{d}V + \\ & \int_V \frac{1}{2} \rho \boldsymbol{v} \cdot \boldsymbol{v} \mathrm{d}V + \int_V \rho \boldsymbol{v} \cdot (\boldsymbol{l} \cdot \nabla \dot{\boldsymbol{u}}) \mathrm{d}V + \int_V \frac{1}{2} \rho (\nabla \dot{\boldsymbol{u}} \cdot \boldsymbol{I}_l) : \nabla \dot{\boldsymbol{u}} \mathrm{d}V] \mathrm{d}t \end{aligned} \tag{7.3.49}$$

对其进行变分，得

$$\delta S = \int_{t_1}^{t_2} \left[\int_V \rho [\boldsymbol{b} \cdot \delta \boldsymbol{u} + (\boldsymbol{bl}) : \delta \nabla \boldsymbol{u} + \boldsymbol{\tau}_V : \delta \nabla \boldsymbol{u} \right] \mathrm{d}V +$$

$$\int_V [\operatorname{div}\boldsymbol{\sigma}' \cdot \delta \boldsymbol{u} + \operatorname{div}(\boldsymbol{\sigma}'\boldsymbol{l}) : \delta \nabla \boldsymbol{u}] \mathrm{d}V +$$

$$\int_V \operatorname{div}\boldsymbol{\tau}^* : \delta \nabla \boldsymbol{u} \mathrm{d}V + \int_V \rho \boldsymbol{v} \cdot \delta \boldsymbol{v} \mathrm{d}V +$$

$$\int_V \rho \boldsymbol{v} \cdot (\boldsymbol{l} \cdot \delta \nabla \dot{\boldsymbol{u}}) \mathrm{d}V + \int_V \rho (\nabla \dot{\boldsymbol{u}} \cdot \boldsymbol{I}_l) : \delta \nabla \dot{\boldsymbol{u}} \mathrm{d}V] \mathrm{d}t \tag{7.3.50}$$

由于

$$\int_{t_1}^{t_2}\int_V \rho\, \boldsymbol{v} \cdot \delta\, \boldsymbol{v}\, \mathrm{d}V\mathrm{d}t = \int_V \rho (\boldsymbol{v} \cdot \delta \boldsymbol{u}) \mathrm{d}V \Big|_{t_1}^{t_2} - \int_{t_1}^{t_2}\int_V \rho \frac{\mathrm{D}}{\mathrm{D}t} \boldsymbol{v} \cdot \delta \boldsymbol{u} \mathrm{d}V\mathrm{d}t$$

$$= - \int_{t_1}^{t_2}\int_V \rho \frac{\mathrm{D}}{\mathrm{D}t} \boldsymbol{v} \cdot \delta \boldsymbol{u} \mathrm{d}V\mathrm{d}t \tag{7.3.51}$$

及

$$\int_{t_1}^{t_2}\int_V \rho (\nabla \dot{\boldsymbol{u}} \cdot \boldsymbol{I}_l) : \delta \nabla \dot{\boldsymbol{u}} \mathrm{d}V\mathrm{d}t$$

$$= \int_V \rho (\nabla \dot{\boldsymbol{u}} \cdot \boldsymbol{I}_l) : \delta \nabla \boldsymbol{u} \mathrm{d}V \Big|_{t_1}^{t_2} - \int_{t_1}^{t_2}\int_V \rho (\nabla \ddot{\boldsymbol{u}} \cdot \boldsymbol{I}_l) : \delta \nabla \boldsymbol{u} \mathrm{d}V\mathrm{d}t$$

$$= - \int_{t_1}^{t_2}\int_V \rho (\nabla \ddot{\boldsymbol{u}} \cdot \boldsymbol{I}_l) : \delta \nabla \boldsymbol{u} \mathrm{d}V\mathrm{d}t \tag{7.3.52}$$

和

$$\int_{t_1}^{t_2}\int_V \rho\, \boldsymbol{v} \cdot (\boldsymbol{l} \cdot \delta \nabla \dot{\boldsymbol{u}}) \mathrm{d}V\mathrm{d}t = - \int_{t_1}^{t_2}\int_V \rho (\dot{\boldsymbol{v}} \cdot (\boldsymbol{l} \cdot \delta \nabla \boldsymbol{u}) \mathrm{d}V\mathrm{d}t \tag{7.3.53}$$

将式(7.3.51)~式(7.3.53)代入式(7.3.50)中,又可将其化为

$$\delta S = \int_{t_1}^{t_2} \Big[\int_V \rho [\boldsymbol{b} \cdot \delta \boldsymbol{u} + (\boldsymbol{b}\boldsymbol{l}) : \delta \nabla \boldsymbol{u} + \boldsymbol{\tau}_V : \delta \nabla \boldsymbol{u} \Big] \mathrm{d}V +$$

$$\int_V [\operatorname{div}\boldsymbol{\sigma}' \cdot \delta \boldsymbol{u} + \operatorname{div}(\boldsymbol{\sigma}'\boldsymbol{l}) : \delta \nabla \boldsymbol{u}] \mathrm{d}V +$$

$$\int_V \operatorname{div}\boldsymbol{\tau}^* : \delta \nabla \boldsymbol{u} \mathrm{d}V - \int_V \rho \frac{\mathrm{D}}{\mathrm{D}t} \boldsymbol{v} \cdot \delta \boldsymbol{u} \mathrm{d}V -$$

$$\int_V \rho \dot{\boldsymbol{v}} \cdot (\boldsymbol{l} \cdot \delta \nabla \boldsymbol{u}) \mathrm{d}V - \int_V \rho (\nabla \ddot{\boldsymbol{u}} \cdot \boldsymbol{I}_l) : \delta \nabla \boldsymbol{u} \mathrm{d}V] \mathrm{d}t \tag{7.3.54}$$

利用关系式 $(\boldsymbol{b}\boldsymbol{l}) : \delta \nabla \boldsymbol{u} = \boldsymbol{b} \cdot \boldsymbol{l} \cdot \delta \nabla \boldsymbol{u}$, $\operatorname{div}(\boldsymbol{\sigma}'\boldsymbol{l}) = \boldsymbol{l}\operatorname{div}\boldsymbol{\sigma}' + \boldsymbol{\sigma}' \cdot \nabla \boldsymbol{l}$,式(7.3.54)又可化为

$$\delta S = \int_{t_1}^{t_2} \Big\{ \int_V \left(\rho \boldsymbol{b} + \operatorname{div}\boldsymbol{\sigma}' - \rho \frac{\mathrm{D}}{\mathrm{D}t} \boldsymbol{v} \right) \cdot \delta u \mathrm{d}V +$$

$$\int_V \left(\rho \boldsymbol{b} + \operatorname{div}\boldsymbol{\sigma}' - \rho \frac{\mathrm{D}}{\mathrm{D}t} \boldsymbol{v} \right) \cdot \boldsymbol{l} \cdot \delta \nabla \boldsymbol{u} \mathrm{d}V +$$

$$\int_V \left[\boldsymbol{\tau}_V + \operatorname{div}\boldsymbol{\tau}^* + (\boldsymbol{\sigma}' \cdot \nabla \boldsymbol{l}) - \rho \nabla \ddot{\boldsymbol{u}} \cdot \boldsymbol{I}_l \right] : \delta \nabla \boldsymbol{u} \mathrm{d}V \Big\} \mathrm{d}t \tag{7.3.55}$$

由于 $\delta \boldsymbol{u}$ 和 $\delta \nabla \boldsymbol{u}^*$ 是独立的,使其总变分为零,就是使其变分 $\delta \boldsymbol{u}$ 和 $\delta \nabla \boldsymbol{u}^*$ 的系数分别为零,则可得动量守恒方程为

$$\int_V \rho \frac{\mathrm{D}}{\mathrm{D}t} \boldsymbol{v} \mathrm{d}V = \int_V (\rho \boldsymbol{b} + \operatorname{div}\boldsymbol{\sigma}') \mathrm{d}V \tag{7.3.56}$$

动量矩守恒方程为

$$\int_V [\boldsymbol{\tau}_V + \mathrm{div}\boldsymbol{\tau}^* + (\boldsymbol{\sigma}' \cdot \nabla \boldsymbol{l}) - \rho \nabla \ddot{\boldsymbol{u}} \cdot \boldsymbol{I}_l] \mathrm{d}V = 0 \tag{7.3.57}$$

即

$$\int_V \rho \nabla \ddot{\boldsymbol{u}} \cdot \boldsymbol{I}_l \mathrm{d}V = \int_V (\boldsymbol{\tau}_V + \boldsymbol{\sigma}' \cdot \nabla \boldsymbol{l} + \mathrm{div}\boldsymbol{\tau}^*) \mathrm{d}V \tag{7.3.58}$$

这就是积分形式的动量矩守恒方程。

由于体积是任意的，积分式内的被积函数应满足：

$$\rho \nabla \ddot{\boldsymbol{u}} \cdot \boldsymbol{I}_l = \boldsymbol{\tau}_V + \mathrm{div}\boldsymbol{\tau}^* + (\boldsymbol{\sigma}' \cdot \nabla \boldsymbol{l}) \tag{7.3.59}$$

这就是微分形式的动量矩守恒方程。

对式(7.3.59)的两侧用 $\in:$ 同时进行左并积计算，得

$$\rho \in : (\nabla \ddot{\boldsymbol{u}} \cdot \boldsymbol{I}_l) = \in : \tau_V + \in : (\boldsymbol{\sigma}' \cdot \nabla \boldsymbol{l}) + \in : \mathrm{div}\boldsymbol{\tau}^* \tag{7.3.60}$$

利用关系式：$\in : \tau_V = \boldsymbol{m}_V$，$\in : (\boldsymbol{\sigma}' \cdot \nabla \boldsymbol{l}) = \in : \sigma'$，$\in : \mathrm{div}\boldsymbol{\tau}^* = \in : \tau = \mathrm{div}\boldsymbol{m}$ 及 $\in : (\nabla \ddot{\boldsymbol{u}} \cdot \boldsymbol{I}_l) = \dot{\boldsymbol{\theta}} \cdot \boldsymbol{I}$，可得

$$\rho \boldsymbol{I} \cdot \dot{\boldsymbol{\theta}} = \boldsymbol{\rho} \boldsymbol{m}_V + \mathrm{div}\boldsymbol{m} + \in : \sigma' \tag{7.3.61}$$

该方程与前文中的微极应力理论的动力学方程是完全相同的。

正如前面叙述的一样，当将独立转动的梯度拓展为包含随物质转动的梯度时，这里的转动是同时计入随物质的转动和附加的相对转动两个部分的。只有这样，在能量的因素中才计及了随物质的转动的梯度的作用。

第 8 章　微结构振动分析

由于微结构的尺寸较小,其动态过程多以振动形式表现。如微谐振器、微陀螺、微传感器、微俘能器等,都是工作在振动环境下。从另一方面讲,虽然微结构的尺度较小,但实际的微结构系统往往又都很复杂。为了便于分析,先从简单的单自由度系统开始,逐渐认识并分析复杂的系统。

8.1　单自由度系统的振动

单自由度系统是指可以用一个独立的坐标来描述其运动规律的系统。单自由度系统的振动虽然最为简单,但从特性分析上又特别重要。单自由度系统的分析很具代表性,它不仅是振动概念和理论的基础,也是分析其他各种复杂振动的前提。

8.1.1　单自由度系统的自由振动

最简单的单自由度系统是弹簧质量块系统。当不考虑阻尼作用时,属无阻尼的振动系统。质量块质量为 m ,弹簧的刚度为 k ,如图 8.1.1 所示。在质量块的运动方向取坐标 x ,则其振动方程为

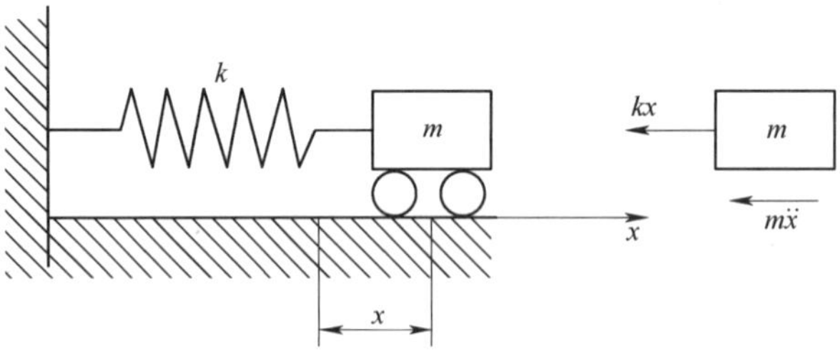

图 8.1.1　弹簧质量块系统的自由振动

$$m\ddot{x} + kx = 0 \tag{8.1.1}$$

设

$$\omega = \sqrt{\frac{k}{m}} \tag{8.1.2}$$

代入振动方程得

$$\ddot{x} + \omega^2 x = 0 \tag{8.1.3}$$

式(8.1.3)的通解为

$$x(t) = C_1\cos(\omega t) + C_2\sin(\omega t) \tag{8.1.4}$$

任意瞬时的速度:

$$v(t)=\dot{x}(t)=-C_1\omega\sin(\omega t)+C_2\omega\cos(\omega t) \tag{8.1.5}$$

或

$$v(t)=\dot{x}(t)=-\omega[C_1\sin(\omega t)-C_2\cos(\omega t)] \tag{8.1.6}$$

式中：C_1 和 C_2 为任意常数，由初始条件决定。

设初始条件为 $x(0)=x_0,\dot{x}(0)=v_0$，将其代入式(8.1.4)和式(8.1.6)中可解得 $C_1=x_0$，$C_2=\dfrac{v_0}{\omega}$。则其位移的解为

$$x(t)=x_0\cos(\omega t)+\frac{v_0}{\omega}\sin(\omega t) \tag{8.1.7}$$

速度的解为

$$v(t)=\dot{x}(t)=-x_0\omega\sin(\omega t)+v_0\cos(\omega t) \tag{8.1.8}$$

8.1.2 有阻尼系统的自由振动

前面的自由振动没有考虑运动中阻尼力的影响，实际系统总存在着各种各样的阻尼力。最常见的阻尼是黏性阻尼。黏性阻尼力与相对速度成正比，即

$$f=cv \tag{8.1.9}$$

式中：v 为相对速度；c 为黏性阻尼系数，或简称阻尼系数。

在弹簧质量系统中，阻尼可用阻尼缓冲器来表示，如图 8.1.2 所示。

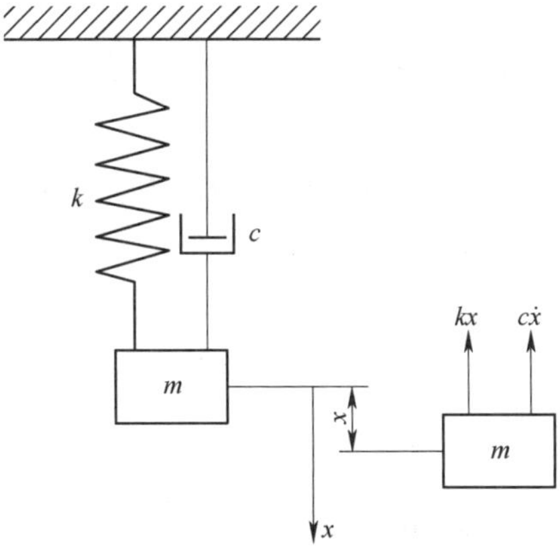

图 8.1.2 有阻尼的弹簧质量系统的自由振动

以静平衡位置为原点建立图 8.1.2 所示坐标，由牛顿第二定律可建立运动方程：

$$m\ddot{x}+c\dot{x}+kx=0 \tag{8.1.10}$$

取 $\omega_n^2=\dfrac{k}{m}$，$\zeta=\dfrac{c}{2m\omega_n}$，其中 ω_n 为对应无阻尼时的固有频率，ζ 为相对阻尼系数或称阻尼比。则式(8.1.10)可以写为

$$\ddot{x}+2\zeta\omega_n\dot{x}+\omega_n^2x=0 \tag{8.1.11}$$

为求解此方程，令 $x=e^{st}$，代入式(8.1.11)可得特征方程：

$$s^2+2\zeta\omega_n s+\omega_n^2=0 \tag{8.1.12}$$

两个特征根分别为

$$s_{1,2} = -\zeta\omega_n \pm \omega_n\sqrt{\zeta^2 - 1} \tag{8.1.13}$$

根据相对阻尼系数 ζ 的大小,可将其分为三种不同的阻尼状态:过阻尼($\zeta > 1$),临界阻尼($\zeta = 1$)和欠阻尼($0 < \zeta < 1$)。图 8.1.3 描述了三种状态的运动规律。过阻尼时没有振动发生,幅值逐渐衰减;欠阻尼是一种振幅衰减的振动;临界阻尼状态没有振动发生,但幅值比过阻尼及欠阻尼状态下衰减得更快。

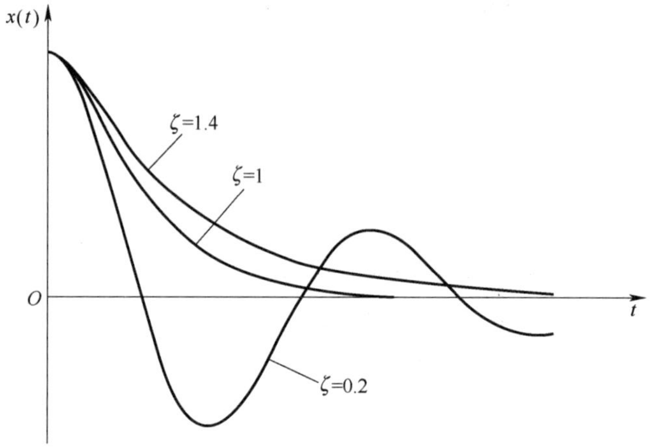

图 8.1.3　三种阻尼状态的运动规律

1. 过阻尼状态

$\zeta > 1$,s_1 与 s_2 是两个不等的负实根,令 $\omega^* = \omega_n\sqrt{\zeta^2 - 1}$,则方程(8.1.11)的通解可以写为

$$x(t) = e^{-\zeta\omega_n t}[C_1\text{ch}(\omega^* t) + C_2\text{sh}(\omega^* t)] \tag{8.1.14}$$

其中,常数 C_1,C_2 取决于初始条件。

如果在 $t = 0$ 时有

$$x(0) = x_0,\quad \dot{x}(0) = \dot{x}_0 \tag{8.1.15}$$

则系统对该初始条件的响应为

$$x(t) = e^{-\zeta\omega_n t}\left[x_0\text{ch}(\omega^* t) + \frac{\dot{x}_0 + \zeta\omega_n x_0}{\omega^*}C_2\text{sh}(\omega^* t)\right] \tag{8.1.16}$$

这是一种按指数规律衰减的非周期蠕动,图 8.1.4 所示为不同值的过阻尼对蠕动的影响,其中初始位移为零,初始速度都相同,由图可见,对于较小的过阻尼值系统,超过平衡位置的最大位移较大。

2. 临界阻尼状态

$\zeta = 1$,$s = -\omega_n$ 是两个重根,方程(8.1.11)的通解为

$$x(t) = e^{-\omega_n t}(C_1 + C_2 t) \tag{8.1.17}$$

系统对式(8.1.15)的初始条件的响应为

$$x(t) = e^{-\omega_n t}[x_0 + (\dot{x}_0 + \omega_n x_0)t] \tag{8.1.18}$$

此时的运动为按指数规律衰减的非周期运动,由图 8.1.4 可知它比过阻尼状态的蠕

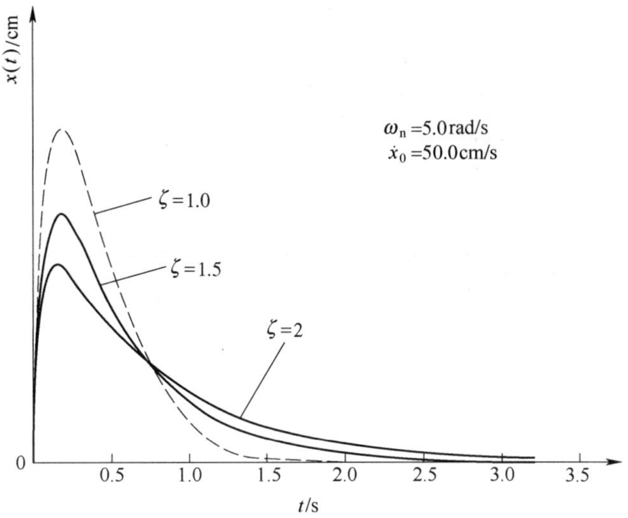

图 8.1.4　过阻尼对蠕动的影响

动衰减得快。

3. 欠阻尼状态

$0<\zeta<1$，s_1 与 s_2 为共轭复数，可写为

$$s_{1,2}=-\zeta\omega_n\pm i\omega_d \tag{8.1.19}$$

其中

$$\omega_d=\omega_n\sqrt{1-\zeta^2} \tag{8.1.20}$$

称为阻尼固有频率，或有阻尼的自由振动频率。这时方程(8.1.11)的通解为

$$x(t)=e^{-\zeta\omega_n t}[C_1\cos(\omega_d t)+C_2\sin(\omega_d t)] \tag{8.1.21}$$

系统对式(8.1.15)的初始条件的响应可以写为

$$x(t)=e^{-\zeta\omega_n t}A\sin(\omega_d t+\varphi) \tag{8.1.22}$$

其中

$$\begin{cases}A=\sqrt{x_0^2+\left(\dfrac{\dot{x}_0+\zeta\omega_n x_0}{\omega_d}\right)^2}\\ \varphi=\arctan\dfrac{\omega_d x_0}{\dot{x}_0+\zeta\omega_n x_0}\end{cases} \tag{8.1.23}$$

式(8.1.22)的响应是一种振幅按指数规律衰减的简谐振动，称为衰减振动。衰减振动的频率为 ω_d，振幅衰减的快慢取决于衰减系数 $n=\zeta\omega_n$，该系数包含了两个特征参数 ζ 和 ω_n。这两个重要的特征正好反映在式(8.1.19)中特征根的虚部与实部。衰减规律如图 8.1.5 所示。

由此可见，阻尼的存在对自由振动的影响表现在两个方面：一是振动频率的变化，二是使振幅衰减。

记 T_n 为对应无阻尼时的振动周期，由式(8.1.20)可知有阻尼时的振动周期为

$$T_d=\frac{2\pi}{\omega_d}=\frac{2\pi}{\omega_n\sqrt{1-\zeta^2}}=\frac{T_n}{\sqrt{1-\zeta^2}} \tag{8.1.24}$$

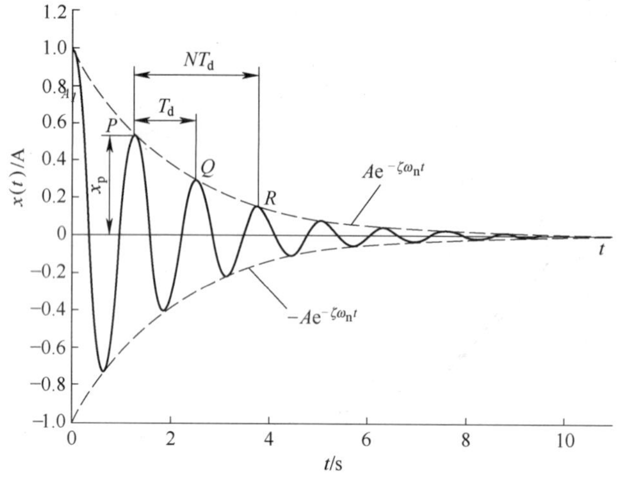

图 8.1.5　衰减规律

可见阻尼使自由振动的周期增大,频率降低。阻尼较小时这种影响较为微弱,影响微弱时可以不考虑阻尼的影响。

为评价阻尼对振幅衰减快慢的影响,引入减幅系数 η ,定义为相邻两个振幅的比值,即

$$\eta = \frac{A_i}{A_{i+1}} = \frac{Ae^{-\zeta\omega_n t_i}}{Ae^{-\zeta\omega_n (t_i+T_d)}} = e^{\zeta\omega_n T_d} \tag{8.1.25}$$

可见阻尼比越大,减幅系数越大,这表示振幅衰减得越快。实际使用中常用对数衰减率 δ 取代 η :

$$\delta = \ln\frac{A_i}{A_{i+1}} = \zeta\omega_n T_d \tag{8.1.26}$$

在上述讨论中总是认为阻尼系数 c 或阻尼比 ζ 为正数,这时的阻尼是一种耗能作用,主要以热的形式消耗机械能。然而,有些情况涉及到负阻尼的概念,即 ζ 为负值。对于负阻尼,由式(8.1.22)可知,振幅将随时间增大,这时系统的振动为不稳定的振动。

8.1.3　单自由度系统的受迫振动

以上分别讨论了无阻尼单自由度系统的自由振动和有阻尼单自由度系统的自由振动。当有外加载荷作用时,系统不再是简单的自由振动,而是属于有激励的振动。这类振动称为强迫(受迫)振动。激励按来源可分为两类,一类是力激励,它可以是直接的作用力,也可以是间接的惯性力,另一类是由于支撑基座引起的位移激励、速度激励或加速度激励。

1. 简谐力激励的强迫振动

设在有阻尼的弹簧质量系统的质量块上直接作用一简谐变化的激励力 $F(t)$,如图 8.1.6 所示,激励力的频率和幅值分别为 ω 和 F_0,可写作复数形式:

$$F(t) = F_0 e^{i\omega t} \tag{8.1.27}$$

其实数部分和虚数部分分别对应于余弦激励和正弦激励 $F_0\cos(\omega t)$ 和 $F_0\sin(\omega t)$ 。激励

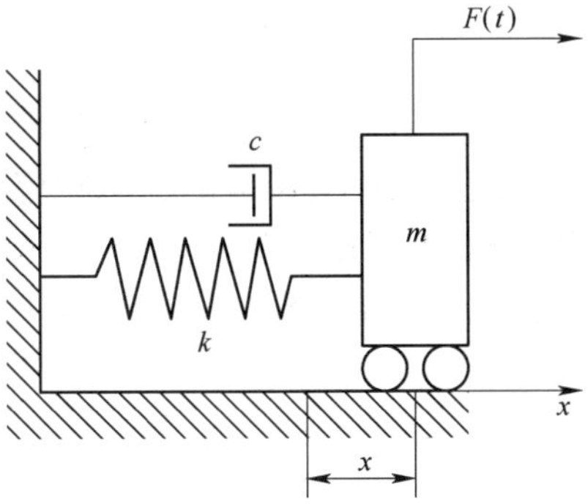

图 8.1.6　受激的振动系统

力的存在使系统原本齐次的动力学方程变成了非齐次的方程,其形式为

$$m\ddot{x} + c\dot{x} + kx = F_0 e^{i\omega t} \tag{8.1.28}$$

此时方程中的 x 为复变量,其实部和虚部分别对应于余弦激励和正弦激励的响应。根据常微分方程理论,非齐次线性常微分方程的通解由齐次方程的通解和非齐次方程的特解两部分的和构成。前者即前一节中研究的阻尼自由振动,表现为衰减振动。由于它只出现在振动开始后的短暂时间内,随着衰减逐渐会趋向于零,故称作暂态响应。而下面要讨论的非齐次方程的特解,代表的是简谐激振力作用下产生的持续振动,称作稳态响应。

将方程两端除以 m ,写作标准形式为

$$\ddot{x} + 2\zeta\omega_0\dot{x} + \omega_0^2 x = \frac{F_0}{k}\omega_0^2 e^{i\omega i} \tag{8.1.29}$$

式中:$\omega_0^2 = \dfrac{k}{m}$ 为系统的固有频率;$\zeta = \dfrac{c}{2m\omega_0}$ 为阻尼比。

该方程的解为

$$x = \beta\frac{F_0}{k}e^{i(\omega t-\theta)} \tag{8.1.30}$$

式中:$\beta(s) = \dfrac{1}{\sqrt{(1-s^2)^2 + (2\zeta s)^2}}$ 为放大因子,$\beta(s)$ 称为系统的幅频特性;$\theta(s) = \arctan\dfrac{2\zeta s}{1-s^2}$ 为相位差,其中 $s = \dfrac{\omega}{\omega_0}$ 为激振频率与固有频率之比,$\theta(s)$ 称为系统的相频特性。

对于无阻尼系统的受迫振动,由于 $\zeta = 0$,则其稳态响应为

$$x = \frac{1}{1-s^2}\frac{F_0}{k}e^{i(\omega t-\theta)} \tag{8.1.31}$$

对于有阻尼系统的受迫振动,当激振力频率等于系统的固有频率时,即 $s = 1$, 有$\beta(s) = \dfrac{1}{2\zeta}$,$\theta(s) = \dfrac{\pi}{2}$,系统的响应为 $x = \dfrac{1}{2\zeta}\dfrac{F_0}{k}e^{i(\omega t-\theta)}$ 。此时的放大因子$\beta(s) = \dfrac{1}{2\zeta}$ 通常称作系统的品质因子。若这时的系统没有阻尼,由于 $\zeta = 0$,则响应幅值为无穷大,系统将发生共振。

2. 任意激励的响应

1）脉冲激励力的响应

以上分析的是简谐力激励下的受迫振动响应。简谐激励是持续性的激励，相对于暂态响应的时间来说，其持续时间很长，因此有相应的稳态响应。对于脉冲激励而言，由于作用时间很短，系统只有暂态响应而不存在稳态响应。单位脉冲力可利用狄拉克 $\delta(t)$ 分布函数表示（图 8.1.7），$\delta(t)$ 也称作脉冲函数。它仅在 $t=0$ 的极小领域 $(-\varepsilon,\varepsilon)$ 内定义，其冲量为单位值，即

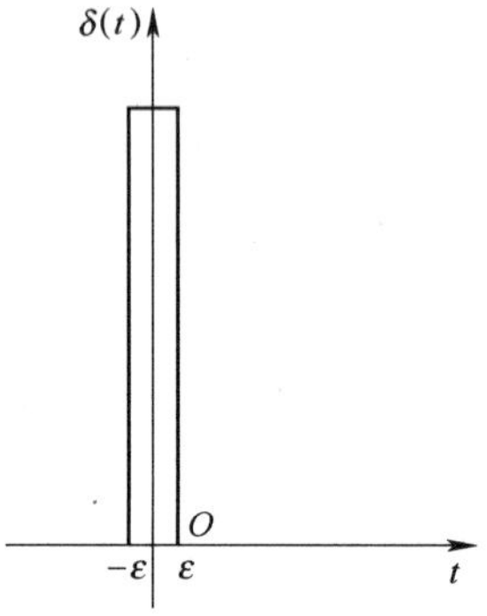

图 8.1.7　狄拉克分布

$$\lim_{\varepsilon\to 0}\int_{-\varepsilon}^{\varepsilon}\delta(t)\,\mathrm{d}t = 1 \tag{8.1.32}$$

受单位脉冲力激励的弹簧质量系统的动力学方程为

$$m\ddot{x} + c\dot{x} + kx = \delta(t) \tag{8.1.33}$$

设脉冲作用前物体的位移和速度均为零。将式（8.1.33）中各项乘以 $\mathrm{d}t$，在脉冲力作用的瞬间，位移来不及发生变化，但速度可产生突变。将 $\ddot{x}\mathrm{d}t$ 写作 $\mathrm{d}\dot{x}$，令 $x=0$ 时，$\mathrm{d}x=\dot{x}\mathrm{d}t=0$，可得

$$m\mathrm{d}\dot{x} = \delta(t)\,\mathrm{d}t \tag{8.1.34}$$

将式（8.1.34）在区间 $(-\varepsilon,\varepsilon)$ 内积分，得到脉冲作用后的速度增量为 $1/m$。脉冲激励结束后系统在

$$x(0)=0,\quad \dot{x}(0)=\frac{1}{m} \tag{8.1.35}$$

的初始扰动下作自由振动，其暂态响应规律称作脉冲响应函数，记为 $h(t)$，且有

$$h(t)=\frac{1}{m\omega_{\mathrm{d}}}\mathrm{e}^{-\zeta\omega_{\mathrm{n}}t}\sin(\omega_{\mathrm{d}}t) \tag{8.1.36}$$

其中，ω_{n} 和 ω_{d} 分别为系统的无阻尼固有频率和有阻尼固有频率，ζ 为阻尼比。若单位脉冲力不是作用在 $t=0$ 时刻，而是作用在 $t=\tau$ 时刻，则系统的暂态响应在滞后时间间隔 τ 发生，写为

$$h(t-\tau)=\frac{1}{m\omega_{\mathrm{d}}}\mathrm{e}^{-\zeta\omega_{\mathrm{n}}(t-\tau)}\sin[\omega_{\mathrm{d}}(t-\tau)],t\geqslant\tau \tag{8.1.37}$$

系统在 $t=\tau$ 时刻受冲量为 I_0 的任意脉冲力作用时，其暂态响应可用脉冲响应函数表示为

$$x(t)=I_0h(t-\tau)\qquad(t\geqslant\tau)\tag{8.1.38}$$

2）任意非周期激励的响应

系统受任意非周期力 $F(t)$ 激励时，可将 $F(t)$ 的作用视作一系列脉冲激励的叠加，在 $t=\tau$ 至 $t=\tau+\mathrm{d}\tau$ 的微小间隔内激励力产生的脉冲冲量为 $F(\tau)\mathrm{d}\tau$（图 8.1.8），系统受该脉冲作用力产生的速度增量为 $F(\tau)\mathrm{d}\tau/m$，并引起 $t>\tau$ 各个时刻的响应，该响应可由式（8.1.43）计算得到：

$$\mathrm{d}x=F(\tau)h(t-\tau)\mathrm{d}\tau\tag{8.1.39}$$

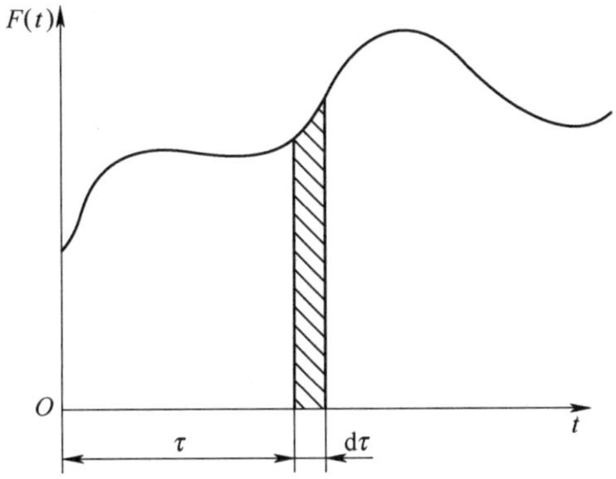

图 8.1.8　任意非周期激励力

利用线性系统的叠加原理，系统对任意激励力的响应等于系统在 $0\leqslant\tau\leqslant t$ 内各个脉冲响应的总和，即

$$x(t)=\int_0^t F(\tau)h(t-\tau)\mathrm{d}\tau\tag{8.1.40}$$

因此在零初始条件下系统对任意激励力的响应可用脉冲响应与激励的卷积表示，式（8.1.40）称为杜哈梅积分。

根据卷积性质，杜哈梅积分也可以写作：

$$x(t)=\int_0^t F(t-\tau)h(\tau)\mathrm{d}\tau\tag{8.1.41}$$

若系统无阻尼，则简化为

$$x(t)=\frac{1}{m\omega_0}\int_0^t F(\tau)\sin\omega_0(t-\tau)\ \mathrm{d}\tau=\frac{1}{m\omega_0}\int_0^t F(t-\tau)\sin\omega_0(\tau)\ \mathrm{d}\tau\tag{8.1.42}$$

综上可以看出，根据随时间变化的规律，激励可以分为简谐激励、周期激励及任意激励。简谐激励下系统的响应由瞬态响应和稳态响应两部分组成。阻尼存在时，瞬态振动是逐渐衰减的，稳态响应是与激励同频率的。瞬态响应只存在于振动的初始阶段。当激励频率与系统固有频率很接近时将发生共振现象。脉冲激励或者作用时间较短的任意激励时，系统通常没有稳态响应，而只有瞬态响应，它可以通过脉冲响应或阶跃响应来分析。激励一旦去除，系统即按自身的固有频率做自由振动。

这里需注意的是，所谓任意激励的解仅适应于短时的情况，因为它源于脉冲激励的叠加。它不同于长时的周期激励，因此，不宜用杜哈梅积分的方法来分析长时的周期激励。对于长时的一般激励，需将其展开成许多谐波激励的叠加，之后再用简谐周期激励的分析方法进行分析。

8.2 多自由度离散体系统的振动

工程上的实际问题一般都不是单自由度的问题,大多数的振动问题都属于较为复杂的多自由度系统的振动问题。一个具有 n 个自由度的系统,它在任一瞬时的运动形态要用 n 个独立的广义坐标来描述。系统的运动微分方程一般是由 n 个相互耦合的二阶常微分方程组成的方程组。对 n 个自由度的无阻尼系统而言,它具有 n 个固有频率(有可能出现重值),当系统按任意一个固有频率做自由振动时,系统的运动都是一种同频的振动,称为主振动。系统做主振动时所具有的振动形态称为主振型,或称为模态。在初始干扰下系统的自由振动是 n 个主振动的叠加。对于特殊选取的 n 个广义坐标,系统运动微分方程将有可能不再出现坐标之间的耦合,这样的坐标称为主坐标。利用主坐标,n 自由度系统的振动可以分解成 n 个单自由度系统的振动,然后通过叠加得到系统的振动,这种分析方法称为振型叠加法,或模态叠加法。由于通常的阻尼难以解耦,为了有效处理好阻尼的耦合问题,经常假定多自由度系统的阻尼为比例阻尼或振型阻尼。对这类阻尼,振型叠加法仍是行之有效的。对于一般的黏性阻尼,可借助复模态方法来分析。

8.2.1 建立动力学方程

对于弹簧质量系统来说,由于系统比较简单,直接由牛顿第二定律就可以建立其振动的动力学方程。但对于一个复杂的系统来说,如何有效地建立其动力学方程是需要结合实际的情况采取相应的方法的。建立动力学方程的方法通常有以下几种:动力学平衡方法、虚功原理法和作用量极值法等。动力学平衡法的典型应用是达朗伯原理法。它将各种动态力如惯性力、阻尼力等都视作体系平衡中的力,然后由力学平衡关系,得到系统的动力学方程。虚功原理的典型应用是拉格朗日方程。它的核心思想是,认为作用于系统的所有静动态力在约束允许的虚位移上所做的功为零,并在方程中将系统的总动能与总势能的差作为拉格朗日函数。作用量极值法的典型应用是哈密顿原理。它的核心思想是,认为在由状态 A 到状态 B 的所有可能的运动中,真实的运动是使哈密顿作用量泛函取驻值。

下面考虑一个双质量块弹簧系统的例子,图 8.2.1 是一个双质量块弹簧系统,质量 m_1 的一侧、m_1 与 m_2 之间、质量 m_2 的一侧分别用刚度为 k_1,k_2 及 k_3 的三个弹簧联结,两个质量块只做水平方向的运动,并分别受到激振力 $P_1(t)$ 及 $P_2(t)$ 的作用,不记摩擦和其他形式的阻尼。

这是一个两自由度的系统,可以用原点分别取在 m_1、m_2 的静平衡位置上的两个坐标 x_1 及 x_2 来描述系统运动,设某一瞬时质量 m_1 与 m_2 分别有位移 x_1 及 x_2、加速度 $\ddot{x}_1$ 及 $\ddot{x}_2$,由各单体受力分析和达朗伯原理可得到下列两个方程:

$$\begin{cases} m_1\ddot{x}_1 + k_1x_1 + k_2(x_1 - x_2) = P_1(t) \\ m_2\ddot{x}_2 + k_2(x_2 - x_1) + k_3x_2 = P_2(t) \end{cases} \tag{8.2.1}$$

经整理,得

$$\begin{cases} m_1\ddot{x}_1 + (k_1 + k_2)x_1 - k_2x_2 = P_1(t) \\ m_2\ddot{x}_2 - k_2x_1 + (k_3 + k_2)x_2 = P_2(t) \end{cases} \tag{8.2.2}$$

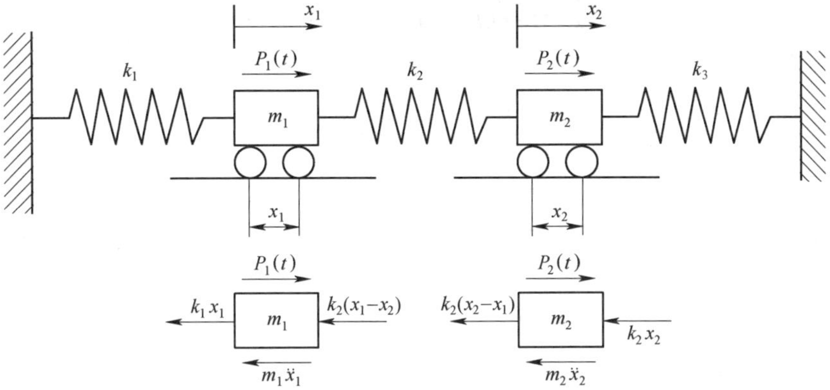

图 8.2.1　双质量块弹簧系统

该方程组就是系统的运动微分方程,用矩阵形式可以将其简洁地表示为

$$\begin{bmatrix} m_1 & 0 \\ 0 & m_2 \end{bmatrix}\begin{bmatrix} \ddot{x}_1 \\ \ddot{x}_2 \end{bmatrix} + \begin{bmatrix} k_1 + k_2 & -k_2 \\ -k_2 & k_2 + k_3 \end{bmatrix}\begin{bmatrix} x_1 \\ x_2 \end{bmatrix} = \begin{bmatrix} P_1(t) \\ P_2(t) \end{bmatrix} \tag{8.2.3}$$

从左端第二个方矩阵可以看出,非对角项不为零,说明坐标间存在耦合。

一般的多自由度系统微分方程都可以表示为下面的矩阵形式:

$$\boldsymbol{M}\ddot{\boldsymbol{x}} + \boldsymbol{K}\boldsymbol{x} = \boldsymbol{P}(t) \tag{8.2.4}$$

式中:一维列向量 $\boldsymbol{x}$ 、$\ddot{\boldsymbol{x}}$ 及 $\boldsymbol{P}(t)$ 分别是位移向量、加速度向量及激振力向量;二阶方矩阵 $\boldsymbol{M}$ 、$\boldsymbol{K}$ 分别为质量矩阵和刚度矩阵。

如果系统具有 n 个自由度,则矩阵 $\boldsymbol{M}$ 、$\boldsymbol{K}$ 都是 n 阶方阵,$\boldsymbol{x}$ 、$\ddot{\boldsymbol{x}}$ 及 $\boldsymbol{P}(t)$ 为 n 维向量,具体可写为

$$\begin{bmatrix} m_{11} & m_{12} & \cdots & m_{1n} \\ m_{21} & m_{22} & \cdots & m_{2n} \\ \vdots & \vdots & \vdots & \vdots \\ m_{n1} & m_{n2} & \cdots & m_{nn} \end{bmatrix}\begin{bmatrix} \ddot{x}_1 \\ \ddot{x}_2 \\ \vdots \\ \ddot{x}_n \end{bmatrix} + \begin{bmatrix} k_{11} & k_{12} & \cdots & k_{1n} \\ k_{21} & k_{22} & \cdots & k_{2n} \\ \vdots & \vdots & \vdots & \vdots \\ k_{n1} & k_{n2} & \cdots & k_{nn} \end{bmatrix}\begin{bmatrix} x_1 \\ x_2 \\ \vdots \\ x_n \end{bmatrix} = \begin{bmatrix} p_1(t) \\ p_2(t) \\ \vdots \\ p_n(t) \end{bmatrix} \tag{8.2.5}$$

刚度矩阵的元素 k_{ij} 和质量矩阵的元素 m_{ij} 都有明确的物理意义。

8.2.2　固有频率和主振型

1. 主振动

令 $\boldsymbol{P} = \boldsymbol{0}$,到如下的 n 自由度系统的自由振动方程:

$$\boldsymbol{M}\ddot{\boldsymbol{x}} + \boldsymbol{K}\boldsymbol{x} = \boldsymbol{0} \tag{8.2.6}$$

利用分离变量方法,假设系统的运动为

$$\boldsymbol{x} = \boldsymbol{\varphi} f(t) \tag{8.2.7}$$

其中,$f(t)$ 为表示运动规律的时间函数,$\boldsymbol{\varphi}$ 为常数列向量。将上式代入振动方程中,然后两边再左乘 $\boldsymbol{\varphi}^{\mathrm{T}}$,得

$$\boldsymbol{\varphi}^{\mathrm{T}} \boldsymbol{M} \boldsymbol{\varphi} \ddot{f}(t) + \boldsymbol{\varphi}^{\mathrm{T}} \boldsymbol{K} \boldsymbol{\varphi} f(t) = 0$$

上式又可写为

$$-\frac{\ddot{f}(t)}{f(t)} = \frac{\boldsymbol{\varphi}^{\mathrm{T}} \boldsymbol{K} \boldsymbol{\varphi}}{\boldsymbol{\varphi}^{\mathrm{T}} \boldsymbol{M} \boldsymbol{\varphi}} = \lambda \tag{8.2.8}$$

其中,λ 为常数。

由于在正定或半正定振动系统中,$\boldsymbol{M}$ 正定,$\boldsymbol{K}$ 正定或半正定,所以对于非零列向量 $\boldsymbol{\varphi}$ 有

$$\boldsymbol{\varphi}^{\mathrm{T}} \boldsymbol{M} \boldsymbol{\varphi} > 0, \quad \boldsymbol{\varphi}^{\mathrm{T}} \boldsymbol{K} \boldsymbol{\varphi} \geqslant 0 \tag{8.2.9}$$

这样,λ 只能是非负数,令

$$\lambda = \omega^2$$

其中,$\omega \geqslant 0$。显然,对正定系统必有 $\omega > 0$,而对半正定系统除了有 $\omega > 0$,还会有 $\omega = 0$ 的情况,从而可以得到

$$\ddot{f}(t) + \omega^2 f(t) = 0 \tag{8.2.10}$$

由该方程解得

$$\begin{aligned} f(t) &= a\sin(\omega t + \phi), \quad \omega > 0 \\ f(t) &= at + b, \quad \omega = 0 \end{aligned} \tag{8.2.11}$$

式中:a、b 及 ϕ 为常数。

归纳上述分析可知:正定系统只能出现形如 $\boldsymbol{x} = \boldsymbol{\varphi} a\sin(\omega t + \phi)$ 的运动,即系统在各个坐标上都按某一相同的频率及相位做简谐振动;半正定系统除了能出现上述形式的同步运动外,还能出现形如 $\boldsymbol{x} = \boldsymbol{\varphi}(at + b)$ 的运动,这是一种可以无限远离原平衡位置的刚体运动,系统不发生弹性变形。

2. 固有频率和主振型

如果把常数 a 并入 $\boldsymbol{\varphi}$ 的各元素内,主振动可设为

$$\boldsymbol{x} = \boldsymbol{\varphi} \sin(\omega t + \phi) \tag{8.2.12}$$

其中,$\boldsymbol{\varphi} = [\varphi_{\varepsilon 1} \quad \varphi_{\varepsilon 2} \quad \cdots \quad \varphi_{\varepsilon 4}]^{\mathrm{T}}$。将其代入振动方程中,得下列代数齐次方程组:

$$(\boldsymbol{K} - \omega^2 \boldsymbol{M}) \boldsymbol{\varphi} = \boldsymbol{0} \tag{8.2.13}$$

该方程组存在非零解 $\boldsymbol{\varphi}$ 的充分必要条件是系数行列式为零,即

$$|\boldsymbol{K} - \omega^2 \boldsymbol{M}| = 0 \tag{8.2.14}$$

该方程称为系统的特征方程,具体写为

$$\begin{vmatrix} k_{11} - \omega^2 m_{11} & k_{12} - \omega^2 m_{12} & \cdots & k_{1n} - \omega^2 m_{1n} \\ k_{21} - \omega^2 m_{21} & k_{22} - \omega^2 m_{22} & \cdots & k_{2n} - \omega^2 m_{2n} \\ \vdots & \vdots & \vdots & \vdots \\ k_{n1} - \omega^2 m_{n1} & k_{n2} - \omega^2 m_{n2} & \cdots & k_{nn} - \omega^2 m_{nn} \end{vmatrix} = 0 \tag{8.2.15}$$

式(8.2.15)左端的行列式展开后是关于 ω^2 的 n 次代数多项式,称为特征多项式,ω^2 称为

特征根或特征值。解出的 n 个特征值可以按升序排列为

$$0 < \omega_1^2 \leqslant \omega_2^2 \leqslant \cdots \leqslant \omega_n^2$$

显然特征值仅取决于系统本身的刚度、质量等物理参数。把第 i 个特征值的算术平方根称为第 i 阶固有频率。n 自由度系统有 n 个固有频率,这与单自由度系统是不同的。对于正定系统,全部固有频率都大于零。

满足特征方程的非零向量 $\boldsymbol{\varphi}$ 称为特征向量。记 $\boldsymbol{\varphi}_i$ 为对应于特征值 ω_i^2 的特征向量,系统共有 n 个特征向量,为求特征向量,将 $\omega^2 = \omega_i^2$ 代入特征方程,得

$$(\boldsymbol{K} - \omega_i^2\boldsymbol{M})\boldsymbol{\varphi}_i = \boldsymbol{0} \tag{8.2.16}$$

当 ω^2 不是特征多项式的重根时,式(8.2.16) n 个方程中有且只有一个是不独立的,不妨设最后一个不独立略去,并把 $\boldsymbol{\varphi}_i$ 中含有的某个元素(如 φ_{in})的项全部移到等式右端,得

$$(k_{11} - \omega_i^2 m_{11})\varphi_{\varepsilon i1} + \cdots + (k_{1,n-1} - \omega_i^2 m_{1,n-1})\varphi_{\varepsilon i(n-1)} = (k_{1n} - \omega_i^2 m_{1n})\varphi_{\varepsilon in}$$

$$\cdots\cdots\cdots\cdots$$

$$(k_{n-1,1} - \omega_i^2 m_{n-1,1})\varphi_{\varepsilon i1} + \cdots + (k_{n-1,n-1} - \omega_i^2 m_{n-1,n-1})\varphi_{\varepsilon i(n-1)} = (k_{n-1,n} - \omega_i^2 m_{n-1,n})\varphi_{\varepsilon in}$$

如果该方程组左端系数行列式不为0,可以解出用 $\varphi_{\varepsilon n}$ 表示的 $\varphi_{\varepsilon 1},\varphi_{\varepsilon 2},\cdots,\varphi_{\varepsilon(n-1)}$,否则应把含 φ_i 的另一个元素的项移到等号右端再解方程组。令 $\varphi_{\varepsilon in} = 1$,于是解得第 i 阶特征向量为 $\boldsymbol{\varphi}_i = [\varphi_{\varepsilon i1} \quad \varphi_{\varepsilon i2} \quad \cdots \quad \varphi_{\varepsilon i(n-1)} \quad 1]^{\mathrm{T}}$ 。$\varphi_{\varepsilon in}$ 的值也可以取任意非零常数 a_i ,这时将解得 $a_i\boldsymbol{\varphi}_i$,显然它也是第 i 阶特征向量。因此特征向量会有无数多个,但各元素间的比例是不变的,为此经常对特征向量做归一化处理。

将 $\varphi = a_i\varphi_i,\omega = \omega_i$ 代入所设主振动方程(8.2.12)并将 φ 改为 $\boldsymbol{\varphi}_i$,得到

$$\boldsymbol{x} = \boldsymbol{\varphi}_i a_i \sin(\omega_i t + \phi_i) \tag{8.2.17}$$

式(8.2.17)称为第 i 阶主振动。

系统在各个坐标上都将以第 i 阶固有频率 ω_i 作简谐振动,并且通过静平衡位置。将位移 x 的各个元素与 φ_i 的相应各元素相比,由式(8.2.17)可得

$$\frac{x_1}{\varphi_{\varepsilon i1}} = \frac{x_2}{\varphi_{\varepsilon i2}}\cdots = \frac{x_n}{\varphi_{\varepsilon in}} \tag{8.2.18}$$

可见第 i 阶特征向量 $\boldsymbol{\varphi}_i$ 中的一列元素就是系统做第 i 阶主振动时各个坐标上位移(或振幅)的相对比值,因此 $\boldsymbol{\varphi}_i$ 描述了系统做第 i 阶主振动时具有的振动形态。在振动中把 $\boldsymbol{\varphi}_i$ 称作第 i 阶主振型,主振型有时也称为固有振型或主模态。尽管各坐标上振幅的绝对值并没有确定,但是 $\boldsymbol{\varphi}_i$ 所表现的系统振动形态已经确定了。与固有频率一样,主振型仅取决于系统的质量矩阵、刚度矩阵等物理参数,主振型这一重要概念是单自由度系统所没有的。

当各阶主振型内下标 i 由 1 取到 n 时,就得到了系统的 n 个主振动,它们都满足固有振动方程,因此系统的固有振动是 n 个主振动的叠加,即

$$\begin{aligned} x(t) &= \varphi_1 a_1 \sin(\omega_1 t + \phi_1) + \varphi_2 a_2 \sin(\omega_2 t + \phi_2) + \cdots \varphi_n a_n \sin(\omega_n t + \phi_n) \\ &= \sum_{i=1}^{n} \varphi_i a_i \sin(\omega_i t + \phi_i) \end{aligned} \tag{8.2.19}$$

由于各个主振动的固有频率不相同,多自由度系统的固有振动一般不是简谐振动,甚

至不是周期振动。式(8.2.19)内含有 $2n$ 个待定常数,即 a_i,ϕ_i,它们可以由初始条件决定,从而可以得到多自由度系统自由振动的解。

矩阵 $(\boldsymbol{K}-\omega^2\boldsymbol{M})$ 称为特征矩阵,记为 $\boldsymbol{B}$ 或 $\boldsymbol{B}(\omega)$。当 ω_i^2 不是重特征根时,可以通过 $\boldsymbol{B}$ 的伴随矩阵 $\mathrm{adj}\boldsymbol{B}$ 求得相应的主振型 $\boldsymbol{\varphi}_i$。根据逆矩阵定义,有

$$\boldsymbol{B}^{-1}=\frac{1}{|\boldsymbol{B}|}\mathrm{adj}\boldsymbol{B} \tag{8.2.20}$$

式(8.2.20)两边左乘 $|\boldsymbol{B}|\boldsymbol{B}$ 得 $|\boldsymbol{B}|\boldsymbol{I}=\boldsymbol{B}\mathrm{adj}\boldsymbol{B}$。当 $\omega=\omega_j$ 时有

$$\boldsymbol{B}(\omega_i)\mathrm{adj}\boldsymbol{B}(\omega_i)=0 \tag{8.2.21}$$

比较式(8.2.21)与式(8.2.16)可知,$\mathrm{adj}\boldsymbol{B}(\omega_i)$ 的任意非零列都是第 i 阶主振型 $\boldsymbol{\varphi}_i$。

3. 模态的正交性

设两个固有频率 ω_i 和 ω_j 所对应的模态为 $\boldsymbol{\varphi}^{(i)}$ 和 $\boldsymbol{\varphi}^{(j)}$,它们均满足式(8.2.16),即

$$\boldsymbol{K}\boldsymbol{\varphi}^{(i)}=\omega_i^2\boldsymbol{M}\boldsymbol{\varphi}^{(i)} \tag{8.2.22}$$

$$\boldsymbol{K}\boldsymbol{\varphi}^{(j)}=\omega_j^2\boldsymbol{M}\boldsymbol{\varphi}^{(j)} \tag{8.2.23}$$

将式(8.2.22)各项转置后右乘 $\boldsymbol{\varphi}^{(j)}$,对称阵 $\boldsymbol{K}$ 和 $\boldsymbol{M}$ 转置前后不变,得

$$\boldsymbol{\varphi}^{(i)\mathrm{T}}\boldsymbol{K}\boldsymbol{\varphi}^{(j)}=\omega_i^2\boldsymbol{\varphi}^{(i)\mathrm{T}}\boldsymbol{M}\boldsymbol{\varphi}^{(j)} \tag{8.2.24}$$

对式(8.2.23)各项左乘 $\boldsymbol{\varphi}^{(i)\mathrm{T}}$ 得

$$\boldsymbol{\varphi}^{(i)\mathrm{T}}\boldsymbol{K}\boldsymbol{\varphi}^{(j)}=\omega_j^2\boldsymbol{\varphi}^{(i)\mathrm{T}}\boldsymbol{M}\boldsymbol{\varphi}^{(j)} \tag{8.2.25}$$

将式(8.2.24)与式(8.2.25)相减,得到

$$(\omega_i^2-\omega_j^2)\boldsymbol{\varphi}^{(i)\mathrm{T}}\boldsymbol{M}\boldsymbol{\varphi}^{(j)}=0 \tag{8.2.26}$$

当 $i\neq j$ 时 $\omega_i\neq\omega_j$,则有

$$\boldsymbol{\varphi}^{(i)\mathrm{T}}\boldsymbol{M}\boldsymbol{\varphi}^{(j)}=0,\quad i\neq j \tag{8.2.27}$$

将式(8.2.27)代入式(8.2.24)还可导出:

$$\boldsymbol{\varphi}^{(i)\mathrm{T}}\boldsymbol{K}\boldsymbol{\varphi}^{(j)}=0,\quad i\neq j \tag{8.2.28}$$

式(8.2.27)和式(8.2.28)分别表示不同固有频率的模态关于质量矩阵的正交性和关于刚度矩阵的正交性。

4. 主质量和主刚度

当 $i=j$ 时 $\omega_i=\omega_j$,式(8.2.26)恒成立,引入参数 M_{pi} 和 K_{pi} 为以下 $\boldsymbol{\varphi}^{(j)}$ 的二次型:

$$M_{pi}=\boldsymbol{\varphi}^{(i)\mathrm{T}}M\boldsymbol{\varphi}^{(i)},\quad K_{pi}=\boldsymbol{\varphi}^{(i)\mathrm{T}}K\boldsymbol{\varphi}^{(i)} \tag{8.2.29}$$

利用克罗内克符号可将正交性条件式(8.2.27)、式(8.2.28)和式(8.2.29)综合为

$$\boldsymbol{\varphi}^{(i)\mathrm{T}}\boldsymbol{M}\boldsymbol{\varphi}^{(j)}=\delta_{ij}M_{pi},\quad \boldsymbol{\varphi}^{(i)\mathrm{T}}\boldsymbol{K}\boldsymbol{\varphi}^{(j)}=\delta_{ij}K_{pi} \tag{8.2.30}$$

M_{pi} 和 K_{pi} 分别称作第 i 阶主质量和第 i 阶主刚度。利用式(8.2.24)导出固有频率与主质量和主刚度的关系式:

$$\omega_i=\sqrt{\frac{K_{pi}}{M_{pi}}},\quad i=1,2,\cdots,n \tag{8.2.31}$$

此关系式与单自由度系统的固有频率公式类似。

模态 $\boldsymbol{\varphi}^{(i)}$ 的各个元素乘同一因子时不改变模态的特征。令 $\boldsymbol{\varphi}^{(i)}$ 的每个常数乘以 $M_{pi}^{\frac{1}{2}}$,称为系统的第 i 阶简正模态,记作 $\boldsymbol{\varphi}_{\mathrm{N}}^{(i)}(i=1,2,3,\cdots,n)$。利用简正模态计算的主质

量等于 1,主刚度为本征值 ω_i^2 ,因此用简正模态表示的正交条件可写作:

$$\boldsymbol{\varphi}_{\mathrm{N}}^{(i)\mathrm{T}}\boldsymbol{M}\boldsymbol{\varphi}_{\mathrm{N}}^{(j)}=\delta_{ij},\quad \boldsymbol{\varphi}_{\mathrm{N}}^{(i)\mathrm{T}}\boldsymbol{K}\boldsymbol{\varphi}_{\mathrm{N}}^{(j)}=\delta_{ij}\omega_i^2,\quad i,j=1,2,\cdots,n \tag{8.2.32}$$

将各阶模态 $\boldsymbol{\varphi}^{(i)}(i=1,2,\cdots,n)$ 组成模态矩阵 $\boldsymbol{\Phi}$,各阶简正模态 $\boldsymbol{\varphi}_{\mathrm{N}}^{(i)}(i=1,2,\cdots,n)$ 组成简正模态矩阵 $\boldsymbol{\Phi}_{\mathrm{N}}$,得

$$\boldsymbol{\Phi}=(\boldsymbol{\varphi}^{(1)}\quad \boldsymbol{\varphi}^{(2)}\quad \cdots\quad \boldsymbol{\varphi}^{(n)}),\quad \boldsymbol{\Phi}_{\mathrm{N}}=(\boldsymbol{\varphi}_{\mathrm{N}}^{(1)}\quad \boldsymbol{\varphi}_{\mathrm{N}}^{(2)}\quad \cdots\quad \boldsymbol{\varphi}_{\mathrm{N}}^{(n)}) \tag{8.2.33}$$

则根据模态的正交性条件式(8.2.30)可导出:

$$\boldsymbol{\Phi}^{\mathrm{T}}\boldsymbol{M}\boldsymbol{\Phi}=\mathrm{diag}(M_{p1}M_{p2}\cdots M_{pn})=\boldsymbol{M}_p \tag{8.2.34}$$

$$\boldsymbol{\Phi}^{\mathrm{T}}\boldsymbol{K}\boldsymbol{\Phi}=\mathrm{diag}(K_{p1}K_{p2}\cdots K_{pn})=\boldsymbol{K}_p \tag{8.2.35}$$

式中: $\boldsymbol{M}_p$ 和 $\boldsymbol{K}_p$ 分别为主质量和主刚度排成的对角阵。

根据简正模态的正交性条件可导出:

$$\begin{cases}\boldsymbol{\Phi}_{\mathrm{N}}^{\mathrm{T}}\boldsymbol{M}\boldsymbol{\Phi}_{\mathrm{N}}=\boldsymbol{I}\\ \boldsymbol{\Phi}_{\mathrm{N}}^{\mathrm{T}}\boldsymbol{K}\boldsymbol{\Phi}_{\mathrm{N}}=\boldsymbol{\Lambda}\end{cases} \tag{8.2.36}$$

式中: $\boldsymbol{I}$ 为 n 阶单位阵; $\boldsymbol{\Lambda}$ 为 n 个本征值 $\omega_i^2(i=1,2,\cdots,n)$ 排成的对角阵,称作系统的本征值矩阵:

$$\boldsymbol{\Lambda}=\mathrm{diag}(\omega_1^2\omega_2^2\cdots\omega_n^2) \tag{8.2.37}$$

5. 模态叠加法

n 个模态 $\boldsymbol{\varphi}^{(i)}(i=1,2,\cdots,n)$ 的正交性表明它们是线性独立的,可构成 n 维空间的基。系统的任意 n 维自由振动可唯一地表示为各阶模态的线性组合,即

$$\boldsymbol{x}=\sum_{i=1}^{n}\boldsymbol{\varphi}^{(i)}x_{pi} \tag{8.2.38}$$

式(8.2.38)可认为是将系统的振动表示为 n 阶主振动的叠加。这种分析方法称为模态叠加法。式中 $x_{pi}=(i=1,2,\cdots,n)$ 是描述系统运动的另一类广义坐标,称为主坐标,各阶主坐标组成的列阵 $\boldsymbol{x}_p$ 为主坐标列阵:

$$\boldsymbol{x}_p=(x_{p1}\quad x_{p2}\quad \cdots\quad x_{p3})^{\mathrm{T}} \tag{8.2.39}$$

则式(8.2.38)可利用模态矩阵 $\boldsymbol{\Phi}$ 表示为

$$\boldsymbol{x}=\boldsymbol{\Phi}\boldsymbol{x}_p \tag{8.2.40}$$

对式(8.2.40)两端左乘 $\boldsymbol{\Phi}^{-1}$ 可得

$$\boldsymbol{x}_p=\boldsymbol{\Phi}^{-1}\boldsymbol{x} \tag{8.2.41}$$

其中, $\boldsymbol{\Phi}^{-1}$ 为模态矩阵的逆矩阵。由于 $\boldsymbol{\Phi}$ 的各列线性独立, $\boldsymbol{\Phi}$ 为非奇异, $\boldsymbol{\Phi}^{-1}$ 必存在。

令式(8.2.34)的两边左乘 $\boldsymbol{M}_p^{-1}$ 、右乘 $\boldsymbol{\Phi}^{-1}$,导出 $\boldsymbol{\Phi}^{-1}$ 的计算公式为

$$\boldsymbol{\Phi}^{-1}=M_p^{-1}\boldsymbol{\Phi}^{\mathrm{T}}M \tag{8.2.42}$$

将式(8.2.40)代入系统的动力学方程,令各项左乘 $\boldsymbol{\Phi}^{\mathrm{T}}$,并利用式(8.2.34)和式(8.2.35),可导出:

$$\boldsymbol{M}_p\ddot{\boldsymbol{x}}_p+\boldsymbol{K}_p\boldsymbol{x}_p=0 \tag{8.2.43}$$

由于 $\boldsymbol{M}_p$ 和 $\boldsymbol{K}_p$ 均为对角阵,因此利用主坐标建立的动力学方程(8.2.43)为完全解耦的方程组,相当于 n 个独立的单自由度系统,即

$$M_{pii}\ddot{x}_{pi} + K_{pii}x_{pi} = 0, \quad i = 1,2,\cdots,n \tag{8.2.44}$$

各方程的解是以 ω_i 为固有频率的各阶主振动：

$$x_{pi} = a_i\sin(\omega_i t + \theta_i), \quad i = 1,2,\cdots,n \tag{8.2.45}$$

$2n$ 个待定常数 a_i 和 θ_i 取决于实际的初始条件：

$$t = 0: \boldsymbol{x}_p(\boldsymbol{0}) = x_{0,} \dot{\boldsymbol{x}}(\boldsymbol{0}) = \dot{x}_0 \tag{8.2.46}$$

利用式(8.2.41)转化为主坐标 $\boldsymbol{x}_p$ 的初始条件,即

$$t = 0: \boldsymbol{x}_p(0) = \boldsymbol{\Phi}^{-1}\boldsymbol{x}_0, \dot{\boldsymbol{x}}_p(0) = \boldsymbol{\Phi}^{-1}\boldsymbol{x}_0 \tag{8.2.47}$$

方程组(8.2.44)满足条件(8.2.46)的解为

$$x_{pi} = x_{pi}(0)\cos\omega_i t + \frac{\dot{x}_{pi}(0)}{\omega_i}\sin\omega_i t \tag{8.2.48}$$

再利用式(8.2.40)变换为原坐标,即得到系统的自由振动规律。

也可利用简正模态矩阵 $\boldsymbol{\Phi}_\mathrm{N}$ 定义新的坐标,称为简正坐标,记作 $x_{\mathrm{N}i}(i = 1,2,\cdots,n)$，所组成列阵 $\boldsymbol{x}_\mathrm{N}$ 为简正坐标列阵：

$$\boldsymbol{x} = \boldsymbol{\Phi}_\mathrm{N}\boldsymbol{x}_\mathrm{N}, \boldsymbol{x}_\mathrm{N} = (x_{\mathrm{N}1} \quad x_{\mathrm{N}2} \quad \cdots \quad x_{\mathrm{N}n})^\mathrm{T} \tag{8.2.49}$$

将式(8.2.49)代入动力学方程,令各项左乘 $\boldsymbol{\Phi}_\mathrm{N}^{-1}$,并利用式(8.2.36)导出：

$$\ddot{\boldsymbol{x}}_\mathrm{N} + \boldsymbol{\Lambda}\boldsymbol{x}_\mathrm{N} = \boldsymbol{0} \tag{8.2.50}$$

所包含的解耦的动力学方程为

$$\ddot{x}_{pi} + \omega_i^2 x_{pi} = 0, \quad i = 1,2,\cdots,n \tag{8.2.51}$$

这等同于单自由度系统的自由振动方程。

将式(8.2.40)代入系统的动能和势能公式,并利用式(8.2.34)和式(8.2.35)化简得到

$$T = \frac{1}{2}\dot{\boldsymbol{x}}_p^\mathrm{T}\boldsymbol{\Phi}^\mathrm{T}\boldsymbol{M}\boldsymbol{\Phi}\dot{\boldsymbol{x}}_p = \frac{1}{2}\dot{\boldsymbol{x}}_p^\mathrm{T}\boldsymbol{M}_p\dot{\boldsymbol{x}}_p = \sum_{i=1}^{n}\frac{1}{2}M_{pi}\dot{x}_{pi}^2 \tag{8.2.52}$$

$$V = \frac{1}{2}\dot{\boldsymbol{x}}_p^\mathrm{T}\boldsymbol{\Phi}^\mathrm{T}\boldsymbol{K}\boldsymbol{\Phi}\dot{\boldsymbol{x}}_p = \frac{1}{2}\dot{\boldsymbol{x}}_p^\mathrm{T}\boldsymbol{K}_p\dot{\boldsymbol{x}}_p = \sum_{i=1}^{n}\frac{1}{2}K_{pi}\dot{x}_{pi}^2 \tag{8.2.53}$$

式(8.2.52)和式(8.2.53)表明,系统的动能或势能等于各阶主振动单独存在时系统的动能或势能之和。每一阶主振动的动能和势能在内部进行交换,总和保持不变,不同阶的主振动之间不能发生能量交换,从而对模态的正交性做出物理解释。

8.2.3 多自由度系统的受迫振动

多自由度系统的受迫振动方程可以表示为

$$\boldsymbol{M}\ddot{\boldsymbol{x}} + \boldsymbol{K}\boldsymbol{x} = \boldsymbol{F}_0\mathrm{e}^{\mathrm{i}\omega t} \tag{8.2.54}$$

式中：$\boldsymbol{x}$ 为复数阵列,其实部或虚部为实际广义坐标,分别为余弦或正弦激励的响应；ω 为激励频率；$\boldsymbol{F}_0$ 为广义激励力的幅值：

$$\boldsymbol{F}_0 = (F_{01} \quad F_{02} \quad \cdots \quad F_{0n})^\mathrm{T} \tag{8.2.55}$$

多自由度受迫振动方程的特解可写为

$$\boldsymbol{x} = \boldsymbol{X}\mathrm{e}^{\mathrm{i}\omega t} \tag{8.2.56}$$

其中，$\boldsymbol{X}$ 为各复数广义坐标的受迫振动复振幅组成的阵列，其形式为

$$X = (X_1 \quad X_2 \quad \cdots \quad X_n)^{\mathrm{T}} \tag{8.2.57}$$

将式(8.2.57)代入振动方程，可导出：

$$(\boldsymbol{K} - \omega^2\boldsymbol{M})\boldsymbol{X} = \boldsymbol{F}_0 \tag{8.2.58}$$

对式(8.2.58)做逆运算，将 $\boldsymbol{K} - \omega^2\boldsymbol{M}$ 的逆矩阵记作 $\boldsymbol{H} = (H_{ij})$ ，称为多自由度系统的复频响应矩阵。它是激励频率的函数，记作：

$$\boldsymbol{H}(\omega) = (\boldsymbol{K} - \omega^2\boldsymbol{M})^{-1} \tag{8.2.59}$$

则可得

$$\boldsymbol{X} = \boldsymbol{H}\boldsymbol{F}_0 \tag{8.2.60}$$

将其代入受迫振动方程的特解中可得到

$$\boldsymbol{x} = \boldsymbol{H}\boldsymbol{F}_0\mathrm{e}^{\mathrm{i}\omega t} \tag{8.2.61}$$

工程中将 $\boldsymbol{K} - \omega^2\boldsymbol{M}$ 称为系统的阻抗矩阵或动刚度矩阵。为了便于理解 $\boldsymbol{H}$ 矩阵的物理意义，将其写成分量形式：

$$X_i = \sum_{i=1}^{n} H_{ij}F_{0j} \tag{8.2.62}$$

因此矩阵 $\boldsymbol{H}$ 的各元素 H_{ij} 等于沿 j 坐标作用频率为 ω 的单位幅度简谐力，在沿 i 坐标所引起的受迫振动的复振幅，在工程中常可利用实验测出 H_{ij} 。

模态叠加法也可用于分析多自由度系统的受迫振动。将受迫振动解也写作模态的线性组合，即分解为各主坐标的解耦的受迫振动。为此，必须先计算系统的固有频率和模态，然后利用式(8.2.40)将受迫振动方程的实际坐标变换为模态坐标 x_p ，将各项左乘 $\boldsymbol{\Phi}^{\mathrm{T}}$ ，利用模态的正交性化简，得到

$$\boldsymbol{M}_p\ddot{\boldsymbol{x}}_p + \boldsymbol{K}_p\boldsymbol{x}_p = \boldsymbol{F}_p\mathrm{e}^{\mathrm{i}\omega t} \tag{8.2.63}$$

其中

$$\boldsymbol{F}_p = \boldsymbol{\Phi}^{\mathrm{T}}\boldsymbol{F}_0 = (F_{p1} \quad F_{p2} \quad \ldots \quad F_{pn})^{\mathrm{T}} \tag{8.2.64}$$

方程(8.2.63)由 n 个解耦的主受迫振动方程组成，即

$$M_{pj}\ddot{x}_{pj} + K_{pj}x_{pj} = F_{pj}\mathrm{e}^{\mathrm{i}\omega t}, \quad j = 1,2,\cdots,n \tag{8.2.65}$$

其中，$F_{pj} = \varphi^{(j)\mathrm{T}}\boldsymbol{F}_0$。

式(8.2.65)还可写作：

$$\ddot{x}_{pj} + \omega_j^2 x_{pj} = B_j\omega_j^2\mathrm{e}^{\mathrm{i}\omega t}, \quad j = 1,2,\cdots,n \tag{8.2.66}$$

其中

$$B_j = \frac{F_{pj}}{K_{pj}} = \frac{\varphi^{(j)\mathrm{T}}\boldsymbol{F}_0}{K_{pj}} \tag{8.2.67}$$

将式(8.2.66)与单自由度系统的受迫振动方程对比可知，主坐标的受迫振动方程等同于 n 个单自由度系统的受迫振动方程，其特解为

$$x_{pj} = \left(\frac{B_j}{1 - s_j^2}\right)\mathrm{e}^{\mathrm{i}\omega t} \tag{8.2.68}$$

其中，$s_j = \omega/\omega_j$ 为激励频率 ω 与第 j 阶固有频率 ω_j 之比。

将各主坐标的响应变换为原坐标，即得到实际系统对简谐激励的响应。将式

(8.2.67)和式(8.2.68)代入式(8.2.40),得到

$$\boldsymbol{x} = \boldsymbol{\Phi x}_p = \sum_{j=1}^{n} \boldsymbol{\varphi}^{(j)} x_{pj} = \sum_{j=1}^{n} \frac{\boldsymbol{\varphi}^{(j)} \boldsymbol{\varphi}^{(j)\mathrm{T}}}{K_{pj}(1 - s_j^2)} \boldsymbol{F}_0 \mathrm{e}^{\mathrm{i}\omega t} \tag{8.2.69}$$

将式(8.2.69)与式(8.2.61)比较可导出复频响应矩阵 $\boldsymbol{H}$ 的模态展开式为

$$\boldsymbol{H} = \sum_{j=1}^{n} \frac{\boldsymbol{\varphi}^{(j)} \boldsymbol{\varphi}^{(j)\mathrm{T}}}{K_{pj}(1 - s_j^2)} \tag{8.2.70}$$

当激励力频率 ω 与系统的第 k 阶固有频率 ω_k 的值接近时,第 k 阶主坐标的受迫振动幅值将急剧增大,导致第 k 阶频率的共振。系统具有 n 个不相等的固有频率时,可以出现 n 种不同频率的共振。利用 $\boldsymbol{H}$ 的模与激励频率 ω 之间的函数关系作出的幅频特性曲线具有 n 个共振峰。当共振的第 k 阶主坐标在实际振动中占主导地位时,可以近似地略去其他非共振的主坐标,此时可将式(8.2.69)近似地写为

$$x = \frac{\boldsymbol{\varphi}^{(k)} \boldsymbol{\varphi}^{(k)\mathrm{T}} \boldsymbol{F}_0}{K_{pk}(1 - s_k^2)} \mathrm{e}^{\mathrm{i}\omega t} \tag{8.2.71}$$

式(8.2.71)表明,当发生第 k 阶频率的共振时,各实际坐标 $x_i(i = 1,2,\cdots,n)$ 的振幅比值接近于系统的第 k 阶模态 $\varphi^{(k)}$ 。根据此现象可以采用共振实验方法近似地测量系统的各阶固有频率及相应的模态。

系统受到非简谐周期激励时可以将激励展开为傅里叶级数,求出各谐波分量引起的受迫振动解,然后利用线性常微分方程组的可叠加性,叠加得到各主坐标的受迫振动解。

8.2.4 系统对任意激励力的响应

受任意激励的系统的受迫振动方程为

$$\boldsymbol{M}\ddot{\boldsymbol{x}} + \boldsymbol{K}\boldsymbol{x} = \boldsymbol{F}(t) \tag{8.2.72}$$

其中, $\boldsymbol{F}(t)$ 为时间的任意函数,且有

$$\boldsymbol{F}(t) = [F_1(t) \quad F_2(t) \quad \cdots \quad F_n(t)]^{\mathrm{T}} \tag{8.2.73}$$

仍利用主振型叠加法,将其化为主坐标(模态坐标)的受迫振动方程:

$$\boldsymbol{M}_p \ddot{\boldsymbol{x}}_p + \boldsymbol{K}_p \boldsymbol{x}_p = \boldsymbol{F}_p(t) \tag{8.2.74}$$

其中, $\boldsymbol{F}_p(t)$ 为对主坐标的激励力,其形式为

$$\boldsymbol{F}_p(t) = \boldsymbol{\Phi}^{\mathrm{T}} \boldsymbol{F}(t) = [F_{p1}(t) \quad F_{p2}(t) \quad \cdots \quad F_{pn}(t)]^{\mathrm{T}} \tag{8.2.75}$$

主坐标受迫振动方程由 n 个解耦的主坐标受迫振动方程组成:

$$M_{pj} \ddot{x}_{pj} + K_{pj} x_{pj} = F_{pj}(t), \quad j = 1,2,\cdots,n \tag{8.2.76}$$

可利用杜哈梅积分求出各主坐标的受迫振动解 $\boldsymbol{x}_p(t) = [x_{pj}(t)]$ 。在零初始条件下其特解为

$$\boldsymbol{x}_p(t) = \int_0^t \boldsymbol{h}_p(\tau) \boldsymbol{F}_p(t - \tau) \mathrm{d}\tau \tag{8.2.77}$$

其中, $\boldsymbol{h}_p(t)$ 为以各主坐标的脉冲响应函数 $h_{pj}(j = 1,2,\cdots,n)$ 为元素的对角阵:

$$\boldsymbol{h}_p(t) = \mathrm{diag}[h_{p1}(t) \quad h_{p2}(t) \quad \cdots \quad h_{pn}(t)] \tag{8.2.78}$$

$$h_{pj}(t) = \frac{1}{M_{pj}\omega_j} \sin\omega_j t, \quad j = 1,2,\cdots,n \tag{8.2.79}$$

对主坐标进行逆变换，将 $\boldsymbol{x}=\boldsymbol{\Phi x}_p$，$\boldsymbol{F}_p=\boldsymbol{\Phi}^{\mathrm{T}}\boldsymbol{F}$ 代回式(8.2.77)导出：

$$\boldsymbol{x}(t)=\int_0^t \boldsymbol{h}(\tau)\boldsymbol{F}(t-\tau)\mathrm{d}\tau \tag{8.2.80}$$

其中

$$\boldsymbol{h}(t)=\boldsymbol{\Phi}h_p(t)\boldsymbol{\Phi}^{\mathrm{T}} \tag{8.2.81}$$

$\boldsymbol{h}=(h_{ij})$ 称为多自由度系统的脉冲响应矩阵，各元素 h_{ij} 表示沿 j 坐标的单位脉冲激励引起 i 坐标的暂态响应。脉冲响应矩阵 $\boldsymbol{h}(t)$ 与复频响应矩阵 $\boldsymbol{H}(\omega)$ 分别在时间域和频率域内描述多自由度系统的响应特性。它们互相构成傅里叶变换对：

$$\boldsymbol{H}(\omega)=\int_{-\infty}^{\infty} h(\tau)\mathrm{e}^{-\mathrm{i}\omega t}\mathrm{d}\tau \tag{8.2.82}$$

$$\boldsymbol{h}(t)=\frac{1}{2\pi}\int_{-\infty}^{\infty} H(\omega)\mathrm{e}^{\mathrm{i}\omega t}\mathrm{d}\omega \tag{8.2.83}$$

8.2.5 有阻尼的多自由度系统

任何实际的机械系统都不可避免地存在阻尼因素，如材料的结构阻尼、介质的黏性阻尼等。由于各种阻尼力机理复杂。难以给出恰当的数学表达。在阻尼力较小或激励远离系统的固有频率的情况下，可以忽略阻尼力的存在，近似地当作无阻尼系统。一般情况下，可将各种类型的阻尼都化作等效黏性阻尼。假定阻尼力为广义速度的线性函数：

$$Q_{di}=-\sum_{j=1}^{n} c_{ij}\dot{q}_j,\quad i=1,2,\cdots,n \tag{8.2.84}$$

其中，$c_{ij}(i,j=1,2,\cdots,n)$ 称为阻尼影响系数，其物理意义为系统仅沿第 j 坐标有单位速度时沿第 i 坐标施加的力。c_{ij} 在工程中可利用各种理论与经验公式算出，或直接由实验测定。在利用拉氏方程推导系统的动力学方程时，考虑阻尼力 $Q_{di}(i=1,2,\cdots,n)$ 的作用，可得到

$$\sum_{j=1}^{n}(m_{ij}\ddot{q}_j+c_{ij}\dot{q}_j+k_{ij}q_j)=Q_i,\quad i=1,2,\cdots,n \tag{8.2.85}$$

令 $Q_i=F_{i0}\mathrm{e}^{\mathrm{i}\omega t}$，$q_j$ 改用 x_j 表示，将式(8.2.85)写作矩阵形式，得到有阻尼多自由度系统的振动方程：

$$\boldsymbol{M\ddot{x}}+\boldsymbol{C\dot{x}}+\boldsymbol{Kx}=\boldsymbol{F}_0\mathrm{e}^{\mathrm{i}\omega t} \tag{8.2.86}$$

其中，$\boldsymbol{F}_0$ 定义为广义激励力的幅值，$\boldsymbol{C}=(c_{ij})$ 称作系统的阻尼矩阵，一般是正定或半正定的对称矩阵。阻尼矩阵为正定矩阵的阻尼，称作完全阻尼。

当阻尼较微弱时，可利用无阻尼系统的模态和主坐标，将式 $\boldsymbol{x}=\boldsymbol{\Phi x}_p$ 代入方程，使实际坐标 $\boldsymbol{x}$ 变换为主坐标 $\boldsymbol{x}_p$，再令各项左乘 $\boldsymbol{\Phi}^{\mathrm{T}}$ 后导出用主坐标描述的动力学方程：

$$\boldsymbol{M}_p\ddot{\boldsymbol{x}}_p+\boldsymbol{C}_p\dot{\boldsymbol{x}}_p+\boldsymbol{K}_p\boldsymbol{x}_p=\boldsymbol{F}_p\mathrm{e}^{\mathrm{i}\omega t} \tag{8.2.87}$$

其中，$\boldsymbol{M}_p$ 和 $\boldsymbol{K}_p$ 为主质量和主刚度的对角阵，$\boldsymbol{F}_p$ 的定义同式(8.2.64)，$\boldsymbol{C}_p$ 为坐标的阻尼矩阵，称作模态阻尼矩阵：

$$C_p=\boldsymbol{\Phi}^{\mathrm{T}}\boldsymbol{C\Phi}=\begin{bmatrix} c_{p11} & \cdots & c_{p1n} \\ & \vdots & \\ c_{pn1} & \cdots & c_{pnn} \end{bmatrix} \tag{8.2.88}$$

如果模态阻尼矩阵也为对角阵,则方程(8.2.87)可解耦,求解过程得到简化。作为一种特例,假定原坐标的阻尼矩阵 $\boldsymbol{C}$ 与质量矩阵 $\boldsymbol{M}$ 和刚度矩阵 $\boldsymbol{K}$ 之间有以下比例关系:

$$\boldsymbol{C} = a\boldsymbol{M} + b\boldsymbol{K} \tag{8.2.89}$$

其中, a 和 b 为常值比例系数。存在这种关系的阻尼称为比例阻尼。直接代入式(8.2.88)可以证实,比例阻尼对应的模态阻尼矩阵必为对角阵。将 c_{pjj} 记作 $C_{pj}(j = 1,2,\cdots,n)$, 称为第 j 阶模态阻尼,则可得到

$$\boldsymbol{C}_p = \mathrm{diag}(C_{p1} \quad C_{p2}\cdots C_{pn}) \tag{8.2.90}$$

虽然工程问题中大多数实际阻尼的模态阻尼矩阵不是对角阵,但考虑到阻尼本身的机理尚不明确,为简化计算,也可将矩阵 $\boldsymbol{C}_p$ 中的非对角元素全部近似地略去,简化称为式(8.2.90)的对角阵。则方程(8.2.86)也能近似地解耦为 n 个独立的主坐标微分方程:

$$M_{pjj}\ddot{x}_{pj} + C_{pjj}\dot{x}_{pj} + K_{pjj}x_{pj} = F_{pj}\mathrm{e}^{\mathrm{i}\omega t}, \quad j = 1,2,\cdots,n \tag{8.2.91}$$

其标准形式写作:

$$\ddot{x}_{pj} + 2\zeta_j\omega_j\dot{x}_{pj} + \omega_j^2 x_{pj} = B_j\omega_j^2\mathrm{e}^{\mathrm{i}\omega t}, \quad j = 1,2,\cdots,n \tag{8.2.92}$$

其中, B_j 定义同式(8.2.67), ζ_j 为第 j 阶模态的阻尼比,可通过试验方法测出:

$$B_j = \frac{F_{pj}}{K_{pjj}}, \quad \zeta_j = \frac{C_{pjj}}{2\omega_j M_{pjj}} \tag{8.2.93}$$

去除激励项,即得到有阻尼系统的自由振动方程:

$$\ddot{x}_{pj} + 2\zeta_j\omega_j\dot{x}_{pj} + \omega_j^2 x_{pj} = 0, \quad j = 1,2,\cdots,n \tag{8.2.94}$$

于是多自由度有阻尼系统的自由振动或受迫振动的分析方法与单自由度有阻尼系统完全相同。

8.3 连续弹性体的振动

前面讨论的振动系统是单自由度或多自由度系统。它们是由有限个无弹性的质量块和无质量的弹簧、阻尼器组成的离散系统,是理想的振动系统。这种系统在时间上是连续变化的,但在空间上是有限的。其动力学方程为常微分方程。实际的工程一般都没有这么简单,其结构通常由具有分布的质量、分布的弹性和分布的阻尼组成。这种具有连续分布的质量、弹性和阻尼的系统称为连续系统。连续系统除在时间上是连续的,在空间分布上也是连续的,因此具有无限多个自由度,其动力学方程为偏微分方程。一般的求解比较困难,通常是通过离散化的方法将无穷维的问题化成有限维的问题,然后再进行求解。常用的是有限元或有限差分的数值解法。对于一些相对简单的情况,可通过解析的途径求解。在这类解析的途径中,通常首先要采用分离变量的方法将空间和时间独立开来,进而将偏微分方程化为常微分方程。

下面重点分析杆压缩拉伸变形的纵向振动和梁弯曲变形的横向振动。

8.3.1 杆的纵向振动

讨论等截面细直杆的纵向振动。设杆长为 l ,截面积为 S (图 8.3.1),材料的密度和弹性模量为 ρ 和 E 。假定振动过程中各横截面仍保持为平面,并忽略因纵向振功引起的

横向变形。以杆的纵轴为 x 轴，并设杆上在坐标 x 的任一截面处的位移为 $u(x,t)$，它是 x 和 t 的函数，纵向弹性力 F 与应变 $\varepsilon=\partial u/\partial x$ 成正比：

$$F=ES\varepsilon=ES\frac{\partial u}{\partial x} \qquad (8.3.1)$$

在截面 $x+\mathrm{d}x$ 处的位移为 $u+(\partial u/\partial x)\mathrm{d}x$，弹性力为 $F+(\partial F/\partial x)\mathrm{d}x$。厚度为 $\mathrm{d}x$ 的微元体的惯性力为 $\rho S\mathrm{d}x(\partial^2u/\partial t^2)$。利用达朗伯原理列出此微元体沿 x 方向的动力学方程为

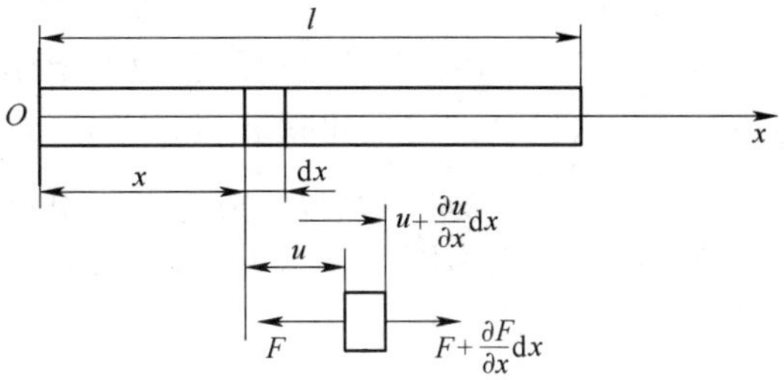

图 8.3.1　等截面细直杆的纵向振动

$$\rho S\mathrm{d}x\frac{\partial^2u}{\partial t^2}=\left(F+\frac{\partial F}{\partial x}\mathrm{d}x\right)-F \qquad (8.3.2)$$

将式(8.3.1)代入式(8.3.2)，化作：

$$\frac{\partial^2u}{\partial t^2}=a^2\frac{\partial^2u}{\partial x^2} \qquad (8.3.3)$$

称作一维波动方程。其中参数 a 为

$$a=\sqrt{\frac{E}{\rho}} \qquad (8.3.4)$$

进一步分析可知 a 为弹性纵波沿杆的纵向传播速度。

它是一个偏微分方程，为了有效求解，利用分离变量法将位移变量分解成两个分别时间和空间的独立变量的乘积，即

$$u(x,t)=\varphi(x)q(t) \qquad (8.3.5)$$

将其代入方程(8.3.3)，得到

$$\frac{\ddot{q}(t)}{q(t)}=a^2\frac{\varphi''(x)}{\varphi(x)} \qquad (8.3.6)$$

由于式(8.3.6)左边与 x 无关，右边与 t 无关，因此只可能为常数 C。设 C 为负数，记作 $C=-\omega^2$，则从方程(8.3.6)可化为关于分离开的两个变量的两个线性常微分方程为

$$\ddot{q}(t)+\omega^2q(t)=0 \qquad (8.3.7)$$

$$\varphi''(x)+\left(\frac{\omega}{a}\right)^2\varphi(x)=0 \qquad (8.3.8)$$

由方程(8.3.7)可知，C 为负数时是合理的，否则解 $q(t)$ 将趋于无穷。方程(8.3.7)与单自由度线性振动方程相同，通解为

$$q(t)=A\sin(\omega t+\theta) \qquad (8.3.9)$$

是以 ω 为固有频率的简谐振动。方程(8.3.8)的解确定杆纵向振动的形态，称为模态。一般形式为

$$\varphi(x)=C_1\sin\frac{\omega x}{a}+C_2\cos\frac{\omega x}{a} \qquad (8.3.10)$$

积分常数 C_1 和 C_2 及频率参数 ω 可由杆的边界条件确定。与有限自由度系统不同，连续系统的模态 $\varphi(x)$ 为坐标的连续函数，即模态函数。由于是表示各坐标振幅的相对比值，

模态函数内可包含一个任意常数。由频率方程确定的固有频率有无穷多个，记作 $\omega_i(i=1,2,\cdots)$。将第 i 个频率对应的模态函数记作 $\varphi_i(x)(i=1,2,\cdots)$，并将式(8.3.9)和式(8.3.10)代入式(8.3.5)，可得到以 ω_i 为固有频率、$\varphi_i(x)$ 为模态函数的第 i 阶主振动：

$$u^{(i)}(x,t)=A_i\varphi_i(x)\sin(\omega_i t+\theta_i),\quad i=1,2,\cdots \tag{8.3.11}$$

式(8.3.11)与多自由度系统的主振动在形式上完全一致。系统的自由振动由无穷多个主振动的叠加而成，即

$$u(x,t)=\sum_{i=1}^{\infty}A_i\varphi_i(x)\sin(\omega_i t+\theta_i) \tag{8.3.12}$$

其中，积分常数 A_i 和 $\theta_i(i=1,2,\cdots)$ 由系统的初始条件确定。

下面分几种常见的边界条件讨论固有频率和模态函数。

1. 两端固定的情况

$$u(0,t)=\varphi(0)q(t)=0,u(l,t)=\varphi(l)q(t)=0 \tag{8.3.13}$$

由于其中 $q(t)$ 不能恒为零，则此条件化为

$$\varphi(0)=0,\varphi(l)=0 \tag{8.3.14}$$

将式(8.3.10)代入此条件，并且由于 $\varphi(x)$ 不能恒为零，导出 $C_2=0$，及

$$\sin\frac{\omega l}{a}=0 \tag{8.3.15}$$

此即杆纵向振动的频率方程，它类似于多自由度系统的频率方程，但所确定的固有频率有无穷多个：

$$\omega_i=\frac{i\pi a}{l},\quad i=1,2,\cdots \tag{8.3.16}$$

将式(8.3.16)代入式(8.3.10)，令任意常数 $C_1=1$，导出对应第 i 阶固有频率 ω_i 的第 i 阶模态函数为

$$\varphi_i(x)=\sin\frac{i\pi x}{l},\quad i=0,1,2,\cdots \tag{8.3.17}$$

由于零固有频率 $\omega_0=0$ 对应的模态函数为零，因此将零固有频率除去。

2. 两端自由的情况

由边界条件：

$$ES\frac{\partial u(0,t)}{\partial x}=0,ES\frac{\partial u(l,t)}{\partial x}=0 \tag{8.3.18}$$

可得

$$\phi'(0)=0,\phi'(l)=0 \tag{8.3.19}$$

导出 $C_1=0$。频率方程和固有频率分别与式(8.3.15)和式(8.3.16)完全相同。

令 $C_2=1$，导出模态函数为

$$\varphi_i(x)=\cos\frac{i\pi x}{l},\quad i=0,1,2,\cdots \tag{8.3.20}$$

其中零固有频率对应的常值模态为杆的纵向刚性位移。

3. 一端自由一端固定的情况

根据边界条件可得

$$\varphi(0)=0,\varphi'(l)=0 \tag{8.3.21}$$

导出 $C_2=0$ 及频率方程为

$$\cos\frac{\omega l}{a}=0 \tag{8.3.22}$$

解得固有频率和相应的模态函数为

$$\omega_i=\left(\frac{2i-1}{2}\right)\frac{\pi a}{l},\quad i=1,2,\cdots \tag{8.3.23}$$

$$\varphi_i(x)=\sin\left(\frac{2i-1}{2}\frac{\pi}{l}x\right),\quad i=1,2,\cdots \tag{8.3.24}$$

4. 一端固定一端自由且有附加质量的情况

一端固定一端自由且有附加质量的杆的示意图如图 8.3.2 所示。杆的自由端有质量 m_0 时,轴向力应等于质量块纵向振动的惯性力。边界条件写为

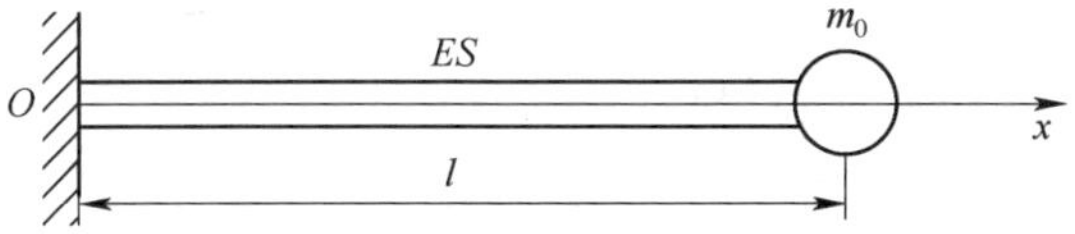

图 8.3.2　一端固定一端自由且有附加质量的杆的示意图

$$u(0,t)=0,ES\frac{\partial u(l,t)}{\partial x}=-m_0\frac{\partial u^2(l,t)}{\partial t^2} \tag{8.3.25}$$

可化为

$$\varphi(0)=0,ES\varphi'(l)=m_0\omega^2\varphi(l) \tag{8.3.26}$$

导出 $C_2=0$ 及频率方程:

$$\frac{ES}{a}\cos\frac{\omega l}{a}=m_0\omega\sin\frac{\omega l}{a} \tag{8.3.27}$$

可化为

$$\frac{\omega l}{a}\tan\frac{\omega l}{a}=\frac{l}{\alpha} \tag{8.3.28}$$

式中:$\alpha=m_0/m$ 为质量块与杆的质量比;$m=\rho Sl$ 为杆的质量。

利用数值方法或作图法可解出此方程,得到频率 $\omega_i(i=1,2,\cdots)$ 。相应的模态函数为

$$\varphi_i(x)=\sin\frac{\omega_i x}{a},\quad i=1,2,\cdots \tag{8.3.29}$$

由于数学模型相同,以上在各种边界条件下导出的固有频率和模态函数也完全适用于弦的横向振动、杆的扭转振动和剪切振动等物理性质不同但数学规律相同的振动。

8.3.2　梁的弯曲振动

讨论细直梁的弯曲振动,将变形时梁的轴线,即各截面形心连成的直线取为 x 轴。设梁具有对称平面,将对称面内与 x 轴垂直的方向取作 y 轴。

梁在对称平面内作弯曲振动时,梁的轴线只有横向位移 $w(x,y)$ 。在以下讨论中不

考虑剪切变形和截面绕中性轴转动对弯曲振动的影响,梁的这种模型称为欧拉-伯努利梁。设梁的长度为 l,材料密度和弹性模量分别为 ρ 和 E,截面积和截面二次矩为 $S(x)$ 和 $I(x)$,$\rho_l(x)=\rho S(x)$ 为单位长度质量,$EI(x)$ 为梁的抗弯刚度。作用在梁上的分布载荷为 $f(x,t)$ 。厚度为 dx 的微元体的受力状况如图 8.3.3 所示,其中 F_Q 和 M 分别表示剪力和弯矩,箭头指向为正方向。利用达朗贝尔原理列出微元体沿 y 方向的动力学方程:

$$\rho_l(x)\mathrm{d}x\frac{\partial^2 w}{\partial t^2}=F_Q-\left(F_Q+\frac{\partial F_Q}{\partial x}\mathrm{d}x\right)+f(x,t)\mathrm{d}x \tag{8.3.30}$$

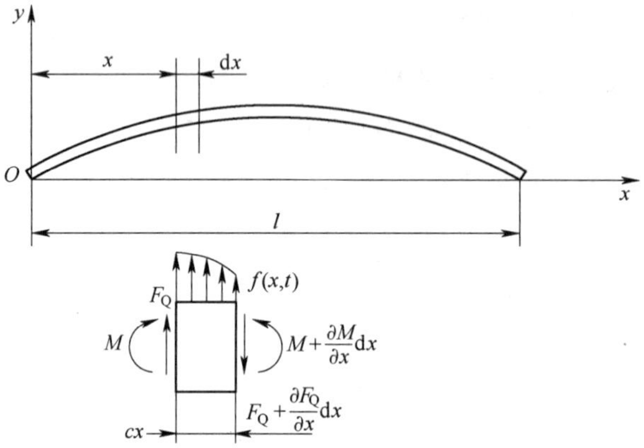

图 8.3.3 梁的弯曲振动

不考虑剪切变形和截面转动的影响时,微元体满足力矩平衡条件,以右截面任意点为矩心列出:

$$\left(M+\frac{\partial M}{\partial x}\mathrm{d}x\right)-M-F_Q\mathrm{d}x-f(x,t)\mathrm{d}x\frac{\mathrm{d}x}{2}=0 \tag{8.3.31}$$

略去高阶小量,得

$$F_Q=\frac{\partial M}{\partial x} \tag{8.3.32}$$

根据截面内的应力应变关系及平衡关系,得弯矩与挠度的关系为

$$M(x,t)=EI(x)\frac{\partial^2 w(x,t)}{\partial x^2} \tag{8.3.33}$$

将式(8.3.33)代入式(8.3.32)后再代入式(8.3.30)中,可得到梁的弯曲振动方程为

$$\frac{\partial^2}{\partial x^2}\left[EI(x)\frac{\partial^2 w(x,t)}{\partial x^2}\right]+\rho_l(x)\frac{\partial^2 w(x,t)}{\partial t^2}=f(x,t) \tag{8.3.34}$$

对于等截面梁,则有

$$EI(x)\frac{\partial^4 w(x,t)}{\partial x^4}+\rho_l(x)\frac{\partial^2 w(x,t)}{\partial t^2}=f(x,t) \tag{8.3.35}$$

此方程含对空间变量 x 的四阶偏导数和对时间变量 t 的二阶偏导数,求解时必须列出 4 个边界条件和 2 个初始条件。

对于梁的自由振动,有 $f(x,t)=0$,则方程化为

$$\frac{\partial^2}{\partial x^2}\left[EI(x)\frac{\partial^2 w(x,t)}{\partial x^2}\right]+\rho_l(x)\mathrm{d}x\frac{\partial^2 w(x,t)}{\partial t^2}=0 \tag{8.3.36}$$

将方程的解分离变量，写为

$$w(x,t)=\varphi(x)q(t) \tag{8.3.37}$$

将其代入方程(8.3.36)中，得到

$$\frac{\ddot{q}(t)}{q(t)}=-\frac{[EI(x)\varphi''(x)]''}{\rho_l(x)\varphi(x)} \tag{8.3.38}$$

式(8.3.38)的左边与 x 无关，右边与 t 无关，只可能都等于常数，记作 $-\omega^2$，则得

$$\ddot{q}(t)+\omega^2 q(t)=0 \tag{8.3.39}$$

$$[EI(x)\varphi''(x)]''-\omega^2\rho_l(x)\varphi(x)=0 \tag{8.3.40}$$

方程(8.3.39)为单自由度线性振动方程，其通解为

$$q(t)=a\sin(\omega t+\theta) \tag{8.3.41}$$

方程(8.3.40)为变系数微分方程，除少时特殊情况外得不到解析解。对于等截面梁，ρ_l 为常数，则可将其简化为常系数微分方程：

$$\varphi^{(4)}(x)-\beta^4\varphi(x)=0 \tag{8.3.42}$$

其中

$$\beta^4=\frac{\rho_l}{EI}\omega^2 \tag{8.3.43}$$

常系数微分方程的解确定梁弯曲振动的模态函数，设其一般形式为

$$\varphi(x)=\mathrm{e}^{\lambda x} \tag{8.3.44}$$

代入常微分方程中，可导出本征方程：

$$\lambda^4-\beta^4=0 \tag{8.3.45}$$

4 个本征值为 $\pm\beta$，$\pm\mathrm{i}\beta$，对应 4 个线性独立的解 $\mathrm{e}^{\pm\beta x}$ 和 $\mathrm{e}^{\pm\mathrm{i}\beta x}$，由于

$$\mathrm{e}^{\pm\beta x}=\mathrm{ch}\beta x\pm\mathrm{sh}\beta x,\quad \mathrm{e}^{\pm\mathrm{i}\beta x}=\cos\beta x\pm\mathrm{i}\sin\beta x \tag{8.3.46}$$

也可将 $\cos\beta x,\sin\beta x,\mathrm{ch}\beta x,\mathrm{sh}\beta x$ 作为基础解系，将方程(8.3.42)的通解写为

$$\varphi(x)=C_1\cos\beta x+C_2\sin\beta x+C_3\mathrm{ch}\beta x+C_4\mathrm{sh}\beta x \tag{8.3.47}$$

积分常数 $C_j(j=1,2,3,4)$ 及参数 ω 应满足的频率方程由梁的边界条件确定。可解出无穷多个固有频率及对应的模态函数，构成系统的第 i 个主振动：

$$w^{(i)}(x,t)=a_i\varphi_i(x)\sin(\omega_i t+\theta_i),\quad i=1,2,\cdots \tag{8.3.48}$$

系统的自由振动是无穷多个主振动的叠加，即

$$w(x,t)=\sum_{i=1}^{n}a_i\varphi_i(x)\sin(\omega_i t+\theta_i) \tag{8.3.49}$$

其中，积分常数和 θ_i 由系统的初始条件决定。

梁的典型边界条件有以下几种，分别为固定端、简支端、自由端。体现在模态函数中，其形式如下：

1. 固定端

固定端处梁的挠度 w 和转角 $\partial w/\partial x$ 均等于零，即

$$\varphi(x_0)=0,\quad \varphi'(x_0)=0,\quad x_0=0\text{ 或 }l \tag{8.3.50}$$

2. 简支端

简支端处梁的挠度 w 和弯矩 M 等于零，可利用弯矩与挠度的关系写出：

$$\varphi(x_0)=0,\varphi''(x_0)=0,\quad x_0=0\text{ 或 }l \tag{8.3.51}$$

3. 自由端

自由端处梁的弯矩 M 和剪力 F_Q 均等于零,可利用式(8.3.32)和式(8.3.33)写出:

$$\varphi''(x_0)=0,\varphi'''(x_0)=0,\quad x_0=0\text{ 或 }l \tag{8.3.52}$$

在考虑梁受外界激励 $f(x,t)$ 下的强迫振动时,重写振动方程(等截面梁)为

$$EI\frac{\partial^2}{\partial x^2}\left[\frac{\partial^2 w(x,t)}{\partial x^2}\right]+\rho_l\frac{\partial^2 w(x,t)}{\partial t^2}=f(x,t)$$

可将其响应按各阶振型进行分解,即将挠度响应写成各阶振型的叠加形式:

$$w(x,t)=\sum_{i=1}^{n}\varphi_i(x)T_i(t) \tag{8.3.53}$$

将其代入前述的受迫振动方程中(考虑等截面梁),得

$$EI\sum_{i=1}^{n}\varphi_i^{(4)}(x)T_i(t)+\rho_l\sum_{i=1}^{n}\varphi_i(x)\ddot{T}_i(t)=f(x,t) \tag{8.3.54}$$

即

$$\sum_{i=1}^{n}\rho_l\omega_i^2\varphi_i(x)T_i(t)+\rho_l\sum_{i=1}^{n}\varphi_i(x)\ddot{T}_i(t)=f(x,t) \tag{8.3.55}$$

或

$$\rho_l\sum_{i=1}^{n}\varphi_i(x)[\ddot{T}_i(t)+\omega_i^2T_i(t)]=f(x,t) \tag{8.3.56}$$

方程(8.3.56)两边同时乘以 $\varphi_j(x)\ j=1,2,\cdots$ 并沿长度方向积分,得

$$\int_0^L\rho_l\varphi_j(x)\sum_{i=1}^{n}\varphi_i(x)[\ddot{T}_i(t)+\omega_i^2T_i(t)]\mathrm{d}x=\int_0^L\varphi_j(x)f(x,t)\mathrm{d}x \tag{8.3.57}$$

利用振型的正交性,可得

$$[\ddot{T}_i(t)+\omega_i^2T_i(t)]=\frac{\int_0^L\varphi_i(x)f(x,t)\mathrm{d}x}{\int_0^L\rho_l\kappa_i(x)\varphi_i(x)\mathrm{d}x},\quad i=1,2,\cdots \tag{8.3.58}$$

或

$$\ddot{T}_i(t)+\omega_i^2T_i(t)=q_i(t),\quad i=1,2,\cdots \tag{8.3.59}$$

其中,$q_i(t)=\dfrac{\int_0^L\varphi_i(x)f(x,t)\mathrm{d}x}{\int_0^L\rho_l\varphi_i(x)\varphi_i(x)\mathrm{d}x}$ 为第 i 阶模态(振型)的广义力。

对于初始条件:

$$w(x,0)=\xi_1(x),\quad \left.\frac{\partial w}{\partial t}\right|_{t=0}=\xi_2(x) \tag{8.3.60}$$

将式(8.3.53)两边乘以 $\rho_l\psi_i(x)$ 并沿梁长 x 方向积分,可得

$$
\begin{aligned}
T_i(0) &= \int_0^l \rho_l \xi_1(x)\varphi_i(x)\,\mathrm{d}x \\
\dot{T}_i(0) &= \int_0^l \rho_l \xi_2(x)\varphi_i(x)\,\mathrm{d}x
\end{aligned}
\tag{8.3.61}
$$

式(8.3.61)为第 i 阶模态的初始条件,所以式(8.3.59)的解为

$$
T_i(t) = T_i(0)\cos(\omega_i t) + \frac{\dot{T}_i(0)}{\omega_i}\sin(\omega_i t) + \frac{1}{\omega_i}\int_0^t q_i(\tau)\sin[\omega_i(t-\tau)]\,\mathrm{d}\tau
\tag{8.3.62}
$$

将如式(8.3.62)的各个模态的响应代入式(8.3.53)可以得到梁在初始条件下对任意激励力的响应。

8.4 微结构弹性体的振动

上述给出的振动分析针对的都是宏观系统,其理论基础是牛顿力学,因此,对于大多数微米尺度的结构,其分析方法也是适用的。但不能简单地将其移植到微结构系统的分析中。对于微结构系统必须考虑微米尺度的特殊情况。微米尺度的特殊性一般包括以下几个方面:①微结构系统气体阻尼的特殊性;②微结构梁弹性刚度尺度效应的特殊性;③微系统中机电耦合的特殊性。

气体阻尼的特殊性主要体现在结构上。对于一个结构来说,气体对结构的阻尼属于面力,物体质量的作用属于体力。对于宏观结构来说,体力的作用要强于面力的作用。因此在宏观结构分析中,结构质量的作用不能忽略,气体阻尼的作用往往可以忽略。但对于微观结构来说,面力的作用强于体力的作用。因此,气体阻尼的作用不能忽略。即使是真空封装的结构,由于达不到绝对的真空,故气体阻尼的作用也是很显著的。

弹性梁刚度尺度效应的特殊性主要体现在材料上。由于结构的尺度已接近材料的颗粒尺度,因此经典连续介质力学的理论不再适用。在材料的本构关系中,除了应力应变的作用外,应变梯度和应力力偶矩的作用也很显著。微尺度结构中材料的弹性模量相对宏观尺度有了很大变化,表现出明显的尺度效应。

机电耦合的特殊性主要体现在系统上。在微结构系统中很难直接施加上机械力,更无法通过纯机械的手段对其实施控制。无论是对系统的驱动,还是对结构变形的测量识别,往往都是采用电的手段。因此,通常的微结构系统都是机电结合的微机电系统。针对不同的结构和不同的材料,机电作用力的形式也不同。通常情况下会表现出耦合的作用,如电容力的作用、压电效应力的作用等都是机电耦合的。

微结构梁弹性刚度尺度效应将在后面专门论述。本节主要对微结构系统气体阻尼和微系统中机电耦合的影响进行分析和论述。

8.4.1 微结构系统的气体阻尼

1. 纳维-斯托克斯(N-S)方程

在前面介绍的连续介质力学基本方程的基础上,考虑牛顿流体的黏性本构关系和理想气体的状态方程,可以得到流体力学的纳维-斯托克斯方程(简称 N-S 方程):

$$
\begin{cases}
\dfrac{\partial\rho}{\partial t} + \nabla\cdot(\rho v) = 0 \\
\rho\dfrac{\mathrm{D}}{\mathrm{D}t}\boldsymbol{v} = -\nabla p + \nabla\cdot\boldsymbol{\tau} + \boldsymbol{f} \\
\rho c_V\dfrac{\mathrm{D}}{\mathrm{D}t}T = -p\nabla\cdot\boldsymbol{v} + \nabla\cdot[k\nabla T] + \phi \\
p = \rho RT
\end{cases}
\tag{8.4.1}
$$

式中：ρ 为质量密度；$\boldsymbol{v}$ 为速度矢量；$\boldsymbol{f}$ 为外力；p 为压力；$\boldsymbol{\tau}=\mu[\nabla\boldsymbol{v}+(\nabla\boldsymbol{v})^{\mathrm{T}}]+\xi(\nabla\cdot\boldsymbol{v})\boldsymbol{I}$ 为黏性应力张量，其中，$\boldsymbol{I}$ 为单位张量，μ 和 ξ 分别为第一和第二黏性系数；k 为热传导系数；T 为温度；c_V 为定容比热容；$\phi=\tau\cdot\nabla\boldsymbol{v}$ 为耗散函数；R 为理想气体常数；∇ 为哈密顿微分算子。

气固边界（壁面）上应考虑稀薄气体滑移的边界条件，其壁面滑移速度形式如下：

$$
\Delta u = u_g - u_w = L_s \left.\frac{\partial u}{\partial y}\right|_w \tag{8.4.2}
$$

式中：u_g 为壁面处流体的速度；u_w 为壁面的速度；L_s 为恒定滑移长度；$\dfrac{\partial u}{\partial y}$ 为壁面处速度梯度。

2. 雷诺方程及压膜阻尼

在 MEMS 中，当两个微纳结构面（如两个平行平板）做相对横向运动（如两个运动着的结构面相互靠近或一个运动着的结构面向固定面靠近）时，其间的气体受到挤压而表现出一种阻尼效应，这种阻尼称作压膜阻尼。在微尺度下，许多 MEMS 微结构中都不可避免地存在着压膜阻尼作用，如微谐振器、微加速计、微镜等。这种阻尼力来源于气膜的压力，因此，若想有效地分析出这种阻尼压力，需建立关于气膜压力的动力学方程。因它是属于窄膜空间的流体，这种关系将由描述窄膜流动特性的雷诺方程给出。压膜阻尼对 MEMS 微结构的动态特性的影响很大：阻尼越大，则机械噪声越大；阻尼越大，其系统的品质因子就越小。

对于窄膜流动，N-S 方程可以简化为雷诺方程。在窄膜流动中，由于其雷诺数较小，膜厚也较小，因此，N-S 方程中的惯性项可以忽略，即 $\rho\dfrac{\mathrm{D}v}{\mathrm{D}t}=0$。同时，由于膜厚比较小，可忽略平板法向的压力变化，即 $p(x,y)=p(x)$。法向的速度相对流向速度也可以忽略，即 $v_y=0$。同时由于流向方向的速度沿流向变化与沿法向的变化相比较小，也可忽略，即 $\dfrac{\partial u}{\partial x}=0$。$x$ 是流向方向坐标，y 是法线方向坐标。考虑间隔充分小的两个单位宽度板间题，如图 8.4.1 所示。上平板和下平板间成一很小的角度，下平板以速度 U_0 从左向右运动。假设板长 L 远远大于板间距 h_0，倾角 α 很小，还假设板宽 W 远大于 h_0，板只在 x 方向运动。因此，流动是 (x,y) 平面上的二维运动。从而，可将 N-S 方程简化为如下形式的流向动量方程：

$$
\frac{\mathrm{d}p}{\mathrm{d}x} = \mu\frac{\partial^2 u}{\partial y^2} \tag{8.4.3}
$$

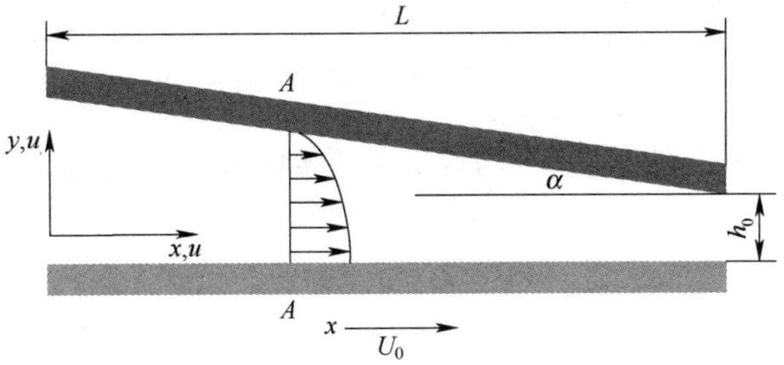

图 8.4.1　窄薄膜问题的示意图

由于 $\frac{\mathrm{d}p}{\mathrm{d}x}$ 与 y 无关,则该方程的解为

$$u = \frac{1}{2\mu}\frac{\mathrm{d}p}{\mathrm{d}x}y^2 + c_1 y + c_2 \tag{8.4.4}$$

利用边界条件: $u|_{y=0} = U_0, u|_{y=h} = 0$,可确定积分常数 c_1、c_2,并求得流向速度的解为

$$u = \frac{1}{2\mu}\frac{\mathrm{d}p}{\mathrm{d}x}x^2 - \left(\frac{U_0}{h} + \frac{1}{2\mu}\frac{\mathrm{d}p}{\mathrm{d}x}h\right)y + U_0 \tag{8.4.5}$$

考虑截面 A—A 的质量流动,单位时间流过的流体介质质量为

$$\dot{M} = \rho\int_0^h u\mathrm{d}y \tag{8.4.6}$$

将式(8.4.5)代入式(8.4.6)中可求得

$$\dot{M} = \frac{1}{2}\boldsymbol{U}_0\rho h - \frac{h^3\rho}{12\mu}\times\frac{\mathrm{d}p}{\mathrm{d}x} \tag{8.4.7}$$

根据质量守恒定律,流过质量应该等于 A—A 截面左侧减小的质量。而 A—A 截面左侧的质量为 $M = \rho hx$ 。单位时间的减小量为

$$\dot{M} = -\frac{\mathrm{D}M}{\mathrm{D}t} = -\frac{\mathrm{D}\rho hx}{\mathrm{D}t} \tag{8.4.8}$$

利用随体导数关系 $\frac{\mathrm{D}}{\mathrm{D}t} = \frac{\partial}{\partial t} + v\frac{\partial}{\partial x}$,则有

$$\dot{M} = -\frac{\partial(\rho hx)}{\partial t} - v\frac{\partial(\rho hx)}{\partial x} = -\frac{\partial(\rho h)}{\partial t}x - v\rho h \tag{8.4.9}$$

将其代入方程(8.4.7)中得

$$-\frac{\partial(\rho h)}{\partial t}x - v\rho h = \frac{1}{2}U_0\rho h - \frac{h^3\rho}{12\mu}\times\frac{\mathrm{d}p}{\mathrm{d}x} \tag{8.4.10}$$

方程两端对 x 求偏导得

$$-\frac{\partial(\rho h)}{\partial t} = \frac{\partial}{\partial x}\left(\frac{1}{2}U_0\rho h\right) - \frac{\partial}{\partial x}\left(\frac{h^3\rho}{12\mu}\times\frac{\mathrm{d}p}{\mathrm{d}x}\right) \tag{8.4.11}$$

从而得

$$\frac{\partial}{\partial x}\left(\frac{h^3\rho}{\mu}\times\frac{\mathrm{d}p}{\mathrm{d}x}\right) = 12\frac{\partial(\rho h)}{\partial t} + 6\frac{\partial}{\partial x}(U_0\rho h) \tag{8.4.12}$$

式(8.4.12)是针对一维流动推导出的方程,可称为一维雷诺方程。依据同样原理,

可推导出三维流动的雷诺方程，对于三维的情况，有

$$\nabla\cdot\left[\left(\frac{\rho h^3}{\mu}\nabla p\right)\right]=12\,\frac{\partial(\rho h)}{\partial t}+6\nabla\cdot(\rho h\boldsymbol{U}) \tag{8.4.13}$$

式中：ρ 和 p 分别为局部气体密度和压力；h 为局部膜厚；μ 为流体动力黏度；t 为时间；$\boldsymbol{U}$ 为运动平板的速度。

当只考虑流体窄膜的长度方向和宽度方向，而忽略厚度方向的压力和速度变化时，式(8.4.13)的雷诺方程化简为二维的形式，即

$$\frac{\partial}{\partial x}\left(\rho\,\frac{h^3}{\mu}\,\frac{\partial p}{\partial x}\right)+\frac{\partial}{\partial y}\left(\rho\,\frac{h^3}{\mu}\,\frac{\partial p}{\partial y}\right)=12\,\frac{\partial(h\rho)}{\partial t}+6\left[\frac{\partial(\rho hu)}{\partial x}+\frac{\partial(\rho hv)}{\partial y}\right] \tag{8.4.14}$$

对于压膜阻尼问题来说，结构的各运动一般是沿膜厚度方向，在这种情况下，速度沿膜宽度和长度方向的变化可忽略不计。这样其二维的雷诺方程可化简为

$$\frac{\partial}{\partial x}\left(\rho\,\frac{h^3}{\mu}\,\frac{\partial p}{\partial x}\right)+\frac{\partial}{\partial y}\left(\rho\,\frac{h^3}{\mu}\,\frac{\partial p}{\partial y}\right)=12\,\frac{\partial(h\rho)}{\partial t} \tag{8.4.15}$$

对于可压缩流体，当不考虑温度变化(即绝热过程)时，密度 ρ 与气体压力 p 成线性正比例变化，利用这种关系又可将上述方程化为

$$\frac{\partial}{\partial x}\left(\frac{ph^3}{\mu}\,\frac{\partial p}{\partial x}\right)+\frac{\partial}{\partial y}\left(\frac{ph^3}{\mu}\,\frac{\partial p}{\partial y}\right)=12\,\frac{\partial(hp)}{\partial t} \tag{8.4.16}$$

当挤压频率较低时，气体有时间逃逸，可认为气体不可压缩。在这种条件下，可视密度为常量。同时也考虑平板情况下的厚度 h 及黏度与坐标无关，则前述的雷诺方程可化为

$$\frac{\partial^2 p}{\partial x^2}+\frac{\partial^2 p}{\partial y^2}=\frac{12\mu}{h_0^3}\,\frac{\mathrm{d}h}{\mathrm{d}t} \tag{8.4.17}$$

对于长条板来说，由于长度比宽度大很多，因此可忽略压力在长度方向的变化，认为压力 p 只是宽度方向坐标 x 和时间 t 的函数，进而有

$$\frac{\partial^2 p}{\partial x^2}=\frac{12\mu}{h^3}\,\frac{\mathrm{d}h}{\mathrm{d}t} \tag{8.4.18}$$

设长条板的长为 L，宽为 w，当考虑宽度边界的压力为零时，其阻尼压力的解为

$$p(x,t)=-\frac{6\mu}{h^3}\left[\left(\frac{w}{2}\right)^2-x^2\right]\frac{\mathrm{d}h}{\mathrm{d}t} \tag{8.4.19}$$

作用在板上的阻尼力为

$$F_{\text{strip}}=\int_{-w/2}^{w/2}p(x)L\mathrm{d}x=-\frac{\mu w^3 L}{h^3}\dot{h} \tag{8.4.20}$$

阻尼力系数为

$$c_{\text{strip}}=\frac{\mu L w^3}{h^3} \tag{8.4.21}$$

对于圆形板(盘形板)，其压膜阻尼雷诺方程可用极坐标形式表示为

$$\frac{1}{r}\,\frac{\partial}{\partial r}\left(r\,\frac{\partial}{\partial r}p(r)\right)=\frac{12\mu}{h^3}\dot{h} \tag{8.4.22}$$

边界条件为

$$p(a)=0,\frac{\mathrm{d}p}{\mathrm{d}r}(0)=0 \tag{8.4.23}$$

其中，a 为圆形半径，由式（8.4.22）和式（8.4.23）可解得压膜阻尼压力为

$$p_{\mathrm{cir}}(r)=-\frac{3\mu}{h^3}(a^2-r^2)\dot{h} \tag{8.4.24}$$

作用在圆形板上的压力为

$$F_{\mathrm{cir}}=\int_0^a p(r)2\pi r\mathrm{d}r=-\frac{3\pi}{2h^3}\mu a^4\dot{h}=-\frac{3}{2\pi}\frac{\mu A^2}{h^3}\dot{h} \tag{8.4.25}$$

其中，$A=\pi a^2$ 为圆形板面积。黏性阻尼力系数为

$$c_{\mathrm{cir}}=\frac{3\pi}{2h^3}\mu a^4=\frac{3}{2\pi h^3}\mu A^2 \tag{8.4.26}$$

3. 泊肃叶方程及滑膜阻尼

两板法向接近时存在压膜阻尼，而且这种阻尼也比较明显。为了减小这种相互挤压而产生的气体阻尼力，在 MEMS 设计时，常常尽量避免这种法向的相对运动，取而代之的是让两平行板相对平行移动，这样可大大缓解阻尼力的作用。但两板相对平行移动也不是无阻尼运动。由于其间的气体存在黏性，气体受剪切作用，还会产生牛顿黏性阻尼力，这种阻尼称为滑膜阻尼。

当两无限大平板平行放置，板之间距离为 d，在板间充满密度为 ρ、黏度系数为 μ 的气体，一平板固定，另一平板在自身的平面内平行运动。由于空气具有黏性，运动平板将带动板间空气运动，同时受到空气阻尼力。此时，受到的空气阻尼就是滑膜阻尼。对于一维的滑动，假设缝隙间或微管道内的气体是稳态的、绝热的和层流的，则 N-S 方程可化简为泊肃叶方程，即

$$\mu\frac{\partial^2 u}{\partial y^2}=\frac{\partial p}{\partial x}=\frac{\Delta p}{L} \tag{8.4.27}$$

式中：μ 为动力黏度；u 为气体流动方向的速度；y 为气膜厚度方向坐标；p 为压力；x 为气体流动方向的坐标；Δp 为微缝隙或微流道两端的压力差，即坐标方向前端与后端之间的压力差；L 为微缝隙或微流道的长度，如图 8.14 所示。

对于稀薄气体来说，应考虑气体分子和壁面间的碰撞作用，其边界条件应考虑滑流的边界条件。如果两平板中的一个板如底平板为固定基座，而另一个板如顶板以速度 u_0 作平行移动，则根据滑流理论，气体在固定壁的滑流速度，即边界条件为 $u|_{y=0}=L_s\left.\frac{\partial u}{\partial y}\right|_{y=o}$，而在活动壁面上的气流速度，即相对滑流边界条件为 $u|_{y=d}=L_s\left.\frac{\partial u}{\partial y}\right|_{y=d}+u_0$。对泊肃叶方程积分两次，并利用两壁的滑流边界条件可解得

$$\frac{\partial u}{\partial y}=\frac{\Delta p}{\mu L}y-\left(\frac{\Delta p}{2\mu L}d-\frac{u_0}{d+2L_s}\right) \tag{8.4.28}$$

$$u=\frac{\Delta p}{2\mu L}y^2-\left(\frac{\Delta p}{2\mu L}d-\frac{u_0}{d+2L_s}\right)(y+L_s) \tag{8.4.29}$$

式中：L_s 为滑移长度；d 为缝隙宽度或气膜厚度。

对于黏性流体(气体)，牛顿内摩擦定律表明，液体(气体)运动时，相邻液(气)层间产生的切应力与剪切变形的速率成正比，即

$$\tau = \mu \frac{\mathrm{d}u}{\mathrm{d}y} \tag{8.4.30}$$

式中：τ 为黏性切应力；μ 为动力黏度；u 为流速。

按照牛顿内摩擦定律，依据上述气流速度解，可得气流对活动平板壁的黏性摩擦阻力为

$$F_{\mathrm{D}} = A\tau = A\mu \frac{\partial u}{\partial y}\bigg|_{y=d} = A\mu\left(\frac{\Delta p}{2\mu L u_0}d + \frac{1}{d + 2L_s}\right)u_0 \tag{8.4.31}$$

式中：A 为活动平板壁的面积。

对于无压力差的情况，则有

$$F_{\mathrm{D}} = A\mu \frac{1}{d + 2L_s}u_0 \tag{8.4.32}$$

对应的单位面积的滑膜阻尼力为

$$f_{\mathrm{D}} = \frac{\mu}{d + 2L_s}u_0 \tag{8.4.33}$$

当不计滑流效应时，$L_s = 0$，则有

$$F_{\mathrm{D}} = A\mu \frac{1}{d}u_0 \tag{8.4.34}$$

这就是宏观阻尼力模型。

8.4.2 微结构系统机电耦合

由于微结构系统的驱动和变形的测量往往都是采用电的手段，因此，通常的微结构系统都是机电结合并伴生的微机电系统。其机电的作用是相互的甚至是耦合的。针对不同的结构和不同的材料，机电作用力的形式也不同。

对于微振动压电俘能系统，开路时，其机电耦合动力学方程为

$$\begin{cases} M\ddot{u} + C\dot{u} + Ku + \alpha V = F \\ -\alpha u + C_0 V = 0 \end{cases} \tag{8.4.35}$$

式中：M 为质量；C 为阻尼系数；K 为刚度；u 为位移；F 为作用力；V 为压电介质两端的开路电压；α 为力电耦合系数，C_0 为压电介质电极间形成的电容。

为了求解该方程，可将第二式代入第一式中，得

$$M\ddot{u} + C\dot{u} + \left(K + \frac{\alpha^2}{C_0}\right)u = F \tag{8.4.36}$$

该方程为无耦合的方程，可以用前文中的方法进行求解。

对于同样的微振动压电俘能系统，存在回路时，其机电耦合动力学方程为

$$\begin{cases} M\ddot{u} + C\dot{u} + K_{\mathrm{E}}u + \alpha V = F \\ -\alpha\dot{u} + C_0 \dfrac{\mathrm{d}V}{\mathrm{d}t} + \dfrac{V}{R} = 0 \end{cases} \tag{8.4.37}$$

式中：R 为回路的电阻。

该方程的求解不像开路时那么简单。对于单向弱耦合情况（$\frac{\alpha^2}{C_0} \ll K$），可忽略第一个方程中的耦合项。将方程（8.4.37）化为

$$\begin{cases} M\ddot{u} + C\dot{u} + K_{\mathrm{E}}u = F \\ C_0 \frac{\mathrm{d}V}{\mathrm{d}t} + \frac{V}{R} = \alpha\dot{u} \end{cases} \tag{8.4.38}$$

为了考虑弱耦合的作用，也可以采用迭代的方法求解，其迭代方程为

$$\begin{cases} M\ddot{u}_{(n+1)} + C\dot{u}_{(n+1)} + K_{\mathrm{E}}u_{(n+1)} + \alpha V_{(n)} = F, \\ C_0 \frac{\mathrm{d}V_{(n+1)}}{\mathrm{d}t} + \frac{V_{(n+1)}}{R} = \alpha\dot{u}_{(n+1)}, \end{cases} \quad n = 0,1,2,\cdots \tag{8.4.39}$$

并取 $V_{(0)} = 0$。

无论采用哪种方法，都将利用到机械的边界条件和电学的边界条件。

对于单质量块的微机械陀螺结构，其耦合方程为

$$\begin{cases} \ddot{x} + 2\xi_x\omega_x\dot{x} + \omega_x^2 x = \frac{f_{\mathrm{d}}}{m_x} + 2\frac{m_y}{m_x}\Omega_z\dot{y} - \frac{c_{xy}}{m_x}\dot{y} - \frac{k_{xy}}{m_x}y \\ \ddot{y} + 2\xi_y\omega_y\dot{y} + \omega_y^2 y = -2\Omega_z\dot{x} - \frac{c_{yx}}{m_y}\dot{x} - \frac{k_{yx}}{m_y}x \end{cases} \tag{8.4.40}$$

式中：x 和 y 分别为驱动方向和检测方向的位移；m、ζ、c、ω 和 k 分别为对应的质量、阻尼比、阻尼系数、固有频率和刚度；f_{d} 为驱动力；Ω_z 为被测系统绕 z 轴旋转角速度。

从方程（8.4.40）可以看出，该方程存在驱动方向 x 和检测方向 y 的耦合。考虑到检测方向的位移量通常要比驱动方向的位移量小几个数量级以上，并引入闭环驱动手段，可将检测振动引起的哥氏项、耦合阻尼力、耦合刚度力忽略掉。则上述方程可化为

$$\begin{cases} \ddot{x} + 2\xi_x\omega_x\dot{x} + \omega_x^2 x = \frac{f_{\mathrm{d}}}{m_x} \\ \ddot{y} + 2\xi_y\omega_y\dot{y} + \omega_y^2 y = -2\Omega_z\dot{x} - \frac{c_{yx}}{m_y}\dot{x} - \frac{k_{yx}}{m_y}x \end{cases} \tag{8.4.41}$$

这样就可以有效求解该方程了。

第9章　微结构系统的尺度效应

9.1　微尺度效应概述

MEMS 相对宏观系统虽然最突出的特征表现在尺度上，但它绝不是传统宏观机电系统的简单按比例的缩小。其性能也不是简单定量的改变。当其系统尺度缩小到微米、亚微米甚至纳米量级时，微纳结构的性能与宏观尺寸下的相比，在很多方面都表现出明显的定性差异。宏观尺寸下的主导作用力可能是体积力（如重力和惯性力等），而在微纳尺度下这些可能完全可以忽略。而宏观尺度下常常可以忽略的表面力、线力等在微观尺度下却会成为主导的作用力。不仅如此，随着构件特征尺度的减小，其微构件的结构尺度已经越来越接近于材料的颗粒或空隙尺度，材料微观结构对其力学性能的定性影响会越来越突出。因此，在微纳尺度下，不论是结构的力学性能还是其多场耦合性能都会表现出明显的尺度效应。

许多微尺度实验发现，微构件的力学性能（如变形能）明显依赖于其特征尺度，明显依赖于其高阶应力和高阶应变梯度的作用。此外，力电耦合性能表现出明显的挠曲电效应，应变梯度会诱导极化，电场梯度会诱导机械变形应力。

经典连续介质理论的本构关系中不包含任何与特征尺寸相关的参数，因此无法解释微结构力学性能及多场耦合性能的尺寸效应。非局部理论试图从分子原子的作用层面修正经典连续介质理论中质点的模型。但用其直接处理微纳米尺度的结构却显得比较困难。为此，人们提出了应变梯度等近代连续介质力学的理论来解释微纳结构力学性能的尺度效应，解释介电材料的挠曲电力电耦合特性。

在第1章中已介绍了微结构尺度效应的三个典型实验：一个是 Fleck 等的铜丝扭转实验，另一个是 Stolken 和 Evans 的微梁弯曲实验，再一个是 Poole 等的纳米压痕实验。这些实验都表明，在微尺度下，直接使用宏观的理论来分析结构特性已经不准确，表现出明显的尺度效应。尺度越小，其误差越大；尺度越小，尺度效应越显著。

微尺度下，不仅微纳结构的力学性能表现出明显的尺寸效应，对介电材料来说其力电耦合性能也表现出明显的尺度效应，并突出地表现在挠曲电效应方面。挠曲电效应是指应变梯度与极化，以及极化梯度和应变之间的相互耦合的效应。由于应变梯度具有很强的尺度效应，因此挠曲电效应也对尺度具有明显的依赖性，体现在微介电材料结构的多场耦合效应中。

挠曲电效应是有别于压电效应的另一种力电耦合效应形式。通常的压电效应是指应变和极化之间的相互耦合，表现为应变诱导极化，极化产生机械变形应力。压电效应通常仅存在于非中心对称介电材料中，而挠曲电效应广泛存在于所有介电材料（包括中心对称的介电材料）中。根据作用方式的不同，挠曲电效应可分为正挠曲电效应和逆挠曲电效应。正挠曲电效应表现为应变梯度诱导极化,即力场(机械能)向电场(电能)的转换,逆挠曲电效应表现为极化梯度产生机械变形应力,是电场(电能)向力场(机械能)的转换。在特定的条件下,这种耦合可以具有较大的力电耦合系数。挠曲电效应与应变梯度相关,介电体特征尺寸越小,应变梯度越大。因此,微纳尺度挠曲电效应比宏观尺度更加明显。

挠曲电效应之所以不仅能存在于非中心对称的介电材料中而且还存在于中心对称的介电材料中,是因为应变本身不能打破材料的中心对称性,而应变梯度能够打破这种对称性。如果材料本身是中心对称的晶体结构,则在发生均匀变形之后将仍然是中心对称结构。所以压电效应不能存在于中心对称介电材料中。例如,中心对称晶体板在均匀变形的情况下,正负电荷的中心依然重合,其中心对称性依然能够得以保持,不产生极化向量。但是,应变梯度却能够打破这种中心对称性。当中心对称材料受到非均匀变形时,上下表面晶格不对称使得正负电荷中心不再重合,从而在材料内部发生极化。这就是挠曲电效应存在于所有介电材料中的原因。

挠曲电效应的存在极大地扩展了广义压电材料的范围。对于非压电体,通过合理结构形式的设计,使其在外力作用下能产生非均匀变形,从而因挠曲电效应诱发极化,就会表现出类似压电的性能。例如,基于纵向挠曲电效应制作的挠曲电压电复合结构,把钛酸锶钡梯形块按矩形阵列排列,块体间由空气或其他柔性材料绝缘,上下表面用金属板压合形成层复合结构。当该复合板在厚度方向受力时,每个楔形块都会产生应变梯度,从而由挠曲电效应诱发极化,就能表现出类似压电的性能,实验测得等效压电系数基本上与压电材料相当,说明通过有效的结构设计,非压电材料也能实现力电转换的效能。同样也可以基于横向挠曲电效应制作相应的挠曲电压电复合结构,当结构受压时,材料的弯曲变形产生应变梯度,从而由挠曲电效应产生极化,极化电荷通过电极收集。实验测得的有效压电系数也很可观。

利用挠曲电效应可以制作应变梯度传感器,将其贴附于开孔铝板的孔边缘附近,可检测单轴拉伸动载荷下孔边缘的应变梯度变化,从而实时监测裂纹的产生和生长。利用挠曲电效应可以制作曲率传感器,通过感知应变梯度的变化测量不同载荷下弯曲梁的曲率。有学者通过实验对比了相同条件下挠曲电悬臂梁和压电悬臂梁的输出电荷,发现当悬臂梁厚度达到微米量级时,挠曲电悬臂梁表现出更好的灵敏度。由于挠曲电材料不存在退极化和老化的问题,因此其材料的稳定性和耐久性会大大提升。

宏观结构力学的分析是建立在经典连续介质假设基础上的。经典连续介质力学有三个突出的基本假定:一是认为介质具有连续性,不仅包括位移连续,也包括变形(位移梯度)连续,把物体看作具有三个自由度的物质点的集合,物质及特性连续可分至无穷小;二是认为介质具有局部性,不仅物质尺度可以无限缩小,其各物理量也可以通过极限求得,全部守恒定律对物体的任一微小部分都适用;三是认为介质质点之间具有独立性,其某一质点与周围质点仅存在连续性的关联,各物理量仅依赖于某一质点,而不同时依赖于周围其他质点,物体任意点的状态只受该点无穷小的邻域的影响。第一个假定略去了物质点的极性性质。在这个假定下建立起来的连续介质理论称为非极性连续介质理论。第二个假定排除了载荷对物体运动和状态变化的长程效应。第三个假定则忽略了质点的长程交互作用。在这第二和第三个假定下建立起来的连续介质理论称为局部连续介质理论。这样的假定不仅掩盖了力矩的作用,同时也回避了转动的作用,特别是掩盖了引起变形的力矩(应力矩)的作用和单位尺度上转角(转动梯度)的作用。因此,可以说,经典连续介质力学是非极性的局部的连续介质力学理论。

按照经典连续介质力学的概念和理论,结构内部的应力是按柯西应力的概念来定义的。结构内部的变形是按小变形应变理论来分析的。这样的假定和处理对于绝大多数工程问题是很有效的。特别是对于大尺度的问题是足够精确的。因为,此时构成物质的分子级或颗粒级的尺寸可忽略不计。然而,对于微纳米尺度的结构来说,上述的假定有时就不再有效了。上述介绍的一些实验表明,当一些结构尺寸(如上述受扭转的铜丝直径,受弯曲板的厚度)达到微米量级或以下时,用传统弹塑性连续介质力学理论所得到的结果与实验结果有很大差别,从而产生较强的尺度效应。其原因是结构的尺寸已接近材料颗粒的尺寸。而材料颗粒有其固有的特性,无论从颗粒的体积本身或是其特性方面都不是无限可分的,从而动摇了传统连续介质力学的一些基本假定。暴露了所存在的以下几方面的局限:首先,由于物质无限连续可分,内部应力中只有极限意义上的柯西应力,而没有偶应力(或称偶应力);其次,由于物质无限连续可分,对于任意体积合力矩为零都成立,从而导得只有对称意义的柯西应力,而没有反对称意义的应力;再次,在变形特性上,只有伸缩和角变形意义上的应变,而没有旋转意义上的应变,认为旋转是刚体的行为。事实上,对于微尺度结构,材料颗粒的尺寸不能再忽略不计,其颗粒的大小及其属性必须予以充分的考虑才行。从颗粒体积上讲,微结构的质点要远小于颗粒体积,颗粒是由许多质点构成的区域,这将导致以下几方面的变化:首先,由于颗粒的固有属性与颗粒间的连接属性并不相同,从特性连续的角度看,该材料介质就不是无限可分的;其次,由于颗粒的尺寸必须计及,颗粒自身属性的存在,其颗粒表面上的应力就不一定是对称的,其上的偶应力(或偶应力)也是有可能存在的;再次,由于颗粒自身的属性,除随整体介质转动外,还有可能存在自身的相对转动。

9.2 圆柱颗粒的分析

为了解释并揭示高阶应力和应变梯度的作用机理,特别是在能量域中的体现形式,现以一个简单的圆柱颗粒为对象,如图 9.2.1 所示,从能量的角度分析一下不同力作用时不同层面的能量。

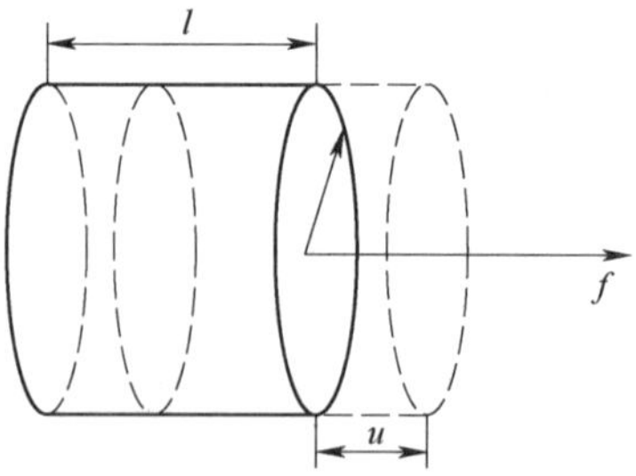

图 9.2.1　受单侧外力的圆柱颗粒

对一个圆柱形颗粒来说,若在一侧施加一个外力 f,经 u 的整体位移后就会做功,而产生能量。其能量形式也可能是克服摩擦力产生了热能,也可能是使物体加速运动产生

了动能。其能量的大小为

$$w = fu = \rho_f u(Al) \tag{9.2.1}$$

其中，$A = \pi r^2$ 为圆柱端面积，l 为圆柱的长度，Al 构成圆柱颗粒的体积，$\rho_f = f/(Al)$ 为单位体积的力。可理解为单位体积的能量，或称为能量密度。此时的力 f 是单侧的，也是非对称的，其位移 u 是刚体的位移。

若在圆柱颗粒对称的两侧各施加一个大小相等但方向相反的力(图 9.2.2)，由于合力为零，不产生刚体位移，但会产生拉伸变形。其力所做的功为

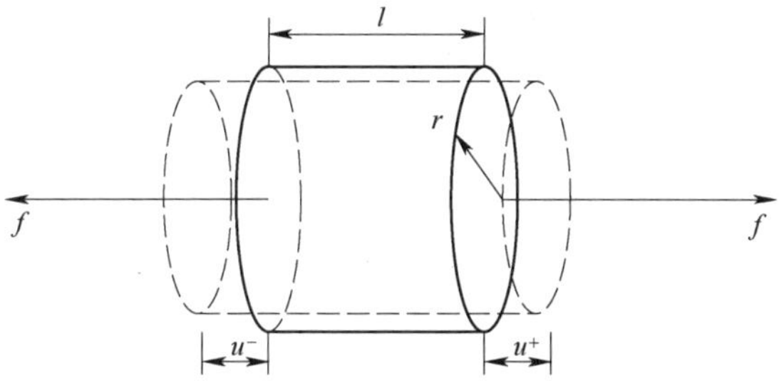

图 9.2.2　受双侧外力的圆柱颗粒

$$w = fu^+ - fu^- = f(u^+ - u^-) = f\Delta u = \sigma A\varepsilon l = \sigma\varepsilon(Al) \tag{9.2.2}$$

其中，$\sigma = f/A$ 为应力，$\varepsilon = \Delta u/l$ 为线应变。根据动能守恒原理，该功将体现为结构的变形能(应变能)。可以看出，$\sigma\varepsilon$ 代表单位体积的应变能，通常称为应变能密度，可表示为 $w_e = \sigma\varepsilon$。由于这种组成，常称 σ 和 ε 互为功共轭量。

对比前面的能量密度，其组成形式有了变化，前面的位移换成了应变，体力密度换成了应力。应变是位移的梯度，应力是力面密度，也相当于力体密度的矩。

若在圆柱颗粒的一端的侧面上下各施加一个大小相等但方向相反的力(图 9.2.3)，即力偶，虽然合力为零，但力矩不为零，圆柱体会旋转，经整体转角 θ 后会做功，从而也产生能量。其能量形式可能是克服摩擦力矩产生了热能，也可能是使物体加速转动产生了动能。其能量的大小为

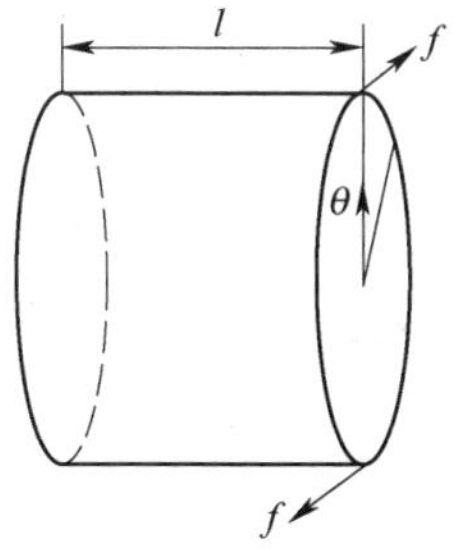

图 9.2.3　受单侧外力偶(反对称力)的圆柱颗粒

$$w = 2f\theta r = M\theta = \rho_M \theta(Al) \tag{9.2.3}$$

其中，r 为圆柱的半径，$M = 2fr$ 为力偶矩，$\rho_M = \dfrac{M}{Al} = \dfrac{f}{A}\dfrac{2r}{l}$ 为单位体积的力偶矩。此时的力对于圆柱截面的上下是双侧的，但却是反对称的。相对圆柱两端来讲，该力偶矩是单侧的。对应的转角是刚体的转角。

对比前面的能量密度，由于转角也是位移的一阶梯度，单位体积力偶矩也是单位体积力的矩，也相当于单位面积的力，即应力，因此它与应力和应变所形成的能量密度是同一层次的，只不过转角是位移梯度的反对称部分，力偶也是反对称的应力。

若在(圆柱颗粒)对称的两端各施加一个大小相等但方向相反的力矩(图 9.2.4)，由于不仅合力为零，而且合力矩也为零，既不产生刚体位移，也不产生刚体旋转，但会产生扭曲变形。其力所做的功为

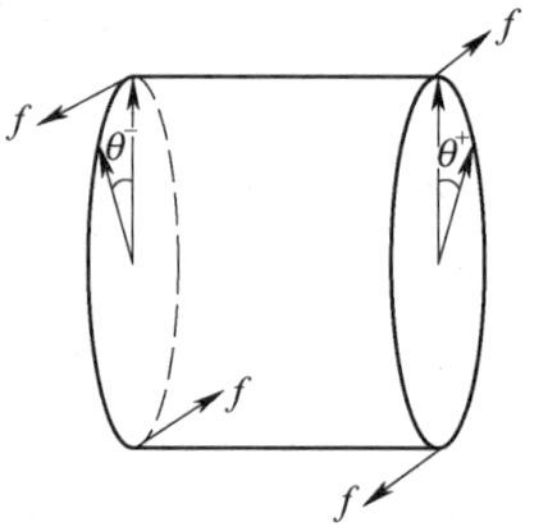

图 9.2.4　受双侧外力偶作用的圆柱颗粒

$$w = M\theta^+ - M\theta^- = M(\theta^+ - \theta^-) = M\Delta\theta = mA\eta l = m\eta(Al) \tag{9.2.4}$$

其中，$m = M/A$ 为偶应力(或称偶应力)，即单位面积的力偶矩，$\eta = \Delta\theta/l$ 为单位长度上的转角(相当于后文说的转动梯度)。该功也形成结构的变形能(应变能)，其变形能密度为 $w_e = m\eta$ 。这里的转动梯度不同于角应变，角应变是剪切变形引起的，是对称的，单指角度的变化，而不是单位长度内角度的变化，而转动梯度是单位长度内角度的变化。

对比前面的能量密度，转角换成了单位长度的转角，力偶矩体密度换成了力偶矩的面密度。单位长度的转角实质是位移的二阶梯度，属应变梯度范畴，而力偶矩的面密度相当于应力的矩。

对于连续可分的介质，偶应力是可以用应力和力臂来描述的，连续介质的微元体趋近于零时，力臂趋近于零，此时应力存在，但偶应力就趋近于零了，共轭的曲率的描述也没有必要了。但对于颗粒而言，由于存在固有属性和其与周围连接的特殊属性，偶应力的描述就有必要了。与此同时，与之对应的功共轭的曲率也就必须考虑了。由于在几何关系上转动反映的是位移的梯度，与应变在同一范畴，而曲率又是转动的梯度，因此，它应该属于应变梯度的范畴。

从场论的角度分析，刚体位移反映的是位移矢量场，线应变、角应变及刚体的转动(旋转)构成的张量反映的却是位移矢量场的梯度，也可称为广义应变，而曲率反映的却是应变的梯度。由于其具有曲率的几何意义，一般也称其为曲率张量。

对于一个结构或物体来说，当其受到一般力系作用时，可将此一般力系分解为非平衡力系和平衡力系两部分。非平衡部分又可分解为合力不为零的部分及合力虽然为零但合力偶矩不为零的部分，它们将分别导致物体的刚体平动和刚体转动。平衡力系又可分解为对称和反对称两部分。对称部分将导致物体的对称应变变形，反对称部分将导致物体的旋转形变(转动梯度)。物体结构介质的位移又可分解为刚体平动、刚体转动及结构变形三个部分。而结构变形又可分解为对称应变变形和旋转形变两部分。从几何关系上看，如前所述，平动体现的是位移，转动体现的位移梯度的反对称部分，应变体现的是位移梯度的对称部分，转动梯度体现的是位移梯度中反对称部分的梯度，即应变梯度或曲率。

从做功的角度看，非平衡力系对刚体的平动和刚体的转动做功，平衡力系对结构的变形做功，而其中的应力对应变做功，偶应力对应变梯度即曲率做功。这些功将转变为物体系统的能量。

9.3 微结构静力学平衡方程

在经典连续介质力学分析中，位移梯度由两部分构成，其中对称的部分形成应变张量，反对称的部分形成刚体的转动，因此该刚体转动是依赖于位移 $\boldsymbol{u}$ 的。近代连续介质力学中的偶应力理论认为，转动的梯度（即曲率）的作用以及与之对应的（实际上是功共轭的）应力力偶矩（简称偶应力）的作用应予以考虑。而近代连续介质力学中的微极理论认为，不仅要考虑转动梯度的作用，而且这种转动应该是独立于物质转动的量。即认为存在一个转动量 $\boldsymbol{\varphi}$，它是一个独立的运动学的物理量，不直接依赖于位移 $\boldsymbol{u}$，而且明显区别于刚体相关旋转角 $\boldsymbol{\omega}$，（$\boldsymbol{\omega}=\frac{1}{2}\mathrm{curl}\boldsymbol{u}$）。应力 $\boldsymbol{\sigma}'$ 并不是对称的，它可以分解成对称的部分 $\boldsymbol{\sigma}$ 和反对称的部分 $\boldsymbol{\tau}$。与此同时，存在独立的偶应力张量 $\boldsymbol{m}$。

不计体力及体力偶，微极理论的虚功原理可写为

$$\int_V(\boldsymbol{\sigma}':\delta\boldsymbol{\varepsilon}'+\boldsymbol{m}:\delta\nabla\boldsymbol{\varphi})\mathrm{d}V=\int_S(\bar{\boldsymbol{\sigma}}\cdot\delta\boldsymbol{u}+\bar{\boldsymbol{m}}\cdot\boldsymbol{\delta\varphi})\cdot\boldsymbol{n}\mathrm{d}S \tag{9.3.1}$$

或

$$\int_V(\boldsymbol{\sigma}:\delta\boldsymbol{\varepsilon}+\boldsymbol{\tau}:\delta\boldsymbol{\omega}+\boldsymbol{m}:\delta\nabla\boldsymbol{\varphi})\mathrm{d}V=\int_S(\bar{\boldsymbol{\sigma}}\cdot\delta\boldsymbol{u}+\bar{\boldsymbol{m}}\cdot\delta\boldsymbol{\varphi})\cdot\boldsymbol{n}\mathrm{d}S \tag{9.3.2}$$

偶应力理论的虚功原理可写为

$$\int_V(\boldsymbol{\sigma}':\delta\boldsymbol{\varepsilon}'+\boldsymbol{m}:\delta\boldsymbol{\chi})\mathrm{d}V=\int_S(\bar{\boldsymbol{\sigma}}\cdot\delta\boldsymbol{u}+\bar{\boldsymbol{m}}\cdot\delta\boldsymbol{\omega})\cdot\boldsymbol{n}\mathrm{d}S \tag{9.3.3}$$

或

$$\int_V(\boldsymbol{\sigma}:\delta\boldsymbol{\varepsilon}+\boldsymbol{\tau}:\delta\boldsymbol{\omega}+\boldsymbol{m}:\delta\boldsymbol{\chi})\mathrm{d}V=\int_S(\bar{\boldsymbol{\sigma}}\cdot\delta\boldsymbol{u}+\bar{\boldsymbol{m}}\cdot\delta\boldsymbol{\omega})\cdot\boldsymbol{n}\mathrm{d}S \tag{9.3.4}$$

静力平衡方程为

$$\mathrm{div}(\boldsymbol{\sigma}')=0 \tag{9.3.5}$$

静力力偶矩平衡方程为

$$\mathrm{div}\boldsymbol{m}+\in:\boldsymbol{\sigma}'=0 \tag{9.3.6}$$

微极理论的应力力偶矩很像电磁场中的偶极子。对于一正一负的两个点电荷，当二者重合时，正负相互抵消，在周围不产生电场，或者说产生的合电场为零。但当二者不重合时，本身构成一个偶极矩，在其周围将产生一个电场。从电荷量的角度看，总电荷为零，似乎就不产生电场。但由于距离的存在，即力臂的存在，实际上就存在一个静电场，其电场强度与该电偶极矩的大小有关。在考虑电场作用能时，电荷与电势互为功共轭，偶极矩与电场强度互为功共轭，而电场强度恰恰是电势的梯度。进一步分析可知，高阶矩与高阶梯度互为功共轭。

那么，什么时候应该计及偶极矩的作用，什么时候可以忽略偶极矩的影响呢？一般说来，有总电荷存在时，总电荷的作用总是大于偶极矩的作用。总电荷量消失时，偶极矩将

起主要作用。但其作用的大小随作用距离的衰减比电荷的要快很多,此外其作用的大小还取决于作用的方向。一般来说,作用距离比偶极子的臂长大很多时,就可忽略偶极矩的作用。作用距离与偶极子的臂长相当时,就必须计及偶极矩的影响。而当微颗粒固有特性及相关连接属性存在时,偶应力也将是有必要考虑的。

9.4 微梁的弯曲及有效弹性模量

对于一个微矩形截面梁来说,如图 9.4.1 所示,由于其长度远大于其宽度和高度,属细长梁,因此可以忽略其剪切变形对梁弯曲特性的影响,同时,可认为在宽度和高度方向的正应力为零,即

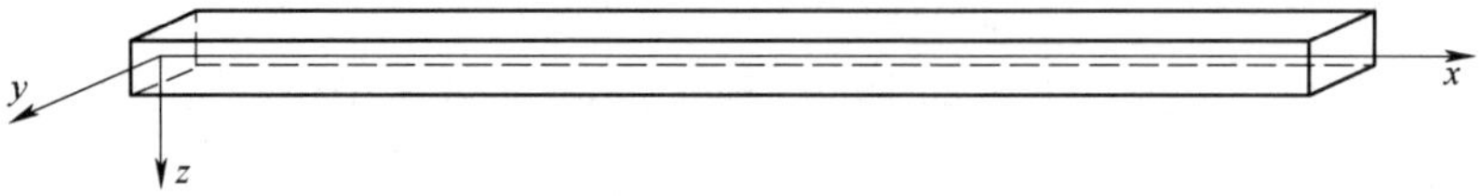

图 9.4.1 受弯曲的细长微梁

$$\sigma_y = \sigma_z = \tau_{yz} = \tau_{zx} = \tau_{xy} = 0 \tag{9.4.1}$$

材料的弹性本构方程(即胡克定律)为

$$\begin{cases} \sigma_x = \lambda e + 2G\varepsilon_x \\ \sigma_y = \lambda e + 2G\varepsilon_y \\ \sigma_z = \lambda e + 2G\varepsilon_z \\ \tau_{yz} = G\gamma_{yz} \\ \tau_{zx} = G\gamma_{zx} \\ \tau_{xy} = G\gamma_{xy} \end{cases} \tag{9.4.2}$$

式中:G 和 λ 为拉梅系数,$G = \dfrac{E}{2(1+\nu)}$,$\lambda = \dfrac{E\nu}{(1+\nu)(1-2\nu)}$,其中,$E$ 为材料的弹性模量,ν 为泊松比;$e = \varepsilon_x + \varepsilon_y + \varepsilon_z$ 为体应变。

考虑小变形应变和位移的几何关系:

$$\begin{cases} \varepsilon_x = \dfrac{\partial u}{\partial x} \\ \varepsilon_y = \dfrac{\partial v}{\partial y} \\ \varepsilon_z = \dfrac{\partial w}{\partial z} \\ \gamma_{yz} = \dfrac{\partial w}{\partial y} + \dfrac{\partial v}{\partial z} \\ \gamma_{zx} = \dfrac{\partial u}{\partial z} + \dfrac{\partial w}{\partial x} \\ \gamma_{xy} = \dfrac{\partial v}{\partial x} + \dfrac{\partial u}{\partial y} \end{cases} \tag{9.4.3}$$

将式(9.4.1)中正应力为零的式子代入式(9.4.2)中,得

$$\varepsilon_y = \varepsilon_z = -\nu\varepsilon_x \tag{9.4.4}$$

剪应力为零的式(9.4.1)代入式(9.4.2)中,得到细长微梁的位移为

$$u = -z\frac{\partial w}{\partial x}, v = -z\frac{\partial w}{\partial y}, w = w(x,y,z) \tag{9.4.5}$$

及

$$\frac{\partial^2 w}{\partial x\partial y} = 0, \frac{\partial^2 w}{\partial y\partial z} = 0, \frac{\partial^2 w}{\partial z\partial x} = 0 \tag{9.4.6}$$

利用式(9.4.3)和式(9.4.5)式,进一步可求得

$$\varepsilon_x = -z\frac{\partial^2 w}{\partial x^2}, \varepsilon_y = -z\frac{\partial^2 w}{\partial y^2}, \varepsilon_z = \frac{\partial w}{\partial z} \tag{9.4.7}$$

由式(9.4.4)和式(9.4.7)可求得

$$\frac{\partial^2 w}{\partial y^2} = -\nu\frac{\partial^2 w}{\partial x^2}, \frac{\partial w}{\partial z} = -\nu z\frac{\partial^2 w}{\partial x^2} \tag{9.4.8}$$

当不考虑相对转动量,按偶应力理论,有 $\omega_i = e_{ijk}u_{k,j}/2$。利用式(9.4.5),可求得

$$\omega_1 = \frac{\partial w}{\partial y}, \omega_2 = -\frac{\partial w}{\partial x}, \omega_3 = 0 \tag{9.4.9}$$

利用曲率的关系式$\chi_{ij} = \omega_{i,j}$,可求得非零的曲率分量为

$$\chi_{12} = \frac{\partial^2 w}{\partial y^2} = -\nu\frac{\partial^2 w}{\partial x^2}, \chi_{21} = -\frac{\partial^2 w}{\partial x^2} \tag{9.4.10}$$

利用前文弹性固体的偶应力理论变形能密度公式:$w_e(\varepsilon,\chi) = \mu(\varepsilon_{ij}\varepsilon_{ij} + l^2\chi_{ij}\chi_{ij}) + \frac{1}{2}\lambda\varepsilon_{kk}^2$,可求得微梁的变形能密度为

$$w_e = \frac{E}{2}z^2\left(\frac{\partial^2 w}{\partial x^2}\right)^2 + \frac{E\upsilon}{2(1+\upsilon)}l^2\left(\frac{\partial^2 w}{\partial x^2}\right)^2 \tag{9.4.11}$$

单位长度的变形能为

$$U_l = \int_S w_e \mathrm{d}S = \frac{EI}{2}\left[1 + \frac{12\upsilon l^2}{(1+\upsilon)h^2}\right]\left(\frac{\partial^2 w}{\partial x^2}\right)^2 = \frac{E'I}{2}\left(\frac{\partial^2 w}{\partial x^2}\right)^2 \tag{9.4.12}$$

其中,$I = \int_S z^2 \mathrm{d}S$ 为微梁横截面对 y 轴(中心轴)的惯性矩,h 为微梁的厚度,而

$$E' = 1 + \frac{12\upsilon l^2}{(1+\upsilon)h^2} \tag{9.4.13}$$

可称为有效的弹性模量(杨氏模量)。

从有效弹性模量可以看出,式(9.4.13)的第二项反映的是尺度效应的作用,当梁的厚度 h 与材料特征尺寸 l 在同一量级,甚至大一个数量级时,该项都不能忽略。只有当 h 远大于 l 时,该项才可忽略。

E' 的不同不仅直接影响梁的静力弯曲变形(如挠度等),也影响梁的动力响应(如固有频率、刚度和位移响应等)。

对于静力问题,梁的静力弯曲方程为

$$\frac{\partial^2 w}{\partial x^2} = -\frac{M}{E'I} \tag{9.4.14}$$

式中：M 为弯矩。

根据不同的边界条件(位移边界条件和外力边界条件)，可以确定出相应的挠度解。

对于长度为 L 的悬臂梁来说，固定端的位移和转角都为零，当另一端为一恒定力偶矩 M 时，其挠度的解为

$$w=-\frac{1}{2}\frac{M}{E'I}x^2 \tag{9.4.15}$$

当另一端受一挠度方向相同的集中力 F 时，对应的力矩为 $M=-F(L-x)$，其挠度的解为

$$w=\frac{F}{E'I}\left(\frac{L}{2}x^2-\frac{1}{6}x^3\right) \tag{9.4.16}$$

在端点处，即 $x=L$ 处，有 $w=\dfrac{FL^3}{3E'I}$。取 $k=\dfrac{3E'I}{L^3}$，则有 $w=\dfrac{F}{k}$。可以看出，k 为梁端点的刚度。可见，考虑微尺度效应时，由于 $E'>E$，挠度变形比原来会有所减小，而梁的刚度却有所增大。

对于动力问题，梁的自由振动方程为

$$E'I\frac{\partial^4 w}{\partial x^4}+\rho\frac{\partial^2 w}{\partial x^2}=0 \tag{9.4.17}$$

其中，ρ 为材料的质量密度。该方程的解可写为 $w(x,t)=X(x)T(t)$，其中 $X(x)$ 为振型，$T(t)$ 为时间响应。将其代入振动方程中，可解得

$$w(x,t)=(C_1\mathrm{ch}\beta x+C_2\mathrm{sh}\beta x+C_3\cos\beta x+C_4\sin\beta x)A\cos(\omega t+\varphi) \tag{9.4.18}$$

其中，β 为振型特征值，ω 为固有频率。

根据不同边界条件(简支、固支或自由等)可以求得梁自由振动对应的各阶振型和固有频率。对于长度为 L 的简支梁来说，其一阶固有频率(基频)为

$$\omega=\pi^2\sqrt{\frac{E'I}{\rho L^4}} \tag{9.4.19}$$

对于长度为 L 的两端固支的梁来说，其一阶固有频率(基频)为

$$\omega=\frac{9}{4}\pi^2\sqrt{\frac{E'I}{\rho L^4}} \tag{9.4.20}$$

对于长度为 L 的悬臂梁来说，其一阶固有频率(基频)为

$$\omega=3.5156\sqrt{\frac{E'I}{\rho L^4}} \tag{9.4.21}$$

从以上的各种梁的一阶固有频率表达式可以看出，固有频率都是与有效弹性模量 E' 的平方根成正比的，微尺度效应会增大有效弹性摸量，因此也会提高梁结构的固有频率。

9.5 硅微材料的微尺度效应及对微机械陀螺的影响

微陀螺仪通常用硅材料制造，其结构中的弹性梁的尺寸为微米级。硅材料中有许多固有晶粒(颗粒)，晶粒自身的刚度要大于晶粒间的连接刚度。当某些力施加到结构上时，这些晶粒内部不会随着整体结构的变形而同步变形，而产生附加的效应。这种效应对

宏观结构来说并不明显,因为这些晶粒尺寸太小而无需考虑。因此,在宏观结构中,这样的晶粒可以看作几何中的一个点。然而,对于尺寸也是微米的微型陀螺仪的微弹性梁来说,晶粒尺寸就不容忽视。这种由于结构尺寸微小而引发的效应就是微尺寸(尺度)效应。从进一步的分析中会发现,材料的颗粒会改变材料的弹性模量,进而微型陀螺仪的微弹性梁的刚度以及微陀螺结构的固有频率也都将会改变。

在前文中的偶应力理论或应变梯度理论中都引入了材料特征长度(或特征尺度)的物理量,但都没有给出明确的具体物理意义,仅具有数学或抽象的物理意义。因此很难直接在工程中使用。

基于圆柱颗粒的力学分析,可以揭示应力力偶矩的作用。当材料中存在大量的圆柱颗粒时(图 9.5.1),这种材料就呈现出颗粒的效应。同样基于圆柱颗粒的力学分析,可以认识到圆柱颗粒的长度和直径就是偶应力中的材料特征长度。当然,实际材料的颗粒不会那么规整,排布更不会那么整齐。但从统计的意义讲,作用是等效的。

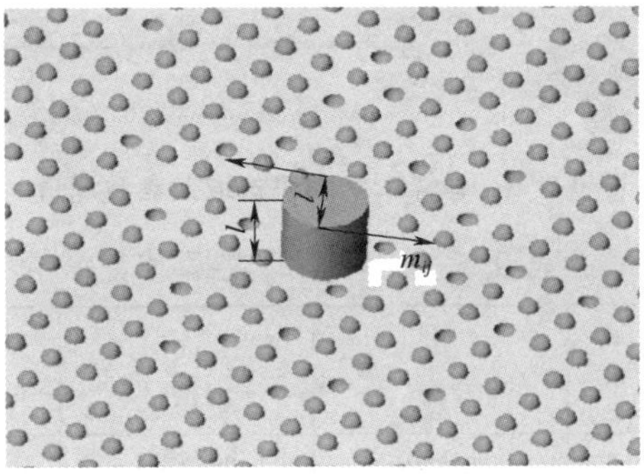

图 9.5.1　材料中分布的圆柱颗粒

对于硅微材料,从显微测试中发现许多的晶粒(图 9.5.2),这些晶粒自身的变形并不与整体结构的变形同步。因此,从硅材料内部晶粒效应的角度看,我们认为,晶粒的外径就是其材料的特征长度(尺度)。

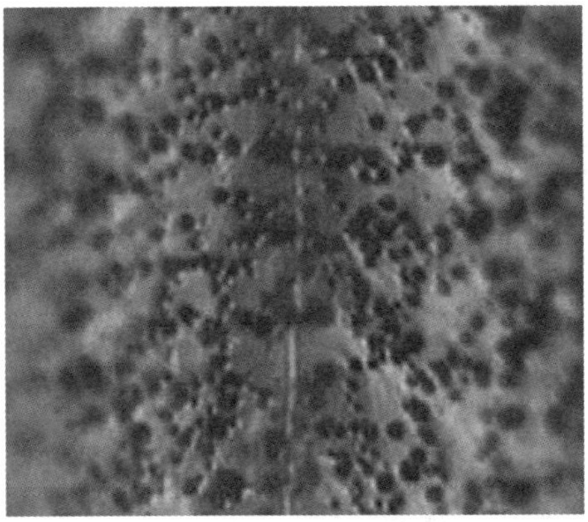

图 9.5.2　硅片中晶粒分布的显微图像

由于硅微材料的晶粒无论从分布上还是具体尺度上都有很大的随机性,为此,可采用实测加统计的方法来确定。通过显微镜拍摄,硅材料晶片的局部区域如图 9.5.2 所示。从材料内部的颗粒分布可以清楚地看出,它们大致均匀。但是它们的大小并不那么统一,可以分为大、中、小三种。由于小种类的数量更多,可认为是主要种类。小晶粒的直径可通过图 9.5.3 所示的构建圆方法来测量。

随机抽取 10 个颗粒进行测量,结果列于表 9.5.1 中。其中 D 为图片中的直径,P 为周长,A 为面积,D_R为实际直径,D_A为平均直径。

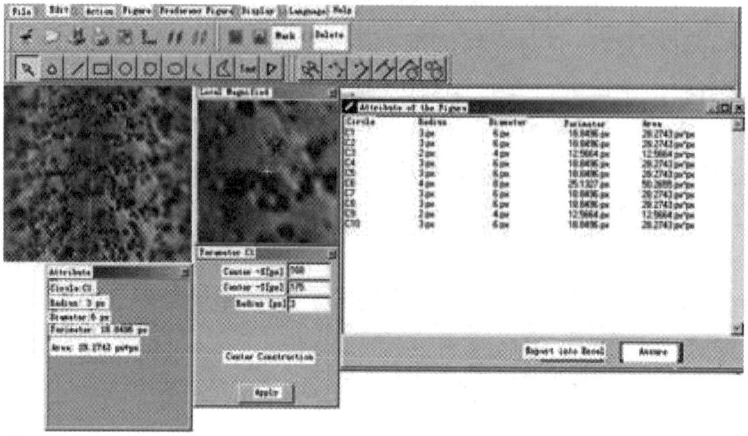

图 9.5.3　粒样本的随机选取及参数测量

表 9.5.1　测量的数据列表

序号	D /px	P /px	A /(px)^2	D_R /μm	D_A /μm
C1	6	18.8496	28.2743	1.059	1.0237
C2	6	18.8496	28.2743	1.059	
C3	4	12.5664	12.5664	0.706	
C4	6	18.8496	28.2743	1.059	
C5	6	18.8496	28.2743	1.059	
C6	8	25.1327	50.2655	1.412	
C7	6	18.8496	28.2743	1.059	
C8	6	18.8496	28.2743	1.059	
C9	4	12.5664	12.5664	0.706	
C10	6	18.8496	28.2743	1.059	

通过随机抽样计算,可得晶粒的平均直径尺寸,即特征尺度为 $l = 1.0237\mu m$ 。

微机械陀螺是通过硅微加工得到的微结构系统。图 9.5.4 和图 9.5.5 所示为梳齿式单质量块的微机械陀螺结构。驱动系统由四根折叠弹性梁与基板连接。折叠梁的结构如图 9.5.6 所示。

利用静力平衡方法,可求得单根折叠梁的刚度为

$$k_d = \frac{6E'I_1}{l_1^3} \cdot \frac{8\lambda l_1 + 2l_2}{8\lambda l_1 + 5l_2} \tag{9.5.1}$$

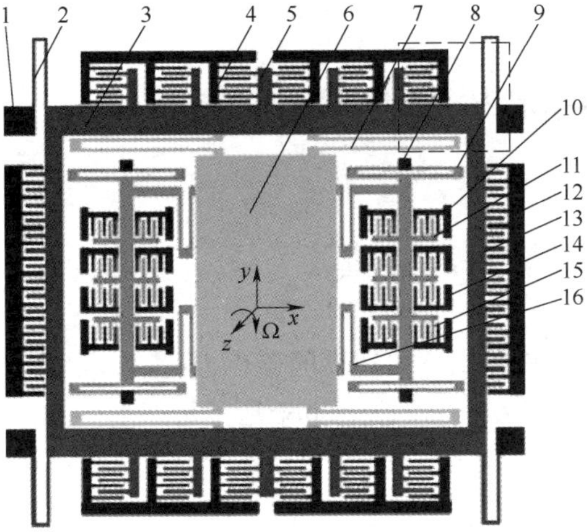

图 9.5.4　梳齿式的微机械陀螺的整体结构

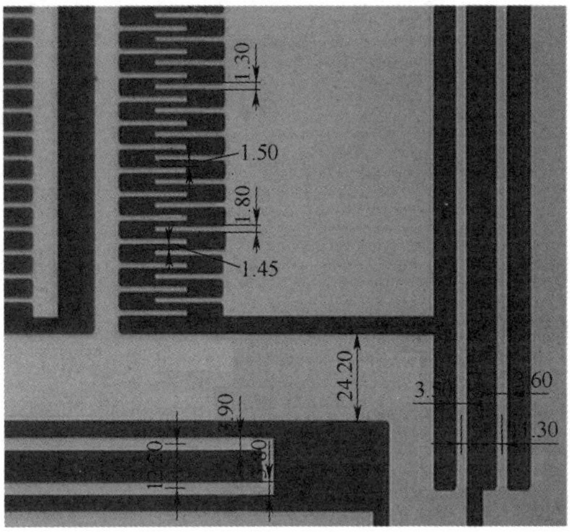

图 9.5.5　微机械陀螺折叠梁处的显微图像

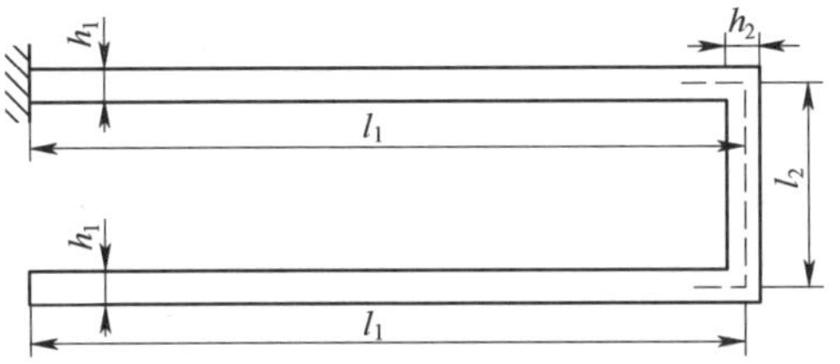

图 9.5.6　微机械陀螺的折叠梁结构

式中：E' 为等效弹性模量；l_1 和 l_2 为梁第一段和第二段的长度，第三段与第一段相同；$I_1 = \dfrac{bh_1^3}{12}$ 为第一段的惯性矩，其中 b 为梁的宽度；$\lambda = \dfrac{h_2^3}{h_1^3}$ 为第二段惯性矩与第一段惯性矩的比值，其中 h_1 和 h_2 分别为第一和第二段梁的厚度。

微机械陀螺驱动方向的固有频率为

$$f_{\mathrm{d}} = \frac{1}{2\pi}\sqrt{\frac{4k_{\mathrm{d}}}{m_{\mathrm{d}}}} \tag{9.5.2}$$

式中：m_{d} 为驱动模态的质量。

通过显微镜和激光测距仪的测量，上述所列的梁的长度、厚度和宽度分别为 $l_1 = 206.85\mu\mathrm{m}$，$l_2 = 48.67\mu\mathrm{m}$，$h_1 = 5.2\mu\mathrm{m}$，$h_2 = 30\mu\mathrm{m}$ 和 $b = 25.8\mu\mathrm{m}$。通过测量和计算，驱动模态的质量为 $m_{\mathrm{d}} = 1.2241 \times 10^{-7}\mathrm{kg}$。通过纳米压痕测试，硅片的弹性模量为 $E = 141.5\mathrm{GPa}$。泊松比为 $\upsilon = 0.22$。

将这些参数代入前文中的有效模量方程式 $E' = 1 + \dfrac{12\upsilon l^2}{(1+\upsilon)h_1^2}$ 中，得有效弹性模量为 $E' = 198.1\mathrm{GPa}$。再将其代入折叠梁刚度公式和固有频率公式中，得到 $k_{\mathrm{d}} = 40.58\mathrm{N/m}$ 和 $f_{\mathrm{d}} = 5798\mathrm{Hz}$。通过电学方法所测得的固有频率为 $f_{\mathrm{d}} = 5792\mathrm{Hz}$。如果不考虑尺寸效应，则梁的刚度为 $k_{\mathrm{d}} = 28.99\mathrm{N/m}$，计算的固有频率为 $f_{\mathrm{d}} = 4901\mathrm{Hz}$。将这两个计算结果与实验结果进行比较可以看出，考虑尺寸效应的模型能更好地预测微机械陀螺的性能。

第 10 章　微机械陀螺动力学

10.1　微机械陀螺的哥氏效应

微机械振动式陀螺是利用微机械加工技术制作的敏感角速度的器件,其工作机理基于的是哥氏效应。哥氏效应源于非惯性参考系的转动。它的作用和效应分析如下。

如图 10.1.1 所示,$Oxyz$ 为定参考系,$O'x'y'z'$ 为动参考系,动参考系坐标原点在定参考系中的矢径为 $\boldsymbol{r}_{o'}$,动参考系的三个单位矢量分别为 $\boldsymbol{i}'$,$\boldsymbol{j}'$,$\boldsymbol{k}'$。动点 M 在定参考系中的矢径为 $\boldsymbol{r}_{\mathrm{m}}$,在动参考系中的矢径为 $\boldsymbol{r}'$,对应的坐标为 x',y',z'。动参考系上与动点重合的点(即牵连点)记为 M',它在定参考系中的矢径为 $\boldsymbol{r}'_{\mathrm{m}}$。

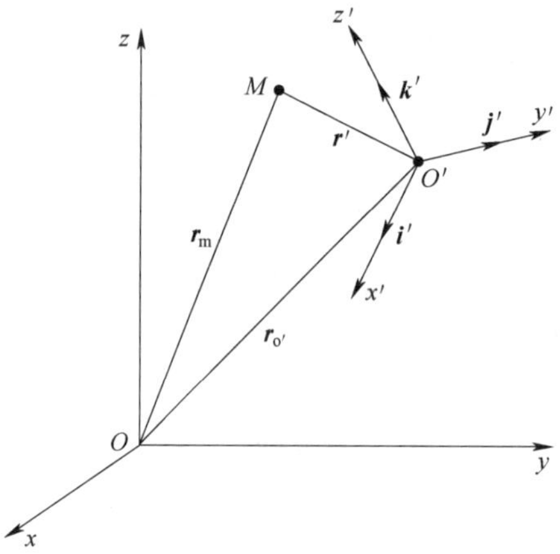

图 10.1.1　动坐标系和定坐标系示意图

根据矢量合成法则,有如下的矢量关系:

$$\boldsymbol{r}_{\mathrm{m}} = \boldsymbol{r}_{o'} + \boldsymbol{r}' \tag{10.1.1}$$

$$\boldsymbol{r}' = x'\boldsymbol{i}' + y'\boldsymbol{j}' + z'\boldsymbol{k}' \tag{10.1.2}$$

动点 M 的相对速度为

$$\boldsymbol{v}_{\mathrm{r}} = \frac{\mathrm{d}\boldsymbol{r}'}{\mathrm{d}t} = \dot{x}'\boldsymbol{i}' + \dot{y}'\boldsymbol{j}' + \dot{z}'\boldsymbol{k}' \tag{10.1.3}$$

动点 M 的牵连点 M' 的牵连速度为

$$\boldsymbol{v}_{\mathrm{e}} = \frac{\mathrm{d}\boldsymbol{r}_{o'}}{\mathrm{d}t} = \dot{\boldsymbol{r}}_{o'} + x'\dot{\boldsymbol{i}}' + y'\dot{\boldsymbol{j}}' + z'\dot{\boldsymbol{k}}' \tag{10.1.4}$$

动点的绝对速度为

$$\boldsymbol{v}_{\mathrm{a}} = \frac{\mathrm{d}\boldsymbol{r}_{\mathrm{m}}}{\mathrm{d}t} = \dot{\boldsymbol{r}}_{o'} + \dot{x}'\boldsymbol{i}' + \dot{y}'\boldsymbol{j}' + \dot{z}'\boldsymbol{k}' + x'\dot{\boldsymbol{i}}' + y'\dot{\boldsymbol{j}}' + z'\dot{\boldsymbol{k}}' \tag{10.1.5}$$

从而可以得出

$$\boldsymbol{v}_a = \boldsymbol{v}_e + \boldsymbol{v}_r \tag{10.1.6}$$

式(10.1.6)描述的是在动参考系中动点 M 的速度合成,即动点 M 的绝对速度(相对于定参考系的速度)等于相对速度(相对于动参考系的速度)与牵连速度(与 M 点重合的动参考系中 M' 点的速度)的矢量和。

动点 M 的相对加速度为

$$\boldsymbol{a}_r = \frac{\mathrm{d}\boldsymbol{v}_r}{\mathrm{d}t} = \frac{\mathrm{d}^2\boldsymbol{r}'}{\mathrm{d}t^2} = \ddot{x}'\boldsymbol{i}' + \ddot{y}'\boldsymbol{j}' + \ddot{z}'\boldsymbol{k}' \tag{10.1.7}$$

动点 M 的牵连点 M' 的牵连加速度为

$$\boldsymbol{a}_e = \frac{\mathrm{d}\boldsymbol{v}_e}{\mathrm{d}t} = \frac{\mathrm{d}^2\boldsymbol{r}'_m}{\mathrm{d}t^2} = \ddot{\boldsymbol{r}}_{o'} + x'\ddot{\boldsymbol{i}}' + y'\ddot{\boldsymbol{j}} + z'\ddot{\boldsymbol{k}}' \tag{10.1.8}$$

而动点 M 的绝对加速度为

$$\begin{aligned}\boldsymbol{a}_a = \frac{\mathrm{d}\boldsymbol{v}_a}{\mathrm{d}t} = \frac{\mathrm{d}^2\boldsymbol{r}_m}{\mathrm{d}t^2} &= \ddot{\boldsymbol{r}}_{o'} + \dot{x}'\dot{\boldsymbol{i}}' + \dot{y}'\dot{\boldsymbol{j}}' + \dot{z}'\dot{\boldsymbol{k}}' + \ddot{x}'\boldsymbol{i}' + \ddot{y}'\boldsymbol{j}' + \ddot{z}'\boldsymbol{k}' + \\ &\quad \dot{x}'\dot{\boldsymbol{i}}' + \dot{y}'\dot{\boldsymbol{j}}' + \dot{z}'\dot{\boldsymbol{k}}' + x'\ddot{\boldsymbol{i}}' + y'\ddot{\boldsymbol{j}} + z'\ddot{\boldsymbol{k}}' \\ &= \ddot{\boldsymbol{r}}_{o'} + x'\ddot{\boldsymbol{i}}' + y'\ddot{\boldsymbol{j}} + z'\ddot{\boldsymbol{k}}' + 2(\dot{x}'\dot{\boldsymbol{i}}' + \dot{y}'\dot{\boldsymbol{j}}' + \dot{z}'\dot{\boldsymbol{k}}') + \ddot{x}'\boldsymbol{i}' + \ddot{y}'\boldsymbol{j}' + \ddot{z}'\boldsymbol{k}'\end{aligned} \tag{10.1.9}$$

式(10.1.9)中的第一部分(前四项)为牵连点加速度 $\boldsymbol{a}_e$,第三部分(后三项)为相对加速度 $\boldsymbol{a}_r$,第二部分(剩余部分)是另一种加速度,它是和相对速度及动坐标系三个单位矢量的变化率有关的加速度项。令它为 $\boldsymbol{a}_c$,可以证明,当动参考系相对于定参考系有转动 $\boldsymbol{\omega}$ 时,有

$$\dot{\boldsymbol{i}}' = \boldsymbol{\omega} \times \boldsymbol{i}', \dot{\boldsymbol{j}}' = \boldsymbol{\omega} \times \boldsymbol{j}', \dot{\boldsymbol{k}}' = \boldsymbol{\omega} \times \boldsymbol{k}' \tag{10.1.10}$$

则第二部分的加速度项可化为

$$\begin{aligned}\boldsymbol{a}_c &= 2(\dot{x}'\dot{\boldsymbol{i}}' + \dot{y}'\dot{\boldsymbol{j}}' + \dot{z}'\dot{\boldsymbol{k}}') \\ &= 2[\dot{x}'(\boldsymbol{\omega} \times \boldsymbol{i}') + \dot{y}'(\boldsymbol{\omega} \times \boldsymbol{j}') + \dot{z}'(\boldsymbol{\omega} \times \boldsymbol{k}')] \\ &= 2\boldsymbol{\omega} \times (\dot{x}'\boldsymbol{i}' + \dot{y}'\boldsymbol{j}' + \dot{z}'\boldsymbol{k}') \\ &= 2\boldsymbol{\omega} \times \boldsymbol{v}_r\end{aligned} \tag{10.1.11}$$

可见,该加速度项是由动坐标系的旋转引起的。当没有旋转时(即动坐标系只有平动时),该加速度项为零。由于这一加速度项最早由哥里奥(Coriolis)发现,因此称其为哥氏加速度(Coriolis Acceleration)。

综上所述,动坐标系上 M 点相对于定坐标系的绝对加速度 $\boldsymbol{a}_a$ 由相对加速度 $\boldsymbol{a}_r$、牵连加速度 $\boldsymbol{a}_e$ 及哥氏加速度 $\boldsymbol{a}_c$ 部分组成,绝对加速度 $\boldsymbol{a}_a$ 是上述三个加速度的矢量和,即

$$\boldsymbol{a}_a = \boldsymbol{a}_r + \boldsymbol{a}_e + \boldsymbol{a}_c \tag{10.1.12}$$

从哥氏加速度的构成可以看出,从一方面讲,它是和动坐标系的旋转相关联的。只要动坐标系有转动,该系上有相对速度的质点就受哥氏加速度的作用。因此,工程上也常通过测量哥氏加速度的大小来测量动坐标系的旋转角速度。从另一方面讲,哥氏加速度的大小和方向只取决于动参考系的角速度和质点在动参考系中的相对速度。从方向上看,哥氏加速度垂直于由 $\boldsymbol{\omega}$ 和 $\boldsymbol{v}_r$ 构成的平面,因而它一定与 $\boldsymbol{v}_r$ 垂直。从大小上看,哥氏加速

度只与动参考系的角速度和质点在动参考系中的相对速度有关,而与质点在动参考系中的位置无关。

哥氏加速度是研究微机械陀螺的基础。为了实现微机械陀螺对角速度的检测测量,通常采用振动驱动的方式使陀螺的质量块(相当于非惯性旋转坐标系中的质点)获得一个相对速度,然后再对垂直于该相对速度方向的振动形态的哥氏加速度进行检测,进而实现对所在非惯性系的角速度的测量。由于驱动质量块的位移方向与检测质量块的位移方向并不相同,因此在结构上被驱动的质量与被检测的质量往往也不相同,通常是驱动质量块内包含检测质量块。当其中的驱动质量块受驱动做高频振动时,检测质量块在驱动质量块的带动下也做高频振动,在系统有旋转运动的情况下,检测质量块将受到哥氏加速度的作用,进而产生检测系统的高频振动位移。通过一些有效的检测方法可确定出该位移响应的大小。有了检测质量块的位移响应,反过来就可确定出系统的旋转角速度。

10.2 微机械陀螺的动力学方程

10.2.1 单质量块微机械陀螺的动力学方程

这里先选取典型的单质量块模型作为研究对象进行动力学建模分析。

图 10.2.1 所示为典型的梳齿式微机械陀螺结构示意图。假设 x 方向为驱动方向,y 方向为检测方向。

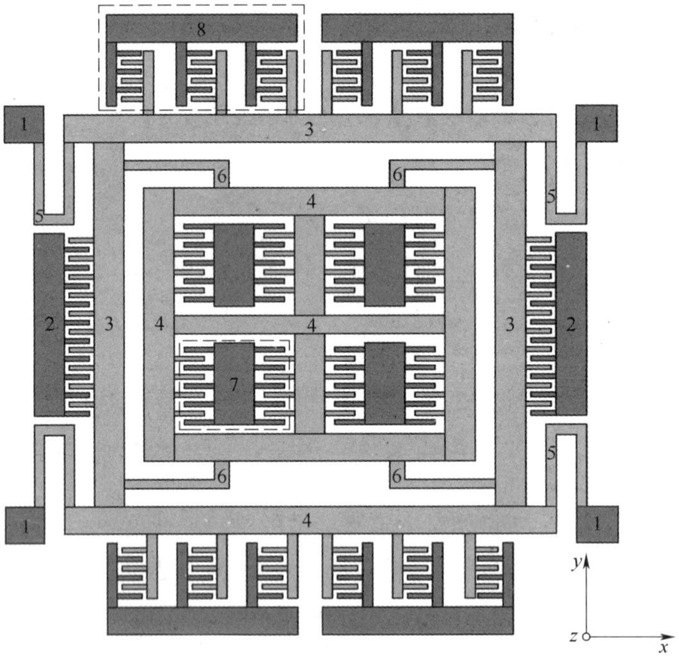

图 10.2.1 梳齿式微机械陀螺结构示意图

典型微机械陀螺结构原理如图 10.2.1 所示。图中:1 为锚点;2 为驱动系统梳齿;3 为振动外框;4 为振动内框;5 为外框支撑梁;6 为内框支撑梁;7 为检测系统敏感差分电容;8 为驱动系统位移检测梳齿电容。3 的外框梳齿与驱动系统固定梳齿构成驱动系统电容。惯性质量分为外框质量和内框质量,由不同的弹性梁支撑,形成活动结构。外框由弹性梁固定在锚点上,当在驱动梳齿电容上施加交变驱动电压时,整个结构沿着 x 方向发生简谐振动。内框和外框通过弹性梁 6 连接,内框构成检测质量块。当有 z 向输入的角速度时,内框就会受到哥氏力的作用发生 y 方向的位移,差分偏置电容可检测 y 方向位移的大小。由于电容变化值与输入角速度存在对应关系,因此通过检测电容变化可检测出角速度的大小。从工作原理的角度考量,图 10.2.1 可简化为图 10.2.2 的模型。

根据其受力情况可建立该陀螺仪的动力学微分方程。为得到微分方程模型,先建立与陀螺仪基底固连的动坐标系 $Oxyz$, 取动坐标系的原点为活动质量质心的平衡位置, x 轴为静电驱动力方向, z 轴为与基底垂直的方向, y 轴由右手法则确定。

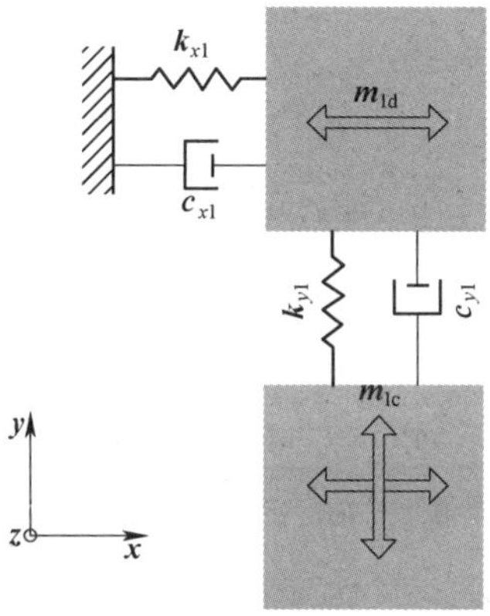

图 10.2.2　单质量块微机械陀螺工作简化示意图

若动坐标系相对于定坐标系有相对转动,并设其绕动坐标轴 Ox, Oy, Oz 的角速度分别为 Ω_x, Ω_y, Ω_z, 用 $\boldsymbol{i}$, $\boldsymbol{j}$, $\boldsymbol{k}$ 表示任意时刻 t 的动坐标系的坐标轴方向的单位矢量,用 $\boldsymbol{r}_0$ 表示动坐标系坐标原点在定坐标系中的矢径(位置矢量),用 x, y, z 表示质量块质心点在动坐标系下的坐标。则质心在定坐标系中的位置矢量为

$$\boldsymbol{r}_{\mathrm{m}} = \boldsymbol{r}_0 + x\boldsymbol{i} + y\boldsymbol{j} + z\boldsymbol{k} \tag{10.2.1}$$

质心点在定坐标系中的速度(绝对速度)为

$$\boldsymbol{v}_{\mathrm{m}} = \frac{\mathrm{d}\boldsymbol{r}_{\mathrm{m}}}{\mathrm{d}t} = \dot{\boldsymbol{r}}_0 + \dot{x}\boldsymbol{i} + \dot{y}\boldsymbol{j} + \dot{z}\boldsymbol{k} + x\dot{\boldsymbol{i}} + y\dot{\boldsymbol{j}} + z\dot{\boldsymbol{k}} \tag{10.2.2}$$

质心点在定坐标系中的加速度(绝对加速度)为

$$\boldsymbol{a}_{\mathrm{m}} = \frac{\mathrm{d}\,\boldsymbol{v}_{\mathrm{m}}}{\mathrm{d}t} = \ddot{\boldsymbol{r}}_{\mathrm{m}} = \ddot{\boldsymbol{r}}_0 + x\ddot{\boldsymbol{i}} + y\ddot{\boldsymbol{j}} + z\ddot{\boldsymbol{k}} + \ddot{x}\boldsymbol{i} + \ddot{y}\boldsymbol{j} + \ddot{z}\boldsymbol{k} + 2(\dot{x}\dot{\boldsymbol{i}} + \dot{y}\dot{\boldsymbol{j}} + \dot{z}\dot{\boldsymbol{k}}) \tag{10.2.3}$$

由于 $\dot{\boldsymbol{i}} = \boldsymbol{\Omega} \times \boldsymbol{i}$, 则有

$$\dot{\boldsymbol{i}} = \begin{vmatrix} \boldsymbol{i} & \boldsymbol{j} & \boldsymbol{k} \\ \Omega_x & \Omega_y & \Omega_z \\ 1 & 0 & 0 \end{vmatrix} = \begin{vmatrix} \Omega_y & \Omega_z \\ 0 & 0 \end{vmatrix}\boldsymbol{i} + \begin{vmatrix} \Omega_z & \Omega_x \\ 0 & 1 \end{vmatrix}\boldsymbol{j} + \begin{vmatrix} \Omega_x & \Omega_y \\ 1 & 0 \end{vmatrix}\boldsymbol{k} = \Omega_z\boldsymbol{j} - \Omega_y\boldsymbol{k} \tag{10.2.4}$$

同理有

$$\dot{\boldsymbol{j}} = \Omega_x\boldsymbol{k} - \Omega_z\boldsymbol{i} \tag{10.2.5}$$

$$\dot{\boldsymbol{k}}=\Omega_y\boldsymbol{i}-\Omega_x\boldsymbol{j} \tag{10.2.6}$$

将式(10.2.4)对时间求导数,并利用式(10.2.5)和式(10.2.6)的关系,可得

$$\ddot{\boldsymbol{i}}=\dot{\Omega}_z\boldsymbol{j}-\dot{\Omega}_y\boldsymbol{k}+\Omega_z\dot{\boldsymbol{j}}-\Omega_y\dot{\boldsymbol{k}}=-(\Omega_z^2+\Omega_y^2)\boldsymbol{i}+(\Omega_x\Omega_y+\dot{\Omega}_z)\boldsymbol{j}+(\Omega_z\Omega_x-\dot{\Omega}_y)\boldsymbol{k} \tag{10.2.7}$$

同理有

$$\ddot{\boldsymbol{j}}=-(\Omega_z^2+\Omega_x^2)\boldsymbol{j}+(\Omega_x\Omega_y-\dot{\Omega}_z)\boldsymbol{i}+(\Omega_z\Omega_y+\dot{\Omega}_y)\boldsymbol{k} \tag{10.2.8}$$

$$\ddot{\boldsymbol{k}}=-(\Omega_x^2+\Omega_y^2)\boldsymbol{k}+(\Omega_x\Omega_z+\dot{\Omega}_y)\boldsymbol{i}+(\Omega_z\Omega_y-\dot{\Omega}_x)\boldsymbol{j} \tag{10.2.9}$$

将式(10.2.4)~式(10.2.9)代入式(10.2.3)的加速度公式中,可得

$$\begin{aligned} a_{\mathrm{m}}=\ddot{\boldsymbol{r}}_0&+[\ddot{x}-(\Omega_y^2+\Omega_z^2)x-2\Omega_z\dot{y}+(\Omega_x\Omega_y-\dot{\Omega}_z)y+2\Omega_y\dot{z}+(\Omega_x\Omega_z+\dot{\Omega}_y)z]\cdot\boldsymbol{i}+\\ &[\ddot{y}-(\Omega_x^2+\Omega_z^2)y+2\Omega_z\dot{x}+\Omega_x\Omega_y(\Omega_x\Omega_y+\dot{\Omega}_z)x-2\Omega_x\dot{z}+(\Omega_y\Omega_z-\dot{\Omega}_x)z]\cdot\boldsymbol{j}+\\ &[\ddot{z}-(\Omega_x^2+\Omega_y^2)z-2\Omega_y\dot{x}+(\Omega_x\Omega_z-\dot{\Omega}_y)x+2\Omega_x\dot{y}+(\Omega_y\Omega_z+\dot{\Omega}_x)y]\cdot\boldsymbol{k} \end{aligned} \tag{10.2.10}$$

当动坐标系的原点相对于定坐标系为匀速直线运动时,有 $\ddot{\boldsymbol{r}}_0=0$, 与此同时,若通过对陀螺进行固定,使其没有 $\boldsymbol{k}$ 方向的位移,则式(10.2.10)的加速度可简化为

$$\begin{aligned} a_{\mathrm{m}}=&[\ddot{x}-(\Omega_y^2+\Omega_z^2)x-2\Omega_z\dot{y}+(\Omega_x\Omega_y-\dot{\Omega}_z)y]\cdot\boldsymbol{i}+\\ &[\ddot{y}-(\Omega_x^2+\Omega_z^2)y+2\Omega_z\dot{x}+\Omega_x\Omega_y(\Omega_x\Omega_y+\dot{\Omega}_z)x]\cdot\boldsymbol{j} \end{aligned} \tag{10.2.11}$$

若动坐标系的原点相对于定坐标系做一般性运动而非匀速直线运动时,则 $\ddot{\boldsymbol{r}}_0\neq 0$, 此时仍通过固定使其沿 $\boldsymbol{k}$ 方向没有位移,则该动坐标系原点的加速度可表示为

$$\ddot{\boldsymbol{r}}_0=a_x\cdot\boldsymbol{i}+a_y\cdot\boldsymbol{j} \tag{10.2.12}$$

进而质量块质心点在定坐标系中的加速度(绝对加速度)为

$$\begin{aligned} \boldsymbol{a}_{\mathrm{m}}=a_x\cdot\boldsymbol{i}+a_y\cdot\boldsymbol{j}&+[\ddot{x}-(\Omega_y^2+\Omega_z^2)x-2\Omega_z\dot{y}+(\Omega_x\Omega_y-\dot{\Omega}_z)y]\cdot\boldsymbol{i}+\\ &[\ddot{y}-(\Omega_y^2+\Omega_z^2)y+2\Omega_z\dot{x}+(\Omega_x\Omega_y+\dot{\Omega}_z)x]\cdot\boldsymbol{j} \end{aligned} \tag{10.2.13}$$

活动质量(包括 $m_{1\mathrm{d}}$ 和 $m_{1\mathrm{c}}$)在动坐标系的 x 轴方向运动时所受的力分别包括驱动力、弹簧的弹性力 $-k_x x$、刚度耦合力 $-k_{xy}y$、阻尼力 $-c_x\dot{x}$、阻尼耦合力 $-c_{xy}\dot{y}$、外界加速度引起的惯性力 $m_x a_x$, 其中, k_x 为外框弹性梁(即 x 方向)的刚度, k_{xy} 为耦合刚度, c_x 为 x 方向的阻尼系数, c_{xy} 为耦合阻尼。驱动力一般包括主动驱动力和被动微观力,对于静电驱动的系统,主动驱动力就是静电力 f_{d}, 被动微观力 M_x 包括范德瓦耳斯力、毛细力等。由于静电驱动力、范德瓦耳斯力及毛细力等都与作用行程有关,即与驱动的位移有关,因此,一般来说驱动力既是时间的函数,也是位移的函数。

设外框质量为 $m_{1\mathrm{d}}$, 内框质量为 $m_{1\mathrm{c}}$, 驱动质量为 $m_x=m_{1\mathrm{d}}+m_{1\mathrm{c}}$, 检测质量为 $m_y=m_{1\mathrm{c}}$, 则由牛顿第二定律可得

$$\begin{aligned} &m_x\ddot{x}+c_x\dot{x}+[k_x-m_x(\Omega_y^2+\Omega_z^2)]x-2m_y\Omega_z\dot{y}+c_{xy}\dot{y}+m_y(\Omega_x\Omega_y-\dot{\Omega}_z)y+k_{xy}y\\ &=f_{\mathrm{d}}+m_x a_x+M_x \end{aligned} \tag{10.2.14}$$

由于 x 方向是驱动的方向,我们常称 x 方向运动对应的系统(外框和内框一起构成的系统)为驱动系统。同理,可列出内框质量(块)沿 y 方向的振动微分方程为

$$m_y\ddot{y} + c_y\dot{y} + [k_y - m_y(\Omega_x^2 + \Omega_z^2)]y + 2m_y\Omega_z\dot{x} + c_{yx}\dot{x} + m_y(\Omega_x\Omega_y + \dot{\Omega}_z)x + k_{yx}x = m_y a_y + M_y \tag{10.2.15}$$

式中:m_y 为 y 方向的运动质量;c_y 为 y 方向的阻尼系数;k_y 为内框弹性梁(即 y 方向)的刚度;$-k_{yx}x$ 为刚度耦合力;$-c_{yx}\dot{x}$ 为阻尼耦合力 ;a_y 为外界加速度;M_y 为 y 方向的微观干扰力。

同样,由于 y 方向是敏感或检测角速度的方向,因此常称 y 方向的运动系统(仅包含内框系统)为检测系统。

当陀螺仪所在的参考坐标系只做 z 轴方向匀速转动,且不考虑微观干扰力时,即 $\Omega_x = \Omega_y = 0$, $\dot{\Omega}_z = 0$, $M_x = M_y = 0$ 时,则有

$$\begin{cases} m_x\ddot{x} + c_x\dot{x} + (k_x - m_x\Omega_z^2)x - 2m_y\Omega_z\dot{y} + c_{xy}\dot{y} + k_{xy}y = f_{\mathrm{d}} + m_x a_x \\ m_y\ddot{y} + c_y\dot{y} + (k_y - m_y\Omega_z^2)y + 2m_y\Omega_z\dot{x} + c_{yx}\dot{x} + k_{yx}x = m_y a_y \end{cases} \tag{10.2.16}$$

即

$$\begin{cases} \ddot{x} + 2\xi_x\omega_x\dot{x} + (\omega_x^2 - \Omega_z^2)x = \dfrac{f_{\mathrm{d}}}{m_x} + 2\dfrac{m_y}{m_x}\Omega_z\dot{y} - \dfrac{c_{xy}}{m_x}\dot{y} - \dfrac{k_{xy}}{m_x}y + a_x \\ \ddot{y} + 2\xi_y\omega_y\dot{y} + (\omega_y^2 - \Omega_z^2)y = -2\Omega_z\dot{x} - \dfrac{c_{yx}}{m_y}\dot{x} - \dfrac{k_{yx}}{m_y}x + a_y \end{cases} \tag{10.2.17}$$

式中:$\omega_x = \sqrt{\dfrac{k_x}{m_x}}$ 为驱动系统的固有频率;$\xi_x = \dfrac{c_x}{2\omega_x m_x}$ 为驱动系统的阻尼比;$\omega_y = \sqrt{\dfrac{k_y}{m_y}}$ 为检测系统的固有频率;$\xi_y = \dfrac{c_y}{2\omega_y m_y}$ 为检测系统的阻尼比。

通常设计的驱动和检测固有频率 ω_x 、ω_y 都比较大,而需要测量的角速度 Ω_z 相对于上述的固有频率小很多。从而有 $k_x \gg m_x\Omega_z^2$, $k_y \gg m_y\Omega_z^2$。因此可以将上述方程近似为

$$\begin{cases} \ddot{x} + 2\xi_x\omega_x\dot{x} + \omega_x^2 x = \dfrac{f_{\mathrm{d}}}{m_x} + 2\dfrac{m_y}{m_x}\Omega_z\dot{y} - \dfrac{c_{xy}}{m_x}\dot{y} - \dfrac{k_{xy}}{m_x}y + a_x \\ \ddot{y} + 2\xi_y\omega_y\dot{y} + \omega_y^2 y = -2\Omega_z\dot{x} - \dfrac{c_{yx}}{m_y}\dot{x} - \dfrac{k_{yx}}{m_y}x + a_y \end{cases} \tag{10.2.18}$$

从方程(10.2.18)可以看出,驱动方向要计入由检测方向振动而引起的哥氏力、耦合阻尼力、耦合刚度力,外界加速度引起的惯性力。通常检测方向的位移量要比驱动方向的位移量小几个数量级以上,因此可将检测振动引起的哥氏项、耦合阻尼力、耦合刚度力忽略掉。一般来说驱动模态处于谐振状态时陀螺仪可以达到更好的性能,因此设计闭环驱动电路时,要考虑将外界振动引起的加速度消去,消去后上述方程可化为

$$
\begin{cases}
\ddot{x}+2\xi_x\omega_x\dot{x}+\omega_x^2x=\dfrac{f_{\mathrm{d}}}{m_x}\\
\ddot{y}+2\xi_y\omega_y\dot{y}+\omega_y^2y=-2\Omega_z\dot{x}-\dfrac{c_{yx}}{m_y}\dot{x}-\dfrac{k_{yx}}{m_y}x+a_y
\end{cases}
\tag{10.2.19}
$$

从式(10.2.19)可以看出,外界加速度引起的检测位移与哥氏力引起的检测位移无法区分,同时耦合阻尼力、耦合刚度力也会产生检测输出误差。

通过解耦性设计和抗振动设计,可消除外界加速度、耦合阻尼力、耦合刚度力对检测输出产生的影响,消除后,上述方程可化为

$$
\begin{cases}
\ddot{x}+2\xi_x\omega_x\dot{x}+\omega_x^2x=\dfrac{f_{\mathrm{d}}}{m_x}\\
\ddot{y}+2\xi_y\omega_y\dot{y}+\omega_y^2y=-2\Omega_z\dot{x}
\end{cases}
\tag{10.2.20}
$$

10.2.2 双质量块音叉式微机械陀螺的动力学方程

单质量块微机械陀螺的结构比较简单,但也存在不易消除外界振动影响等缺陷。前面在单质量块结构中曾提到,可通过解耦性设计和抗振动设计来消除外界加速度的振动影响。但这只是一种理想的设想。为了真正实现振动干扰的消除,单靠单质量块结构的设计是很难的。为此,可以通过设计双质量块结构,使其形成音叉结构,进而可以消除外界振动等的影响。

双质量块音叉式微机械陀螺结构是由左右两个完全一样的单质量块微机械陀螺组成的,如图10.2.3和图10.2.4所示。两质量块之间需要通过弹性梁进行耦合。其中x方向为驱动模态方向,y方向为检测模态方向。最简单的耦合形式是驱动方向两质量块存在耦合,而检测方向无耦合,如图10.2.5(a)所示。这种结构形式虽然结构简单,耦合形式也很简单,但由于容易受到工艺误差带来的不对称的影响,检测方向不容易匹配,进而容易受到干扰。一般的结构形式是驱动模态方向和检测模态方向两质量块都存在耦合,如图10.2.5(b)所示。这种结构形式虽然结构相对复杂,耦合形式也比较复杂,但可以通过某种设计,大大提高左右两质量块在检测方向上的匹配程度。

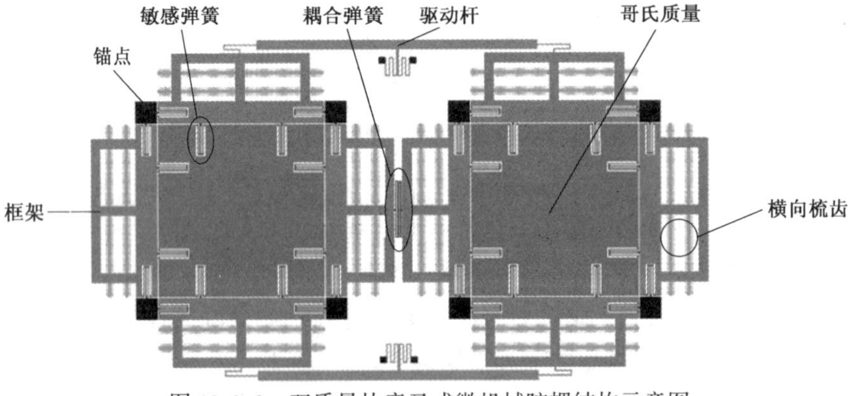

图10.2.3 双质量块音叉式微机械陀螺结构示意图

通过对图10.2.5(b)所示的结构进行动力学分析,根据式(10.2.18),在忽略检测振动引起的哥氏项、耦合阻尼力、耦合刚度力的情况下,可得到这种双质量(块)音叉式微机

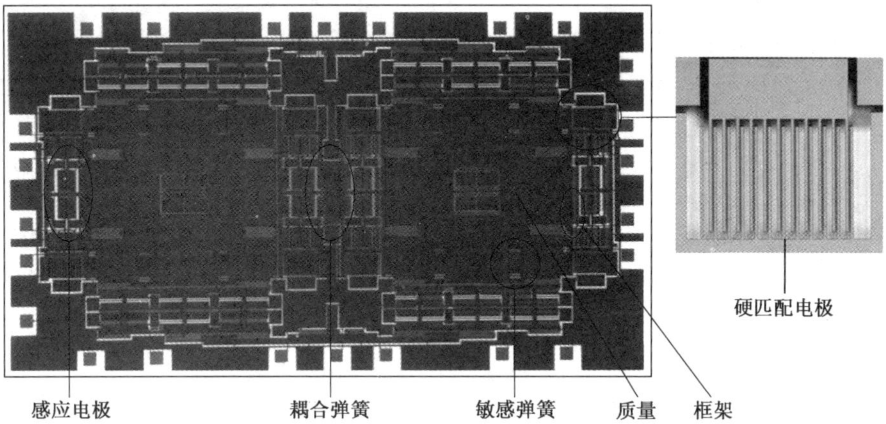

图 10.2.4　双质量块音叉式微机械陀螺结构光学图像

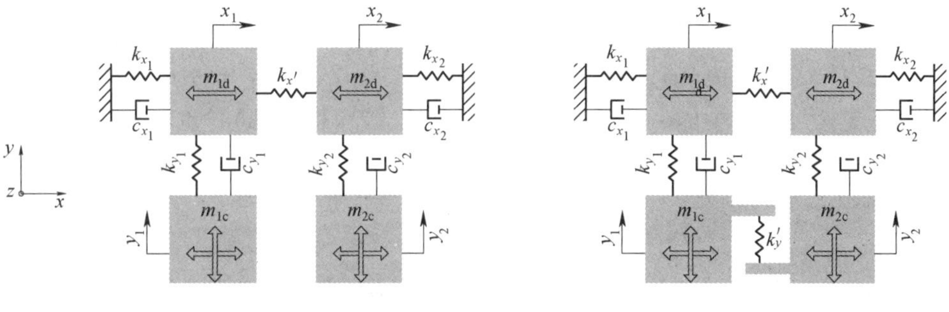

图 10.2.5　双质量块微机械陀螺工作简化示意图

械陀螺结构的动力学方程为

$$\begin{cases} m_{x_1}\ddot{x}_1 + c_{x_1}\dot{x}_1 + k_{x_1}x_1 + k_x'(x_1 - x_2) = f_{\mathrm{d}} + m_{x_1}a_x \\ m_{y_1}\ddot{y}_1 + c_{y_1}\dot{y}_1 + k_{y_1}y_1 + k_y'(y_1 - y_2) = -2m_{y_2}\Omega_z\dot{x}_1 - c_{y_1x_1}\dot{x}_1 - k_{y_1x_1}x_1 + m_{y_1}a_y \\ m_{x_2}\ddot{x}_2 + c_{x_2}\dot{x}_2 + k_{x_2}x_2 + k_x'(x_2 - x_1) = -f_{\mathrm{d}} + m_{x_2}a_x \\ m_{y_2}\ddot{y}_2 + c_{y_2}\dot{y}_2 + k_{y_2}y_2 + k_y'(y_2 - y_1) = -2m_{y_2}\Omega_z\dot{x}_2 - c_{y_2x_2}\dot{x}_2 - k_{y_2x_2}x_2 + m_{y_2}a_y \end{cases} \tag{10.2.21}$$

通过闭环驱动电路的设计等手段,可消除驱动系统的外界振动,消除后,该方程组可化为

$$\begin{cases} m_{x_1}\ddot{x}_1 + c_{x_1}\dot{x}_1 + k_{x_1}x_1 + k'_x(x_1 - x_2) = f_d \\ m_{y_1}\ddot{y}_1 + c_{y_1}\dot{y}_1 + k_{y_1}y_1 + k'_y(y_1 - y_2) = -2m_{y_1}\Omega_z\dot{x}_1 - c_{y_1x_1}\dot{x}_1 - k_{y_1x_1}x_1 + m_{y_1}a_y \\ m_{x_2}\ddot{x}_2 + c_{x_2}\dot{x}_2 + k_{x_2}x_2 + k'_x(x_2 - x_1) = -f_d \\ m_{y_2}\ddot{y}_2 + c_{y_2}\dot{y}_2 + k_{y_2}y_2 + k'_y(y_2 - y_1) = -2m_{y_2}\Omega_z\dot{x}_2 - c_{y_2x_2}\dot{x}_2 - k_{y_2x_2}x_2 + m_{y_2}a_y \end{cases}$$

(10.2.22)

其中,驱动质量为 $m_{x_1}=m_{1d}+m_{1c}$,$m_{x_2}=m_{2d}+m_{2c}$,检测质量为 $m_{y_1}=m_{1c}$,$m_{y_2}=m_{2c}$。理想情况下,左右质量块结构可以完全对称,即 $m_{1d}=m_{2d}$,$m_{1c}=m_{2c}$,$k_{x_1}=k_{x_2}=k_x$,$c_{x_1}=c_{x_2}=c_x$,$k_{y_1}=k_{y_2}=k_y$,$c_{y_1}=c_{y_2}=c_y$,$k_{y_1x_1}=k_{y_2x_2}=k_{yx}=0$,$c_{y_1x_1}=c_{y_2x_2}=c_{yx}=0$,在对称情况下,左右质量块受到的驱动力分别为 f_d,$-f_d$。这样一来,式(10.2.22)则可以化为

$$\begin{cases} m_x\ddot{x}_1 + c_x\dot{x}_1 + k_xx_1 + k'_x(x_1 - x_2) = f_d \\ m_y\ddot{y}_1 + c_y\dot{y}_1 + k_yy_1 + k'_y(y_1 - y_2) = -2m_y\Omega_z\dot{x}_1 + m_ya_y \\ m_x\ddot{x}_2 + c_x\dot{x}_2 + k_xx_2 + k'_x(x_2 - x_1) = -f_d \\ m_y\ddot{y}_2 + c_y\dot{y}_2 + k_yy_2 + k'_y(y_2 - y_1) = -2m_y\Omega_z\dot{x}_2 + m_ya_y \end{cases} \quad (10.2.23)$$

将方程(10.2.23)中的一式和三式分别进行相加和相减,同时也将方程中的二式和四式分别进行相加和相减,得如下方程组:

$$\begin{cases} m_x\ddot{x}_{in} + c_x\dot{x}_{in} + k_xx_{in} = 0 \\ m_x\ddot{x}_{an} + c_x\dot{x}_{an} + (k_x + 2k'_x)x_{an} = 2f_d \\ m_y\ddot{y}_{in} + c_y\dot{y}_{in} + k_yy_{in} = -2m_y\Omega_z\dot{x}_{in} + 2m_ya_y \\ m_y\ddot{y}_{an} + c_y\dot{y}_{an} + (k_y + 2k'_y)y_{an} = -2m_y\Omega_z\dot{x}_{an} \end{cases} \quad (10.2.24)$$

其中,$x_{in}=x_1+x_2$,$x_{an}=x_1-x_2$,$y_{in}=y_1+y_2$,$y_{an}=y_1-y_2$ 分别称为驱动的同向模态和反向模态,以及检测的同向模态和反向模态。

从方程(10.2.24)中可以看出,采用这样的反向模态驱动模式,驱动的同向模态输出为零,检测的同向模态虽然会受到振动的影响,但检测的反向模态却有效消除了振动的影响。因此,利用反向的驱动模态和反向的检测模态,可以有效消除振动的影响。

事实上,即使考虑驱动方向的振动,由式(10.2.21)同样可以得到式(10.2.24)的同向与反向模态方程,在反向模态中也是可以消除其振动的影响的。

10.2.3 四质量块音叉式微机械陀螺的动力学方程

从上述双质量块结构的性能看,当结构设计并加工得很对称时,双质量块音叉式陀螺结构可以有效消除驱动方向和检测方向的振动影响。但当存在加工误差时,这种双质量块的结构抵抗振动的能力还是有限的。为此,可以设计一种四质量块的陀螺结构。四质量块音叉式微机械陀螺是由四个完全一样的单质量块组成的,同时也可以将其看作是由两个双质量块音叉式微陀螺组成的(图 10.2.6)。由于工作时驱动模态和检测模态相邻

两质量块做反相运动,这不仅可以有效抵抗驱动和检测方向的线振动影响,而且还可以抵抗角振动的影响。

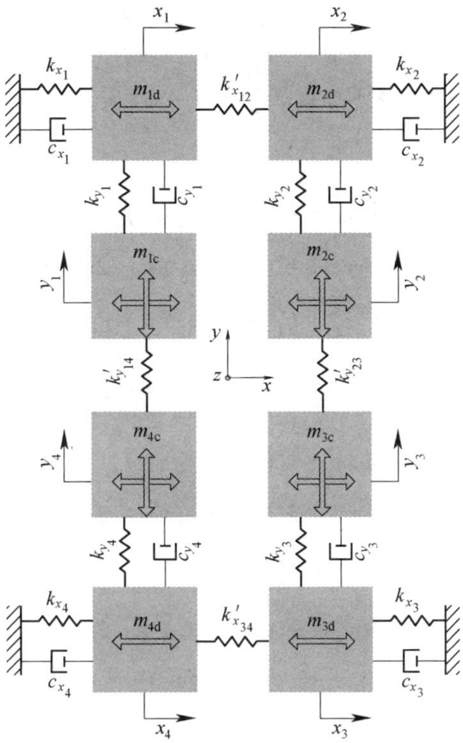

图 10.2.6　四质量块微机械陀螺工作简化示意图

根据式(10.2.15),在忽略检测振动引起的哥氏项、耦合阻尼力、耦合刚度力的情况下,可得到四质量(块)音叉式微陀螺结构的动力学方程为

$$\begin{cases} m_{x_1}\ddot{x}_1 + c_{x_1}\dot{x}_1 + k_{x_1}x_1 + k'_{x_{12}}(x_1 - x_2) = f_d \\ m_{y_1}\ddot{y}_1 + c_{y_1}\dot{y}_1 + k_{y_1}y_1 + k'_{y_{14}}(y_1 - y_4) = -2m_{y_1}\Omega_z\dot{x}_1 - c_{y_1x_1}\dot{x}_1 - k_{y_1x_1}x_1 + m_{y_1}a_y \\ m_{x_2}\ddot{x}_2 + c_{x_2}\dot{x}_2 + k_{x_2}x_2 + k'_{x_{12}}(x_2 - x_1) = -f_d \\ m_{y_2}\ddot{y}_2 + c_{y_2}\dot{y}_2 + k_{y_2}y_2 + k'_{y_{23}}(y_2 - y_3) = -2m_{y_2}\Omega_z\dot{x}_2 - c_{y_2x_2}\dot{x}_2 - k_{y_2x_2}x_2 + m_{y_2}a_y \\ m_{x_3}\ddot{x}_3 + c_{x_3}\dot{x}_3 + k_{x_3}x_3 + k'_{x_{34}}(x_3 - x_4) = f_d \\ m_{y_3}\ddot{y}_3 + c_{y_3}\dot{y}_3 + k_{y_3}y_3 + k'_{y_{23}}(y_3 - y_2) = -2m_{y_3}\Omega_z\dot{x}_3 - c_{y_3x_3}\dot{x}_3 - k_{y_3x_3}x_3 + m_{y_3}a_y \\ m_{x_4}\ddot{x}_4 + c_{x_4}\dot{x}_4 + k_{x_4}x_4 + k'_{x_{34}}(x_4 - x_3) = -f_d \\ m_{y_4}\ddot{y}_4 + c_{y_4}\dot{y}_4 + k_{y_4}y_4 + k'_{y_{14}}(y_4 - y_1) = -2m_{y_4}\Omega_z\dot{x}_4 - c_{y_4x_4}\dot{x}_4 - k_{y_4x_4}x_4 + m_{y_4}a_y \end{cases}$$

(10.2.25)

其中,驱动质量为 $m_{x_1} = m_{1d} + m_{1c}$, $m_{x_2} = m_{2d} + m_{2c}$, $m_{x_3} = m_{3d} + m_{3c}$, $m_{x_4} = m_{4d} + m_{4c}$, 检测

质量为 $m_{y_1}=m_{1c}$，$m_{y_2}=m_{2c}$，$m_{y_3}=m_{3c}$，$m_{y_4}=m_{4c}$。

理想情况下，四个质量块完全对称，即 $m_{1d}=m_{2d}=m_{3d}=m_{4d}$，$m_{1c}=m_{2c}=m_{3c}=m_{4c}$，$k_{x_1}=k_{x_2}=k_{x_3}=k_{x_4}=k_x$，$c_{x_1}=c_{x_2}=c_{x_3}=c_{x_4}=c_x$，$k_{y_1}=k_{y_2}=k_{y_3}=k_{y_4}=k_y$，$c_{y_1}=c_{y_2}=c_{y_3}=c_{y_4}=c_y$，$k_{x_{12}}=k_{x_{34}}=k'_x$，$k_{y_{14}}=k_{y_{23}}=k'_y$，$k_{y_1x_1}=k_{y_2x_2}=k_{y_3x_3}=k_{y_4x_4}=k_{yx}=0$，$c_{y_1x_1}=c_{y_2x_2}=c_{y_3x_3}=c_{y_4x_4}=c_{yx}=0$。而四个质量块受到的驱动力分别为 f_d，$-f_d$，f_d，$-f_d$。这样一来，式(10.2.25)可以化为

$$\begin{cases}m_x\ddot{x}_1+c_x\dot{x}_1+k_xx_1+k'_x(x_1-x_2)=f_d\\ m_y\ddot{y}_1+c_y\dot{y}_1+k_yy_1+k'_y(y_1-y_4)=-2m_y\Omega_z\dot{x}_1+m_ya_y\\ m_x\ddot{x}_2+c_x\dot{x}_2+k_xx_2+k'_x(x_2-x_1)=-f_d\\ m_y\ddot{y}_2+c_y\dot{y}_2+k_yy_2+k'_y(y_2-y_3)=-2m_y\Omega_z\dot{x}_2+m_ya_y\\ m_x\ddot{x}_3+c_x\dot{x}_3+k_xx_3+k'_x(x_3-x_4)=f_d\\ m_y\ddot{y}_3+c_y\dot{y}_3+k_yy_3+k'_y(y_3-y_2)=-2m_y\Omega_z\dot{x}_3+m_ya_y\\ m_x\ddot{x}_4+c_x\dot{x}_4+k_xx_4+k'_x(x_4-x_3)=-f_d\\ m_y\ddot{y}_4+c_y\dot{y}_4+k_yy_4+k'_y(y_4-y_1)=-2m_y\Omega_z\dot{x}_4+m_ya_y\end{cases}\tag{10.2.26}$$

将方程(10.2.26)中的一式和三式分别进行相加和相减，五式和七式分别进行相加和相减，同时也将方程中的二式和四式分别进行相加和相减，六式和八式分别进行相加和相减，得如下的方程组：

$$\begin{cases}m_x\ddot{x}_{in12}+c_x\dot{x}_{in12}+k_xx_{in12}=0\\ m_y\ddot{y}_{in12}+c_y\dot{y}_{in12}+k_yy_{in12}+k'_y(y_1+y_2-y_3-y_4)=-2m_y\Omega_z\dot{x}_{in12}+2m_ya_y\\ m_x\ddot{x}_{an12}+c_x\dot{x}_{an12}+(k_x+2k'_x)x_{an12}=2f_d\\ m_y\ddot{y}_{an12}+c_y\dot{y}_{an12}+k_yy_{an12}+k'_y(y_1+y_3-y_2-y_4)=-2m_y\Omega_z\dot{x}_{an12}\\ m_x\ddot{x}_{in34}+c_x\dot{x}_{in34}+k_xx_{in34}=0\\ m_y\ddot{y}_{in34}+c_y\dot{y}_{in34}+k_yy_{in34}+k'_y(y_3+y_4-y_1-y_2)=-2m_y\Omega_z\dot{x}_{in34}+2m_ya_y\\ m_x\ddot{x}_{an34}+c_x\dot{x}_{an34}+(k_x+2k'_x)x_{an34}=2f_d\\ m_y\ddot{y}_{an34}+c_y\dot{y}_{an34}+k_yy_{an34}+k'_y(y_3+y_1-y_2-y_4)=-2m_y\Omega_z\dot{x}_{an34}\end{cases}\tag{10.2.27}$$

其中，$x_{in12}=x_1+x_2$，$x_{an12}=x_1-x_2$，$x_{in34}=x_3+x_4$，$x_{an34}=x_3-x_4$，$y_{in12}=y_1+y_2$，$y_{an12}=y_1-y_2$，$y_{in34}=y_3+y_4$，$y_{an34}=y_3-y_4$ 分别称为对应序号模块的驱动同向模态和反向模态，以及对应序号模块的检测同向模态和反向模态。

再将方程中的二式和五式分别进行相加和相减，同时将方程中的四式和八式分别进行相加和相减，得到如下方程组：

$$
\begin{cases}
m_x\ddot{x}_{\text{in12}} + c_x\dot{x}_{\text{in12}} + k_x x_{\text{in12}} = 0 \\
m_y\ddot{y}_{\text{in}} + c_y\dot{y}_{\text{in}} + k_y y_{\text{in}} = -2m_y\Omega_z\dot{x}_{\text{in}} + 4m_y a_y \\
m_x\ddot{x}_{\text{an12}} + c_x\dot{x}_{\text{an12}} + (k_x + 2k'_x)x_{\text{an12}} = 2f_{\text{d}} \\
m_y\ddot{y}_{\text{an13-24}} + c_y\dot{y}_{\text{an13-24}} + (k_y + 2k'_y)y_{\text{an13-24}} = -2m_y\Omega_z\dot{x}_{\text{an13-24}} \\
m_x\ddot{x}_{\text{in34}} + c_x\dot{x}_{\text{in34}} + k_x x_{\text{in34}} = 0 \\
m_y\ddot{y}_{\text{an12-34}} + c_y\dot{y}_{\text{an12-34}} + (k_y + 2k'_y)y_{\text{an12-34}} = -2m_y\Omega_z\dot{x}_{\text{an12-34}} \\
m_x\ddot{x}_{\text{an34}} + c_x\dot{x}_{\text{an34}} + (k_x + 2k'_x)x_{\text{an34}} = 2f_{\text{d}} \\
m_y\ddot{y}_{\text{an14-23}} + c_y\dot{y}_{\text{an14-23}} + k_y y_{\text{an14-23}} = -2m_y\Omega_z\dot{x}_{\text{an14-23}}
\end{cases}
\tag{10.2.28}
$$

其中，$y_{\text{in}} = y_1 + y_2 + y_3 + y_4$，$y_{\text{an12-34}} = y_1 + y_2 - y_3 - y_4$，$y_{\text{an13-24}} = y_1 + y_3 - y_2 - y_4$，$y_{\text{an14-23}} = y_1 + y_4 - y_2 - y_3$。

从方程(10.2.28)可以看出，采用反向模态驱动模式，驱动的同向模态输出为零，检测的同向模态虽然会受到振动的影响。但也存在不同类型驱动反向模态和不同类型的检测反向模态，利用这些反向模态都可以有效消除振动的影响。因此，利用反向的驱动模态和反向的检测模态，可以有效消除振动的影响。双质量块可以形成轴对称和轴反对称的模态，而四质量块不仅可以形成轴对称和轴反对称的模态，还可以形成中心对称的和中心反对称的模态。因此，除了能消除或抵抗线振动的影响，还可以抵抗角振动的影响。

10.3 单质量块微机械梳齿式陀螺的动力学特性

10.3.1 微机械陀螺的静电驱动力

外框活动梳齿与基座固定梳齿间构成一个电容，局部如图 10.3.1 所示，当在这两极施加一个电压时，二者之间就产生静电力，质量块在静电力的驱动下克服弹性力和阻尼力而产生运动，当施加的电压是交变电压时，系统就产生简谐振动。

静电力与电容和电压之间的关系为

$$
f_{\text{d}} = \frac{1}{2}\frac{\partial C}{\partial x}V^2 \tag{10.3.1}
$$

式中：C 为电容；V 电压。

对于平行板电容来说，如图 10.3.2，其电容可写为

$$
C = \frac{\varepsilon \cdot b \cdot a}{d} \tag{10.3.2}
$$

其中，b 为两极板重叠部分的长度，a 为极板深度，d 为两极板间的距离。

可以看出，当沿 x 方向驱动时（也称为顺向驱动）：

$$
f_{\text{d}} = \frac{1}{2}\frac{\partial C}{\partial x}V^2 = \frac{1}{2}\frac{\varepsilon a}{d}V^2 \tag{10.3.3}
$$

当沿 y 方向驱动时(也称为法向驱动):

$$f_d = \frac{1}{2}\frac{\partial C}{\partial y}V^2 = \frac{1}{2}\frac{\varepsilon ba}{d^2}V^2 \tag{10.3.4}$$

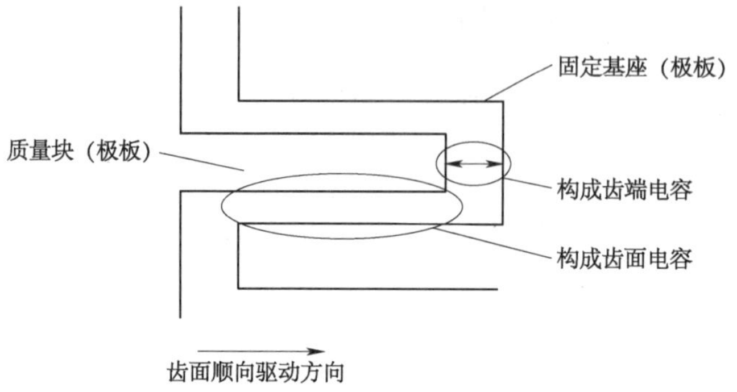

图 10.3.1　梳齿式结构电容示意图

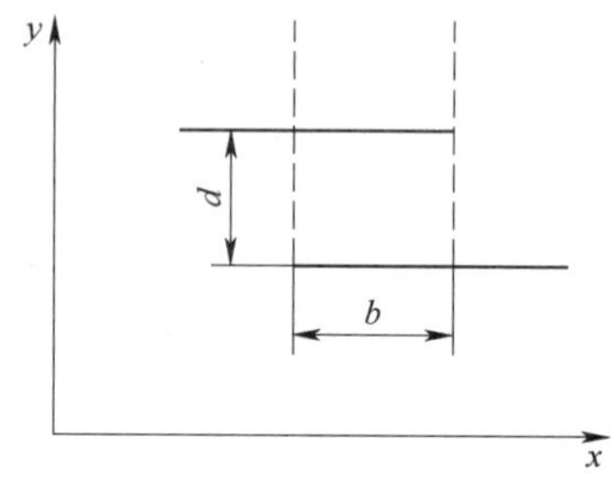

图 10.3.2　平行板电容示意图

从式(10.3.3)和式(10.3.4)可以看出,顺向驱动与极板的顺向位移无关,法向驱动与法向的位移存在非线性的关系。鉴于这样,常把驱动设计成顺向驱动。在实际结构中,一般很难有绝对顺向驱动的情形,而是顺向与法向同时存在的。但只要把主要部分设计成顺向的就有利于驱动的设计和实施。如对于梳齿式结构,由于齿面电容远大于齿端电容,故一般将驱动方向设计为齿面顺向驱动的模式,如图 10.3.1 所示。

当驱动力 f_d 为理想顺向静电驱动力,且属简谐变化时,其驱动力可写为

$$f_d = f_e \sin(\omega t) \tag{10.3.5}$$

10.3.2　动力学方程求解及讨论

当 f_d 为时间 t 的一般函数形式时,方程很难求解,但由于驱动是人为施加的,一般都可控制为谐振驱动,即让 $f_d = f_e \sin(\omega t)$。在这种情况下,驱动系统的位移解为

$$x = A_x \cdot e^{-\xi_x \omega t} \sin(\sqrt{1-\xi_x^2} \cdot \omega \cdot t + \alpha_x) + B_x \sin(\omega \cdot t - \varphi_x) \tag{10.3.6}$$

其中,A_x 和 α_x 取决于初始条件,而

$$B_x = \frac{f_e}{\omega_x^2 \cdot m_x \cdot \sqrt{(1-\lambda_x^2)^2 + 4\xi_x^2\lambda_x^2}} \tag{10.3.7}$$

$$\varphi_x = \arctan\frac{2 \cdot \xi_x \cdot \lambda_x}{1-\lambda_x^2} \tag{10.3.8}$$

其中,$\lambda_x = \dfrac{\omega}{\omega_x}$。

从式(10.3.6)可以看出,驱动系统微分方程的解由两部分组成。第一部分为瞬态解,第二部分为稳态解。瞬态解的振动随时间指数衰减,工作一段时间后就可以忽略它的影响,此后,只剩下稳态解在起作用。所以,驱动的稳定振动位移为

$$x = B_x \sin(\omega t - \varphi_x) \tag{10.3.9}$$

为了进一步观察驱动振幅与驱动频率之间的关系,举例取各参数值分别为 $m_x = 1.437\text{mg}$,$f_e = 4.381 \times 10^{-5}\text{ N}$,$k_x = 12.369\text{kg/s}^2$,$c_x = 2.893 \times 10^{-5}\text{ kg/s}$,所得幅频曲线如

图 10.3.3 所示。从图中可以看出，当驱动频率 ω 等于驱动系统的固有频率 ω_x 时，其振幅最大，驱动系统处于谐振状态。

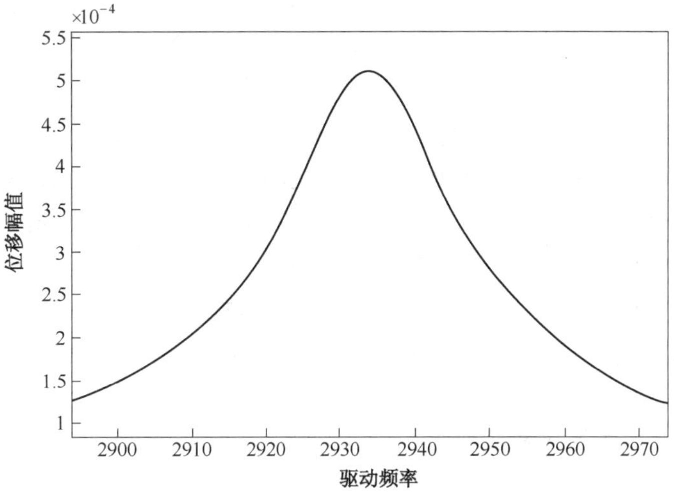

图 10.3.3　驱动方向位移幅频曲线

10.3.3　常值角速度下检测系统位移解

把上述驱动系统的位移解代入检测系统的微分方程中，并设输入角速度 $-\Omega_z=\Omega_0$ 为常值，可得

$$\ddot{y}(t)+2\xi_y\omega_y\dot{y}(t)+\omega_y y(t)=2\Omega_0 B_x\omega\cos(\omega t-\varphi_x) \tag{10.3.10}$$

该方程的解为

$$y=A_y e^{-\xi_y\omega t}\sin(\sqrt{1-\xi_y^2}\omega t+\alpha_y)+B_y\sin(\omega t-\varphi_y) \tag{10.3.11}$$

即

$$y(t)=B_y\lfloor\cos(\omega t-\varphi_y)\rfloor+ e^{-\zeta\omega t}[C_1\sin(\sqrt{1-\zeta_y^2}\omega t)+C_2\cos(\sqrt{1-\zeta_y^2}\omega t)] \tag{10.3.12}$$

从式(10.3.12)可以看出，检测系统位移解由两部分构成。第一部分为受迫振动的稳态解，第二部分为瞬态解，其中，C_1 和 C_2 是由初始条件所决定的常数。瞬态解是一种振幅按指数衰减的简谐振动，衰减振动的频率为阻尼固有频率 ω_t，其值为 $\sqrt{1-\xi_y^2}\omega$，衰减的快慢取决于衰减系数 ξ_y 和 ω。

为了能够有效检测到哥氏力所引起的振动，经常把检测系统的阻尼比 ξ_y 设计得很小，一般 $\xi_y<0.01$。因此，陀螺检测振动的瞬态项要经过很长的时间才可以消除，这在一定程度上限制了陀螺检测的角速度带宽。但在许多情况下需要测量的是转动角度，虽然瞬态项需要较长时间才能达到稳定，但瞬态振荡对时间的长期积分趋近于零，这对于测量转动角度来说是可以忽略的。

稳态项的振动幅值为

$$B_y=\frac{2m_y\Omega_0 f_e}{k_x k_y}\cdot\omega\cdot\frac{1}{\sqrt{(1-\lambda_x^2)^2+4\xi_x^2\lambda_x^2}}\cdot\frac{1}{\sqrt{(1-\lambda_y^2)^2+4\xi_y^2\lambda_y^2}} \tag{10.3.13}$$

相位差为

$$\varphi_y = \arctan\frac{2\xi_y\lambda_y}{1-\lambda_y^2} + \varphi_x \tag{10.3.14}$$

其中，$\lambda_y = \dfrac{\omega}{\omega_y}$。

可以看出，检测系统的位移幅值除了和驱动力幅值 f_e 及驱动频率 ω 等有关外，更主要的是还和阻尼系数有关。位移幅值随阻尼变化的幅频曲线可由图 10.3.4 描述，其曲线参数选择如下。质量 $m_x = m_y = 1.437\text{mg}$，角速度 $\Omega_0 = 0.017\text{rad/s}$，驱动力 $f_d = 4.381 \times 10^{-5}$ N。在 $k_x = k_y = 12.369\text{kg/s}^2$ 的情况下，保持 $c_x = 2.893 \times 10^{-5}$ kg/s 不变，c_y 分别为 2.893×10^{-5} kg/s 和 49.663×10^{-5} kg/s 时检测振动幅值随驱动频率变化的曲线分别为数据 1 和数据 2；在 $k_x = 12.369\text{kg/s}^2$，$k_y = 12.167\text{kg/s}^2$ 的情况下，保持 $c_x = 2.893 \times 10^{-5}$ kg/s 不变，c_y 分别为 2.839×10^{-5} kg/s 和 49.663×10^{-5} kg/s 时检测系统振动幅值随驱动频率变化的曲线为数据 3 和数据 4。

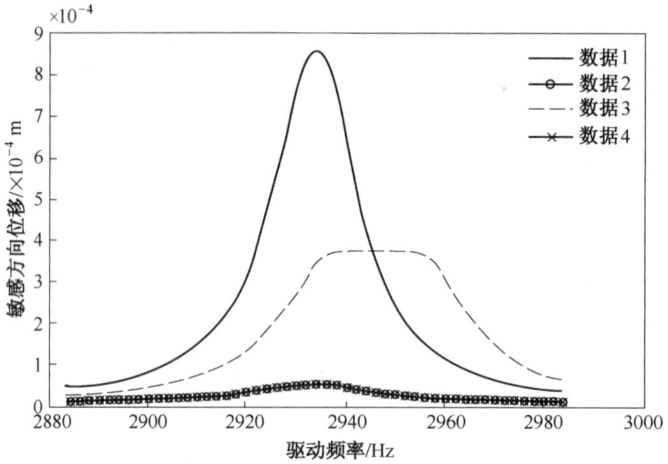

图 10.3.4 检测方向位移幅值随阻尼变化的幅频曲线

从图 10.3.4 中可以看出，驱动和检测系统的阻尼系数具有相同值时，检测系统振幅的峰值最大，而随着检测系统阻尼的增加，检测振动峰值却要下降。当检测系统阻尼系数大于 49.663×10^{-5} kg/s 时，驱动固有频率与检测系统固有频率的差别对检测系统振动幅值频率响应特性几乎不产生影响。

由上述的分析结果可知，当驱动系统阻尼和检测系统阻尼相差十倍以上时，检测系统的固有频率即使与驱动系统的固有频率一致，也不能提高检测振幅。只有当驱动系统阻尼和敏感检测系统阻尼相近时，才能通过采取让驱动固有频率和检测固有频率一致的手段，来增加检测振幅值的峰值，提高陀螺的灵敏度。另外，与只让驱动系统阻尼较小而检测系统阻尼较大时相比，当驱动系统和检测系统阻尼均较小时，检测振动的幅值可得到大幅度提高，由此陀螺的灵敏度也得到提高，带宽相应增大一倍。因此，在微机械陀螺的设计中应尽量减小驱动系统和检测系统的阻尼，并使两者的阻尼接近，获得更高的灵敏度和更大的带宽。

从前面的位移解的公式(10.3.7)可以看出,当驱动频率与驱动系统的固有频率相等时,即 $\lambda_x = 1$ 时,有

$$B_x = \frac{f_e}{k_x}\frac{1}{2\xi_x} \tag{10.3.15}$$

定义 $Q_x = \dfrac{1}{2\xi_x}$ 为品质因子,则有

$$B_x = \frac{f_e}{k_x}Q_x \tag{10.3.16}$$

$$\varphi_x = \frac{\pi}{2} \tag{10.3.17}$$

可以看出,$\dfrac{f_e}{k_x}$ 相当于简谐力幅值作用下系统的静态位移,因此,品质因子相当于描述动态效应的因子。

当驱动系统固有频率 ω_x 和检测系统固有频率 ω_y 相等,且都等于驱动频率 ω 时,即 $\lambda_x = \lambda_y = 1$ 时,有

$$B_y = \frac{f_e 2m_y \Omega_0 \omega Q_x Q_y}{k_x k_y} = \frac{2f_e \Omega_0 Q_x Q_y \omega}{k_x \omega_y^2} = \frac{2f_e \Omega_0 Q_x Q_y}{k_x \omega} \tag{10.3.18}$$

其中,$Q_y = \dfrac{1}{2\xi_y}$ 为检测系统的品质因子。进而有

$$y = \frac{2f_e m_y \Omega\omega Q_x Q_y}{k_x k_y}\cos(\omega t - \pi) \tag{10.3.19}$$

从式(10.3.18)和式(10.3.19)可以看出,提高检测系统位移响应幅值的途径包括:提高驱动力幅值,提高驱动系统和检测系统的品质因子,提高检测系统质量,降低驱动和检测系统的刚度等。

10.3.4 谐变角速度下检测系统的位移解

当 $\Omega = \Omega_0 \cdot \cos(\omega_i \cdot t)$ 时,可得微分方程的解:

$$y = B_t(t) + B_l\cos[(\omega - \omega_i)t - \varphi_l] + B_u\cos[(\omega - \omega_i)t - \varphi_u] \tag{10.3.20}$$

其中

$$B_u = \frac{B_x \cdot \Omega_0 \cdot \omega}{\sqrt{[\omega_y{}^2 - (\omega + \omega_i)^2]^2 + [2 \cdot \xi_y \cdot (\omega + \omega_i) \cdot \omega_y]^2}} \tag{10.3.21}$$

$$\varphi_u = \arctan\frac{2 \cdot \omega \cdot (\omega + \omega_i) \cdot \xi_y}{[\omega_y{}^2 - (\omega + \omega_i)^2]} \tag{10.3.22}$$

$$B_l = \frac{B_x \cdot \Omega_0 \cdot \omega}{\sqrt{[\omega_y{}^2 - (\omega - \omega_i)^2]^2 + [2 \cdot \xi_y \cdot (\omega - \omega_i) \cdot \omega_y]^2}} \tag{10.3.23}$$

$$\varphi_l = \arctan\frac{2 \cdot \omega \cdot (\omega - \omega_i) \cdot \xi_y}{\omega_y{}^2 - (\omega - \omega_i)^2} \tag{10.3.24}$$

从微分方程的解来看,其第一项为振动的瞬态解,并随时间呈指数衰减;第二项是频

率为 $(\omega-\omega_i)$ 的低频调幅解;第三项是频率为 $(\omega+\omega_i)$ 的高频调幅解。检测系统的振动是由这三项合成的复杂振动。

若忽略瞬态项,则陀螺检测系统振动位移为

$$y=B_l\cos[(\omega-\omega_i)t-\varphi_l]+B_u\cos[(\omega-\omega_i)t-\varphi_u] \tag{10.3.25}$$

式(10.3.25)可改写成下述形式:

$$\begin{aligned}y(t)=&A_1(\omega_i)\cdot\cos[\omega_i\cdot t+\theta_1(\omega_i)]\cdot\cos(\omega\cdot t)-\\&A_2(\omega_i)\cdot\cos[\omega_i\cdot t-\theta_2(\omega_i)]\cdot\sin(\omega\cdot t)\end{aligned} \tag{10.3.26}$$

其中

$$A_1(\omega_i)=\sqrt{B_u{}^2+B_l{}^2+2\cdot B_u\cdot B_l\cdot\cos(\varphi_u+\varphi_l)} \tag{10.3.27}$$

$$\theta_1(\omega_i)=\arctan\left(\frac{B_u\cdot\sin\varphi_u-B_l\cdot\sin\varphi_l}{B_u\cdot\cos\varphi_u+B_l\cdot\cos\varphi_l}\right) \tag{10.3.28}$$

$$A_2(\omega_i)=\sqrt{B_u{}^2+B_l{}^2-2\cdot B_u\cdot B_l\cdot\sin(\varphi_u-\varphi_l)} \tag{10.3.29}$$

$$\theta_2(\omega_i)=\tan\left(\frac{B_u\cdot\cos\varphi_u+B_l\cdot\sin\varphi_l}{B_u\cdot\sin\varphi_u-B_l\cdot\cos\varphi_l}\right) \tag{10.3.30}$$

10.3.5 一般变角速度下检测系统的位移解

当被测非惯性系的角速度 Ω 随时间变化时,检测系统控制方程可写成:

$$\ddot{y}+2\zeta_y\omega_y\dot{y}+\omega_y^2y=2\Omega(t)\dot{x} \tag{10.3.31}$$

对式(10.3.31)两端进行傅里叶变换得

$$\begin{aligned}[-\omega^2+2\zeta_y\omega_y\mathbf{i}\omega+\omega_y^2]F_y(\omega)&=2F[\Omega(t)\cdot\dot{x}]\\&=2[\Omega(t)\omega B_x\cos(\omega t-\varphi_x)]\\&=2\int_{-\infty}^{\infty}\Omega(t)\omega_iB_x\cos(\omega t-\varphi_x)\cdot e^{-i\omega t}dt\\&=2\omega_iB_x\int_{-\infty}^{\infty}\Omega(t)\frac{e^{-i(\omega-\omega_i)t}e^{-i\varphi_x}+e^{-i(\omega+\omega_i)t}e^{i\varphi_x}}{2}dt\\&=\omega_iB_x[F_\Omega(\omega-\omega_i)e^{-i\varphi_x}+F_\Omega(\omega+\omega_i)e^{i\varphi_x}]\end{aligned} \tag{10.3.32}$$

当 $F_\Omega(\omega-\omega_i)=F_\Omega(\omega-\omega_i)=F_\Omega(\omega\pm\omega_i)$ 时有

$$[-\omega^2+2\zeta_y\omega_y i\omega+\omega_y^2]F_y(\omega)=2\omega_iB_x\cos\varphi_xF_\Omega(\omega\pm\omega_i) \tag{10.3.33}$$

则得

$$F_y(\omega)=\frac{2\omega_iB_x\cos\varphi_x}{-\omega^2+2\zeta_y\omega_y i\omega+\omega_y^2}\cdot F_\Omega(\omega\pm\omega_i) \tag{10.3.34}$$

10.4 双质量块音叉式微机械陀螺的正交耦合

硅微机械陀螺仪的工作原理是利用哥氏效应使微陀螺仪的两个振动模态之间产生能量转换。但由于光刻、刻蚀、键合、残余应力等加工误差的存在,硅微机械陀螺仪在无哥氏效应的情况下,其驱动模态的振动能量也会耦合到检测模态上。耦合到检测模态的误差信号可分为两种:一种与哥氏效应产生的有用信号频率相同,相位相差 90°,该耦合误差称为正交耦合误差;另一种误差信号与哥氏效应产生的有用信号同频同相,该信号称为寄生科氏力。通常情况下,正交耦合误差远大于哥氏效应信号,对硅微机械陀螺仪的性能有严重影响。因此,消除或减小正交耦合误差对提高硅微机械陀螺仪的性能至关重要。

对于理想陀螺结构,陀螺的正交耦合与具体的结构形式有关系,单独从单个弹性梁的角度来讲,任何弹性梁不可避免地存在正交误差,尽管非敏感方向刚度可以设计得很大,实际上仍然存在着耦合。陀螺结构一般采用四根对称的弹性梁来支撑敏感结构,如图 10.4.1 所示。

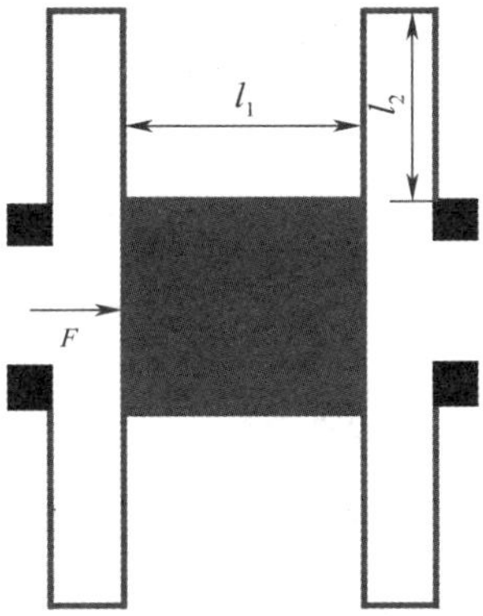

图 10.4.1　完全对称弹性梁支撑敏感结构图

由于弹性梁上下左右完全对称,因此在 y 方向的弹性变形被相互抵消,因此理想对称结构不存在正交耦合现象。之所以会出现正交误差,是由于加工工艺的缺陷导致四根弹性梁的尺寸不完全一样,从而产生正交误差。假设四根梁的理想厚度均为 w, 现在其中一根弹性梁的厚度存在相对误差 Δ, 其梁厚变为 $w(1+\Delta)$, 其他弹性梁厚度仍为 w, 如图 10.4.2 所示。假设单根理想弹性梁的耦合刚度为 K_{xy}, 由于一般来说对于矩形梁,单根弹性梁的耦合刚度与厚度 w 的三次方成正比,忽略掉二阶以上高阶小量,则存在厚度误差的单根弹性梁的耦合刚度偏差为 $3K_{xy}\Delta$。这样一来,四根梁的耦合刚度就无法完全抵消,形成一个总的耦合刚度。如果定义耦合刚度偏差与非耦合刚度的比值为正交耦合误差,则该正交耦合误差可以表示为

$$C_\Delta = \frac{k_{xy}}{k_{yy}} = \frac{K_{xy}}{K_{yy}} \cdot \frac{3\Delta}{4} \tag{10.4.1}$$

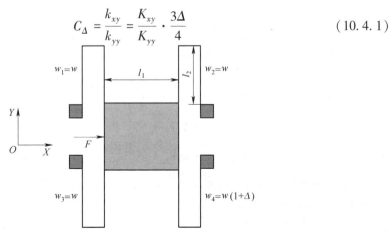

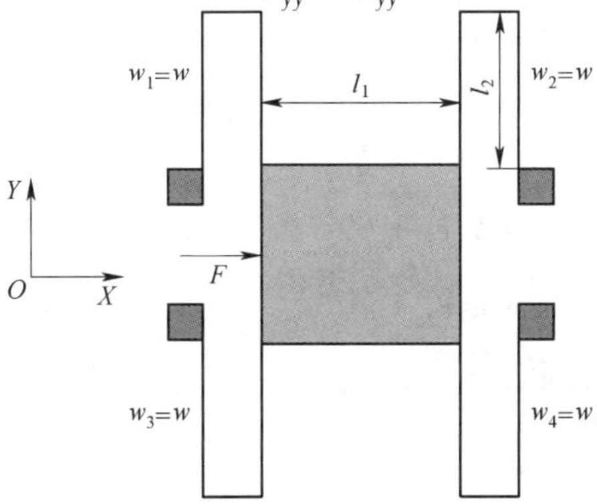

图 10.4.2　加工误差引起的非对称弹性梁支撑敏感结构图

该正交耦合误差也被称作刚度耦合系数。

由式(10.4.1)可以看出,正交耦合误差(刚度耦合系数)既与弹性梁的不对称程度有关,也与单根弹性梁的耦合刚度有关。这与是否为音叉式结构关系不大。如果音叉式微机械陀螺的左右质量块不对称的弹性梁位于相反两侧的位置,可以差分消除,如果位于相同侧面的位置,很可能加倍输出正交误差。下面具体分析一下音叉式微机械陀螺的正交耦合输出。

双质量块音叉式微机械陀螺的动力学方程为

$$\begin{cases} m_{x_1}\ddot{x}_1 + c_{x_1}\dot{x}_1 + k_{x_1}x_1 + k'_x(x_1 - x_2) = f_{\mathrm{d}} \\ m_{y_1}\ddot{y}_1 + c_{y_1}\dot{y}_1 + k_{y_1}y_1 + k'_y(y_1 - y_2) = -2m_{y_1}\Omega_z\dot{x}_1 - k_{y_1x_1}x_1 \\ m_{x_2}\ddot{x}_2 + c_{x_2}\dot{x}_2 + k_{x_2}x_2 + k'_x(x_2 - x_1) = -f_{\mathrm{d}} \\ m_{y_2}\ddot{y}_2 + c_{y_2}\dot{y}_2 + k_{y_2}y_2 + k'_y(y_2 - y_1) = -2m_{y_2}\Omega_z\dot{x}_2 - k_{y_2x_2}x_2 \end{cases} \tag{10.4.2}$$

在外界角速度为零的情况下,式(10.4.2)可以写成:

$$\begin{cases} m_{x_1}\ddot{x}_1 + c_{x_1}\dot{x}_1 + k_{x_1}x_1 + k'_x(x_1 - x_2) = f_{\mathrm{d}} \\ m_{y_1}\ddot{y}_1 + c_{y_1}\dot{y}_1 + k_{y_1}y_1 + k'_y(y_1 - y_2) = -k_{y_1x_1}x_1 \\ m_{x_2}\ddot{x}_2 + c_{x_2}\dot{x}_2 + k_{x_2}x_2 + k'_x(x_2 - x_1) = -f_{\mathrm{d}} \\ m_{y_2}\ddot{y}_2 + c_{y_2}\dot{y}_2 + k_{y_2}y_2 + k'_y(y_2 - y_1) = -k_{y_2x_2}x_2 \end{cases} \tag{10.4.3}$$

假设 $m_{x_1} = m_{x_2} = m_x$, $m_{y_1} = m_{y_2} = m_y$, $k_{x_1} = k_{x_2} = k_x$, $c_{x_1} = c_{x_2} = c_x$, $k_{y_1} = k_{y_2} = k_y$, $c_{y_1} = c_{y_2} = c_y$, $f_{\mathrm{d}} = f\cos\omega_{\mathrm{d}}t$, 式(10.4.3)可以写为

$$\begin{cases} m_x\ddot{x}_1 + c_x\dot{x}_1 + k_xx_1 + k'_x(x_1 - x_2) = f\cos\omega_{\mathrm{d}}t \\ m_y\ddot{y}_1 + c_y\dot{y}_1 + k_yy_1 + k'_y(y_1 - y_2) = -k_{y_1x_1}x_1 \\ m_x\ddot{x}_2 + c_x\dot{x}_2 + k_xx_2 + k'_x(x_2 - x_1) = -f\cos\omega_{\mathrm{d}}t \\ m_y\ddot{y}_2 + c_y\dot{y}_2 + k_yy_2 + k'_y(y_2 - y_1) = -k_{y_2x_2}x_2 \end{cases} \tag{10.4.4}$$

方程组(10.4.4)中的一式和三式为音叉式微机械陀螺的驱动方向动力学方程,求其稳态解,可以得到左右质量块作等幅反相运动,不妨令

$$x_1 = -x_2 = A_{\mathrm{d}}\sin\omega_{\mathrm{d}}t \tag{10.4.5}$$

将其代入方程组(10.4.3)的二式和四式中,得

$$\begin{cases} m_y\ddot{y}_1 + c_y\dot{y}_1 + k_yy_1 + k'_y(y_1 - y_2) = -k_{y_1x_1}A_{\mathrm{d}}\sin\omega_{\mathrm{d}}t \\ m_y\ddot{y}_2 + c_y\dot{y}_2 + k_yy_2 + k'_y(y_2 - y_1) = k_{y_2x_2}A_{\mathrm{d}}\sin\omega_{\mathrm{d}}t \end{cases} \tag{10.4.6}$$

式(10.4.6)中可以看出,由于 $k_{y_1x_1}$, $k_{y_2x_2}$ 的存在,音叉式微机械陀螺的左右质量块上会有正交耦合输出。

10.5 双质量块音叉式微机械陀螺的同相反相耦合

音叉式微机械陀螺的左右质量块是通过中间弹性梁耦合在一起的,弹性梁耦合结构使音叉式微机械陀螺存在同相模态和反相模态。但由于微加工工艺的误差,导致理想同相模态与反相模态之间产生耦合,使得音叉式陀螺在受到共模振动时,同相模态的振动能量会耦合到反相模态,引起共模振动输出;在受到差分驱动时,反相模态的振动能量也会耦合到同相模态,致使反相模态的品质因数降低。这种音叉式微机械陀螺的理想同相模态与反相模态之间的耦合,称为同相反相耦合。该耦合对音叉式微机械陀螺的动力学特性及抗振动特性有很大的影响。因此,消除或降低同相反相耦合对提高硅微机械陀螺仪的性能非常重要。下面从理论上对同相反相耦合进行阐述。

首先,非理想音叉式微机械陀螺(刚度不对称)的二阶振动模型如图 10.5.1 所示。

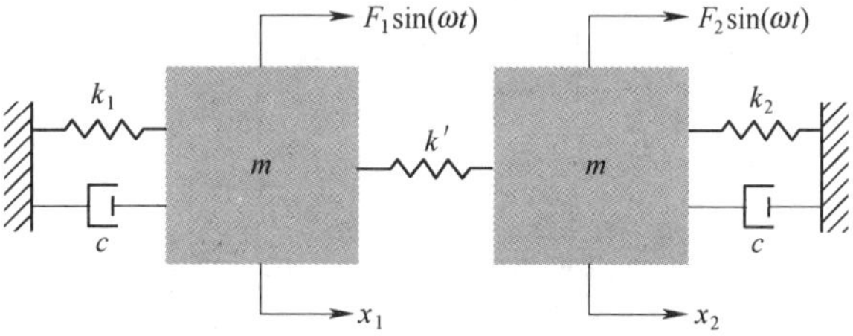

图 10.5.1 非理想音叉式微机械陀螺的二阶振动模型

左质量块:

$$m\ddot{x}_1 + c\dot{x}_1 + k_1x_1 + k'(x_1 - x_2) = F_1\sin(\omega t) \tag{10.5.1}$$

右质量块:

$$m\ddot{x}_2 + c\dot{x}_2 + k_2x_2 + k'(x_2 - x_1) = F_2\sin(\omega t) \tag{10.5.2}$$

式(10.5.1)与式(10.5.2)相加得

$$m\ddot{x}_1 + c\dot{x}_1 + k_1x_1 + m\ddot{x}_2 + c\dot{x}_2 + k_2x_2 = (F_1 + F_2)\sin(\omega t) \tag{10.5.3}$$

式(10.5.1)与式(10.5.2)相减得

$$m\ddot{x}_1 + c\dot{x}_1 + k_1x_1 + k'(x_1 - x_2) - m\ddot{x}_2 - c\dot{x}_2 - k_2x_2 - k'(x_2 - x_1) = (F_1 - F_2)\sin(\omega t) \tag{10.5.4}$$

式中: m 和 c 分别为左右质量块的质量和阻尼; k_1 和 k_2 分别为左、右质量块的主刚度; k' 为反相模态的耦合刚度; x_1 和 x_2 分别为左右质量块的位移; $F_1\sin(\omega t)$, $F_2\sin(\omega t)$ 为施加在音叉微陀螺的外力。

将 x_1, x_2 进行坐标变换:

$$x_{in} = x_1 + x_2,\ x_{an} = x_1 - x_2 \tag{10.5.5}$$

式中: x_{in} 为左右质量块同向模态(共模运动)输出; x_{an} 为左右质量块反向模态(差分运动)输出。

将其代入式(10.5.3)和式(10.5.4)中,得到

$$\ddot{x}_{in} + \frac{\omega_{in}}{Q_{in}}\dot{x}_{in} + \omega_{in}^2 x_{in} = -\frac{\Delta k}{2m}x_{an} + (F_1 + F_2)\sin(\omega t) \tag{10.5.6}$$

$$\ddot{x}_{an} + \frac{\omega_{an}}{Q_{an}}\dot{x}_{an} + \omega_{an}^2 x_{an} = -\frac{\Delta k}{2m}x_{in} + (F_1 - F_2)\sin(\omega t) \tag{10.5.7}$$

其中

$\omega_{in} = \sqrt{\dfrac{k_1 + k_2}{2m}}$，$Q_{in} = \dfrac{m\omega_{in}}{c}$，$\omega_{an} = \sqrt{\dfrac{k_1 + k_2 + 4k'}{2m}}$，$Q_{an} = \dfrac{m\omega_{an}}{c}$，$\Delta k = k_1 - k_2$，$\omega_{in}$ 和 ω_{an} 分别为理想同相模态和反相模态的谐振频率；Q_{in} 和 Q_{an} 分别为同相模态和反相模态的品质因数；Δk 为左右质量块的刚度差，理想情况下 Δk 为 0。

式(10.5.6)和式(10.5.7)可以用矩阵的形式表示为

$$\boldsymbol{M}\ddot{x} + \boldsymbol{C}\dot{x} + \boldsymbol{K}x = \boldsymbol{F}\sin(\omega t) \tag{10.5.8}$$

其中

$$\boldsymbol{M} = \begin{bmatrix} 1 & 0 \\ 0 & 1 \end{bmatrix},\ \boldsymbol{C} = \begin{bmatrix} \dfrac{\omega_{in}}{Q_{in}} & 0 \\ 0 & \dfrac{\omega_{an}}{Q_{an}} \end{bmatrix},\ \boldsymbol{K} = \begin{bmatrix} \omega_{in}^2 & \dfrac{\Delta k}{2m} \\ \dfrac{\Delta k}{2m} & \omega_{an}^2 \end{bmatrix},\ \boldsymbol{F} = \begin{bmatrix} F_1 - F_2 \\ F_1 + F_2 \end{bmatrix},\ \boldsymbol{x} = \begin{bmatrix} x_{in} \\ x_{an} \end{bmatrix}$$

相应的无阻尼系统的特征方程为

$$(\boldsymbol{K} - \omega^2 \boldsymbol{M})\phi = 0 \tag{10.5.9}$$

由式(10.5.9)可解出其一阶谐振固有频率 ω_1 和二阶谐振固有频率 ω_2 分别为

$$\omega_1^2 = \frac{(\omega_{in}^2 + \omega_{an}^2) - \sqrt{(\omega_{in}^2 - \omega_{an}^2)^2 + \left(\dfrac{\Delta k}{m}\right)^2}}{2}$$

$$\omega_2^2 = \frac{(\omega_{in}^2 + \omega_{an}^2) + \sqrt{(\omega_{in}^2 - \omega_{an}^2)^2 + \left(\dfrac{\Delta k}{m}\right)^2}}{2}$$

相应的主振型为

$$\phi_1 = \begin{bmatrix} \dfrac{-\Delta k}{\sqrt{\left(\dfrac{k_{in} - k_{an}}{2}\right)^2 + (\Delta k)^2} + \left(\dfrac{k_{in} - k_{an}}{2}\right)} \\ 1 \end{bmatrix}$$

$$\phi_2 = \begin{bmatrix} 1 \\ \dfrac{1}{\dfrac{\Delta k}{\sqrt{\left(\dfrac{k_{in} - k_{an}}{2}\right)^2 + (\Delta k)^2} - \left(\dfrac{k_{in} - k_{an}}{2}\right)}} \end{bmatrix}$$

当 $\Delta k = 0$ 时，$\omega_1 = \omega_{in}$，$\omega_2 = \omega_{an}$，$\phi_1 = \begin{bmatrix} 1 \\ 0 \end{bmatrix}$，$\phi_2 = \begin{bmatrix} 0 \\ 1 \end{bmatrix}$，可以看出，理想同相模态刚度与反相模态刚度之间不存在耦合，即左右质量块共模运动输出与差分运动输出之间没有耦合。当 $F_1 = F_2 = ma$ 时，即受到外界共模加速度干扰时，必然会激励起同相模态运动产生共模运动输出，但由于同相模态和反相模态不耦合，因此不会引起反相模态运动产生差分运动输出，从而不会产生振动输出误差。另一方面，当 $F_1 = -F_2 = f_d$ 时，即双质量块音叉式微陀螺正常工作时，左右质量块做反相模态运动产生差分运动输出，也不会引起同相模态运动而产生共模运动输出。

当 $\Delta k \neq 0$ 时，无论是频率还是振型，都受到非对称刚度的影响，且振型中出现了耦合，即理想同相模态与反相模态之间存在耦合，导致左右质量块共模运动输出与差分运动输出之间产生了耦合，同相反相耦合的大小与 $\dfrac{k_{an} - k_{in}}{\Delta k}$ 有关。当 $F_1 = F_2 = ma$ 时，必然会激励起同相模态运动产生共模运动输出，但由于同相反相耦合的存在，也会引起反相模态运动产生差分运动输出，从而产生振动输出误差。从另一方面看，当 $F_1 = -F_2 = f_d$ 时，左右质量块做反相运动产生差分运动输出，但由于同相反相耦合的存在，也会引起同相模态运动产生共模运动输出，从而使反相模态运动的能量一部分消耗到同相模态运动上，导致反相模态的品质因数下降。

10.6 音叉式微机械陀螺正交耦合的解耦

从前面正交耦合影响的分析可以看出，消除或抑制正交耦合误差对提高硅微机械陀螺仪的性能至关重要。

音叉式微机械陀螺的正交耦合输出多是由于耦合刚度引起的，因此需对系统正交耦合刚度的产生因素进行分析。只有分析清产生耦合刚度的因素，才可以提出正交耦合的解耦方法，实现抑制或消除正交耦合的目的。要想降低弹性梁系统的总刚度耦合系数，需从对称性和单根梁的耦合刚度两个方面同时考虑。在对称性存在客观偏差的情况下，应想办法降低单根梁的耦合刚度，从而达到解耦的目的。正交耦合的解耦途径有两种：一种是通过降低弹性梁的耦合刚度来实现正交耦合的解耦，称为结构解耦；另一种是通过设计正交耦合消除电极来实现正交耦合的解耦，称为电学解耦。结构解耦主要通过折叠梁的形状设计和参数设计，来降低弹性梁的耦合刚度。电学解耦主要是通过正交耦合消除电极的设计，产生具有负刚度效应的静电力来降低弹性梁的刚度耦合。这两种解耦方法虽然都在一定程度上可以抑制或消除正交耦合，但一般来讲都做不到完全消除，因此工程中常会将这两种方法联合起来使用。

10.6.1 正交耦合的结构解耦

从前面的分析可知，影响正交耦合刚度的因素主要有两个：一个是结构的对称性；另一个是单根梁的耦合刚度。陀螺中的典型弹性梁结构是折叠梁结构。折叠梁的优点一是占据空间比较小，结构比较紧凑；二是刚度的方向性较强，可以设计得一个方向的刚度较小，另一个方向的刚度较大；三是正交耦合刚度可控，通过设计，可以使一个方向上力作用在其垂直方向产生的位移较小，即耦合刚度较小。降低单根弹性梁耦合刚度的目的，是实现正交耦合的结构解耦。

图 10.6.1 所示的单折叠梁是由三个矩形梁组成的。将单折叠梁分为三段，各段端点所受的力和力矩如图所示。b_3 段下端部连接陀螺质量块，质量块的作用除两个方向的力外，还有一个外加力矩 M_0。

整个折叠梁在第三段末段水平力 F_x 作用下各段都会产生弯曲变形，进而在第三段末段产生 x 方向的位移 δ_x，从而可以求出 x 方向的刚度为 $k_x = \dfrac{F_x}{\delta_x}$。除此之外，由于各段梁都有弯曲，特别是第二段梁的弯曲，还会导致第三段梁末段产生 y 方向的位移 δ_y，从而可以求出耦合刚度为 $k_{xy} = \dfrac{F_x}{\delta_y}$。同理，在垂直力 F_y 作用下第一段和第二段梁也会产生弯曲变形，不仅会产生 y 方向的位移 δ_y，还会产生 x 方向的位移 δ_x，从而可以求出 y 方向的刚度为 $k_y = \dfrac{F_y}{\delta_y}$，以及耦合刚度为 $k_{yx} = \dfrac{F_y}{\delta_x}$。进一步分析表明，虽然各段梁的变形都会影响耦合刚度的大小，但最主要的影响来自于第二段梁。第二段梁的刚度越小，形成的耦合刚度就越大；第二段梁的刚度越大，形成的耦合刚度就越小。而第一段和第三段对耦合刚度的影响主要是二者的匹配程度，分析表明，当这两根梁的厚度一样时，形成的耦合刚度最小。因此，机械解耦的途径主要是这三段梁的结构参数优化和设计。

从单根梁的变形机制看，无论怎样设计，都无法彻底消除耦合刚度。为了从结构设计上彻底消除耦合刚度，还需在四根梁的对称性设计和加工上寻求更好的方法和途径，以保证结构的对称。

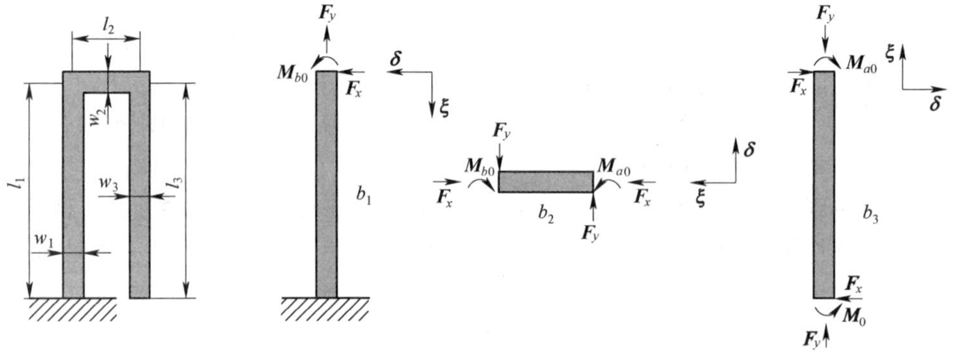

图 10.6.1　单折叠梁结构示意图

10.6.2　正交耦合的电学解耦

要想使正交耦合引起的陀螺输出为零，只通过结构上改进不能完全实现。因为加工工艺导致结构上不能完全对称，存在 $k_{y_1x_1} \neq 0$，$k_{y_2x_2} \neq 0$，因此，很难保证 $k_{y_1x_1} + k_{y_2x_2} = 0$，所以通过结构完全消除正交耦合刚度并不现实。一般情况下，需通过设计相应的正交消除电极产生正交耦合刚度 k_q，使 $k_{y_1x_1} + k_{y_2x_2} + k_q = 0$，从而使正交耦合输出为零。

下面对正交耦合的电学解耦原理进行分析。

实现正交耦合的电学解耦需设计相应的正交耦合消除电极。图 10.6.2 给出了一种正交耦合消除电极的结构。图中 V_p 代表活动电极上的直流偏置电压，V_q 代表固定电极上的直流电压，梳齿电容的重叠长度为 l_0，电极间距分别为 d_1，d_2。假设结构层的厚度（垂直于纸面方向的深度）为 h，则当活动电极在水平方向有 x 的位移时，上半部分受到的 y 方向静电力为

$$F_{e1}=\frac{1}{2}N\varepsilon h\left[-\frac{l_0+x}{(d_1+y)^2}+\frac{l_0+x}{(d_2-y)^2}\right](V_\text{p}+V_\text{q})^2+\frac{1}{2}N\varepsilon h\left[\frac{l_0-x}{(d_1-y)^2}-\frac{l_0-x}{(d_2+y)^2}\right](V_\text{p}+V_\text{q})^2 \tag{10.6.1}$$

下半部分受到的 y 方向静电力为

$$F_{e2}=\frac{1}{2}N\varepsilon h\left[\frac{l_0+x}{(d_1-y)^2}-\frac{l_0+x}{(d_2+y)^2}\right](V_\text{p}-V_\text{q})^2+\frac{1}{2}N\varepsilon h\left[-\frac{l_0-x}{(d_1+y)^2}+\frac{l_0-x}{(d_2-y)^2}\right](V_\text{p}-V_\text{q})^2 \tag{10.6.2}$$

式中：N 为总的正交耦合消除电极数。

由于检测位移 $y=d_1$，总的 y 方向静电力可以简化为

$$F_e=F_{e1}+F_{e2}=N\varepsilon h\left[-4V_\text{p}V_\text{q}\left(\frac{1}{d_1^2}-\frac{1}{d_2^2}\right)x+4l_0(V_\text{p}^2+V_\text{q}^2)\left(\frac{1}{d_1^3}+\frac{1}{d_2^3}\right)y\right] \tag{10.6.3}$$

将式(10.6.3)代入式(10.4.6)中，得到

$$\begin{cases}m_y\ddot{y}_1+c_y\dot{y}_1+\left[k_y-4N\varepsilon hl_0(V_{\text{p}_1}^2+V_{\text{q}_1}^2)\left(\frac{1}{d_1^3}+\frac{1}{d_2^3}\right)\right]y_1+k'_y(y_1-y_2)\\ =\left[-k_{y_1x_1}-4N\varepsilon hV_{\text{p}_1}V_{\text{q}_1}\left(\frac{1}{d_1^2}-\frac{1}{d_2^2}\right)\right]A_\text{d}\sin(\omega_\text{d}t)\\ m_y\ddot{y}_2+c_y\dot{y}_2+\left[k_y-4N\varepsilon hl_0(V_{\text{p}_2}^2+V_{\text{q}_2}^2)\left(\frac{1}{d_1^3}+\frac{1}{d_2^3}\right)\right]y_2+k'_y(y_2-y_1)\\ =\left[k_{y_2x_2}+4N\varepsilon hV_{\text{p}_2}V_{\text{q}_2}\left(\frac{1}{d_1^2}-\frac{1}{d_2^2}\right)\right]A_\text{d}\sin(\omega_\text{d}t)\end{cases} \tag{10.6.4}$$

由式(10.6.4)可以看出，正交消除电极产生的力包括两部分，一部分为静电正交耦合刚度力 $4N\varepsilon hV_\text{p}V_\text{q}\left(\frac{1}{d_1^2}-\frac{1}{d_2^2}\right)x$，另一部分为静电负刚度力 $-4N\varepsilon hl_0(V_\text{p}^2+V_\text{q}^2)\left(\frac{1}{d_1^3}+\frac{1}{d_2^3}\right)y$。静电负刚度力与电极的交叠长度 l_0 有关，而静电正交耦合刚度力与交叠长度 l_0 无关，因此可以将交叠长度 l_0 设计得很小，使得静电负刚度力可以忽略不计。这样，式(10.6.4)可以重新写为

$$\begin{cases}m_y\ddot{y}_1+c_y\dot{y}_1+k_yy_1+k'_y(y_1-y_2)=\left[-k_{y_1x_1}-4N\varepsilon hV_\text{p}V_{\text{q}_1}\left(\frac{1}{d_1^2}-\frac{1}{d_2^2}\right)\right]A_\text{d}\sin(\omega_\text{d}t)\\ m_y\ddot{y}_2+c_y\dot{y}_2+k_yy_2+k'_y(y_2-y_1)=\left[k_{y_2x_2}-4N\varepsilon hV_\text{p}V_{\text{q}_2}\left(\frac{1}{d_1^2}-\frac{1}{d_2^2}\right)\right]A_\text{d}\sin(\omega_\text{d}t)\end{cases} \tag{10.6.5}$$

式中：V_{q_1}，V_{q_2} 分别为左右质量块正交消除固定电极的直流电压。

从式(10.6.5)可以看出，从电学解耦的理论角度讲，消除正交耦合最直接的方法是，通过左右质量块的正交消除电极，施加适当的直流电压，分别使左右质量块的正交耦合刚度为零，从而使左右质量块的正交耦合输出为零。但在实际工程中，实现解耦的方案会更复杂一些。

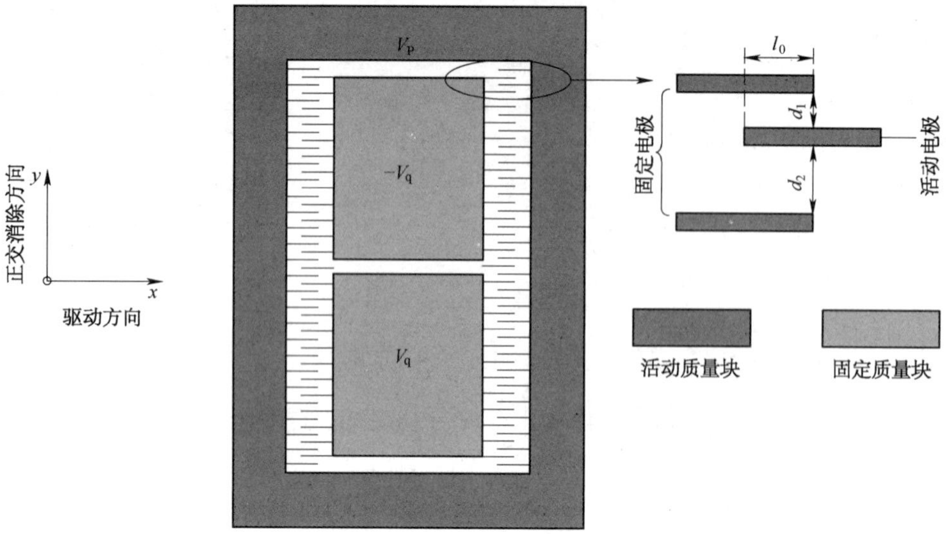

图 10.6.2　正交耦合消除电极示意图

第 11 章　微振动俘能器动力学

微振动俘能器是将环境中的机械振动能量转换成电能的微系统。目前的振动俘能体制有四种,分别是压电俘能、电磁俘能、静电俘能和摩擦俘能。不同的俘能体制基于的不同机理,所用的材料也不同。其中应用比较广泛的是压电俘能体制。

压电俘能主要通过机械力作用于压电材料,使其产生机械变形进而产生压电效应输出。动态的连续不断的电能输出一般是通过机械振动的方式获取的。压电陶瓷块受压缩作用可以获取电能输出。但由于压电陶瓷块本身的刚度比较大,不易产生大的变形,自身的固有频率较高,因此实际的结构一般不会采用压电块的形式。取而代之的是梁的结构,如悬臂梁、双端固支梁等。当然,梁弯曲变形模式利用的大都是压电材料的 d_{31} 压电模式,而不是 d_{33} 模式。由于一般 d_{33} 模式比 d_{31} 模式压电效率要高,因此梁弯曲振动模式会损失一定的压电效率。但由于梁弯曲结构的刚度较低,容易变形,又可通过质量块调节系统的固有频率,因此综合来讲,梁弯曲模式的压电结构还是优于柱体压缩模式的压电块结构的。

11.1　压电俘能系统的基本方程

由于梁弯曲的变形方程比较复杂,为了更容易理解压电结构的原理,下面还是先以柱体压电块结构为例来分析其压电的作用原理及过程。

11.1.1　柱体压电块振动压电系统的基本方程

柱体压电块振动压电系统的组成如图 11.1.1 所示。它主要由机械的弹簧阻尼质量块系统和压电块柱体组成。压电块柱体两端布上电极,极上会体现出电荷。开路时两极间呈现电压,有负载时会有电流流动。因此该系统是一个机电结合的系统。分析时,压电块柱体只表现为一弹性体,忽略其自身质量和惯性。

质量块的运动方程可写为

$$M\ddot{u} = F - F_{\mathrm{p}} - K_{\mathrm{S}}u - C\dot{u} \tag{11.1.1}$$

式中: M 为刚性质量块的质量; u 为质量块的位移; F 为作用在质量块上的主动力; F_{p} 为压电块柱体对质量块的作用力; K_{S} 为机械部分弹簧的刚度; C 为机械部分的黏性阻尼。

对于压电单元来说,由压电方程可知,应力 T ,应变 S, 电场强度 E 和电位移 D 的关系可表示为

$$\begin{cases} T = c_{33}^{\mathrm{E}}S - e_{33}E \\ D = e_{33}S + \varepsilon_{33}^{\mathrm{S}}E \end{cases} \tag{11.1.2}$$

其中的系数如表 11.1.1 所列

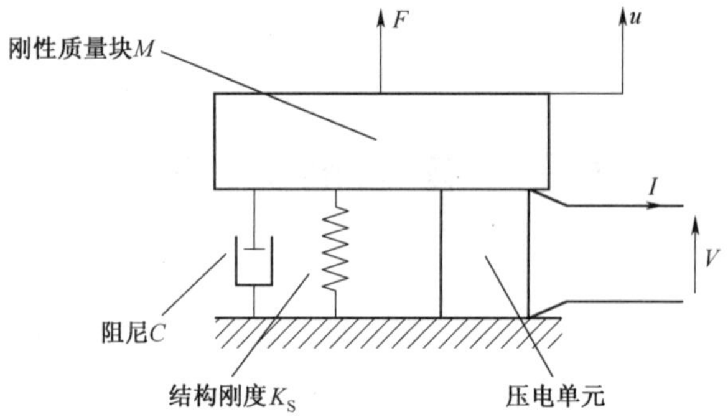

图 11.1.1　柱体压电块振动压电系统

表 11.1.1　压电材料参数的定义

c_{33}^{E}	短路时的弹性模量
c_{33}^{D}	开路时的弹性模量
ε_{33}^{S}	夹紧时的电容率
ε_{33}^{T}	自由状态的电容率
e_{33}	压电系数

若设压电块柱体的长度为 L, 压电块柱体的横截面积为 A, 压电单元电极的输出电压为 V, 电流为 I, 则有如下关系:

$$E=-\frac{V}{L},\quad S=\frac{u}{L},\quad I=A\frac{\mathrm{d}D}{\mathrm{d}t},\quad F_{\mathrm{p}}=AT \tag{11.1.3}$$

$$K_{\mathrm{PE}}=\frac{c_{33}^{E}A}{L},\quad C_0=\frac{\varepsilon_{33}^{S}A}{L},\quad \alpha=\frac{e_{33}A}{L} \tag{11.1.4}$$

该压电方程可用宏观的位移 u 、力 F_{p} 、电压 V、电流 I 表示为

$$\begin{cases}F_{\mathrm{p}}=K_{\mathrm{PE}}u+\alpha V\\ I=\alpha\dot{u}-C_0\dfrac{\mathrm{d}V}{\mathrm{d}t}\end{cases} \tag{11.1.5}$$

式中: K_{PE} 为压电柱体短路时的刚度; C_0 为压电块两极间形成的电容; α 为力电耦合系数。

压电块的机电耦合系数 k_{t} 为

$$k_{\mathrm{t}}^2=\frac{e_{33}^2}{\varepsilon_{33}^{T}c_{33}^{E}}=\frac{e_{33}^2}{\varepsilon_{33}^{S}c_{33}^{E}+e_{33}^2}=\frac{\alpha^2}{C_0K_{\mathrm{PE}}+\alpha^2} \tag{11.1.6}$$

若用 K_{PD} 代表压电柱体开路时的刚度,则可表示为

$$K_{\mathrm{PD}}=\frac{c_{33}^{D}A}{L}=\frac{K_{\mathrm{PE}}}{1-k_{\mathrm{t}}^2} \tag{11.1.7}$$

对于质量块 M, 机械部分弹簧的刚度和压电柱体刚度形成的整体刚度在短路和开路状态分别可以表示为

$$\begin{cases}K_{\mathrm{E}}=K_{\mathrm{PE}}+K_{\mathrm{S}}\\ K_{\mathrm{D}}=K_{\mathrm{PD}}+K_{\mathrm{S}}\end{cases} \tag{11.1.8}$$

整体机电耦合系数 k 可表示为

$$k^2 = \frac{\alpha^2}{K_E C_0 + \alpha^2} = \frac{\alpha^2}{K_D C_0} \tag{11.1.9}$$

这样,质量块的运动方程可改写为

$$M\ddot{u} = F - K_E u - \alpha V - C\dot{u} \tag{11.1.10}$$

或

$$M\ddot{u} + K_E u + \alpha V + C\dot{u} = F \tag{11.1.11}$$

该方程与前述的电流方程:

$$I = \alpha\dot{u} - C_0 \frac{dV}{dt} \tag{11.1.12}$$

一起构成一般的压电俘能系统基本方程。

当外接负载电阻为 R 时,电流可用电压表示为

$$I = \frac{V}{R} \tag{11.1.13}$$

则俘能系统的基本方程可写为

$$\begin{cases} M\ddot{u} + C\dot{u} + K_E u + \alpha V = F \\ -\alpha\dot{u} + C_0 \dfrac{dV}{dt} + \dfrac{V}{R} = 0 \end{cases} \tag{11.1.14}$$

将式(11.1.11)两边乘以速度,然后对时间进行积分,可以得出能量形式的公式为

$$\int F\dot{u}dt = \frac{1}{2}M\dot{u}^2 + \frac{1}{2}K_E u^2 + \int C\dot{u}^2 dt + \int \alpha V\dot{u}dt \tag{11.1.15}$$

可以看出,外力所做的功分别转换为质量块的动能、弹性势能、损失的机械能和压电效应产生的电能。

由于

$$\int \alpha V\dot{u}dt = \frac{1}{2}C_0 V^2 + \int VIdt \tag{11.1.16}$$

由此可见,电能包括在压电块电容 C_0 里存储的电能和通过电极转换到电路上的能量两部分。表 11.1.2 概括了这些能量。

表 11.1.2　各能量部分的剖析

$\int F\dot{u}dt$	外力所做的总功
$\frac{1}{2}M\dot{u}^2$	质量块动能
$\frac{1}{2}K_E u^2$	总弹性势能
$\int C\dot{u}^2 dt$	阻尼导致的机械损失的能量
$\int \alpha V\dot{u}dt$	压电效应转换成的电能

11.1.2　附着梁上的压电层振动压电系统的基本方程

梁式振动压电系统一般由基底梁及附着的压电材料层组成,如图 11.1.2 所示。压电层可以是单层的,也可以是双层的,当然,也可以是多层的。由于梁弯曲引起的是轴向(不妨规定为 1 方向)的拉伸压缩变形,而电极面的法线方向(即所利用的极化方向)通常是梁弯曲的曲率半径方向(3 方向),因此所利用的压电模式是 d_{31} 模式。当然,也可以通过适当的电极设计,利用其 d_{33} 的模式。

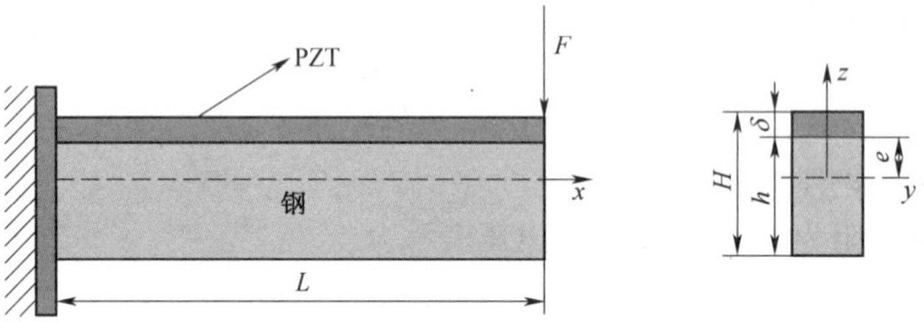

图 11.1.2　梁式压电结构示意图

由于梁动态弯曲变形和振动的分析远比柱体块伸缩变形复杂,因此很难像柱体那样简单地建立起振动的压电基本方程。为此,将采用哈密顿原理的方法建立系统的压电俘能方程。

根据哈密顿原理,梁式压电俘能系统的动态规律应是使哈密顿作用量变分为零,即哈密顿作用量取驻值。而哈密顿的作用量对于非保守系统可以描述为"拉格朗日函数与非保守力(如外力)等广义力所做的功之和"在任意时间段 t_1 到 t_2 内的积分,即

$$H = \int_{t_1}^{t_2} [(T_k - U) + W_e + W_f] dt \tag{11.1.17}$$

式中:T_k 为系统的动能;U 为系统的势能;W_e 为电能;W_f 为外力所做的功。

对于有外电场作用的梁式压电俘能系统,其外力的功包括机械外力的功 W_m 和外电场的功 W_q,即

$$W_f = W_q + W_m \tag{11.1.18}$$

因此有

$$H = \int_{t_1}^{t_2} (T_k - U + W_e + W_q + W_m) dt \tag{11.1.19}$$

对其进行变分并使变分为零,得

$$\delta H = \int_{t_1}^{t_2} [\delta(T_k - U_m + W_e) + \delta(W_q + W_m)] dt = 0 \tag{11.1.20}$$

总动能、总机械势能和总电能可以分别表示为

$$T_k = \int_{V_S} \frac{1}{2}\rho_S \dot{\boldsymbol{u}}^t \dot{\boldsymbol{u}} dV_S + \int_{V_P} \frac{1}{2}\rho_P \dot{\boldsymbol{u}}^t \dot{\boldsymbol{u}} dV_P \tag{11.1.21}$$

$$U = \int_{V_S} \frac{1}{2}\boldsymbol{S}^t \boldsymbol{T} dV_S + \int_{V_P} \frac{1}{2}\boldsymbol{S}^t \boldsymbol{T} dV_P \tag{11.1.22}$$

$$W_e = \int_{V_P} \frac{1}{2}\boldsymbol{E}^t \boldsymbol{D} dV_P \tag{11.1.23}$$

式中：$\boldsymbol{u}$ 为机械位移；$\boldsymbol{S}$ 为机械应变，$\boldsymbol{T}$ 为机械应力；$\boldsymbol{D}$ 为电位移；$\boldsymbol{E}$ 为电场强度；ρ 为梁材料的质量密度；V 为积分的体积区域；t 在上标的时候代表转置矩阵，其他情况仍表示时间；下标 S 表示基础梁结构层；下标 P 表示压电层。

利用弹性材料的本构方程 $\boldsymbol{T}=\boldsymbol{c}_{\mathrm{S}}\boldsymbol{S}$，其中 $\boldsymbol{c}_S$ 为基底梁材料的弹性系数张量，以及压电材料的压电方程：

$$\begin{cases}\boldsymbol{T}=\boldsymbol{c}_{\mathrm{P}}^{\mathrm{E}}\boldsymbol{S}-\boldsymbol{e}\boldsymbol{E}\\ \boldsymbol{D}=\boldsymbol{e}^{\mathrm{t}}\boldsymbol{S}+\boldsymbol{\varepsilon}^{\mathrm{S}}\boldsymbol{E}\end{cases} \tag{11.1.24}$$

式中：$\boldsymbol{e}$ 为压电系数张量；$\boldsymbol{c}_{\mathrm{P}}^{\mathrm{E}}$ 为压电材料的弹性系数张量；$\boldsymbol{\varepsilon}^{\mathrm{S}}$ 为压电材料的介电常数张量。

上述的总机械势能和总电能方程可化为

$$U=\int_{V_{\mathrm{S}}}\frac{1}{2}\boldsymbol{S}^{\mathrm{t}}\boldsymbol{c}_{\mathrm{s}}\boldsymbol{S}\mathrm{d}V_{\mathrm{S}}+\int_{V_{\mathrm{P}}}\frac{1}{2}\boldsymbol{S}^{\mathrm{t}}\boldsymbol{c}_{\mathrm{P}}^{\mathrm{E}}\boldsymbol{S}\mathrm{d}V_{\mathrm{P}}-\int_{V_{\mathrm{P}}}\frac{1}{2}\boldsymbol{S}^{\mathrm{t}}\boldsymbol{e}\boldsymbol{E}\mathrm{d}V_{\mathrm{P}} \tag{11.1.25}$$

$$W_{\mathrm{e}}=\int_{V_{\mathrm{P}}}\frac{1}{2}\boldsymbol{E}^{\mathrm{t}}\boldsymbol{e}^{\mathrm{t}}\boldsymbol{S}\mathrm{d}V_{\mathrm{P}}+\int_{V_{\mathrm{P}}}\frac{1}{2}\boldsymbol{E}^{\mathrm{t}}\boldsymbol{\varepsilon}^{\mathrm{S}}\boldsymbol{E}dV_{\mathrm{P}} \tag{11.1.26}$$

外力及外电场所做的功的变分为

$$\delta W_{\mathrm{f}}=\delta W_{\mathrm{q}}+\delta W_{\mathrm{m}} \tag{11.1.27}$$

当外力为区域 V 内连续的体力（其体密度为 $\boldsymbol{f}_V$）和边界 B 上的连续面力（其面密度为 $\boldsymbol{f}_B$）时，其在位移 $\boldsymbol{u}$ 所做的功的变分可表示为

$$\delta W_{\mathrm{m}}=\int_{V}\delta\boldsymbol{u}\cdot\boldsymbol{f}_V\mathrm{d}V+\int_{B}\delta\boldsymbol{u}\cdot\boldsymbol{f}_B\mathrm{d}S \tag{11.1.28}$$

当外力是一系列作用在离散点 (x_i,y_i) 上的机械力 $\boldsymbol{f}_i$ 时，其在各位移 $\boldsymbol{u}_i$ 所做的功的变分可表示为

$$\delta W_{\mathrm{m}}=\sum_{i=1}^{nf}\delta\boldsymbol{u}_i(x_i,y_i,t)\cdot\boldsymbol{f}_i(x_i,y_i,t) \tag{11.1.29}$$

式中：nf 为外力作用点的个数。

当外电源施加在电极面 A 上的连续电荷（其面密度为 q_A）时，其在电势 φ 所做的功的变分可表示为

$$\delta W_{\mathrm{q}}=-\int_{A}\delta\varphi\cdot q_A\mathrm{d}S \tag{11.1.30}$$

当外电源是一系列作用在离散电极对 (x_j,y_j) 上的电荷量 q_j 时，其在各电势 φ_j 所做的功的变分可表示为

$$\delta W_{\mathrm{q}}=-\sum_{j=1}^{nq}\delta\varphi_j(x_i,y_i,t)\cdot q_j(x_i,y_i,t) \tag{11.1.31}$$

式中：nq 为外电源电极对的个数。

对于连续的面外力和连续的电荷面电极分布，将上述这些公式代入哈密顿作用量的变分公式中得：

$$\int_{t_1}^{t_2}\Big[\int_{V_{\mathrm{S}}}\rho_{\mathrm{S}}\delta\dot{\boldsymbol{u}}^{\mathrm{t}}\dot{\boldsymbol{u}}\mathrm{d}V_{\mathrm{S}}+\int_{V_{\mathrm{P}}}\rho_{\mathrm{P}}\delta\dot{\boldsymbol{u}}^{\mathrm{t}}\dot{\boldsymbol{u}}\mathrm{d}V_{\mathrm{P}}-\int_{V_{\mathrm{S}}}\delta\boldsymbol{S}^{\mathrm{t}}\boldsymbol{c}_{\mathrm{S}}\boldsymbol{S}\mathrm{d}V_{\mathrm{S}}-\int_{V_{\mathrm{P}}}\delta\boldsymbol{S}^{\mathrm{t}}\boldsymbol{c}_{\mathrm{P}}^{\mathrm{E}}\boldsymbol{S}\mathrm{d}V_{\mathrm{P}}+\int_{V_{\mathrm{P}}}\delta\boldsymbol{S}^{\mathrm{t}}\boldsymbol{e}\boldsymbol{E}\mathrm{d}V_{\mathrm{P}}+\int_{V_{\mathrm{P}}}\delta\boldsymbol{E}^{\mathrm{t}}\boldsymbol{e}^{\mathrm{t}}\boldsymbol{S}\mathrm{d}V_{\mathrm{P}}+\int_{V_{\mathrm{P}}}\delta\boldsymbol{E}^{\mathrm{t}}\boldsymbol{\varepsilon}^{\mathrm{S}}\boldsymbol{E}\mathrm{d}V_{\mathrm{P}}+\int_{B}\delta\boldsymbol{u}(x_i,y_i,t)\cdot\boldsymbol{f}_B(x_i,y_i,t)\mathrm{d}S-\int_{A}\delta\varphi(x_i,y_i,t)q_A(x_i,y_i,t)\mathrm{d}S\Big]\mathrm{d}t=0 \tag{11.1.32}$$

对于离散作用力和离散电极对的情况，将上述这些公式代入哈密顿作用量的变分公式中得

$$\int_{t_1}^{t_2}\Big[\int_{V_S}\rho_S\delta\dot{\boldsymbol{u}}^t\dot{\boldsymbol{u}}\mathrm{d}V_S+\int_{V_P}\rho_P\delta\dot{\boldsymbol{u}}^t\dot{\boldsymbol{u}}\mathrm{d}V_P-\int_{V_S}\delta\boldsymbol{S}^t\boldsymbol{c}_S\boldsymbol{S}\mathrm{d}V_S-\int_{V_P}\delta\boldsymbol{S}^t\boldsymbol{c}_P^E\boldsymbol{S}\mathrm{d}V_P+\int_{V_P}\delta\boldsymbol{S}^t\boldsymbol{e}\boldsymbol{E}\mathrm{d}V_P+\int_{V_P}\delta\boldsymbol{E}^t\boldsymbol{e}^t\boldsymbol{S}\mathrm{d}V_P+\int_{V_P}\delta\boldsymbol{E}^t\boldsymbol{\varepsilon}^S\boldsymbol{E}\mathrm{d}V_P+\sum_{i=1}^{nf}\delta\boldsymbol{u}(x_i,y_i,t)\cdot\boldsymbol{f}(x_i,y_i,t)-\sum_{j=1}^{nq}\delta\varphi(x_i,y_i,t)q(x_i,y_i,t)\Big]\mathrm{d}t=0 \tag{11.1.33}$$

对于梁的平面弯曲来讲，只需要考虑横向位移 w（严格来说是中性面的横向位移），且其在空间上只是 x 的函数。将其按时间和空间分离变量，得

$$w(x,t)=\psi_T(x)T(t) \tag{11.1.34}$$

式中：$\psi_T(x)$ 为只和空间坐标有关的位移形函数；$T(t)$ 为只与时间有关的函数。

式(11.1.34)的变分为

$$\delta w(x,t)=\psi_T(x)\delta T(t) \tag{11.1.35}$$

同理，对电势函数 φ 也分离变量，得

$$\varphi(x,t)=\psi_\nu(x)\nu(t) \tag{11.1.36}$$

式中：$\psi_\nu(x)$ 为只和空间坐标有关的电势形函数；$\nu(t)$ 为只与时间有关的函数。

式(11.1.36)的变分为

$$\delta\varphi(x,t)=\psi_\nu(x)\delta\nu(t) \tag{11.1.37}$$

根据欧拉-伯努利梁理论，梁的轴向应变可以写成梁中性面曲率与距中性面距离的乘积，即

$$S(x,t)=-z\frac{\partial^2 w(x,t)}{\partial x^2}=-z\psi''_T T(t) \tag{11.1.38}$$

其变分为

$$\delta S(x,t)=-z\psi''_T\delta T(t) \tag{11.1.39}$$

根据电场理论，电场强度可以描述为电势函数的反向梯度，即

$$E(x,t)=-\nabla\psi_\nu(x)\nu(t) \tag{11.1.40}$$

其变分为

$$\delta E(x,t)=-\nabla\psi_\nu(x)\delta\nu(t) \tag{11.1.41}$$

将上述这些式子代入哈密顿方程中，使关于 $\delta T(t)$ 和 $\delta\nu(t)$ 的系数项同时为零，即可得到由两个方程组成的压电方程组。对于连续分布外力和连续分布电荷的情况，其压电方程组为

$$\begin{cases}\overline{m}\ddot{T}+\bar{k}T-\Theta\nu=\int_B\psi_T(x)f_B(t)\mathrm{d}S\\ \Theta T+C_P\nu=\int_A\psi_\nu(x)q_A(t)\mathrm{d}S\end{cases} \tag{11.1.42}$$

而对于离散力和离散电极对的情况，其压电方程组为

$$
\begin{cases}
\overline{m}\ddot{T} + \overline{k}T - \Theta\nu = \sum_{k=1}^{nf} \psi_T(x_k) f_k(t) \\
\Theta T + C_P \nu = \sum_{j=1}^{nq} \psi_\nu(x_j) q_j(t)
\end{cases}
\tag{11.1.43}
$$

其中

$$
\begin{aligned}
\overline{m} &= \int_{V_S} \psi_T \rho_S \psi_T \mathrm{d}V_S + \int_{V_P} \psi_T \rho_P \psi_T \mathrm{d}V_P \\
\overline{k} &= \int_{V_S} (-z\psi''_T) c_S (-z\psi''_T) \mathrm{d}V_S + \int_{V_P} (-z\psi''_T) c_P^E (-z\psi''_T) \mathrm{d}V_P \\
\Theta &= \int_{V_P} (-z\psi''_T) e_{31} (-\nabla\psi_\nu) \mathrm{d}V_P \\
C_P &= \int_{V_P} (-\nabla\psi_\nu) \varepsilon^S (-\nabla\psi_\nu) \mathrm{d}V_P
\end{aligned}
\tag{11.1.44}
$$

对于宽度为 b 、长度为 l_b 、基底梁厚度为 h 、压电片厚度为 δ 、弯曲中性面距复合梁交界面为 e 的等宽度复合梁，压电片上下两极均匀布满电极，即 $\nabla\psi_\nu = \dfrac{1}{\delta}$ 的情况，上述这些参数的体积积分还可进一步化为

$$
\begin{aligned}
\overline{m} &= b\int_0^{l_b} \psi_T \psi_T \left(\int_{-(h-e)}^{e} \rho_s \mathrm{d}z + \int_e^{e+\delta} \rho_P \mathrm{d}z \right) \mathrm{d}x = \int_0^{l_b} \psi_T \psi_T \mu(x) \mathrm{d}x \\
\overline{k} &= \int_0^{l_b} \psi''_T \psi''_T \left(\int_{-(h-e)}^{e} b c_S z^2 \mathrm{d}z + \int_e^{e+\delta} b c_P^E z^2 \mathrm{d}z \right) \mathrm{d}x = C_{SP} I \int_0^{l_b} \psi''_T \psi''_T \mathrm{d}x \\
\Theta &= \int_0^{l_b} b\psi''_T \mathrm{d}x \int_e^{e+\delta} z e_{31} \frac{1}{\delta} \mathrm{d}z = b e_{31} \left(e + \frac{\delta}{2} \right) \left[\psi'_T(l_b) - \psi'_T(0) \right] \\
C_P &= \int_{V_P} (-\nabla\psi_\nu) \varepsilon^S (-\nabla\psi_\nu) \mathrm{d}V_P = \varepsilon^S \frac{b l_b}{\delta}
\end{aligned}
\tag{11.1.45}
$$

式中：$\mu(x)$ 为复合梁线质量密度；$C_{SP}I$ 为复合梁抗弯刚度，且

$$
C_{SP} I = \int_{-(h-e)}^{e} b c_S z^2 \mathrm{d}z + \int_e^{e+\delta} b c_P^E z^2 \mathrm{d}z = \frac{b\left[c_S(h^3 - 3h^2 e + 3he^2) + c_P^E(\delta^3 + 3\delta^2 e + 3\delta e^2) \right]}{3}
\tag{11.1.46}
$$

当以基础梁材料弹性模量 c_S 为基准时，复合梁抗弯刚度为 $c_S I$，而复合梁的等效二阶惯性矩则为

$$
I = \frac{b\left[(h^3 - 3h^2 e + 3he^2) + \eta_{PS}(\delta^3 + 3\delta^2 e + 3\delta e^2) \right]}{3}
\tag{11.1.47}
$$

其中，$\eta_{PS} = \dfrac{c_P^E}{c_S}$。

上述由方程(11.1.42)和方程(11.1.43)构成的方程组就是梁式压电俘能系统的压电基本方程。

当系统的外部作用力为惯性力时，若加速度为 $a(t)$ ，并同时考虑梁的质量(其线质

量密度为μ)和质量块质量m_2时,方程(11.1.42)右边可以写成:

$$\int \psi_T(x) f_B(t) \mathrm{d}x = [-a(t)] \left[\int_0^{l_b} \psi_T(x) \mu(x) \mathrm{d}x + m_2 \psi_T(l_b) \right] = F_B a(t) \tag{11.1.48}$$

其中

$$F_B = -\left[\int_0^{l_b} \psi_T(x) \mu(x) \mathrm{d}x + m_2 \psi_T(l_b) \right] \tag{11.1.49}$$

若只考虑有一个电极,则$\psi_v = 1$,$\nu(t)$为电极间的电压,则压电方程组中的方程(11.1.42)可写为

$$\Theta^{\mathrm{t}} T + C_{\mathrm{P}} \nu = Q(t) \tag{11.1.50}$$

将该方程两侧对时间求导数,得

$$\Theta^{\mathrm{t}} \dot{T} + C_{\mathrm{P}} \dot{\nu} = \frac{\mathrm{d}Q(t)}{\mathrm{d}t} = i \tag{11.1.51}$$

式中:i为电流。

当电路中只有负载R_L,并形成回路时,电流又可以用电压表示为$i = \dfrac{v}{R_L}$,进而得

$$\Theta^{\mathrm{t}} \dot{T} + C_{\mathrm{P}} \dot{\nu} - \frac{1}{R_{\mathrm{L}}} \nu = 0 \tag{11.1.52}$$

这样,上述的压电俘能方程组可以改写成:

$$\begin{cases} \bar{m} \ddot{T} + \bar{c} \dot{T} + \bar{k} T - \Theta \nu = F_B a(t) \\ \Theta \dot{T} + C_{\mathrm{P}} \dot{\nu} - \dfrac{1}{R_{\mathrm{L}}} \nu = 0 \end{cases} \tag{11.1.53}$$

该方程为具有力电耦合的方程组。当只考虑单向耦合时,即只有力影响电而电不影响力时,上述方程组可化为

$$\begin{cases} \bar{m} \ddot{T} + \bar{c} \dot{T} + \bar{k} T = F_B a(t) \\ \Theta \dot{T} + C_{\mathrm{P}} \dot{\nu} - \dfrac{1}{R_{\mathrm{L}}} \nu = 0 \end{cases} \tag{11.1.54}$$

开路时,有

$$\begin{cases} \bar{m} \ddot{T} + \bar{c} \dot{T} + \bar{k} T = F_B a(t) \\ \nu = -\dfrac{\Theta}{C_{\mathrm{P}}} T \end{cases} \tag{11.1.55}$$

上述的梁虽仍属于欧拉-伯努利梁,但由于该梁是由基础弹性梁和附加压电材料(压电片)组合而成的梁结构,因此它是一个复合材料的梁。其弯曲的中性面与几何中心面并不重合。弯曲的中性面是纤维拉压应力为零的面,向下纯弯曲时,中性面上半部分梁的纤维应力为拉应力,下半部分的纤维应力为压应力,总应力为零。

当先不考虑逆压电效应及外电场的作用时,压电材料的纤维应力可写为

$$T_p = c_P^E \frac{z}{\rho} \tag{11.1.56}$$

式中：c_P^E 为压电材料的杨氏模量；ρ 为梁中性面的弯曲曲率半径；z 为从中性面起始的厚度方向的坐标。

当考虑逆压电效应时，针对压电片两侧布满电极的情况，假设电场的分布规律为

$$E = E(z) = E_0 \frac{z}{\rho} \tag{11.1.57}$$

则有

$$T_p = c_P^E(1 - d_{31}E_0) \frac{z}{\rho} = c_P^{E*} \frac{z}{\rho} \tag{11.1.58}$$

式中：$c_P^{E*} = c_P^E(1 - d_{31}E_0)$ 为压电材料等效弹性模量。

E_0 可按如下方法确定。首先，正压电效应产生的电位移为

$$D_3 = d_{31}T_p = d_{31}c_P^E \frac{z}{\rho} \tag{11.1.59}$$

其次，该电位移引起的极化电场强度为

$$E_3 = \frac{1}{\varepsilon_{33}^S}D_3(z) = \frac{d_{31}c_P^E}{\varepsilon_{33}^S} \frac{z}{\rho} = E_0 \frac{z}{\rho} \tag{11.1.60}$$

其中，ε_{33}^S 为机械夹紧时（即无应变变形）的介电常数，从而有

$$E_0 = \frac{d_{31}c_P^E}{\varepsilon_{33}^S} \tag{11.1.61}$$

进一步有

$$c_P^{E*} = c_P^E\left(1 - \frac{d_{31}^2 c_P^E}{\varepsilon_{33}^S}\right) \tag{11.1.62}$$

基础梁材料（一般为硅材料）的纤维应力可写为

$$T_s = c_S \frac{z}{\rho} \tag{11.1.63}$$

式中：c_S 为基础梁材料的杨氏模量。

当不考虑逆压电效应作用时，截面内总应力为零的关系可描述为

$$\int_A T_1 \mathrm{d}A = \int_e^{e+\delta} c_P^E b \frac{z}{\rho}\mathrm{d}z + \int_{-(h-e)}^{e} c_S b \frac{z}{\rho}\mathrm{d}z = 0 \tag{11.1.64}$$

式中：e 为中性面到压电材料与基础梁交界面的距离；h 为基础梁的厚度；δ 为压电材料的厚度；b 为梁的宽度。如图 11.1.2 所示。

求解式（11.1.64）可得：

$$e = \frac{c_S h^2 - c_P^E \delta^2}{2(c_P^E \delta + c_S h)} \tag{11.1.65}$$

可以看出，材料确定之后，中性面的位置是确定的。

考虑逆压电效应时的中性面位置为

$$e = \frac{c_S h^2 - c_P^{E*} \delta^2}{2(c_P^{E*} \delta + c_S h)} \tag{11.1.66}$$

当同时有外电场时,假设外电场强度为 E_{out},则中性面位置为

$$e=\frac{c_{\text{S}}h^2-c_{\text{P}}^{\text{E}*}\delta^2+2c_{\text{P}}^{\text{E}*}d_{31}E_{\text{out}}\rho\delta}{2(c_{\text{P}}^{\text{E}*}\delta+c_{\text{S}}h)} \tag{11.1.67}$$

可以看出,中性面的位置不仅和基础梁材料及压电材料有关,还和外电场及梁的变形曲率(或弯曲半径)有关。但当考虑单向耦合时,一般可以忽略电场对结构机械力的影响。

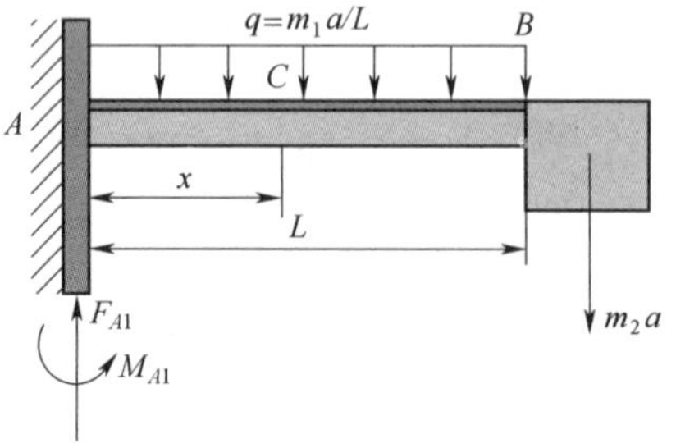

图 11.1.2　俘能器的结构示意图

11.2　悬臂梁式压电俘能系统力电耦合分析

悬臂梁式压电俘能结构是典型的压电俘能器结构。上述的分析方法也可以应用到这种梁的结构中。但通常情况下,位移的形函数 $\psi_T(x)$ 和电场的电势形函数 $\psi_v(x)$ 并非已知。因此应用上述的理论需先确定出位移形函数以及电势形函数。为此,需对悬臂梁的一般动态振动进行分析。

悬臂梁式压电俘能器的结构示意图如图 11.2.1 所示,它由一极化的压电片和一基础梁组成,末端附加一集中质量块,根部固定。由于压电陶瓷本身的脆性,在应用范围上受到很大限制,所以一般将其和其他材料复合一起使用,从而克服其缺点。末端集中质量块 m_2 可以调节悬臂梁的共振频率并且可增大输出电压的幅值。压电片的电极可根据需要来设计。设计出的电极可通过导线与负载相连,形成一个回路。

对于悬臂梁式的薄片式压电结构,由于梁的变形主要是弯曲变形,主要的应力是纤维拉压应力,因此在应力张量中只需考虑长度方向的应力分量,其他分量可以忽略。相应的应变张量中也只需考虑长度方向的应变分量。压电片沿厚度方向极化。

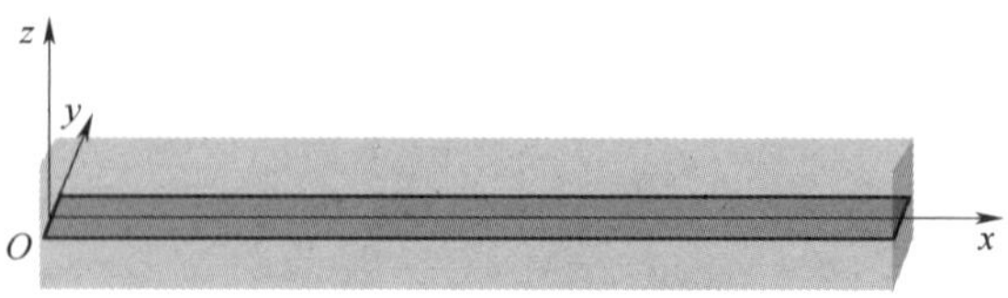

图 11.2.1　坐标方向示意

如果取长度方向的坐标为 x,梁宽度方向为 y,厚度方向(弯曲方向)为 z,并分别称呼方向为 1、2、3 方向,则应力分量只有 T_{11},简写为 T_1,应变分量只有 S_{11},简写为 S_1。对于电场来说,由于宽度方向梁无应变,也不布置电极,因此可以忽略宽度方向即 y 方向的

电场分量和电位移分量。这样,根据前面中的压电方程,可得该梁式压电薄片的压电方程为

$$\begin{bmatrix} S_1 \\ D_1 \\ D_3 \end{bmatrix} = \begin{bmatrix} S_{11}^{\mathrm{E}} & d_{11} & d_{31} \\ d_{11} & \varepsilon_{11}^{\mathrm{T}} & 0 \\ d_{31} & 0 & \varepsilon_{33}^{\mathrm{T}} \end{bmatrix} \begin{bmatrix} T_1 \\ E_1 \\ E_3 \end{bmatrix} \tag{11.2.1}$$

电场的分布取决于电极的布置,当在压电片厚度方向的两侧布满电极时,则电场方向为厚度方向,即 z 方向或 3 方向,此时 $E_1 = 0$。压电材料的极化方向与电场方向相同,式(11.2.1)可化为

$$\begin{bmatrix} S_1 \\ D_3 \end{bmatrix} = \begin{bmatrix} S_{11}^{\mathrm{E}} & d_{31} \\ d_{31} & \varepsilon_{33}^{\mathrm{T}} \end{bmatrix} \begin{bmatrix} T_1 \\ E_3 \end{bmatrix} \tag{11.2.2}$$

这样的电极布置利用的是长度方向变形引起厚度方向产生压电效应的特性,属 d_{31} 模式。

当考虑梁的自身惯性时,梁的动态方程为

$$C_{\mathrm{SP}} I \frac{\partial^4 w}{\partial x^4} + \mu \frac{\partial^2 w}{\partial t^2} = q(t) \tag{11.2.3}$$

式中:w 为变形挠度;$C_{\mathrm{SP}} I$ 为弯曲刚度;μ 为梁单位长度的质量(线密度);$q(t)$ 为外载荷线密度。

当有质量块时,质量块本身也有惯性,并且会影响梁的振型和固有频率,当不考虑质量块自身扭转时,根据质量块与梁在连接处应满足的连续性条件,其动态方程为

$$m_2 \frac{\partial^2 w}{\partial t^2}\Big|_{x=L} - C_{\mathrm{SP}} I \frac{\partial^3 w}{\partial x^3}\Big|_{x=L} = f \tag{11.2.4}$$

式(11.2.3)和式(11.2.4)的右侧都是外力,由于这里讨论的问题主要是外界环境加速度引起的惯性力。假设环境加速度为 $a(t)$,则有 $q(t) = \mu a(t)$ 和 $f = m_2 a(t)$。

相对于单自由度弹簧质量系统,分布质量梁的动态弯曲振动问题的求解比较困难。为了有效求解这一问题,通常将其位移按模态展开,将连续体的无限维且相互耦合的物理坐标转换成解耦的有限维模态坐标。这种模态就是振型。而振型对应的是自由振动的各阶振动形态。

没有质量块时,上述悬臂梁自由振动的边界条件分别为:固定端的位移和转角都为零,自由端的弯矩和剪力都为零,即 $x = 0$ 时,$w = 0$ 及 $\frac{\partial w}{\partial x} = 0$;$x = L$ 时,$\frac{\partial^2 w}{\partial x^2} = 0$ 及 $\frac{\partial^3 w}{\partial x^3} = 0$。由这些边界条件可以确定其各阶振型。有质量块时,若不计质量块的转动惯性,则上述悬臂梁自由振动的边界条件应改为:$x = 0$ 时,$w = 0$ 及 $\frac{\partial w}{\partial x} = 0$;$x = L$ 时,$\frac{\partial^2 w}{\partial x^2} = 0$ 及 $C_{\mathrm{SP}} I \frac{\partial^3 w}{\partial x^3} = m_2 \frac{\partial^2 w}{\partial t^2}\Big|_{x=L}$。

由分离变量法可将挠度写为 $w = \psi(x) T(t)$,将其代入梁的自由振动方程:

$$C_{\mathrm{SP}} I \frac{\partial^4 w}{\partial x^4} + \mu \frac{\partial^2 w}{\partial t^2} = 0 \tag{11.2.5}$$

得

$$\frac{C_{SP}I\psi^{(4)}}{\mu\psi}=-\frac{\ddot{T}}{T}=\omega^2 \tag{11.2.6}$$

进而有

$$\ddot{T}(t)+\omega^2T(t)=0 \tag{11.2.7}$$

和

$$C_{SP}I\psi^{(4)}(x)-\mu\omega^2\psi(x)=0 \tag{11.2.8}$$

其中，$\psi(x)$ 为振型函数，进一步分析可以看出，该振型函数实质就是上一节压电方程中的位移形函数。

关于时间函数 $T(t)$ 的解很容易求得为

$$T(t)=T_0\sin(\omega t+\varphi) \tag{11.2.9}$$

而振型方程的解为

$$\psi(x)=c_1\cosh\lambda x+c_2\sinh\lambda x+c_3\cos\lambda x+c_4\sin\lambda x \tag{11.2.10}$$

式中：$c_1c_2c_3c_4$ 为由边界条件确定的待定常数；$\lambda=\sqrt[4]{\frac{\mu}{C_{SP}I}\omega^2}$。

前述的边界条件转换到振型函数上，可表示为

$$x=0\text{ 时},\ \psi=0\text{ 及 }\psi'=0 \tag{11.2.11}$$

$$x=L\text{ 时},\ \psi''=0\text{ 及 }C_{SP}I\psi'''=-m_2\omega^2\psi \tag{11.2.12}$$

将其代入式(11.2.10)，得到关于常数的方程组为

$$\begin{cases} c_1+c_3=0 \\ c_2+c_4=0 \\ c_1\cosh\lambda L+c_2\sinh\lambda L-c_3\cos\lambda L-c_4\sin\lambda L=0 \\ c_1\left(\sinh\lambda L+\lambda L\frac{m_2}{m_1}\cosh\lambda L\right)+c_2\left(\cosh\lambda L+(\lambda L)\frac{m_2}{m_1}\sinh\lambda L\right)+ \\ c_3\left(\sin\lambda L+(\lambda L)\frac{m_2}{m_1}\cos\lambda L\right)+c_4\left(-\cos\lambda L+(\lambda L)\frac{m_2}{m_1}\sin\lambda L\right)=0 \end{cases} \tag{11.2.13}$$

该方程组有非零解的条件是其系数行列式为零，即

$$\begin{vmatrix} 1 & 0 & 1 & 0 \\ 0 & 1 & 0 & 1 \\ \cosh\lambda L & \sinh\lambda L & -\cos\lambda L & -\sin\lambda L \\ \left[\sinh\lambda L+\lambda L\frac{m_2}{m_1}\cosh\lambda L\right] & \left[\cosh\lambda L+\lambda L\frac{m_2}{m_1}\sinh\lambda L\right] & \left[\sin\lambda L+\lambda L\frac{m_2}{m_1}\cos\lambda L\right] & \left[-\cos\lambda L+\lambda L\frac{m_2}{m_1}\sin\lambda L\right] \end{vmatrix}=0 \tag{11.2.14}$$

或

$$\begin{aligned} &(\sinh\lambda L-\sin\lambda L)+\lambda L\frac{m_2}{m_1}(\cosh\lambda L-\cos\lambda L)- \\ &\frac{A}{B}\left[(\cosh\lambda L+\cos\lambda L)+\lambda L\frac{m_2}{m_1}(\sinh\lambda L-\sin\lambda L)\right]=0 \end{aligned} \tag{11.2.15}$$

其中，$A=\cosh\lambda L+\cos\lambda L$，$B=\sinh\lambda L+\sin\lambda L$。该方程也可以化为

$$\lambda L\frac{m_2}{m_1}=\frac{1+\cosh\lambda L\cos\lambda L}{\cosh\lambda L\sin\lambda L-\sinh\lambda L\cos\lambda L} \tag{11.2.16}$$

由此可确定出一系列的特征值 λ_n，$n=1,2,\cdots$。进而可求得一系列的固有频率为 $\omega_n=(\lambda_n L)^2\sqrt{\frac{C_{SP}I}{\mu L^4}}=(\lambda_n L)^2\sqrt{\frac{C_{SP}I}{m_1L^3}}$，对应的振型函数（即特征函数）为

$$\psi_n(x)=c_1\left[(\cosh\lambda_n x-\cos\lambda_n x)-\frac{A_n}{B_n}(\sinh\lambda_n x-\sin\lambda_n x)\right] \tag{11.2.17}$$

其中，$A_n=\cosh\lambda_n L+\cos\lambda_n L$，$B_n=\sinh\lambda_n L+\sin\lambda_n L$。

对于没有质量块的悬臂梁来说，$m_2=0$，则有

$$\cosh\lambda L\cos\lambda L+1=0 \tag{11.2.18}$$

该非线性方程的各阶近似解分别有 $\lambda_1L=1.8751$，$\lambda_2L=4.69409$，$\lambda_3L=7.85476$，$\lambda_4L=10.9955$，…。

有质量块时，当质量块质量与梁质量的比 $\frac{m_2}{m_1}=9.1667$ 时，求解出 $\lambda_1L=0.6$，$\lambda_2L=3.914$，…。对应的一阶固有频率为

$$\omega_1=(\lambda_1L)^2\sqrt{\frac{C_{SP}I}{m_1L^3}}=0.36\sqrt{\frac{C_{SP}I}{m_1L^3}} \tag{11.2.19}$$

有了固有频率和各阶振型函数，在求解梁的受迫振动时，可将其响应按各阶振型进行分解，即将响应写成各阶振型的叠加形式为

$$w(x,t)=\sum_{i=1}^{n}\psi_i(x)T_i(t) \tag{11.2.20}$$

将其代入前述的受迫振动方程中，得

$$C_{SP}I\sum_{i=1}^{n}\psi_i^{(4)}(x)T_i(t)+\mu\sum_{i=1}^{n}\psi_i(x)\ddot{T}_i(t)=q(x,t) \tag{11.2.21}$$

即

$$\sum_{i=1}^{n}\mu\omega_i^2\psi_i(x)T_i(t)+\mu\sum_{i=1}^{n}\psi_i(x)\ddot{T}_i(t)=q(x,t) \tag{11.2.22}$$

或

$$\mu\sum_{i=1}^{n}\psi_i(x)\left[\ddot{T}_i(t)+\omega_i^2T_i(t)\right]=q(x,t) \tag{11.2.23}$$

方程（11.2.23）两边同时乘以 $\psi_j(x)$（$j=1,2,\cdots$）并沿长度方向积分，得

$$\int_0^L\mu\psi_j(x)\sum_{i=1}^{n}\psi_i(x)\left[\ddot{T}_i(t)+\omega_i^2T_i(t)\right]\mathrm{d}x=\int_0^L\psi_j(x)q(x,t)\mathrm{d}x \tag{11.2.24}$$

利用振型的正交性，可得

$$\ddot{T}_i(t)+\omega_i^2T_i(t)=\frac{\int_0^L\psi_i(x)q(x,t)\mathrm{d}x}{\int_0^L\mu\psi_i(x)\psi_i(x)\mathrm{d}x},i=1,2,\cdots \tag{11.2.25}$$

对于受惯性力(加速度为 $a(t)$)作用的带有质量块的均匀梁结构,有

$$q(x,t)=\begin{cases}\mu a(t), & x<L\\ m_2 a(t), & x=L\end{cases} \tag{11.2.26}$$

代入式(11.2.25),得

$$\ddot{T}_i(t)+\omega_i^2 T_i(t)=\frac{\mu\int_0^L \psi_i(x)\mathrm{d}x+m_2\psi_i(L)}{\int_0^L \mu\psi_i(x)\psi_i(x)\mathrm{d}x}a(t)=\alpha_i a(t)\ ,\quad i=1,2,\cdots \tag{11.2.27}$$

其中

$$\alpha_i=\frac{\mu\int_0^L \psi_i(x)\mathrm{d}x+m_2\psi_i(L)}{\int_0^L \mu\psi_i(x)\psi_i(x)\mathrm{d}x} \tag{11.2.28}$$

考虑阻尼因素时,有

$$\ddot{T}_i(t)+2\zeta_i\omega_i\dot{T}(t)+\omega_i^2 T_i(t)=\alpha_i a(t)\ ,\quad i=1,2,\cdots \tag{11.2.29}$$

其中,ζ_i 为阻尼比。

通过与上一节压电方程组的比较可以看出,该振动方程就是考虑单向耦合时压电方程组的第一个方程。

该方程的稳态解为

$$T_i(t)=\frac{1}{\sqrt{1-\zeta_i^2}\,\omega_i}\int_0^t \alpha_i a(\tau)\mathrm{e}^{-\zeta_i\omega_i(t-\tau)}\sin[\sqrt{1-\zeta_i^2}\,\omega_i(t-\tau)]\mathrm{d}\tau \tag{11.2.30}$$

当惯性加速度为谐激振,即 $a(t)=A\sin(\omega t)$ 时,其中 A 为加速度幅值,ω 为谐激振频率。其稳态响应为

$$T_i(t)=\bar{T}_i\sin(\omega t-\varphi_i)\ ,\quad i=1,2,\cdots \tag{11.2.31}$$

其中,$\bar{T}_i$ 为幅值,φ_i 为相角,其值分别为

$$\bar{T}_i=\frac{\alpha_i A}{\omega_i{}^2\sqrt{\left[1-\left(\frac{\omega}{\omega_i}\right)^2\right]^2+4\zeta_i{}^2\left(\frac{\omega}{\omega_i}\right)^2}},i=1,2,\cdots \tag{11.2.32}$$

$$\varphi_i=\arctan\frac{2\zeta_i\left(\frac{\omega}{\omega_i}\right)}{1-\left(\frac{\omega}{\omega_i}\right)^2}\ ,\quad i=1,2,\cdots \tag{11.2.33}$$

当激振频率等于系统固有频率,即 $\omega=\omega_i$ 时,有

$$\bar{T}_i=\frac{\alpha_i A}{2\omega_i{}^2\zeta_i}=Q_i\frac{\alpha_i A}{\omega_i^2}\ ,\quad i=1,2,\cdots \tag{11.2.34}$$

式中:$Q_i=\dfrac{1}{2\zeta_i}$ 为系统的品质因子,通常远大于1。

$$\varphi_i = \frac{\pi}{2}, \quad i = 1,2,\cdots \tag{11.2.35}$$

进而得

$$T_i(t) = \frac{\alpha_i A}{2\omega_i{}^2\zeta_i}\sin\left(\omega_i t - \frac{\pi}{2}\right) = -Q_i\frac{\alpha_i A}{\omega_i{}^2}\cos\omega_i t \tag{11.2.36}$$

由于品质因子远大于1,这种情况下,其他阶振型的响应幅值都比较小,可以忽略,从而有

$$\begin{aligned} w(x,t) &= \sum_{i=1}^{n}\psi_i(x)T_i(t) = \psi_i(x)T_i(t) \\ &= -Q_i\frac{\alpha_i A}{\omega_i^2}\left[(\cosh\lambda_i x - \cos\lambda_i x) - \frac{A_i}{B_i}(\sinh\lambda_i x - \sin\lambda_i x)\right]\cos\omega_i t \end{aligned} \tag{11.2.37}$$

当以一阶固有频率谐激振时,有

$$w = -Q_1\frac{\alpha_1 A}{\omega_1^2}\left[(\cosh\lambda_1 x - \cos\lambda_1 x) - \frac{A_1}{B_1}(\sinh\lambda_1 x - \sin\lambda_1 x)\right]\cos\omega_1 t \tag{11.2.38}$$

其中的频率和特征值之间满足:

$$\omega_1 = (\lambda_1 L)^2\sqrt{\frac{C_{SP}I}{m_1 L^3}} \tag{11.2.39}$$

由变形几何关系,其弯曲曲率为

$$\frac{1}{\rho} = \frac{\partial^2 w}{\partial x^2} = -Q_1\frac{\alpha_1 A\lambda_1^2}{\omega_1^2}\left[(\cosh\lambda_1 x + \cos\lambda_1 x) - \frac{A_1}{B_1}(\sinh\lambda_1 x + \sin\lambda_1 x)\right]\cos\omega_1 t \tag{11.2.40}$$

压电片内的应力为

$$T_p = -c_P^E\frac{z}{\rho} = Q_1\frac{c_P^E\alpha_1 A\lambda_1^2 z}{\omega_1^2}\left[(\cosh\lambda_1 x + \cos\lambda_1 x) - \frac{A_1}{B_1}(\sinh\lambda_1 x + \sin\lambda_1 x)\right]\cos\omega_1 t \tag{11.2.41}$$

根据压电方程,在没有外加电场的情况下,动态振动时的长度方向和横向电位移分别为

$$D_1 = d_{11}T_p = Q_1\frac{d_{11}c_P^E\alpha_1 A\lambda_1^2 z}{\omega_1^2}\left[(\cosh\lambda_1 x + \cos\lambda_1 x) - \frac{A_1}{B_1}(\sinh\lambda_1 x + \sin\lambda_1 x)\right]\cos\omega_1 t \tag{11.2.42}$$

$$D_3 = d_{31}T_p = Q_1\frac{d_{31}c_P^E\alpha_1 A\lambda_1^2 z}{\omega_1^2}\left[(\cosh\lambda_1 x + \cos\lambda_1 x) - \frac{A_1}{B_1}(\sinh\lambda_1 x + \sin\lambda_1 x)\right]\cos\omega_1 t \tag{11.2.43}$$

压电片上表面的横向电位移,即电荷密度为

$$\sigma_{top} = D_3(x, e+\delta) = d_{31}T_p = Q_1\frac{d_{31}c_P^E\alpha_1 A\lambda_1^2(e+\delta)}{\omega_1^2}\left[(\cosh\lambda_1 x + \cos\lambda_1 x) - \frac{A_1}{B_1}\right.$$

$$(\sinh\lambda_1 x + \sin\lambda_1 x)]\cos\omega_1 t \tag{11.2.44}$$

压电片下表面的横向电位移,即电荷密度为

$$\sigma_{\text{low}} = -D_3(x,e) = -d_{31}T_{\text{p}} = -Q_1\frac{d_{31}c_{\text{P}}^{\text{E}}\alpha_1 A\lambda_1^2 e}{\omega_1^2}\left[(\cosh\lambda_1 x + \cos\lambda_1 x) - \frac{A_1}{B_1}(\sinh\lambda_1 x + \sin\lambda_1 x)\right]\cos\omega_1 t \tag{11.2.45}$$

压电片在变形过程中将产生电场和电位移场,然而由于压电材料是非导体,因此其内部的极化电荷都属于束缚电荷,不可能逸出压电材料体外。要想利用其电的特性,必须在该体的某些部位布置上导体性质的电极。上述压电片两侧布满电极就是一种典型的布置方法,如图 11.2.2 所示。除了这种布置方法,还存在其他一些方法。不同的布置会得到不同的压电效果。

当压电片上下表面都布满导体层作为电极时,上电极的电荷量为

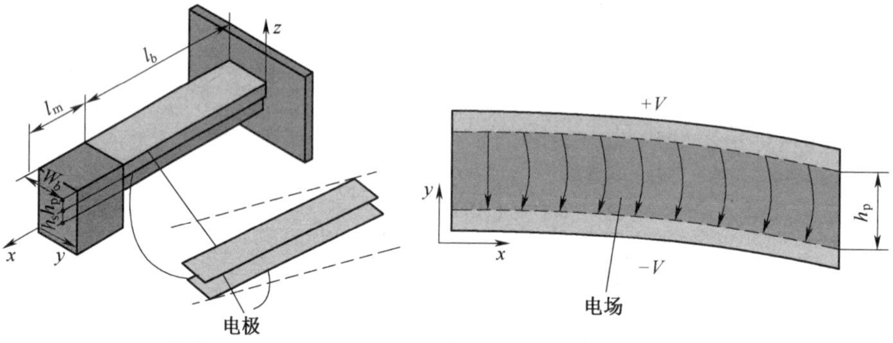

图 11.2.2　上下表面布满导体的压电片

$$Q_{\text{top}} = \int_0^L bD_3(x,e+\delta)\,\mathrm{d}x = Q_1\frac{bd_{31}c_{\text{P}}^{\text{E}}\alpha_1 A\lambda_1^2(e+\delta)}{\omega_1^2}\left\{\int_0^L\left[(\cosh\lambda_1 x + \cos\lambda_1 x) - \frac{A_1}{B_1}(\sinh\lambda_1 x + \sin\lambda_1 x)\right]\mathrm{d}x\right\}\cos\omega_1 t \tag{11.2.46}$$

即

$$Q_{\text{top}} = Q_1\frac{bd_{31}c_{\text{P}}^{\text{E}}\alpha_1 A\lambda_1(e+\delta)}{\omega_1^2}\frac{(B_1^2 - A_1A_1')}{B_1}\cos\omega_1 t \tag{11.2.47}$$

其中,$A_1' = \cosh\lambda_1 L - \cos\lambda_1 L$。同理,下电极的电荷量为

$$Q_{\text{low}} = -Q_1\frac{bd_{31}c_{\text{P}}^{\text{E}}\alpha_1 A\lambda_1 e}{\omega_1^2}\frac{(B_1^2 - A_1A_1')}{B_1}\cos\omega_1 t \tag{11.2.48}$$

参照前述非均匀电场的电压分析,可得两极之间的开路电压为

$$V = Q_1\frac{d_{31}c_{\text{P}}^{\text{E}}\alpha_1 A\lambda_1\left(e + \dfrac{\delta}{2}\right)\delta}{\varepsilon_{33}L\omega_1^2}\frac{(B_1^2 - A_1A_1')}{B_1}\cos\omega_1 t \tag{11.2.49}$$

事实上,将相关参数代入上一节中开路时的压电方程组的第二个方程可得

$$V = -\frac{\Theta}{C_P}T = -\frac{e_{31}\left(e + \frac{\delta}{2}\right)\delta}{\varepsilon_{33}L}\psi_1'(L)T(t) \tag{11.2.50}$$

利用关系 $e_{31} = d_{31}c_P^E$，可得

$$V = -\frac{\Theta}{C_P}T = -\frac{d_{31}c_P^E\left(e + \frac{\delta}{2}\right)\delta}{\varepsilon_{33}L}\psi'_1(L)T(t) \tag{11.2.51}$$

将 $\psi'_1(x) = \lambda_1\left[(\sinh\lambda_1 x + \sin\lambda_1 x) - \frac{A_1}{B_1}(\cosh\lambda_1 x - \cos\lambda_1 x)\right]$ 和 $T_1(t) = -Q_1\frac{\alpha_1 A}{\omega_1{}^2}\cos(\omega_1 t)$ 代入式(11.2.51)，通过比较可以看出，二者得到的结果是相同的。

11.3 振动梁式静电俘能系统的基本方程

振动梁式静电俘能系统的结构组成如图 11.3.1 所示，包括梁、质量块、上电极、驻极体、下电极等。上电极铺于梁下表面，下电极铺于驻极体下表面。上电极与驻极体上表面之间形成一个可变电容 C_1，驻极体上表面与下电极之间形成一个恒压的电容 C_2，如图 11.3.2 所示。质量块受环境激励作用时带动梁一起振动，可变电容 C_1 也随之变化。

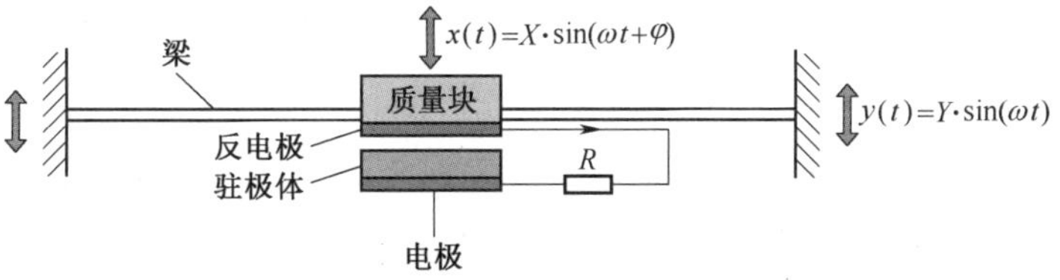

图 11.3.1　振动梁式静电俘能系统的结构

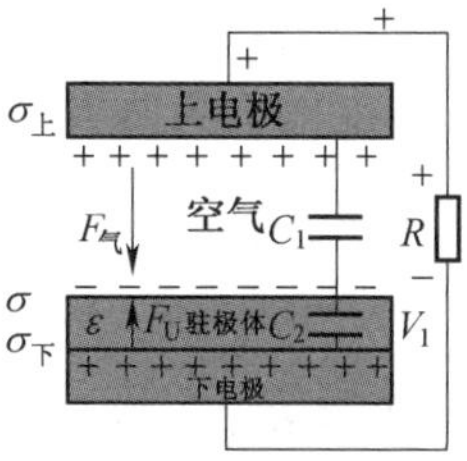

图 11.3.2　等效电路

根据哈密顿原理，梁式静电俘能系统的动态规律应是使哈密顿作用量变分为零，即哈密顿作用量取驻值。而哈密顿的作用量对于非保守系统可以描述为“拉格朗日函数与非保守力(如外力)等广义力所做功之和”在任意时间段 t_1 到 t_2 内的积分，即

$$H = \int_{t_1}^{t_2}[(T_k - U) + W_e + W_f]dt \tag{11.3.1}$$

式中：T_k 为系统的动能；U 为系统的势能；W_e 为电能；W_f 为外力所做的功。

对于有外电场作用的梁式静电俘能系统，其外力的功包括机械外力的功 W_m 和外电场的功 W_q，即

$$W_f = W_q + W_m \tag{11.3.2}$$

因此有

$$H = \int_{t_1}^{t_2}(T_k - U + W_e + W_q + W_m)dt \tag{11.3.3}$$

对其进行变分并使变分为零，得

$$\delta H = \int_{t_1}^{t_2} [\delta(T_k - U_m + W_e) + \delta(W_q + W_m)] dt = 0 \tag{11.3.4}$$

总动能、总机械势能和总电能可以分别表示为

$$T_k = \int_{V_s} \frac{1}{2}\rho_s \dot{\boldsymbol{u}}^T \dot{\boldsymbol{u}} dV_s + \int_{V_m} \frac{1}{2}\rho_m \dot{\boldsymbol{u}}^T \dot{\boldsymbol{u}} dV_m \tag{11.3.5}$$

$$U = \int_{V_s} \frac{1}{2}\boldsymbol{S}^T \boldsymbol{T} dV_s \tag{11.3.6}$$

$$W_e = \int_{V_c} \frac{1}{2}\boldsymbol{E}^T \boldsymbol{D} dV_c \tag{11.3.7}$$

式中：$\boldsymbol{u}$ 为机械位移；$\boldsymbol{S}$ 为机械应变；$\boldsymbol{T}$ 为机械应力；$\boldsymbol{D}$ 为电位移；$\boldsymbol{E}$ 为电场强度；ρ 为梁材料的质量密度；V 为积分的体积区域；$\boldsymbol{T}$ 在上标的时候代表转置矩阵，其他情况仍表示时间；下标 s 表示梁结构；下标 m 表示质量块结构；下标 c 表示可变电容的电介质结构。

利用弹性材料的本构方程 $\boldsymbol{T} = \boldsymbol{c}_s \boldsymbol{S}$，其中 c_s 为梁材料的弹性系数张量，以及电介质材料的方程：$\boldsymbol{D} = \boldsymbol{\varepsilon} \boldsymbol{E}$，其中 $\boldsymbol{\varepsilon}$ 为介电常数张量，上述的机械势能和总电能方程可化为

$$U = \int_{V_s} \frac{1}{2}\boldsymbol{S}^T \boldsymbol{c}_s \boldsymbol{S} dV_s \tag{11.3.8}$$

$$W_e = \int_{V_c} \frac{1}{2}\boldsymbol{E}^T \boldsymbol{\varepsilon}^S \boldsymbol{E} dV_c \tag{11.3.9}$$

变形能的变分为 $\delta U = \int_{V_s} \delta \boldsymbol{S}^T \boldsymbol{c}_s \boldsymbol{S} dV_s$。

电能的变分为 $\delta W_e = \int_{V_c} \delta \boldsymbol{E}^T \boldsymbol{\varepsilon}^S \boldsymbol{E} dV_c + \frac{1}{2}\varepsilon \nabla \psi_\nu{}^2(x)\nu^2(t) b \left\{ \int_0^{l_V} [-\psi_T(x)] dx \right\} \delta T(t)$

外力及外电场所做的功的变分为

$$\delta W_f = \delta W_q + \delta W_m \tag{11.3.10}$$

当外力为区域 V 内连续的体力（其体密度为 $\boldsymbol{f}_V$）和边界 B 上的连续面力（其面密度为 $\boldsymbol{f}_B$）时，其在位移 $\boldsymbol{u}$ 所做的功的变分可表示为

$$\delta W_m = \int_V \delta \boldsymbol{u} \cdot \boldsymbol{f}_V dV + \int_B \delta \boldsymbol{u} \cdot \boldsymbol{f}_B dS \tag{11.3.11}$$

当外电源是施加在电极面 A 上的连续电荷（其面密度为 q_A）时，其在电势 φ 所做的功的变分可表示为

$$\delta W_q = -\int_A \delta \varphi \cdot q_A dS \tag{11.3.12}$$

对于连续的面外力和连续的电荷面电极分布，将上述公式代入哈密顿作用量的变分公式中得

$$\int_{t_1}^{t_2} \Big[\int_{V_s} \rho_s \delta \dot{\boldsymbol{u}}^T \dot{\boldsymbol{u}} dV_s + \int_{V_m} \rho_m \delta \dot{\boldsymbol{u}}^T \dot{\boldsymbol{u}} dV_m - \int_{V_s} \delta \boldsymbol{S}^T \boldsymbol{c}_s \boldsymbol{S} dV_s + \int_{V_c} \delta \boldsymbol{E}^T \boldsymbol{\varepsilon}^S \boldsymbol{E} dV_c + \frac{1}{2}\boldsymbol{E}^T \boldsymbol{\varepsilon}^S \boldsymbol{E} \delta V_c + \int_B \delta \boldsymbol{u}(x,y,t) \cdot \boldsymbol{f}_B(x,y,t) dS - \int_A \delta \varphi(x,y,t) q_A(x,y,t) dS \Big] dt = 0 \tag{11.3.13}$$

对于梁的平面弯曲来讲，只需要考虑梁中性面的横向位移 w，且其在空间上只是 x 的函数。将其按时间和空间分离变量，得

$$w(x,t)=\psi_T(x)T(t) \tag{11.3.14}$$

式中：$\psi_T(x)$ 为只与空间坐标有关的位移形函数；$T(t)$ 为只与时间有关的函数。

其变分为

$$\delta w(x,t)=\psi_T(x)\delta T(t) \tag{11.3.15}$$

体积的变分为

$$\delta V_c(t)=b\delta T(t)\int_0^{l_V}[-\psi_T(x)]\mathrm{d}x+b\delta T(t)\int_0^{l_V}[-\psi_T(x)]\mathrm{d}x \tag{11.3.16}$$

式中：l_V 为梁和驻极体形成电容的长度。

同理，对电势函数 φ 也分离变量，得

$$\varphi(x,t)=\psi_\nu(x)\nu(t) \tag{11.3.17}$$

式中：$\psi_\nu(x)$ 为只与空间坐标有关的电势形函数；$\nu(t)$ 为只与时间有关的函数。

其变分为

$$\delta\varphi(x,t)=\psi_\nu(x)\delta\nu(t) \tag{11.3.18}$$

根据欧拉-伯努利梁理论，梁的轴向应变可以写成梁中性面曲率与距中性面距离的乘积，即

$$S(x,t)=-z\frac{\partial^2 w(x,t)}{\partial x^2}=-z\psi''_T T(t) \tag{11.3.19}$$

其变分为

$$\delta S(x,t)=-z\psi''_T\delta T(t) \tag{11.3.20}$$

根据电场理论，电场强度可以描述为电势函数的反向梯度，即

$$E(x,t)=-\nabla\psi_\nu(x)\nu(t) \tag{11.3.21}$$

其变分为

$$\delta E(x,t)=-\nabla\psi_\nu(x)\delta\nu(t) \tag{11.3.22}$$

将上述公式代入哈密顿方程中，使关于 $\delta T(t)$ 和 $\delta\nu(t)$ 的系数项同时为零，即可得到由两个方程组成的方程组。对于连续分布外力和连续分布电荷的情况，其方程组为

$$\begin{cases}\overline{m}\ddot{T}+\overline{k}T-\vartheta\nu^2(t)=\int_B\psi_T(x)f_B(t)\mathrm{d}x\\ C\nu=\int_A\psi_\nu(x)q_A(t)\mathrm{d}x\end{cases} \tag{11.3.23}$$

其中

$$\overline{m}=\int_{v_s}\psi_T\rho_s\psi_T\mathrm{d}V_s+\int_{V_m}\psi_T\rho_m\psi_T\mathrm{d}V_m \tag{11.3.24}$$

$$\overline{k}=\int_{V_s}(-z\psi''_T)c_s(-z\psi''_T)\mathrm{d}V_s \tag{11.3.25}$$

$$C=\int_{V_c}(-\nabla\psi_\nu)\varepsilon(-\nabla\psi_\nu)\mathrm{d}V_c \tag{11.3.26}$$

对于宽度为 b、长度为 l_b、厚度为 h、驻极体长度为 l_V，初始间隙为 d_0 的结构，上述这些参数的体积积分还可进一步化为

$$\overline{m}=b\int_0^{l_b}\psi_T\psi_T\left(\int_{-\frac{h}{2}}^{\frac{h}{2}}\rho_s\mathrm{d}z\right)\mathrm{d}x+\psi_T(b)\psi_T(b)m_2$$

$$= \int_0^{l_b} \psi_T \psi_T \mu(x)\,dx + \psi_T(b)\psi_T(b) m_2 \tag{11.3.27}$$

$$\bar{k} = \int_0^{l_b} \psi''_T \psi''_T \left(\int_{-\frac{h}{2}}^{\frac{h}{2}} bc_S z^2 dz\right) dx = c_S I \int_0^{l_b} \psi''_T \psi''_T dx \tag{11.3.28}$$

$$\vartheta = \frac{1}{2}\varepsilon\ \nabla\psi_\nu^2(x) b\left\{\int_0^{l_V} [-\psi_T(x)]\,dx\right\} \tag{11.3.29}$$

$$C(t) = b\int_0^{l_V} dx \int_0^{d_0 - \psi_T(x)T(t)} (-\nabla\psi_\nu)\varepsilon(-\nabla\psi_\nu)\,dz \tag{11.3.30}$$

式中：$\mu(x)$ 为复合梁线质量密度；m_2 为位于 $x = b$ 处的质量块质量；$c_S I$ 为梁抗弯刚度，且 $c_S I = \int_{-\frac{h}{2}}^{\frac{h}{2}} bc_S z^2 dz = \frac{bc_s h^3}{12}$，$I = \frac{bh^3}{12}$。

对于窄的间隙，可假设 $-\nabla\psi_\nu(x) = \frac{1}{d_0}$，则

$$C(t) = C_0 + C_1 T(t) \tag{11.3.31}$$

其中，$C_0 = b\frac{\varepsilon}{d_0^2} d_0 l_V$，$C_1 = b\frac{\varepsilon}{d_0^2}\int_0^{l_V}\psi_T(x)\,dx$。

上述由两个方程构成的方程组(11.3.23)就是梁式的静电俘能系统的基本方程，即

$$\begin{cases} \bar{m}\ddot{T} + \bar{k}T - \vartheta\nu^2(t) = \int_B \psi_T(x) f_B(t)\,dx \\ [C_0 + C_1 T(t)]\nu(t) = \int_A \psi_\nu(x) q_A(t)\,dx \end{cases} \tag{11.3.32}$$

当系统的外部作用力为惯性力时，若加速度为 $a(t)$，并同时考虑梁的质量（其线质量密度为 μ）和质量块质量 m_2 时，式(11.3.32)第一个方程的右边可以写为

$$\int \psi_T(x) f_B(t)\,dx = [-a(t)]\left[\int_0^{l_b}\psi_T(x)\mu(x)\,dx + m_2\psi_T(b)\right] = F_B a(t) \tag{11.3.33}$$

其中

$$F_B = -\left[\int_0^{l_b}\psi_T(x)\mu(x)\,dx + m_2\psi_T(b)\right] \tag{11.3.34}$$

若只考虑有一个电极，则 $\psi_\nu = 1$，$\nu(t)$ 为电极间的电压，则静电俘能方程组中的第二个方程可写为

$$C\nu = Q(t) \tag{11.3.35}$$

即

$$[C_0 + C_1 T(t)]\nu(t) = Q(t) \tag{11.3.36}$$

将该方程两侧对时间求导数，得

$$[C_0 + C_1 T(t)]\dot{\nu} + C_1\dot{T}(t)\nu = \frac{dQ(t)}{dt} = i \tag{11.3.37}$$

其中，i 为电流。当电路中只有负载 R_L，并形成回路时，电流又可以用电压表示为 $i = \frac{\nu}{R_L}$，进而得

$$[C_0 + C_1 T(t)]\dot{\nu} + C_1 \dot{T}(t)\nu - \frac{1}{R_L}\nu = 0 \tag{11.3.38}$$

这样,上述的静电俘能方程组可以改写为

$$\begin{cases} \bar{m}\ddot{T} + \bar{c}\dot{T} + \bar{k}T - \vartheta\nu^2(t) = F_B a(t) \\ [C_0 + C_1 T(t)]\dot{\nu} + C_1 \dot{T}(t)v - \frac{1}{R_L}\nu = 0 \end{cases} \tag{11.3.39}$$

参 考 文 献

[1]高世桥,刘海鹏. 微机电系统力学 [M]. 北京:国防工业出版社,2008.

[2]高世桥,刘海鹏,金磊,等. 混凝土侵彻力学 [M]. 北京:中国科学技术出版社,2013.

[3]高世桥,刘海鹏. 毛细力学 [M]. 北京:科学出版社 2010.

[4]高世桥,刘海鹏,金磊,等. 微振动俘能技术 [M]. 北京:中国科学技术出版社,2016.

[5] 钱伟长. 穿甲力学 [M]. 北京:国防工业出版社,1984.

[6] 钱伟长. 变分法及有限元[M]. 上册. 北京:科学出版社,1980.

[7] 钱伟长. 广义变分原理 [M]. 北京:知识出版社,1985.

[8] 杜珣. 连续介质力学引论 [M]. 北京:清华大学出版社,1985.

[9] MARC ANDRÉ MEYERS. Dynamic behavior of materials [M]. New York:A Wiley-Interscience Publication,John-Wiley & Sons,Inc. ,1994.

[10] 钱伟长. 应用数学 [M]. 合肥:安徽科学技术出版社,1993.

[11] GAO S Q,LIU H P,JIN L. A fuzzy model of the penetration resistance of concrete targets [J]. International Journal of Impact Engineering,2009(36):644-649.

[12] GAO S Q,JIN L,Liu H P,et al. A normal cavity-expansion(NCE) model based on the normal curve surface(NCS) coordinate system [J]. International Journal of Applied Mathematics,2007,2(37):1-6.

[13] GAO S Q,JIN L,LIU H P,et al. The principle of crater-formation of a concrete target plate penetrated by a projectile [C]. WIT Transaction on the Built Environment & Structures under Shock and Impact IX,2006:87,313-322.

[14] GAO S Q,LIU H P,LI K J,et al. Normal Expansion Theory for Penetration of a Projectile against Concrete Target [J]. Applied Mathematics and Mechanics,2006,27 (4):485-492.

[15] GAO S Q,JIN L,LIU H P. Dynamic response of a projectile perforating multi-plate concrete targets [J]. International Journal of Solids and Structures,2004,41(18-19):4927-4938.

[16] 黄克智,薛明德,陆明万. 张量分析 [M]. 北京:清华大学出版社,2003.

[17] 李安庆. 含应变梯度效应的弹性理论及其应用研究 [D]. 济南:山东大学, 2016.

[18] 张波. 微尺度功能梯度结构的应变梯度弹性理论模型及数值研究 [D]. 武汉:华中科技大学,2014.

[19] 操卫忠. 微态电弹性理论及其在压电材料微尺度计算中的应用 [D]. 武汉:华中科技大学,2011.

[20] 宋彦琦. 微极弹性固体的广义变分原理 [J]. 辽宁大学学报自然科学版,1999,26(3):193-197.

[21] A.C. 爱林根,C.B. 卡法达. 微极场论 [M]. 戴天民,译. 江苏:江苏科学技术出版社,1982.

[22] D. G. B. 埃德伦. 非局部场论 [M]. 戴天民,译. 江苏:江苏科学技术出版社,1981.

[23] A.C. 爱林根. 非局部微极场论 [M]. 戴天民,译. 江苏:江苏科学技术出版社,1982.

[24] 高键,陈至达. 非局部非对称弹性固体理论 [J]. 应用数学和力学,1992,13(9):765-774.

[25] 黄克智,吴坚,黄永刚. 纳米力学的兴起 [J]. 机械强度,2005,27(4):403-407.

[26] 陈少华,王自强. 应变梯度理论进展 [J]. 力学进展,2003,33(2):207-216.

[27] 聂志峰,周慎杰,韩汝军,等. 应变梯度弹性理论下微构件尺寸效应的数值研究 [J]. 工程力学,2012,29(6):38-46.

[28] LAMA D C C,YANG F, CHONGA A C M,et al. Experiments and theory in strain gradient Elasticity [J]. Journal of the Mechanics and Physics of Solids,2003,51(8):1477-1508.

[29] AIFANTIS E C. On the gradient approach-Relation to Eringen's nonlocal theory [J]. International Journal of Engineering Science,2011,49:1367-1377.

[30] ASKES H,AIFANTIS E C. Gradient elasticity in statics and dynamics: An overview of formulations,length scale identification procedures,finite element implementations and new results [J]. International Journal of Solids and Structures,2011,48(13):1962-1990.

[31] SCIARRA G,VIDOLI S. Asymptotic Fracture Modes in Strain-Gradient Elasticity: Size Effects and Characteristic Lengths for Isotropic Materials [J]. J Elast,2013,113(1):27-53.

[32] GAO S,NIU S,JIN L,et al. Micro Size Effect of Silicon Material on the Performance of Micro-Gyroscope [J]. Advanced Science Letters,2012,12(1):178-181.
[33] 管严伟．音叉式微机械陀螺的动力学耦合特性及振动灵敏度研究 [D] 北京:北京理工大学,2017.
[34] 高世桥,曲大成．微机电系统(MEMS)技术的研究与应用 [J]. 科技导报,2004,22(4):17-21.
[35] 李明辉．MEMS 微机械陀螺的动态特性分析 [D]. 北京:北京理工大学,2007.
[36] GUAN Y W,GAO S Q,LIU H P,et al. Vibration sensitivity reduction of micromachined tuning fork gyroscopes through stiffness match method with negative electrostatic spring effect [J]. Sensors,2016,16(7):1146.
[37] GUAN Y W,GAO S Q,LIU H P,et al. Design and vibration sensitivity analysis of a MEMS tuning fork gyroscope with an anchored diamond coupling mechanism[J]. Sensors,2016,16(4):468.
[38] GUAN Y W,GAO S Q,JIN L,et al. Design and vibration sensitivity of tuning fork gyroscopes with anchored coupling mechanism [J]. Microsystem Technologies,2016,22(2):247-254.
[39] GUAN Y W,GAO S Q,LIU H P,et al. Acceleration sensitivity of tuning fork gyroscopes:Theoretical model,simulation and experimental verification [J]. Microsystem Technologies,2015,21(6):1313-1323.
[40] Li C L,GAO S Q,NIU S H,et al. Thermoelastic coupling effect analysis for gyroscope resonator from longitudinal and flexural vibrations [J]. Microsyst Technol,2016,22(5):1029-1042.
[41] LI C L,GAO S Q,NIU S H,et al. Study of Intrinsic Dissipation Due to Thermoelastic Coupling in Gyroscope Resonators [J]. Sensors,2016,16(9):1445.
[42] FEYNMAN P,LEIGHTON R B,SANDS M. 费恩曼物理学讲义 [M]. 李洪芳,等译．上海:上海科学技术出版社,2004.
[43] LI P,GAO S Q,NIU S H,et al. An analysis of the coupling effect for a hybrid piezoelectric and electromagnetic energy harvester [J]. Smart Materials and Structures,2014,23(6): 065016.
[44] LI P,GAO S Q,CAI H T. Coupling effect analysis for hybrid piezoelectric and electromagnetic energy harvesting from random vibrations [J]. International Journal of Precision Engineering and Manufacturing,2014,15(9):1915-1924.
[45] LI P,GAO S Q,CAI H T. Modeling and analysis of hybrid piezoelectric and electromagnetic energy harvesting from random vibrations [J]. Microsystem Technologies,2015,21(2):401-414.
[46] LI P,GAO S Q,CAI H T. Design,fabrication and performances of MEMS piezoelectric energy harvester [J]. International Journal of Applied Electromagnetics and Mechanics,2015,47(1):125-139.
[47] LI P,GAO S Q,CAI H T,et al. Theoretical analysis and experimental study for nonlinear hybrid piezoelectric and electromagnetic energy harvester [J]. Microsystem Technologies,2016,22:727-739.
[48] LI P,GAO S Q,LIU H P,et al. Effects of package on performance of MEMS piezoresistive accelerometers [J]. Microsystem Technologies,2013,19(8):1137-1144.
[49] 李平,高世桥,刘海鹏．压电-电磁复合式俘能器的归一化机电耦合模型与分析 [J]. 北京理工大学学报,2013,12(33):31-34.
[50] 李平,高世桥,石云波,等．封装材料对压阻式加速度传感器性能影响的研究 [J]. 爆炸与冲击,2012,6(32):623-628.
[51] LI P,GAO S Q,SHI Y B,et al. Influence of Package on Micro-accelerometer Sensitivity[C]. 14th Annual Conference of the Chinese Society of Micro-Nano Technology,Hangzhou,2012.
[52] 蔡华通,高世桥,李平,等．压电-电磁复合式俘能器的设计与实验研究 [J]. 压电与声光,2015,37(2):248-257.
[53] ZHANG G Y ,GAO,S Q ,LIU,H P. A utility piezoelectric energy harvester with low frequency and high-output voltage: Theoretical model,experimental verification and energy storage [J]. AIP ADVANCES,2016,6(9):095208.
[54] ZHANG G Y ,GAO,S Q ,LIU,H P,et al. A low frequency piezoelectric energy harvester with trapezoidal cantilever beam: theory and experiment [J]. Microsystem Technologies,2017,23(8):3457-3466.
[55] GAO C H,GAO S Q,LIU H P,et al. Electret Length Optimization of Output Power for Double-End Fixed Beam Out-of-Plane Electret-Based Vibration Energy Harvesters [J]. ENERGIES,2017,10(8): 1122.
[56] GAO C H,GAO S Q,LIU H P,et al. Optimization for output power and band width in out-of-plane vibration energy har-

vesters employing electrets theoretically, numerically and experimentally [J]. Microsystem Technologies, 2017, 23(12): 5759-5769.

[57] ZHOU X Y, GAO S Q, LIU H P, et al. GEffects of introducing nonlinear components for a random excited hybrid energy harvester [J]. SMART MATERIALS AND STRUCTURES, 2017, 26(1): 015008.

[58] ZHOU X Y, Gao S Q, LIU H P, et al. Nonlinear Hybrid Piezoelectric and Electromagnetic Energy Harvesting Driven by Colored Excitation [J]. ENERGIES, 2018, 11(3): 498.

[59] ZHANG X Y, GAO S Q, LI D G, et al. Frequency up-converted piezoelectric energy harvester for ultralow-frequency and ultrawide-frequency-range operation [J]. APPLIED PHYSICS LETTERS, 2018, 112(16): 163902.

[60] ZHOU X Y, Gao S Q, JIN L, et al. Effects of changing PZT length on the performance of doubly-clamped piezoelectric energy harvester with different beam shapes under stochastic excitation [J]. Microsystem Technologies, 2018, 24(9): 3799-3813.

[61] LI P, GAO S Q, ZHOU X Y, et al. On the performances of a nonlinear hybrid piezoelectric and electromagnetic energy harvester [J]. Microsystem Technologies, 2018, 24(2): 1017-1024.

[62] LI P, GAO S Q, CONG B L. Theoretical modeling, simulation and experimental study of hybrid piezoelectric and electromagnetic energy harvester [J]. AIP ADVANCES, 2018, 8(3): 035017.

[63] JIN L, GAO S Q, ZHOU X Y, et al. The effect of different shapes of cantilever beam in piezoelectric energy harvesters on their electrical output [J]. Microsystem Technologies, 2017, 23(10): 4805-4814.

[64] GAO S Q, ZHANG G Y, JIN L, et al. Study on characteristics of the piezoelectric energy-harvesting from the torsional vibration of thin-walled cantilever beams [J]. Microsystem Technologies, 2017, 23(12): 5455-5465.

[65] Li P, GAO S Q, ZHOU X Y, et al. Analytical modeling, simulation and experimental study for nonlinear hybrid piezoelectric-electromagnetic energy harvesting from stochastic excitation [J]. Microsystem Technologies, 2017, 23(12): 5281-5292.

[66] YAO F L, MENG W J, GAO S Q, et al. Research on the master-slave compound multi-cantilever piezoelectric energy harvester [J]. Microsystem Technologies, 2017, 23(4): 1027-1044.